本书部分彩图

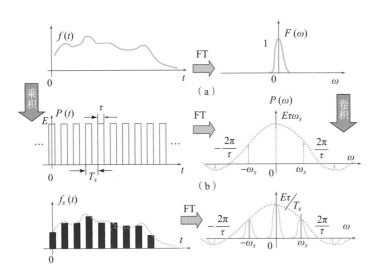

图 5 - 2　矩形抽样的过程及频谱示意图

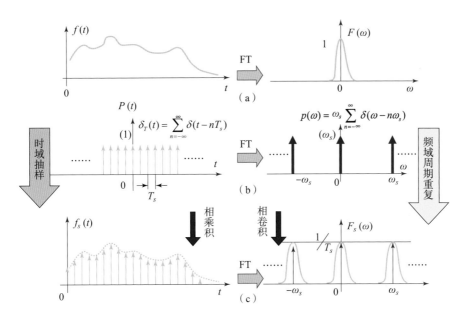

图 5 - 4　冲激抽样过程及频谱示意图

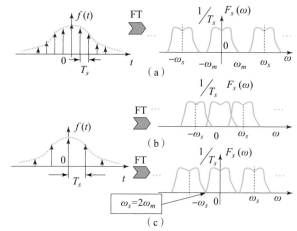

图 5 - 5　混叠现象示意图

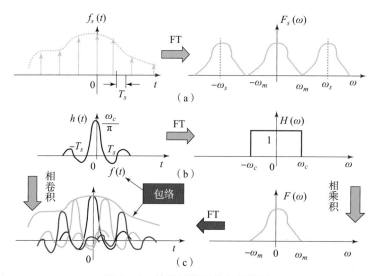

图 5 - 6　抽样过程及恢复示意图

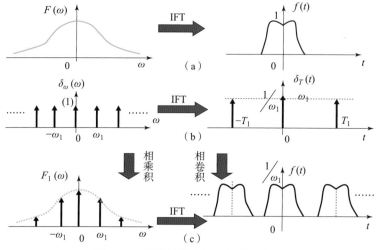

图 5 - 7　频域抽样过程及频谱示意图

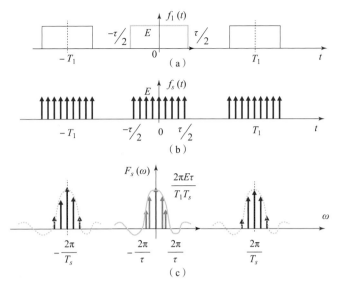

图 5 – 10　周期方波抽样过程及频谱示意图

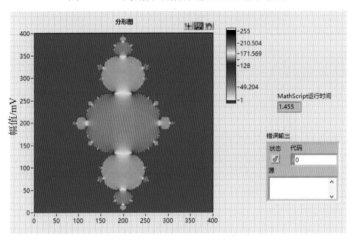

图 8 – 79　矩阵运算结果

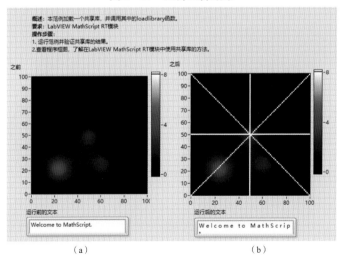

图 8 – 82　调用共享库前面板

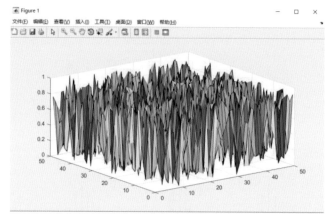

图 8 – 86 在 Lab VIEW 中运行 MATLAB Script 脚本

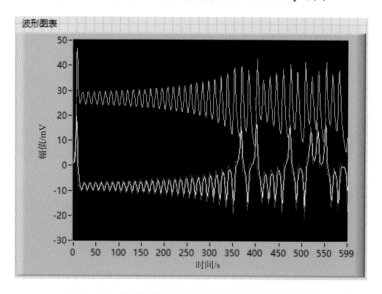

图 8 – 88 用 MATLAB 脚本节点产生洛伦兹吸引

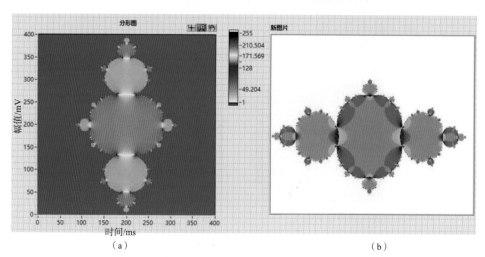

（a）　　　　　　　　　　　　　　　　　（b）

图 8 – 91 分形图如 8 位像素图

北京理工大学"双一流"建设精品出版工程

Signals and Systems:
Processing, Analysis, Practicalities

信号与系统的
处理、分析与实现

张振海 张振山 胡红波 吴日恒 何 光 才 德 ◎ 编著

北京理工大学出版社
BEIJING INSTITUTE OF TECHNOLOGY PRESS

内 容 简 介

　　本书系统地介绍了信号与系统的基本理论、典型分析与处理方法，以及仿真实现与实验实践等内容，强调理论、实验与应用相结合。全书共分为上、下两篇，上篇为原理篇，重点介绍信号与系统的时域、频域和变换域分析与处理方法，以及 MATLAB 仿真实验实现的内容；分为 7 章，主要内容包括：测试信号与测试系统基础，连续时间信号与系统的时域分析，离散时间信号与系统的时域分析，连续时间信号与系统的频域分析，离散时间信号与系统的频域分析，连续时间信号与系统的变换域分析，离散时间信号与系统的变换域分析；下篇为实践篇，重点介绍动态测试信号的分析处理、仿真设计与实现，Lab VIEW 与 MATLAB 仿真实现相结合，体现理论与实践相统一的特点。本书在内容上注重经典理论与现代实验相结合，信号与系统的时域、频域、变换域分析处理方法与 MATLAB 仿真实验、Lab VIEW 仿真实现相结合；在目标上强调知识的精熟学习目的；在方法上强调以学生为中心、翻转课堂的学习方法，并紧密结合科研实际，以实例方式展示理论与实践的结合。

　　本书可作为新工科、机器人、智能无人系统技术、机械工程、仪器科学与技术、兵器科学与技术等相关专业的本科生、研究生从事科学研究、实验数据处理与分析的学习参考书。

图书在版编目（CIP）数据

信号与系统的处理、分析与实现／张振海等编著
. --北京：北京理工大学出版社，2021.4（2022.6重印）
ISBN 978 - 7 - 5682 - 9742 - 4

Ⅰ.①信… Ⅱ.①张… Ⅲ.①信号系统—基本知识
Ⅳ.①TN911.6

中国版本图书馆 CIP 数据核字（2021）第 066065 号

出版发行／北京理工大学出版社有限责任公司
社　　　址／北京市海淀区中关村南大街 5 号
邮　　　编／100081
电　　　话／（010）68914775（总编室）
　　　　　　（010）82562903（教材售后服务热线）
　　　　　　（010）68944723（其他图书服务热线）
网　　　址／http：//www.bitpress.com.cn
经　　　销／全国各地新华书店
印　　　刷／保定市中画美凯印刷有限公司
开　　　本／787 毫米×1092 毫米　1/16
印　　　张／26　　　　　　　　　　　　　　　　　　　　责任编辑／孙　澍
彩　　　插／3
字　　　数／611 千字　　　　　　　　　　　　　　　　　文案编辑／李丁一
版　　　次／2021 年 4 月第 1 版　2022 年 6 月第 2 次印刷　　责任校对／周瑞红
定　　　价／98.00 元　　　　　　　　　　　　　　　　　　责任印制／李志强

前言

　　信号获取、数据分析处理及测试系统实现等广泛存在于具有生命现象的自然界之中。在认识自然的过程中，人们不断地获取知识和信息，加深对自然规律的理解，并不断地改造自然。客观世界的信号获取、分析处理及系统实现，极大地促进了科学技术的发展。当今世界已经进入数字化、信息化和智能化时代，其核心之一就是信号获取的数字化及其相关数据的分析处理。信号与系统的处理、分析与实现已经成为现代信息技术领域的基础技术，对社会发展和科技进步起着越来越重要的作用。

　　信号的获取、数据分析与处理、测试系统实现是现代信息技术领域的基础，在精细化农业、航空航天、深空探测、国防军事、机器人、生物医学工程、大数据及云计算等多个领域得到广泛应用。信号与系统的处理、分析与实现是通过测量手段使人们对事物产生定量的概念，从而发现和掌握事物的规律。

　　数字化时代的信号获取与分析处理，所获取的数据量惊人，涉及海量数据的管理及基于云服务器的实时信息的处理分析。客观的测试实验系统与环境总有大量非感兴趣的信息存在，因此进行任何测试实验时，人们总是希望获取感兴趣的信号与数据，并尽可能剔除无用数据，这就不可避免地涉及信号的获取、数据分析与处理，测试系统实现问题。下面以我国近年来取得的重大成就，举例说明其中涉及的信号与系统的处理、分析与实现的关键技术。

　　党的十八大以来，党中央团结带领全党全国各族人民，把脱贫攻坚摆在治国理政的突出位置，8 年的持续奋斗，近 1 亿农村贫困人口脱贫，2020 年如期完成了新时代脱贫攻坚目标任务。依靠科技助力农村的扶贫脱贫过程中，精细化农业起了巨大作用，并且有广泛的发展空间和前景。精细化农业实践过程中，需要在较精细的空间尺度上获取、分析、处理农田土壤信息、农田作物苗情信息、作物生长信息、农田作物产量空间分布信息，利用传感器技术采信和获取海量的数据，采用适合的方法对信号进行分析与处理，反馈控制、智能决策并系统实现。

　　2020 年 12 月 17 日，"嫦娥"五号探测器带着月球样本稳稳降落，宣告我国首次月面自动采样返回任务取得圆满成功，自 2004 年立项以来经过 17 年的不懈努力，为我国探月工程"绕、落、回"三步走发展规划画上了圆满句号。这其中涉及很多中继卫星的信号传输与通信、月球车月壤采集与飞船返回、空间交汇对接控制等前沿技术。

随着中国科技实力的不断提升，华为公司不仅拿下了 5G 专利榜第一名，在智能手机领域也超越了苹果公司，成为全球第二大手机企业。据统计，华为公司在 2020 年第一季度的 5G 市场份额达 35.7%，以 11.1% 的巨大差距甩开了排名第二的爱立信公司，而诺基亚公司则以 15.8% 的份额位列第三，之后分别是三星公司和中兴通信。华为公司已在智能电网、VR/AR、车联网、远程医疗、智能制造等领域开展了一系列基于网络切片和 MEC 的跨行业合作，极大地促进了 5G 生态繁荣。这其中涉及最新的数字通信技术和数字信号处理，信号与系统理论是基础。

上述实例充分说明：人是认识客观世界和技术实现的主体，信息技术是拓展人的信息功能。人们获取信号信息的目的是对事物客观规律的认识，主要环节包括：获取测试信号，分析与判断测试信号，分类处理信号、运用信号，分析与综合应用与实现。这一过程中获取与采集测试信号的主要目标首先是为了初步掌握概况；分析信号是为了判断与评价信号的相关性和有效性；运用不同的方法处理信号，是为了建立整体的系统的认知结构，掌握信号与系统的相互关系和联系，灵活运用相关知识和规律验证是否正确与有效，进行信号与系统的实现，分析综合得出结论。

本书系统地介绍了信号与系统的基本理论、典型分析与处理方法，以及仿真实现与实验实践等内容，强调理论、应用与实验相结合。本书的撰写工作是基于作者近十多年开设的本科生必修课"信号与系统"及"传感与动态测试技术"等课程，结合作者长期从事信号分析与处理、信息获取技术、传感与测试技术、计量校准技术的基础理论、实验实践的教学、科研、工程应用与产业化方面研究。

本书侧重于信号与系统分析处理方面的基本原理、方法、实验与仿真实现，强调理论、应用与实践的结合。本书从基本原理角度介绍了信号与系统的时域、频域、变换域分析处理方法与 MATLAB 仿真实验、Lab VIEW 仿真实现，目标上强调知识的精熟学习目的，方法上强调以学生为中心、翻转课堂式学习方法，并紧密结合科研实际，以实例方式展示理论与实践的结合。上篇包括：测试信号与测试系统基础，连续时间信号与系统的时域分析，离散时间信号与系统的时域分析，连续时间信号与系统的频域分析，离散时间信号与系统的频域分析，连续时间信号与系统的变换域分析，离散时间信号与系统的变换域分析。MATALB 在信号分析与处理中具有重要影响，因此每一章都包含 MATLAB 仿真实验环节，让学生尽早认识与熟悉其应用。下篇重点介绍了动态测试信号的分析处理、仿真设计与实现，将传统的基础理论与现代先进的仿真软件相结合，Lab VIEW 虚拟仪器技术在信号处理分析中实践应用有利于学生掌握重要的工程软件。本书在内容选材上注重经典基本理论与方法，实践上与 MATLAB、Lab VIEW 仿真实现相结合，体现理论与实践相结合的特点，兼顾新颖性，力求对读者有所启迪。

本书结构框架与内容由张振海提出，并主要撰写与统校全书文稿。全书分为上、下两篇，共 8 章；其中第 1、3、7 章由张振海、张振山编著；第 4、5 章由张振海、胡红波、张振山编著；第 2 章由张振海、吴日恒、才德编著；第 6 章由张振海、何光、吴日恒编著；第 8 章由张振海、张振山、陈娅琼、许朝阳编著。

本书引用了许多专家学者的教材、著作与论文，在此表示感谢。书中引用的部分参考资料包括：《信号分析与处理》《信号与系统》《信息获取技术》《精通 Lab VIEW 信号处理》《测量电子电路设计——滤波器篇》《工程振动测试技术》《现代调制解调技术》《信号与线性系统分析》《新编传感器技术手册》《数字信号处理》《测试信号分析与处理》《Lab VIEW》《MATLAB 及其混合编程技术》《Lab VIEW 数据采信与仪器控制》等，以及多位硕士生和博士生的学位论文，博士生腾飞、张文一和硕士生许朝阳、韩季洲、刘明等参与了部分插图和公式的编辑处理工作，作者在此表示衷心的感谢！

信号与系统的处理、分析与实现涉及的知识点多，信息量大，由于编著者水平有限，书中难免存在疏漏和不妥之处，敬请专家和广大读者批评指正。

作者的电子邮箱为 zhzhang@ bit. edu. cn；本书配套教学课件 PPT 资料请登录北京理工大学出版社网站 http://www. bitpress. com. cn/book/book. de. tail. 注册下载。

编著者
2021 年 4 月

目 录
CONTENTS

上篇：原理篇　信号与系统的基本理论与分析方法

下篇：实践篇　Lab VIEW 分析处理、仿真设计与实现

上篇　原理篇

信号与系统的基本理论与分析方法

第1章

测试信号与测试系统基础

1.1 引　　言

1.1.1 信号与系统概述

什么是信号？信号是反映信息变化规律的物理量。什么是系统？系统是指能实现某种特定功能的有机整体或装置的集合。人们在日常活动中无时无刻不在与信号打交道，如时钟报时声、汽车喇叭、交通红绿灯、信号弹等，都是人们熟悉的信号。但是，要给信号下一个确切的定义，必须先搞清它与信息、消息之间的联系。简言之，人们之间的信息交流首先要用约定的符号把信息表达出来，如用语言、文字、手语、图形和数据等。例如，人们通电话，通话人甲通过电话告诉通话人乙一个消息，如果这是一件通话人乙事先不知道的事情，可以说通话人乙从中得到了信息，而电话传输线上传送的是包含通话人甲的语言的电物理量。其中，语言是甲传递给乙的消息，该消息中蕴含一定量的信息，电话传输线上变化的电物理量是运载消息、传递信息的信号。

信息是指人类社会和自然界中需要传递、交换、存储和提取的内容。事物的一切变化和运动都伴随着信息的交换和传送。同时，信息具有抽象性，只有通过一定的形式才能把它表现出来。人们把能够表示信息的语言、文字、图像和数据等称为信息。信息是消息所包含的内容，而且是预先不知道的内容。

一般情况下，消息不便于传送和交换，往往需要借助某种便于传送和交换的物理量作为运载手段，信号就是载有一定信息的一种变化着的物理量。例如，当利用光波作为载体传送符号时，就是光信号；当传送符号的运载工具是电压或电流时，就是电信号。不同物理形态的信号通过相关器件或装置可以相互转换。例如，传声器就是把声音信号转换为电信号；扬声器就是把电信号转换为声音信号；数码相机是把光信号转换为电信号。在各类不同物理形态的信号中，由于电信号容易产生、处理和控制，也容易实现与其他物理量的相互转换，所以应用最广泛。因此，我们通常所指的信号主要是电信号。

信号作为时间或空间的函数可以用数学解析式表达，也可以用图形表示。可观测的信号由一个或多个独立变量的实值函数表示，具体地说，是时间或空间坐标的纯量函数。例如，由语音转换得到的电信号，信号发生器产生的正弦波、方波等信号都是时间 t 的函数 $x(t)$；一幅静止的黑白平面图像，由位于平面上不同位置的灰度像点组成，是两个独立变量的函数 $I(x, y)$；而黑白电视图像，像点的灰度还随时间 t 变化，是三个独立变量的函数 $I(x, y, t)$。具有一个独立变量的信号函数称为一维信号，同样还有二维信号、三维信号等多维信号。本

书主要以一维信号 $x(t)$ 为对象，其中独立变量 t 根据具体情况可以是时间，也可以是其他物理量。

1.1.2 信号的处理与分析概述

计算机技术的快速发展大大促进了对信号分析与处理的研究，信号分析、处理的原理及实现技术已经广泛应用于通信、自动化、航空航天、生物医学、遥感遥测、语音处理、图像处理、故障诊断、冲激动力学、地震学、气象学等各个科学技术领域，成为各门学科发展的技术基础和有力工具。例如，月球探测器发回的图像信号可能被淹没在噪声中，可以利用信号分析与处理技术使有用的信号得到增强，以得到清晰的图像；资源勘探、地震测量以及核试验检测中所得到的数据分析需要利用信号分析与处理技术。

信号分析最直接的意义在于通过解析法或测试法找出不同信号的特征，从而了解其特性，掌握它的变化规律。简而言之，就是从客观上认识信号。通常，我们可以通过信号分析，将一个复杂信号分解或若干简单信号的分量之和，或者用有限的一组参量去表示一个复杂波形的信号，从这些分量的组成情况或这组有限的参量去考察信号的特性；另外，信号分析是获取信号源特征信息的重要手段，人们往往可以通过对信号特征的详细了解得到信号源特性和运行状况等信息。

信号处理就是对信号进行某种加工或变换，其目的主要是消除其中多余的信号，滤除混杂的噪声和干扰信号；或者将信号变换为容易识别与分析的形式，便于估计或选择它的特征参量。任何信号处理任务都由具有某种功能和特性的系统来实现和完成的。

党的十八大以来，党中央团结带领全党全国各族人民，把脱贫攻坚摆在治国理政的突出位置，8 年的持续奋斗，近 1 亿农村贫困人口脱贫，2020 年如期完成了新时代脱贫攻坚目标任务。依靠科技助力农村的扶贫脱贫过程中，精细化农业起了巨大作用，并且有广泛的发展空间和前景。精细化农业实践过程中，需要在较精细的空间尺度上获取、分析、处理农田土壤信息、农田作物苗情信息、作物生长信息、农田作物产量空间分布信息，利用传感器技术采集和获取海量的数据，采用适合的方法对信号进行分析与处理，反馈控制、智能决策并系统实现。

2021 年 2 月 10 日，中国首次火星探测任务，"天问"一号探测器实施近火捕获制动。"天问"一号探测器顺利进入大椭圆环火轨道，成为我国第一颗人造火星卫星，实现"绕、着、巡"第一步"绕"的目标，环绕火星获得成功。火星探测技术风险最高、技术难度最大的制动捕获，关系着整个火星探测工程的成败。由于制动捕获时探测器距离地球 1.92 亿 km，单向通信时延达到了 10.7min，火星环绕器需要准确地进行点火制动，只有点火时机和时长都分秒不差，才能形成理想的目标捕获轨道。这其中涉及许多前沿的信号传输、分析与处理、通信系统、深空探测与控制技术。

被誉为中国"天眼"的 500m 口径球面射电望远镜（FAST）于 2021 年 4 月 1 日对全球科学界开放观测。中国"天眼"是目前世界上最大、最先进的射电望远镜。FAST 的反射镜面总面积约 25 万 m^2，能够探测到 130 亿光年距离范围的信号，汇聚无线电波，供馈源舱接收机接收，然后进行信号的分析与处理，用于探测遥远的"地外文明"、新的脉冲星和天体的发现等。这些实例涉及最新的数字通信技术、动态测试与系统、数字信号分析与处理，信号与系统理论是基础。

信号与系统是新工科、机器人、智能无人系统技术、机械工程、信息与电子工程等相关专业的一门主干课程。它的任务是研究信号与系统的基本理论与方法，为进一步研究传感与机电控制、机器人、信息处理、通信与控制等理论奠定基础。

机械电子工程专业、新工科专业、探测制导与控制专业，以及兵器科学与技术一级学科等各专业都要涉及各类测试信号或测试系统的分析与处理问题，或者说与工程科学相关的所有学科专业都要涉及试验测试的数据处理与分析问题。信息流总是伴随着物质流、能量流而存在。系统与作为信息载体的信号息息相关、密不可分。从某种意义上说，系统是为了达到特定目的对信号进行处理、变换的器件、装置、设备及其有机组合，而信号是系统要处理、加工和变换的对象。各类控制系统都广泛地涉及信号分析和处理技术。直接应用的实例如电机、电子系统的故障分析和诊断，电力系统的微机保护、谐波抑制等。在机器人和自动化领域，自动控制系统更是可以看作一个将输入信号加工为人们所期望输出信号的装置，自动控制系统的运行过程就是对信号的加工变换过程。系统控制器按一定规则把输入信号（或偏差信号）变为施加于对象的控制信号，其加工、变换过程的正确与否直接影响系统的一系列重要特性。若控制对象所处环境恶劣、干扰源多，往往需要在系统中设置滤波环节，排除或削弱混杂在有用信号中的干扰噪声和测量噪声。对于随机干扰严重，系统无法获取精确的状态量，进而影响系统最佳运行的情况，可通过对系统输入、输出信号测量值的系统处理实现对系统状态的精确估计，即所谓的状态估计。此外，对未知系统的建模，以及自适应控制等，都需要通过对输入、输出信号的处理来建立系统数学模型，确定控制对象的模型参数等。这些都可以归结为信号处理与分析问题。

本书重点研究信号通过系统的一系列处理、分析与仿真实现的方法，如图 1-1 所示，图 1-2 和图 1-3 为实际应用的实例。

信号 ➡➡➡ 系统 ➡ 响应

图 1-1　信号与系统关系框图　　　　图 1-2　通过收音机收听电台节目过程

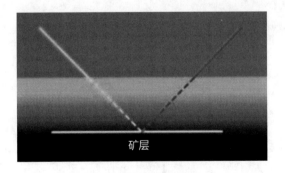

图 1-3　资源勘探过程

图 1-2 所示为人们通过收音机收听广播的过程，是典型的信号与系统的处理、分析与实现的过程。电台播音员（DJ）播报广播节目，首先通过话筒（拾振器或麦克风），将声波信号转变为麦克风膜片的冲激，从而将音频信号转化成电信号，音频电信号通过高频信号的调制过程，也就是说，在传送信号的发射机端将所要传送的低频信号"捆绑"到高频振荡

（射频）信号上，然后再由天线发射出去。通过发射机将此高频无线电波发射出去，此调制信号固定的频率点上，接收机就可以接收到此无线电信号。在接收信号的接收机需要经过解调（反调制）的过程，把载波所携带的信号提取出来，得到原有的信息。解调过程也称检波。将音频信号从高频信号中分离出来，此音频电信号再转化成喇叭的冲激，还原出广播电台播音员的声音。

一般来说，图1-3所示的遥感手段不能直接探测地层深处的矿藏，但利用微波或者多波段遥感探测技术，使之成为可能，根据遥感图像信息的色调、轮廓及相关要素间接推测地质信息。不同地质对于电磁波的反射效率不同，通过不同岩层和地貌对电磁波不同的响应，对发射信号与反射信号进行数据挖掘、深入进行分析与处理，间接探测矿层。

1.2　信号的分类

根据信号所具有的时间函数特性，可以分为确定性信号与随机信号、连续信号与离散信号、周期信号与非周期信号、能量信号与功率信号等。

1.2.1　确定性信号与随机信号

按确定性规律变化的信号称为确定性信号，如图1-4（a）所示。确定性信号可以用数学解析式或确定性曲线准确地描述，在相同的条件下能够重现。因此，只要掌握了变化规律，就能准确地预测它的未来。如正弦信号，它可以用正弦函数描述，对给定的任意时刻都对应有确定的函数值，包括未来时刻。

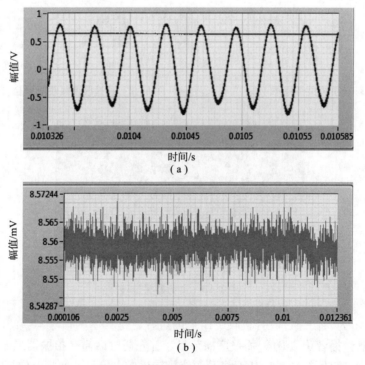

图1-4　确定性信号与随机信号
（a）确定性信号；（b）随机信号

　　不遵循确定性规律变化的信号称为随机信号，如图 1 - 4（b）所示。随机信号的未来值不能用精确的时间函数描述，无法准确地预测，在相同的条件下，它也不能准确地重现。马路上的噪声、电网电压的波动量、生物电信号、地震波等都是随机信号。

1.2.2　连续信号与离散信号

　　按自变量 t 的取值特点可以把信号分为连续信号和离散信号。连续信号如图 1 - 5（a）所示，它描述的函数的定义域是连续的，即对于任意时间值其描述函数都有定义，所以也称为连续时间信号，用 $x(t)$ 表示。离散信号如图 1 - 5（b）所示，它描述的函数的定义域是某些离散点的集合，其描述函数仅在规定的离散时刻才有定义，所以也称为离散时间信号，用 $x[t_n]$ 表示，其中 t_n 为特定时刻。图 1 - 5（b）表示的是离散信号在时间轴上均匀分布的情况，但也是可以不均匀分布。均匀分布的离散信号可以表示为 $x[nT_s]$ 或 $x[n]$，这时可称为时间序列。

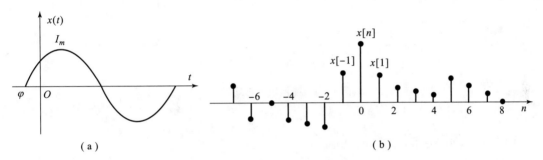

图 1 - 5　连续信号与离散信号
（a）连续信号；（b）离散信号

　　离散信号可以是连续信号的抽样信号，但不一定都是从连续信号采样得到的，有些信号确实只是在特定的离散时刻才有意义，如人口的年平均出生率、纽约股票市场每天的道琼斯指数等。

　　连续信号只强调时间坐标上的连续，并不强调函数幅度取值的连续。因此，一个时间坐标连续、幅度经过量化（幅度经过近似处理只取有限个离散值）的信号仍然是连续信号，对应地，把那些时间和幅度均为连续取值的信号称为模拟信号。显然，模拟信号是连续信号，而连续信号不一定是模拟信号。同理，时间和幅度均为离散取值的信号称为数字信号，数字信号是离散信号，而离散信号不一定是数字信号。

1.2.3　能量信号与功率信号

　　如果从能量的观点来研究信号，可以把信号 $x(t)$ 看作加在单位电阻上的电流，则在时间 $-T < t < T$ 内单位电阻所消耗的能量为 $\int_{-T}^{T} |x(t)|^2 \mathrm{d}t$，其平均功率为 $\dfrac{1}{2T} \int_{-T}^{T} |x(t)|^2 \mathrm{d}t$。

　　信号的能量定义为在时间区间 $(-\infty, \infty)$ 内单位电阻所消耗的信号能量：

$$E = \lim_{T \to \infty} \int_{-T}^{T} |x(t)|^2 \mathrm{d}t \tag{1-1}$$

而信号的功率定义为在时间区间 $(-\infty, \infty)$ 内信号 $x(t)$ 的平均功率：

$$P = \lim_{T \to \infty} \frac{1}{2T} \int_{-T}^{T} |x(t)|^2 \mathrm{d}t \tag{1-2}$$

若一个信号的能量 E 有界，则称为能量有限信号，简称为能量信号。根据式（1-2），能量信号的平均功率为零。仅在有限时间区间内幅度不为零的信号是能量信号，如单个矩形脉冲信号等。客观存在的信号大多是持续时间有限的能量信号。

另一种情况，若一个信号的能量 E 无限，而平均功率 P 是一个不为零的有限值，则称为功率有限信号，简称为功率信号。幅度有限的周期信号、随机信号等属于功率信号。

一个信号可以既不是能量信号，也不是功率信号，但不可能既是能量信号又是功率信号。对于离散信号，可以得出类似的定义和结论。图 1-6 所示为能量信号和功率信号的典型示例。

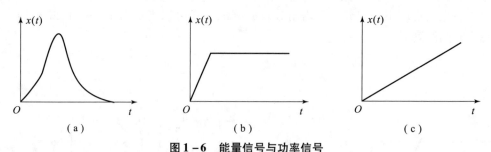

图 1-6 能量信号与功率信号

（a）能量信号；（b）功率信号；（c）非功率、非能量信号

1.2.4 周期信号与非周期信号

周期信号是依据时间而周而复始的信号，如图 1-7（a）所示。对于连续信号，若存在 $T_0 > 0$，使

$$x(t) = x(t + nT_0)，n \text{ 为整数} \tag{1-3}$$

对于离散信号，若存在大于零的整数 N，使

$$x[n] = x[n + kN]，k \text{ 为整数} \tag{1-4}$$

因此，称 $x(t)$、$x[n]$ 为周期信号，T_0 和 N 分别为 $x(t)$ 与 $x[n]$ 的周期。显然，由周期信号一个周期内的变化过程就可以确定整个定义域的信号取值。

同理，非周期信号是不依据时间重复出现的信号，如图 1-7（b）所示。非周期信号可能出现三种情况：持续时间有限的非周期信号为能量信号，如图 1-6（a）所示的脉冲信号；持续时间无限、幅度有限的非周期信号为功率信号，如图 1-6（b）所示；持续时间无限、幅度也无限的非周期信号为非功率非能量信号，如图 1-6（c）所示的斜坡信号。

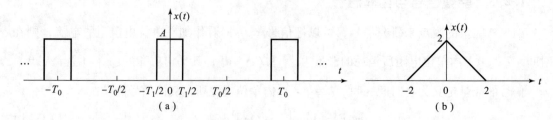

图 1-7 周期信号与非周期信号

（a）周期信号；（b）非周期信号

例 1-1　判断下列信号哪些属于能量信号，哪些属于功率信号。

$$x_1(t) = \begin{cases} A, & 0 < t < 1 \\ 0, & \text{其他} \end{cases} \tag{1-5}$$

$$x_2(t) = A\cos(\omega_0 t + \theta), \quad -\infty < t < \infty \tag{1-6}$$

$$x_3(t) = \begin{cases} t^{-1/4}, & t \geq 1 \\ 0, & \text{其他} \end{cases} \tag{1-7}$$

解：根据式（1-3）及式（1-4），上述三个信号的 E、P 分别可计算如下：

$$E_1 = \lim_{x \to \infty} \int_0^1 A^2 \mathrm{d}t = A^2, P_1 = 0$$

$$E_2 = \lim_{x \to \infty} \int_0^1 A^2 \cos^2(\omega_0 t + \theta) \mathrm{d}t = \infty$$

$$P_2 = \lim_{x \to \infty} \frac{A^2}{2T} \int_{-T}^{T} \cos^2(\omega_0 t + \theta) \mathrm{d}t = \frac{A^2}{2}$$

$$E_3 = \lim_{x \to \infty} \int_1^T t^{-1/2} \mathrm{d}t = \infty, P_3 = \lim_{x \to \infty} \frac{1}{2T} \int_1^T t^{-1/2} \mathrm{d}t = 0$$

因此，$x_1(t)$ 为能量信号；$x_2(t)$ 为功率信号；$x_3(t)$ 既非能量信号又非功率信号，如图 1-6 所示。

1.3　系统的定义、分类与互联

1.3.1　系统的定义与描述

与信号一样，系统也是目前一个使用极其广泛的概念。什么是系统呢？系统是实现某种特定要求的装置的集合，说得更具体些，系统是由若干元件、部件或事物等基本单元相互联结而成的、具有特定功能的整体。本书着重讨论线性时不变连续时间系统和线性时不变离散时间系统。为便于叙述，下面统称为线性时不变（Linear Time-Invariant, LTI）系统。从信号处理、通信到各种机动车和电机等方面来说，一个系统可以看作一个过程，在这个过程中，输入信号被系统所变换，或者说，系统以某种方式对信号做出响应。例如，图 1-8 可以看作一个简单的系统，其输入电流 $i_s(t)$、输入电压 $v_s(t)$ 经过两路分支，从而得出输出电压 $v_R(t)$ 或者 $v_L(t)$。图 1-9 中的汽车也可看作一个系统，其输入是来自发动机的牵引力 $f(t)$，$\rho v(t)$ 是正比于汽车速度的摩擦力，是汽车速度 $v(t)$ 的响应。系统可以很简单，也可以非常复杂，所以系统的复杂程度差别是非常大的。

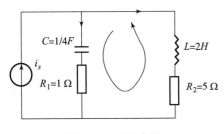

图 1-8　简单电路

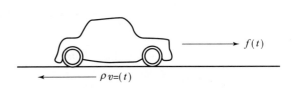

图 1-9　行驶中的汽车

图 1 - 8 和图 1 - 9 所示的两个系统，其输入信号和输出信号都是连续时间信号，这样的系统称为连续时间系统，如图 1 - 10 (a) 所示，也常用下面的符号表示其输入/输出关系，即

$$x(t) \rightarrow y(t) \qquad (1-8)$$

同样，一个离散时间系统是将离散时间输入信号变换为离散时间输出信号的过程，可用图 1 - 10 (b) 表示，或用下面的符号代表输入/输出关系，即

$$x[n] \rightarrow y[n] \qquad (1-9)$$

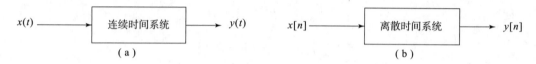

图 1 - 10　连续时间系统和离散时间系统

1.3.2　系统的特性与分类

本节讨论连续和离散时间系统的特性，并根据其特性对系统进行分类。

1. 特性 1 - 1：线性、线性系统与非线性系统

线性也就是叠加性，它包含两方面含义：齐次性与可加性，如图 1 - 11 所示。如果系统输入增大 a 倍，输出也增大 a 倍。

若

$$x(t) \rightarrow y(t) \qquad (1-10)$$

则

$$ax(t) \rightarrow ay(t) \qquad (1-11)$$

式中：a 为任意常数，称为齐次性 [图 1 - 11 (a)]。

设有几个输入同时作用于系统，如果系统总的输出等于各个输入独自引起输出的和。若

$$x_1(t) \rightarrow y_1(t) , x_2(t) \rightarrow y_2(t) \qquad (1-12)$$

则

$$x_1(t) + x_2(t) \rightarrow y_1(t) + y_2(t) \qquad (1-13)$$

称为可加性。

把这两个性质结合一起，称为线性或叠加性。对于离散时间系统，线性可以写为如下形式 [图 1 - 11 (b)]：

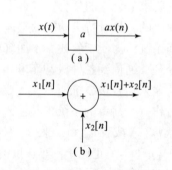

图 1 - 11　系统的齐次性与可加性
(a) 齐次性；(b) 可加性

若

$$x_1[n] \rightarrow y_1[n], x_2[n] \rightarrow y_2[n] \qquad (1-14)$$

则

$$ax_1[n] + bx_2[n] \rightarrow ay_1[n] + by_2[n] \qquad (1-15)$$

式中：a 和 b 为任意实常数。

具备线性性质的系统，称为线性系统；反之，称为非线性系统。

2. 特性 1 – 2：时不变性、时不变系统与时变系统

时不变性是指系统的零状态输出波形仅取决于输入波形与系统特性，而与输入信号接入系统的时间无关。

若

$$x(t) \rightarrow y(t) \tag{1-16}$$

则

$$x(t - t_0) \rightarrow y(t - t_0) \tag{1-17}$$

式中：t_0 为输入信号延迟的时间。

具有时不变性质的系统称为时不变系统，如图 1 – 12 的所示。

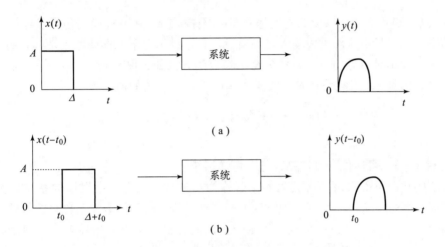

图 1 – 12 时不变系统示意图

在实际中，参数不随时间变化的系统，其微分方程或差分方程的系统全是常数，该系统就具有时不变的性质，所以，恒定参数系统（也称为定常系统）是时不变系统。反之，参数随时间变化的系统不具备时不变的性质，是时变系统。但必须指出，上述结论是有条件的。用微分方程或差分方程描述的定常系统，仅在起始松弛条件下才具有时不变性。

3. 特性 1 – 3：因果性、因果系统与非因果系统

系统的输出是由输入引起的，它的输出不能领先于输入，这种性质称为因果性，相应的系统称为因果系统。因此，因果系统在任何时刻的输出仅取决于现在与过去的输入，而与将来的输入无关，它没有预知未来的能力，即

$$y[n] = \sum_{k=-\infty}^{n} x[k] \tag{1-18}$$

描述的系统是因果系统，因为它的输出仅取决于现在和过去的输入。同样的理由，由 $y(t) = x(t-1)$ 描述的系统也是因果系统。

非因果系统的响应可以领先于输入，这种系统的输出还与未来的输入有关，即

$$y[n] = x[n] - x[n+1]$$

$$y(t) = x(t+1) \text{ 和 } y[n] = \left(\sum_{k=-M}^{M} x[n-k] \right) \bigg/ (2M+1) \tag{1-19}$$

描述的系统都是非因果系统。

对于由线性常系数微分方程和差分方程描述的系统，只有在起始状态为零（起始松弛）的条件下，它才是线性时不变的，而且是因果的。

4. 特性1-4：稳定性、稳定系统与不稳定系统

系统的输入有界（最大幅度为有限值），输出也有界，这一性质称为稳定性。具有这一性质的系统，称为稳定系统。反之，系统的输入有界，输出无界（无限值），这种系统为不稳定系统。式（1-20）代表的系统为稳定系统，这是因为输入 $x[n]$ 是有界的，若是 B，则从式（1-20）可以看出 $y[n]$ 最大可能幅度也就是 B，所以 $y[n]$ 是有界的，系统是稳定的，即

$$y[n] = \sum_{K=-\infty}^{n} x[k] \qquad (1-20)$$

如式（1-20）表示的系统，这时系统输出不像式（1-19）代表的系统那样是有限个输入值的平均，而是由全部过去输入之和组成。在这种情况下，即使输入是有界的，输出也会继续增长，而不是有界的，所以系统是不稳定的。例如，设 $x[n] = u[n]$ 是单位阶跃序列，其最大值是1，当然是有界，根据式（1-20），系统的输出为

$$y[n] = \sum_{K=-\infty}^{n} u[k] = (n+1)u[n] \qquad (1-21)$$

式中：$y[0] = 1$，$y[1] = 2$，$y[2] = 3$，…，$y[n]$ 将无界地增长。

5. 特性1-5：可逆性、可逆系统与不可逆系统

由系统的输出可确定该系统的输入，这称为可逆性。具有可逆性质的系统称为可逆系统。如果原系统是一个可逆系统，则可构造一个逆系统，使该逆系统与原系统级联以后，所产生的输出 $z[n]$ 就是原系统的输入 $x[n]$。因此，整个系统（由原系统与逆系统级联后的系统）的输入/输出关系是一个恒等系统，输出为

$$z[n] = x[n] \qquad (1-22)$$

的系统如图1-13（a）所示。

下面的公式

$$y(t) = 2x(t) \qquad (1-23)$$

代表的系统是一个可逆连续时间系统，该可逆系统的输出为

$$z(t) = \frac{1}{2}y(t) = x(t) \qquad (1-24)$$

整个系统的输出等于输入，是一个恒等系统，如图1-13（b）所示。

由式（1-24）代表的系统也是一个可逆系统，有

$$y[n] = \sum_{k=-\infty}^{n} x[k] \qquad (1-25)$$

如图1-13（c）所示，该系统任意两个相邻的输出值之差就是该系统的输入，即

$$y[n] - y[n-1] = x[n]$$

因此，其逆系统的方程为

$$z[n] = y[n] - y[n-1] \qquad (1-26)$$

不具有可逆性质的系统称为不可逆系统，即

$$y[n] = 0 \qquad (1-27)$$

$$y(t) = x^2(t) \qquad (1-28)$$

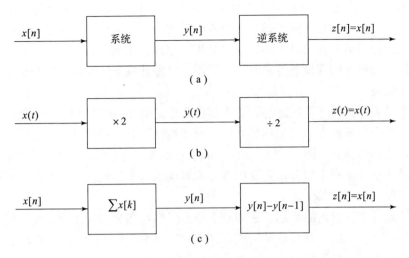

图 1 – 13　可逆系统示意图

"和运算"代表的系统都是不可逆系统。

6. 特性 1 – 6：记忆性、记忆系统与无记忆系统

系统的输出不仅取决于该时刻的输入，而且与它过去的状态（历史）有关，称为记忆性。具有记忆性的系统称为记忆系统或动态系统。含有记忆元件（电容器、电感、磁芯、寄存器和存储器）的系统都是记忆系统，如

$$y[n] = \sum_{k=-\infty}^{n} x[k] \tag{1-29}$$

$$y(t) = y(t-1) \tag{1-30}$$

$$y(t) = \frac{1}{C} \int_{-\infty}^{t} x(\tau) d\tau \tag{1-31}$$

代表的系统都是记忆系统。

不具有记忆性的系统称为无记忆系统，这种系统的输出仅仅取决于该时刻的输入，而与其他时刻的输入值无关。一个电阻器可以看作一个无记忆系统，因为若把流过电阻器的电流作为输入 $x(t)$，把其上的电压作为输出，则其输入/输出关系为

$$y(t) = Rx(t) \tag{1-32}$$

式中：R 为电阻器的阻值。

同样，由下式代表的系统也是一个无记忆系统，因为在任何特定时刻 n_0 输出 $y[n_0]$ 仅仅取决于该时刻 n_0 的输入 $x[n_0]$，而与别的时刻输入值无关，即

$$y[n] = (2x[n] - x^2[n])^2 \tag{1-33}$$

下面的公式代表的恒等系统也是无记忆系统，即

$$y[n] = x[n] \tag{1-34}$$

$$y(t) = x(t) \tag{1-35}$$

1.3.3　系统的互联

系统的数学模型可以分别用线性常系数微分方程（连续时间系统）或线性常系数差分

方程（离散时间系统）表示。对于比较复杂的系统，其数学模型将是高阶的微分方程或差分方程。必须注意的一点是，用于描述一个实际系统的任何模型都是在某种条件下被理想化的，由此得出的分析结果仅仅是模型本身的结果。因此，工程实际中的一个基本问题就是需要弄清楚附加在模型上的假设条件及其适用范围，并保证基于这个模型的任何分析或设计都没有违反这些假设。

除利用数学表达式描述系统之外，也可借助方框图表示系统模型。每个框图反映某种数学运算功能，若干个框组成一个完整的系统。对于线性微分方程描述的系统，它的基本运算单元是相加、倍乘和积分，图 1-14（a）、（b）、（c）分别表示这三种运算单元的框图及其运算功能。虽然也可不采用积分单元而用微分运算构成基本单元，但在实际应用中考虑到噪声的影响，往往选用积分单元。

对于线性差分方程描述的系统，它的基本单元仍然包括相加和倍乘，所不同的是用单位延迟代替积分运算，其框图及其运算功能如图 1-14（d）所示；另外，相加、倍乘单元的输入与输出应改为离散时间信号。

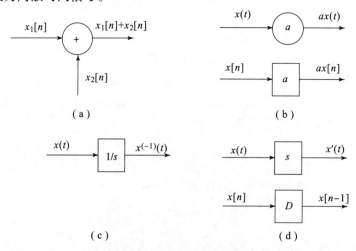

图 1-14　四种基本单元框图

（a）相加；（b）倍乘；（c）积分；（d）延迟

微分方程和差分方程对应的框图如图 1-15 和图 1-16 所示。利用线性微分方程或差分方程基本运算单元给出系统框图的方法称为系统仿真（或模拟），框图通常称为模拟图。

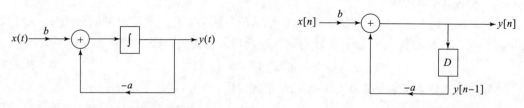

图 1-15　微分方程对应的框图　　　　图 1-16　差分方程对应的框图

系统互联是指若干个较简单的系统（或称子系统）通过一定的方式互相连接起来而构成一个复杂系统。互联在系统分析和综合中是一个很重要的概念，因为通过互联我们可以用基本单元构造一个系统，或从较简单的系统构成新的更复杂的系统，这是综合过程。也能把实际存在的系统分解为某些基本单元或子系统分别进行研究，这是分析过程。

互联的方式虽然各有不同，但经常遇到的是下述三种基本形式。

1. 串联或级联

两个系统的串联如图 1 – 17（a）所示，其中系统 1 的输出为系统 2 的输入，整个系统的输入信号先经系统 1 处理，然后再经系统 2 处理，系统 2 的输出就是整个系统的输出信号。级联不限于两个系统，可以推广到三个或多个系统的级联。

2. 并联

两个系统的并联如图 1 – 17（b）所示，这时系统 1 和系统 2 具有共同的输入信号，并联后的输出信号是系统 1 和系统 2 输出相加的结果。依此定义方式可以推广到两个以上系统的并联，这些系统有共同的输入，它们输出之和为整个系统的输出。

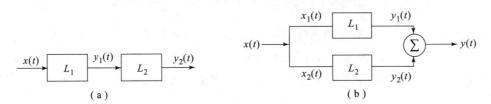

图 1 – 17　系统的串联与并联

将并联和级联两种互联方式组合起来应用，则称为混联，如图 1 – 18 所示。

3. 反馈

反馈是系统互联中应用极其广泛的一种重要形式，图 1 – 19 所示为反馈连接的基本结构，其中系统 1 的输出（互联后整个系统的输出）是系统 2 的输入，而系统 2 的输出反馈回来与系统外加的输入相加或相减构成系统 1 的输入。一般地，取相加时称为正反馈，相减时称为负反馈。下面举例说明。

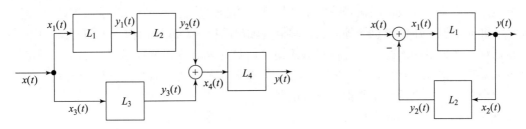

图 1 – 18　系统的混联　　　　　　**图 1 – 19　反馈连接的基本结构**

例 1 – 2　如图 1 – 20（a）所示电路，这个电路可看成一个电容器和一个电阻器两个元件的反馈连接，试分析此电路的模拟结构图。

解：电容器输入电流 $i_1(t)$，其输出的两端电压为

$$v(t) = \frac{1}{C} \int_{-\infty}^{t} i_1(\tau) \mathrm{d}\tau \tag{1 – 36}$$

这个电压就是整个电路（系统）的输出，也可看成电阻器的输入，输出电压 $v(t)$ 经电阻器产生电流 $i_2(t)$，即

$$i_2(t) = v(t)/R \tag{1 – 37}$$

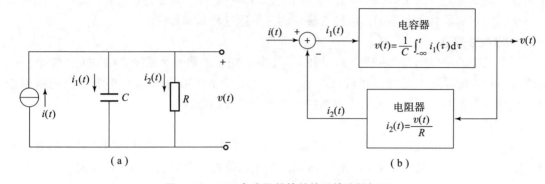

图 1 – 20   RC 电路及其等效的反馈连接框图

（a）简单电路；（b）将电路画成两个电路元件反馈互联的框图

观察图 1 – 20（a）中唯一的电路节点，由基尔霍夫电流定律（KCL）可知，电路外加输入（恒流源）$i(t)$ 减去 $i_2(t)$ 就是电容器的输入 $i_1(t)$。依据上述分析，容易画出等效于图 1 – 20（a）电路的框图，如图 1 – 20（b）所示，显然这是一个典型的反馈结构图。

1.4   测试信号的变换与调理

1.4.1   电桥电路与测试信号放大电路

传感器信号的测量电路是由传感器的类型决定的。不同的传感器具有不同的输出信号。从能量的观点看，传感器可分为能量控制型（也称有源传感器）和能量转换型（也称无源传感器）两种。前者有物理量输入、电激励源输入和电输出三个能量口，实际上，由输入物理量调制激励源。此类传感器（如电阻应变片、电容传感器）一般需配置电桥电路，从而得到电压、电流信号或调制信号。能量转换型传感器大多只有一个物理量输入口和一个电输出口，如光电池、压电传感器等。当传感器的输出阻抗很高或输出信号很弱时，一般需采用阻抗匹配的放大电路。此外，当传感器的输出信号为电流或频率信号时，需要采用电流/电压变换器或频率/电压变换器，以便将电流或频率转化为电压信号，供后级放大、处理。本节主要介绍典型的电桥电路与信号放大电路。

传感元件把各种被测非电量转换为电阻、电容、电感的变化后，必须进一步把它转换为电流或电压的变化，才有可能用电测仪表来测定，电桥测量线路正是实现这种变换的一种最常见的方法。

1. 电桥电路

由四个电阻组成一个四边形电路，其中一组对角线接激励源（电压或电流），另一组对角线接到电桥放大器上，如图 1 – 21 所示。$R_1 \sim R_4$ 称为电桥的桥臂。当输出端接到输入阻抗比较高的放大器输入端时，电桥输出端相当于开路，所以输出电流为零，有

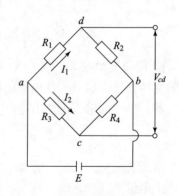

图 1 – 21   直流电桥的基本电路

$$I_1 = \frac{E}{R_1 + R_2}, \quad I_2 = \frac{E}{R_3 + R_4} \tag{1-38}$$

由此可得输出电压为

$$V_{cd} = I_1 R_1 - I_2 R_3 = \frac{R_1 E}{R_1 + R_2} - \frac{R_3 E}{R_3 + R_4}$$

$$= \frac{R_1 R_4 - R_2 R_3}{(R_1 + R_2)(R_3 + R_4)} E \tag{1-39}$$

由式（1-39）可见，要使电桥输出电压为零（电桥平衡），必须满足

$$R_1 R_4 = R_2 R_3 \tag{1-40}$$

式（1-40）为直流电桥平衡条件，说明欲使电桥达到平衡，其相对两臂电阻乘积要相等。

式（1-40）中的任何一个电阻变化，都将使电桥失去平衡，产生输出。测量此输出的大小，可测出被测参数。根据电桥中可变电阻的数目不同，电桥可分为单臂电桥、双臂电桥和四臂电桥三种。下面分别讨论这三种电桥的特点。

1）单臂电桥（1/4 桥）

单臂电桥也称为 1/4 桥，就是指传感器的敏感元件只作为电桥的一个臂，而其余三个臂均为固定阻值的桥臂，如图 1-22（a）所示。

在图 1-22（a）中，R_1 为可变电阻，R_2、R_3、R_4 为固定桥臂，x 和 R_1 的相对变化量 $x = \Delta R_1/R_2$，如在应变中，x 是应变的函数。在起始时，电桥处于平衡状态，$V_{cd} = 0$，当有 ΔR_1 时，电桥产生输出，可得

$$V_{cd} = \frac{E \dfrac{R_4}{R_3} x}{\left(1 + x + \dfrac{R_2}{R_1}\right)\left(1 + \dfrac{R_4}{R_3}\right)} \tag{1-41}$$

设 $n = R_2/R_1 = R_4/R_3$，且略去分母中的 x，可得

$$V_{cd} \approx E \frac{n}{(1+n)^2} \cdot x \tag{1-42}$$

$$K_u \approx \frac{V_{cd}}{x} = E \cdot \frac{n}{(1+n)^2} \tag{1-43}$$

式中：K_u 为电桥的电压灵敏度。K_u 越大，说明可变电阻在相对变化相同的情况下，电桥输出电压越高，电桥越灵敏。

由式（1-43）可见，欲提高电桥的电压灵敏度，必须提高电桥电源电压，但它受桥臂电阻允许功耗的限制，另外就是适当选择桥臂比 n。下面我们来分析，当电桥电压一定时，n 为何值，电桥灵敏度最高？

当 $dK_u/dn = 0$ 时，K_u 最大，则

$$\frac{(1-n)^2}{(1+n)^4} = 0 \tag{1-44}$$

所以当 $n = 1$ 时，K_u 最大。在电桥电压一定时，当桥臂 $R_1 = R_2$、$R_3 = R_4$ 时；或者 $R_1 = R_3$、$R_2 = R_4$ 时，都可使得电桥灵敏度获得最大。前者为电桥的第一对称形式，后者为电桥的第二对称形式，而等臂电桥则是一个特例。

当 $n=1$ 时，单臂电桥的输出可化简为

$$V_{cd} \approx Ex/4 \tag{1-45}$$

$$K_u \approx E/4 \tag{1-46}$$

由式（1-45）和式（1-46）可见，当电源电压 E 及电阻相对变化 x 一定时，电桥的输出电压及电压灵敏度将与各桥臂阻值大小无关。需要注意式（1-45）和式（1-46）的运用，是在 x 较小的条件下。随着 x 的增大，电桥非线性误差也相应增大。

2）双臂电桥（半桥）

双臂电桥也称为半桥，桥臂中有两个完全相同的可变元件。如图 1-22（b）所示，该电桥又可称差动电桥。

由图 1-22（b）可知

$$V_{cd} = E \frac{R_1 + \Delta R_1}{R_1 + \Delta R_1 + R_2 - \Delta R_2} - E \frac{R_3}{R_3 + R_4} \tag{1-47}$$

考虑到 $\Delta R_1 = \Delta R_2$，$R_1 = R_2$，$R_3 = R_4$，则

$$V_{cd} = \frac{E}{2} \cdot \frac{\Delta R_1}{R_1} = \frac{1}{2} Ex \tag{1-48}$$

由上述分析可知，双臂电桥比单臂电桥灵敏度提高 1 倍，且不存在非线性误差，同时还具有特性漂移的补偿作用。

3）四臂电桥（全桥）

四臂电桥也称为全桥，即四个臂都变化的电桥，如图 1-22（c）所示。初始状态时，四个臂阻值都相等，$\Delta R_1 = \Delta R_2 = \Delta R_3 = \Delta R_4$。当敏感元件受作用时，其变化幅度为 $\Delta R_1 = \Delta R_2 = \Delta R_3 = \Delta R_4$。

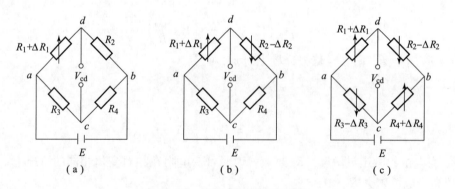

图 1-22　常用电桥的几种形式

（a）单臂电桥；（b）双臂电桥；（c）四臂电桥

由图 1-22（c）可知

$$V_{cd} = E \frac{R_1 + \Delta R_1}{R_1 + \Delta R_1 + R_2 - \Delta R_2} - E \frac{R_3 - \Delta R_3}{R_3 - \Delta R_3 + R_4 + \Delta R_4}$$

$$= E \frac{\Delta R_1}{R_1} = Ex \tag{1-49}$$

由式（1-49）可见，全桥的电压灵敏度是单桥的 4 倍。此外，全桥与差动电桥一样，同样可消除非线性误差，且有特性漂移的补偿作用。因此，在非电量电测技术中，条件允许

时应尽量采用。

2. 电桥放大器

电桥放大器的形式很多。一般要求电桥放大器具有高输入阻抗和高共模抑制比。考虑在实际应用中的各种因素，如供给桥路的电源是接地还是浮地、传感元件是接地还是浮地、输出是否要求线性关系等，应选用不同的电桥放大器。

1）半桥型放大器

图 1-23 所示为半桥型放大器，这种桥路结构简单，桥路电源 E 不受运放共模电压范围限制，但要求 E 稳定、正负对称、噪声和纹波小。该线路的输出电压为

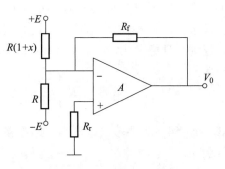

图 1-23　半桥型放大器

$$V_0 = E \frac{R_f}{R} \left[\frac{x}{1+x} \right] \tag{1-50}$$

式（1-50）表明，当 x 较大时，输出电压与电阻变量呈非线性关系。本线路抗干扰能力较差，要求输入引线短，并加屏蔽。

2）电源浮地型

图 1-24 所示为电源浮地型电桥放大器。根据"虚地"概念，电桥的不平衡输出电压为运放在 A 点呈现的电压，即

$$\frac{Ex}{2(2+x)} = \frac{V_0 R_1}{R_f + R_1} \tag{1-51}$$

所以，放大器的输出电压为

$$V_0 = \frac{R_1 + R_f}{R_1} \cdot \frac{Ex}{2(2+x)} \tag{1-52}$$

由式（1-52）可见，该电路同样只有在 $x \ll 1$ 时，输出电压才与电阻变量呈线性关系。该电路对电

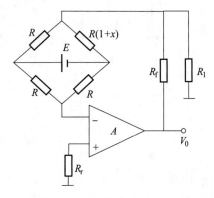

图 1-24　电源浮地型电桥放大器

桥的不平衡电压有放大作用，如将 R_f 或 R_1 代之以电位器，则可方便地调整增益而与桥路电阻 R 无关。由于运放的输入阻抗很高，使电桥几乎处于空载状态。该电路的桥路供电电源要求浮地，这时可能给使用带来方便。

3）电流放大型

图 1-25 所示为电流放大型电桥放大器，这是差动输入式线路。当 $R_1 > R$、$x \ll 1$ 时，输出电压为

$$V_0 = \frac{E}{2} \left[1 + \frac{2R_f}{R} \right] \frac{x}{2+x} \approx \frac{R_f}{2R} Ex \tag{1-53}$$

该电路的特点是电桥供电电源接地，但是电路的灵敏度与电桥阻抗有关。

4）同相输入型

图 1-26 所示为同相输入电桥放大器，它和一般同

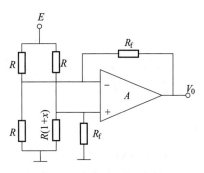

图 1-25　电源放大型电桥放大器

相输入比例放大器一样，具有输入阻抗高的优点，但要求运放具有较高的共模抑制比及较宽的共模电压范围，对供电电源要求浮地，且稳定性好。当 $x \ll 1$ 时，输出电压为

$$V_0 = \frac{E}{4}\left(1 + \frac{R_f}{R_1}\right)x \qquad (1-54)$$

式（1-54）说明输出电压与电阻变量呈线性关系。

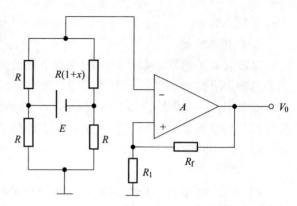

图 1-26　同相输入型电桥放大器

5）线性放大型

上述的电桥放大器，只有当 x 很小时，才使 V_0 与 x 呈线性关系。当 x 较大时，非线性就很明显，可能给实际测量带来不便。图 1-27 所示的线性放大型电桥放大器采用负反馈技术，使 x 在很大范围内变化时，电路输出电压的非线性偏差保持在 0.1% 以内。

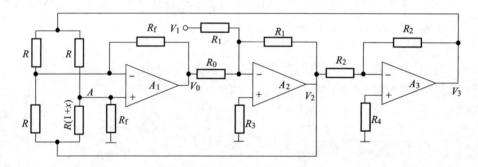

图 1-27　线性放大型电桥放大器

由图 1-27 可得

$$V_0 = \left[1 + \frac{2R_f}{R}\right]\frac{x}{2+x} \cdot \frac{V_3 - V_2}{2} \qquad (1-55)$$

$$V_3 = -V_2 = V_1 + V_0\frac{R_1}{R_0} \qquad (1-56)$$

则

$$V_0 = \left[1 + \frac{2R_f}{R}\right]V_1 x \frac{1}{2 + x - \left(1 + \frac{2R_f}{R}\right)\frac{R_1}{R_0}x} \qquad (1-57)$$

当 $\frac{R_1}{R_0}\left(1 + \frac{2R_f}{R}\right) = 1$ 时，可得

$$V_0 = \frac{V_1}{2}\left(1 + \frac{2R_f}{R_1}\right)x \qquad (1-58)$$

3. 高输入阻抗放大器

很多传感器的输出阻抗都比较高，如压电传感器、电容传感器等。为了使此类传感器在

输入到测量系统时信号不产生衰减，要求测量电路具有很高的输入阻抗。下面介绍几种高输入阻抗放大器来确定输入级静态工作电流，V_{T8} 与 V_{T9} 串联，作为中间级的恒流源，以确定中间级静态工作电流，同时又作为 V_{T10} 集电极有源负载。

4. 电荷放大器

电荷放大器是一种带电容负反馈的高输入阻抗高增益运算放大器，已广泛应用于电场型传感器的输入接口，其优点在于可以避免传输电缆分布电容的影响。

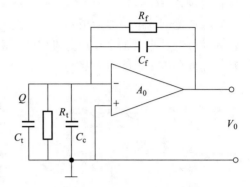

图 1-28　电荷放大器等效电路

图 1-28 所示为用于压电传感器的电荷放大器等效电路。它的输出电压与传感器产生的电荷分别用 V_0 和 Q 表示，图中，C_f 为放大器反馈电容，R_f 为反馈电阻，C_t 为压电传感器等效电容，C_c 为电缆分布电容，R_t 为压电传感器等效电阻，A_0 为放大器开环放大倍数。为得到输出电压 V_0 与输入电荷 Q 间的关系，先将 C_t 和 R_t 等效到放大器的输入端，然后对各并联电路使用节点电压法表示 V_0，可得

$$V_0 = \frac{-\mathrm{j}\omega Q A_0}{\left[\dfrac{1}{R_t} + (1 + A_0)\dfrac{1}{R_f}\right] + \mathrm{j}\omega\left[C_t + C_c + (1 + A_0) + C_f\right]} \tag{1-59}$$

一般情况下，R_t、R_f 较大，C_t 和 C_c 与 C_f 大约是同一个数量级，而 A_0 又较大。因此，在式（1-59）中，分母中的 $(C_t + C_c) \ll (1 + A_0)\, C_f$，$[1/R_t + (1 + A_0)/R_f] \ll \omega(1 + A_0)\, C_f$，则

$$V_0 = -\frac{AQ}{(1 + A_0)\, C_f} \approx -\frac{Q}{C_f} \tag{1-60}$$

显然，只要 A_0 足够大，则输出电压 V_0 只与电荷 Q 和反馈电容 C_f 有关，与电缆分布电容无关，说明电荷放大器的输出不受传输电缆长度的影响。

实际的电荷放大器由电荷转换级、适调放大级、低通滤波级、电压放大级、过载指示电路和功放级六部分组成，如图 1-29 所示。其中电荷转换级将电荷量转换为电压变化；适调放大级是为了进行传感器和放大电路综合灵敏度的归一化，当使用不同灵敏度的传感器时，可以在适调放大级进行灵敏度调整以使单位输入信号得到相同的电压输出；低通滤波器根据需要调节系统的截止频率；功放级与过载指示电路均可根据实际情况取舍。

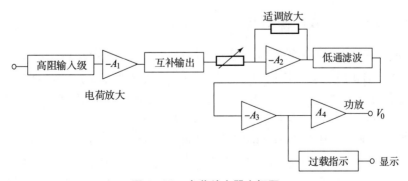

图 1-29　电荷放大器方框图

1.4.2 频率/电压变换器

有些传感器输出频率信号，如光电式流量传感器就是以脉冲频率为其输出形式。有时需要把这种频率信号转变为电压信号，频率/电压变换器可实现这种变换。输出电压与输入信号频率成比例的电路称为频率/电压变换器，图 1 – 30 所示为频率/电压变换器的原理框图，输入信号经过零电压比较器变成相同频率的方波。在实际的比较器电路中，为改善比较器的转换速度和抗干扰能力，都要引入适当的正反馈。

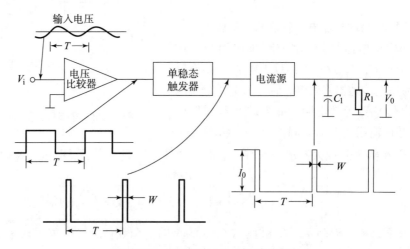

图 1 – 30　频率/电压变换器原理框图

方波驱动单稳态触发器，对应方波的每一个前沿，触发器产生一个宽度为 W 的窄脉冲，再由这些窄脉冲接通强度为 I_0 的恒流源。恒流源相当于一个"电荷泵"，每当被接通，就向 $R_1 C_1$ 电路输送电荷 $Q_0 = I_0 W$，因此输送给 $R_1 C_1$ 电路的平均电流 $\bar{i}_0 = Q/T = I_0 W f$，其中 f 为输入信号频率。

$R_1 C_1$ 两端的平均电压为

$$V_0 = \bar{i}_0 \cdot R_1 = I_0 R_1 W f \tag{1 – 61}$$

它与输入信号频率成正比。

为了得到平滑的输出波形，时间常数 $R_1 C_1$ 应该选得足够大，通常取 $R_1 C_1 \geq 10/f$。当然也不应过大，过大会使输出电压不能及时响应输入信号频率变化。

1.4.3 模/数（A/D）转换器

A/D 转换就是把连续变化的模拟电量转换成数字量。由于模拟量主要是电压，所以本节讨论电压/数字的转换。A/D 转换的分类方法很多，按转换方式，可分为直接法和间接法两类。直接法是把电压直接转换为数字量，如逐次比较型的 A/D 转换器。这类转换是瞬时比较，转换速度快，但抗干扰能力差。间接法是先把电压转换成某一个中间量，再把中间量转换成数字量。目前，使用较多的是电压 – 时间间隔（$V – T$）型和电压 – 频率（$V – f$）型两种，它们的中间转换量分别是时间 T 和频率 f。实现这类转换的方法也不少，如双积分型、脉冲调宽型等。这类转换是平均值响应，抗干扰能力较强，精度高，但转换速度较慢。

A/D 转换最常见的是逐次比较型和双积分型两种，在与计算机连接时，多用前一种转换器，在组成单板式仪表时，多用后一种。本节将分别叙述这两种型式的转换原理。

1. 逐次比较型

图 1-31 所示为逐次比较型 A/D 转换器的简化框图。它是具有反馈回路的闭环系统，包括基本部分：D/A 转换器、数码设定器、电压比较器和控制器。电路工作原理是由数码设定器给出二进制数，经 D/A 转换器转换为模拟电压 V_f，这个反馈电压作为参考电压，与输入的模拟电压 V_i 在比较器中进行比较，比较结果通过控制器修正输入到 D/A 转换器的数字量。这样逐次比较，直到加到比较器两个输入端的模

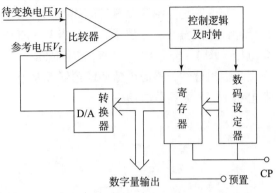

图 1-31　逐次比较型 A/D 转换器的简化框图

拟量十分接近（其误差小于最低一位数字量）为止。此时，数码设定器输出的二进制数，就是对应于输入模拟量的数字量。这种方法也称为逐次逼近法。它的转换精度主要取决于 D/A 转换器和比较器两者的精度。

现举例说明上述电路的工作过程。假设 8 位 A/D 转换器的模拟输入电压 $V_i = 163\mathrm{mV}$，并假设用于比较的参考电压为 $2^i\mathrm{mV}(i = 0,1,2,3,4,5,6,7)$ 的 8 个数值。根据上面介绍的原理，其转换过程如下。

（1）控制器使数码设定器的数码为 10000000（80H），$V_i = 2^7 = 128$（mV），由于 $V_i > V_f$，所以最高位的"1"被保留，保留 128mV；

（2）使下一位数码为"1"，数码设定器的数码为 11000000（COH），由于 $V_i < V_f = (128\mathrm{mV} + 64\mathrm{mV} = 192\mathrm{mV})$，所以把该位的"1"变为"0"；

（3）再使下一位数码为"1"，数码设定器的数码为 10100000（AOH），由于 $V_i > V_f$ $(128\mathrm{mV} + 32\mathrm{mV} = 160\mathrm{mV})$，于是保留该位的"1"。

直到最后得出转换结果为数码 A3H。由此可见，逐次比较法是从数码设定器的最高位开始，依次逐位进行比较，有几位二进制数就做几次比较，直至反馈电压 V_f 与模拟电压 V_i 相等（或十分相近）。图 1-32 所示为逐次比较型工作流程图。该流程图形象地描述了逐次比较型 A/D 转换器的工作过程。

2. 双积分型

图 1-33（a）所示为双积分型 A/D 转换电路原理图。它由积分器、零值比较器、时钟脉冲控制门、计数器及控制开关 S 等组成。双积分型 A/D 转换电路是一种精度高，而转

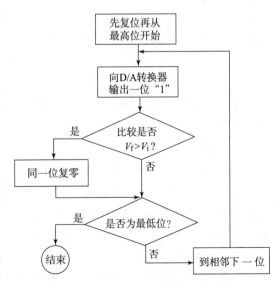

图 1-32　逐次比较型工作流程图

换速度低的 A/D 转换电路，在数字式电压表中应用较为广泛。现就其工作过程分述如下。

1）采样阶段

控制电路将控制开关 S_1 与模拟电压 V_i 接通，S_2 打开，积分器对 V_i 进行积分，同时使时钟脉冲计数门打开，计数器计数。当 V_i 为直流电压或缓慢变化的电压时，积分器将输出一斜变电压 ［图 1-33（b）]。经过固定时间 T_1 后，计数器达到满限量 N_1 值，计数器复零，并送出一溢出脉冲，该溢出脉冲使逻辑控制电路发出信号，将开关 S_1 接向与 V_i 极性相反的参考电压 V_{REF}，采样阶段结束。

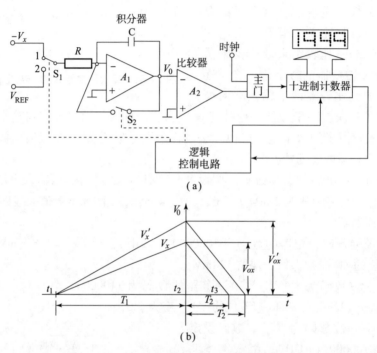

图 1-33 双积分型 A/D 转换原理

（a）原理图；（b）波形图

此阶段的特点是采样时间 T_1 是固定的，积分器最后的输出电压 V_{ox} 值取决于模拟输入电压 V_i 的平均值。采样阶段又称定时积分阶段。

2）测量阶段

当开关接向与 V_i 极性相反的参考电压 ［图 1-33（a）中 V_i 为负，则接于 $+V_{REF}$］后，积分器开始反向积分，积分器输出电压 V_o 值向零电压方向斜变。与此同时，计数器又从零开始计数，当积分器输出电压达到零时，零位比较器动作，发出关门信号，计数器停止计数，并发出记忆指令，将此阶段中计得的数字 N_2 记忆下来，并可经译码后将其显示出来。

此阶段的特点是被积分的电压是固定的参考电压 V_{REF}，因而积分器输出电压的斜率固定，而最终计算得的数 N_2 所对应的积分时间 T_2 则取决于 V_{ox} 之值。这个阶段又称为定值积分阶段，定值积分结束时得到的数字 N_2 就是转换结果。

转换过程的波形如图 1-33（b）所示。由于在转换过程中，积分器输出是两个斜变电压，故又称为双斜积分型 A/D 转换器。

1.4.4　调制与解调

图 1-34 所示为一个典型数字通信系统的结构框图。在数字通信系统中，要传输的消息可以是模拟信源（如音频、视频信号），也可以是数字信源（如电传机的输出、计算机数据）。如果信源输出的是模拟信号，那么模/数转换器将对模拟信号进行采样和量化，采样值以数字形式表示（比特 0 或比特 1）。信源编码器接收经数/模转换得到的数字信号，将其编码成更短的数字信号。这个过程称为信源编码，它减少了信号冗余，从而减少了系统的带宽需求。由信源编码器输出的二进制数字序列被送到信道编码器，信道编码器将其编码成一个更长的数字信号。信道编码器有意地引入冗余，以便接收机可以纠正信号在信道传输中由噪声和干扰产生的一些错误。通常信号的传输是在高频段，因此将已编码的数字信号携带到载波是由调制器完成的。某些情况下，信号传输在基带完成，调制器为基带调制器，也称为变换器，用于将已编码数字信号变成适合于传输的波形。在调制器后通常还有一个功率放大器。对于高频传输，调制和解调通常在中频段进行。这种情况下，在调制器和功率放大器之间还需要插入上变频器。如果中频相比载波频率过低的话，可能需要几级载波频率变换。对于无线通信，天线是发射机的最后一级，传输介质通常称为信道。在信道中，噪声叠加在信号上，衰落和损耗应体现在作用于信号的乘性因子上。这里的噪声是一个广义的概念，包括各种来自系统外部和内部的随机电气干扰。信道也通常具有有限的频带宽度，因而可以将其看成一个滤波器。在接收机中，进行了与发射机相反的信号变换。首先，接收到的微弱信号经过放大（需要时再进行下变频）和解调；然后经信道解码器去除所加入的冗余，再经过信源译码器恢复原始信号发给用户。对于模拟信号，还需要经过 A/D 转换器的转换。

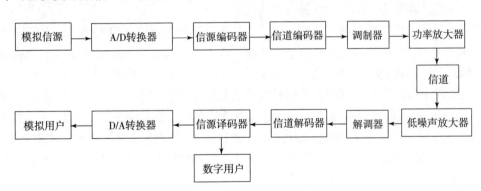

图 1-34　典型数字通信系统的结构框图

图 1-34 给出的是一个典型的通信系统组成，一个实际系统可能更为复杂。例如，对于多用户系统，在调制器前要插入复用模块；对于多台工作系统，在发射机前要加入多路接入控制模块，其他如扩展频谱和加密模块也可能会加入系统中。实际系统也可以更简单，在简单的系统中可能不需要信源编码和信道编码。实际上，在所有通信系统中，仅调制器、信道、解调器和放大器（无线系统还需要天线）是必需的。

为了描述调制、解调技术并分析其性能，经常采用图 1-35 给出的简化的调制解调器的数字通信系统模型。这个模型去除了与调制不相关的模块，而使相关模块突显出来。近年来研究的调制解调技术将调制和信道编码结合起来，在这种情形下，信道编码器是调制器的一部分，信道解码器是解调器的一部分。由图 1 – 35 可知，解调器输入端的接收信号可以表示为

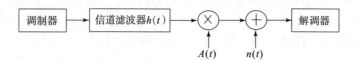

图 1 – 35　调制解调的数字通信系统模型

$$r(t) = A(t)[s(t) * h(t)] + n(t) \qquad (1-62)$$

式中：∗ 表示卷积。

在图 1 – 35 中，信道由三个元素描述。第一个元素是信道滤波器，由于从调制器出来的信号 $s(t)$ 在到达解调器之前，必须通过发射机、信道和接收机，因此信道滤波器是一个合成滤波器，其传递函数为

$$H(f) = H_T(f)H_C(f)H_R(f) \qquad (1-63)$$

式中：$H_T(f)$、$H_C(f)$ 和 $H_R(f)$ 分别为发射机、信道和接收机的传递函数。

同理，信道滤波器的冲激响应为

$$h(t) = h_T(t) * h_C(t) * h_R(t) \qquad (1-64)$$

式中：$h_T(t)$、$h_C(t)$ 和 $h_R(t)$ 分别为发射机、信道和接收机的冲激响应。

描述信道的第二个元素是因子 $A(t)$（一般为复数），$A(t)$ 代表某些类型信道中的衰减，如移动无线信道。第三个元素是附加噪声和干扰项 $n(t)$。图 1 – 35 所示的信道模型是一个通用模型，在某些情况下可以进一步简化。

在无线电通信、广播电视、导航、雷达、遥控、遥测及航空、航天领域，以不同的传输手段和方法进行各种信息的传输，信息在传输过程中都要采用调制和解调技术。调制就是在传送信号的发射端首先将所要传送的低频信号"捆绑"到高频振荡（射频）信号上，然后再由天线发射出去。其中，高频振荡信号是携带低频信号的"运载工具"。这种将低频信号"装载"于射频振荡的过程称为调制，经过调制后的高频振荡信号称为调制信号。如果信息传送方式与调制是相反的过程则称为解调，也就是在接收信号的接收端，需要经过解调（反调制）的过程，把载波所携带的信号提取出来，得到原有的信息。反调制过程也称检波，是通过解调器（检波器）来完成的。

调制与解调都是频谱变换的过程。由于非线性元件的输出信号比输入信号具有更为丰富的频率成分，因此，用非线性元件才能实现频率转换，选出所需的频率成分，消除其余不需要的频率成分。

按照随信号变化高频振荡参数（幅度、频率和相位）的不同，调制方式分为振幅调制、频率调制和相位调制，分别简称为调幅（AM）、调频（FM）和调相（PM）。另外，调制方式又分为模拟调制、数字调制及脉冲调制。

一个载波电压（或电流）$U_A \sin(\omega t + \phi)$ 有三个参数可以改变，即振幅 U_A、频率 $\omega/2\pi$、相角 ϕ。利用低频信号电压（或其他待传送的信号）来改变这三个参数中的某一个，就是连续波调制。

1. 调幅

载波频率与相角不变，使载波的振幅 U_A 按照信号的变化规律而变化。例如，图 1 – 36 （a）所示为正弦调幅波的波形；高频振幅变化所形成的包络波形就是原信号的波形，如图 1 – 36（b）所示。

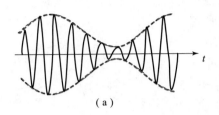 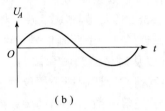

图 1 – 36　正弦调幅

（a）调幅波波形；（b）原信号波形

2. 调频

载波振幅不变，使载波的瞬时频率按照信号的变化规律而变化。这时瞬时频率的变化反映了信号的变化。图 1 – 37（a）所示为正弦调频波的波形，图 1 – 37（b）所示为瞬时频率变化的波形。

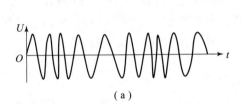 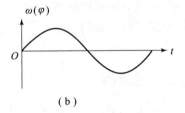

图 1 – 37　正弦调频

（a）调频（调相）波波形；（b）瞬时频率（或相位）波形

通常，ω 为角频率，f 为频率，$f = \omega/2\pi$。为了方便，在本书中有时对 ω 与 f 不加区分，而统称为频率。

3. 调相

载波振幅不变，使载波的瞬时相位按照信号规律而变化，这时瞬时相位的变化反映了信号的变化。瞬时相位的变化总会引起瞬时频率的变化，并且任何相位变化的规律都有与之相对应的频率变化的规律。因此，从瞬时波形看，很难区分调相与调频。正弦调相波仍然可用图 1 – 37（a）表示。由于以上的原因，调频和调相有时统称为调角。当然，调频与调相还是有根本的区别。

另一大类调制是脉冲调制。这种调制首先要使脉冲本身的参数（脉冲振幅、脉冲宽度与脉冲位置等）按照信号的规律变化，脉冲本身先包含信号，然后再用该已调脉冲对高频电信号进行调制，这就是脉冲调制的过程。由此可见，脉冲调制是双重调制：第一次调制是用信号去调制脉冲；第二次是用该已调脉冲对高频信号进行调制，这就是所谓的二级（二次）调制。

4. 信号的三维空间

如上所述，时域的特征是反映信号幅度 U_A 与时间 t 的关系，如示波器；频域的特征是反映信号幅度 U_A 与频率 f、相位与时间 t 的关系，如调制域分析仪。因此，对一个待测信号应从时期、频域和调制三个方面进行观察和分析，直接测量复杂信号的调制特性，甚至在时域和频域范围内无法观察到现象，采用调制域的测量方法就能比较容易地实现。

从图 1-38 可知，调制域反映了频率 f 和时间 t 之间关系，这样对一个调制信号可由三维空间进行观测，可以从时域、频域和调制三个方面进行观察、分析和研究。调制域分析仪对信号的频率、相位、时间间隔等参数与时间的关系能进行快速、直观、精确的测量。例如，测量数字通信系统中数字脉冲间隔的抖动，雷达脉冲重要周期的抖动，噪声干扰的噪声带，锁相环中压控振荡器（VGO）的频率阶跃变化，以及通过监测仪器测量磁带、磁盘、光盘驱动器、打印机和绘图仪等机电设备的抖动特性。

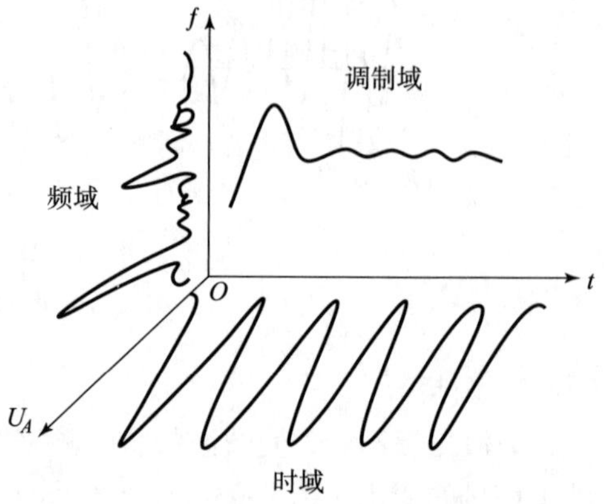

图 1-38　信号的三维空间示意图

由于调制技术在通信中的重要作用，通常调制指用一个信号对载波的特性，如幅度、相位和频率进行调制，使它随调制信号进行变化。对调制信号主要测量调制指数，包括调幅指数、调频指数等。在现代通信中，还出现了对离散的数字信号进行调制，原理和上述调制一样，只是被调制对象不同而已。

1.4.5　滤波器

测试中最常用的滤波是指在信号频域内的选频加工。在动态测试中所获取的信号往往是具有多种频率成分的复杂信号，为了不同的目的须将其中需要的频率成分提取出来，而将不需要的频率成分衰减掉，以对信号的某一个方面特征有更深入的认识，或有利于对信号作进一步的分析和处理。用于实际这一功能的部件称为选频滤波器，以下简称滤波器。

滤波器的作用就是压缩系统的通频带，从而抑制某些频带的信号（如噪声的频率分量）而保留其他频带的信号（有用的信号分量）。把信号通过的频率范围称为滤波器的通带，把阻止信号通过的频率范围称为阻带。使用滤波器的目的可能是多种多样的，其中最普遍的是为了抑制混杂在有用信号中的各种干扰噪声，以提高信噪比（Signal to Noise Ratio，SNR），提高有用信号与噪声信号幅度或功率之比。除此之外，在信号的频谱分析等方面也有广泛的应用。

事实上滤波现象是普遍存在的，因为任何测量系统都不可能是严格的理想系统，总不免要抑制某些频带的信号而增强另一些频带的信号，这是一种自然的滤波现象。而本章下面要讨论的则是如何人为地设置滤波器以达到某种预期的滤波效果，重点讨论滤波器特性的设计和选择问题。

1. 滤波器的特性与种类

在电气领域以外，也存在着大量的过滤量。例如，在我们生活中过滤咖啡用的纸过滤器、阻挡紫外线的 UV 滤光片等。过滤器的作用就是去除不需要的成分，只选择需要的成分。在电气领域滤波器不仅有频率意义上的滤波器，还有时间意义上的滤波器。例如，根据到达的时间选择信号，或者只在设定的时间工作的滤波器。

传感器领域中有检测温度、冲激、光、距离等物理量的各种传感器。在很多情况下，从传感器所获得的信号中，不仅有希望得到的信息，同时也混有不需要的噪声。当传感器检测到的信号比较弱时，在传输传感器信号的过程中还会有噪声混入，无法判别信号与噪声。噪声会使信号值漂移，信号的准确度下降，这时就需要使用滤波器。

如果能够干净地除去混入的噪声成分，只保留信号频率成分，就可以高精度地处理所获得的信号。如图 1−39 所示，从选择频率成分的角度分类，滤波器主要有以下四种：①低通滤波器（LPF），允许截止频率以下的成分通过；②高通滤波器（HPF），允许截止频率以上的成分通过；③带通滤波器（BPF），允许特定的频率成分（频带）通过；④带阻滤波器（BEF），只除去特定的频率成分（频带）。能够通过滤波器的频带与衰减的频带的分界称为截止频率。

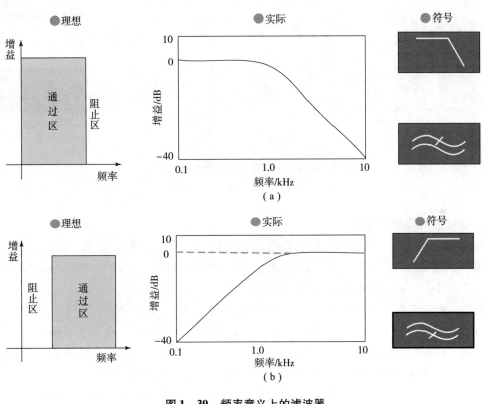

图 1−39　频率意义上的滤波器
(a) 低通滤波器；(b) 高通滤波器

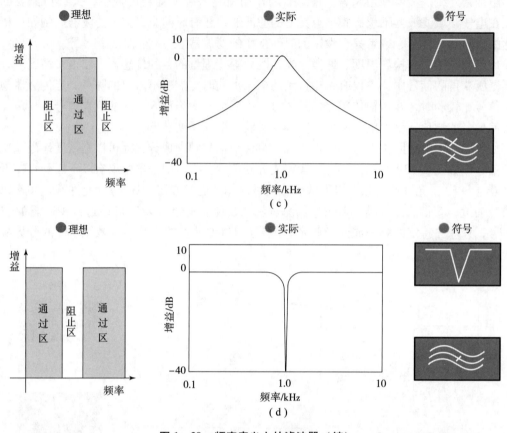

图 1 – 39　频率意义上的滤波器（续）

（c）带通滤波器；（d）带阻滤波器

2. 滤波器与噪声的带宽

滤波器的任务是"除去噪声频率，选择目的信号"。对于噪声而言，实际上也有很多种。如果希望检出的信号与希望除去的噪声的频率成分很明确，就很容易确定出最合适的滤波器及其特性，也可以定量地表达其滤波效果。

但是，由于工作环境的不同，噪声的种类也各不相同。如果欲除去的噪声对象不明确，很难用"某种特性的滤波器具有怎样的效果"来定量地进行评价。最常见的噪声是白噪声，白噪声是一种均匀地包含所有频率的噪声（"白"是各种基本颜色的综合表现）。如电阻器的热噪声、二极管的噪声以及 OP 放大器的中频发生的噪声都是白噪声。

例如，电阻器产生的热噪声是由导体内部的自由电子作不规则运动（布朗运动）产生的，它的振幅由下式表示，即

$$V_n = \sqrt{4kTRB} \quad (\mathrm{V_{rms}}) \tag{1 – 65}$$

式中：k 为玻耳兹曼常量，$k = 1.38 \times 10^{-23}$ J/K；T 为热力学温度（K）；R 为电阻值（Ω）；B 为带宽（Hz）。

这就是说，电阻器产生的热噪声与热力学温度、电阻值以及带宽的平方根成正比。对于滤波器来说，重要的是"频谱均匀的噪声的振幅与带宽的平方根成正比"。

3. 滤波器对白噪声的滤波效果

假设带宽为1MHz的放大器产生了$1V_{rms}$白噪声。此时，如果插入一个10kHz的LPF，则输出噪声为

$$1V_{rms} \cdot \sqrt{10kHz/1MHz} = 0.1V_{rms} \qquad (1-66)$$

如果插入的是100Hz的LPF，则输出噪声为

$$1V_{rms} \cdot \sqrt{100Hz/1MHz} = 0.01V_{rms} \qquad (1-67)$$

对于BPF也可以作同样的考虑。BPF的特性如图1-40所示。BPF的带宽越窄，则Q值越大，除去噪声的效果越显著。

对于HPF来说，如果插入100Hz的HPF，那么输出噪声为

$$1V_{rms} \cdot \sqrt{999.9kHz/1MHz} = 0.99995V_{rms} \qquad (1-68)$$

如果插入的是10kHz的LPF，则输出噪声为

$$1V_{rms} \cdot \sqrt{990kHz/1MHz} \approx 0.995V_{rms} \qquad (1-69)$$

输出噪声几乎没有减少。这表明，由于低频范围的带宽比高频范围窄，所以在白噪声的场合，假设阻断了低频范围的噪声也很难减少总的噪声输出。

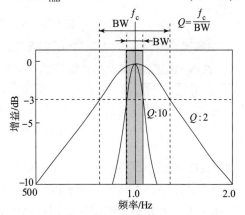

图1-40　带通滤波器的Q值

这并不是说HPF没有作用，HPF在截断直流漂移、降低特定的低频噪声（来自电源的感应噪声——交流噪声）等方面还是能够发挥作用的。

各种滤波器中，在信号测量方面使用更多的是LPF。在放大传感器信号的前置放大器的初级电路中，为了除去噪声必须使用LPF。其原因是，如果噪声密度相同，那么频率越高对总噪声电压的影响就越大，所以除去高频噪声能够明显地降低总噪声电压。

4. 滤波器的适用范围

经常在测量电路等方面应用的滤波器如图1-41所示：①RC滤波器，简单，经常使用；②有源滤波器，放大器，几乎都使用OP放大器，在几百千赫以下可以实现高性能的滤波器；③LC滤波器，在高频范围仍然大量使用；④FDNR滤波器，有源滤波器中的一种，不使用电感L却能够模拟LC滤波器的工作。对于这四种滤波器，后面将会分别介绍它们的特点、设计方法以及使用时的注意事项。

构成这些滤波器的元器件各不相同，不过在特性方面共同要考虑的是由频率方面的特性以及由滤波器阶数所决定的衰减梯度。如果是频率特性相同的滤波器，那么有源滤波器也好，LC滤波器也好，当然都有相同的时间响应特性。

5. 滤波器的频率响应与时间响应特性

1）滤波器的阶数与衰减陡度

在进行滤波器的设计之前，首先需要理解的是滤波器的频率响应问题。图1-42所示为各种5阶低通滤波器的特性。

按照频率响应的要求，可以从中选择：①巴特沃斯（Butterworth）特性；②贝塞尔

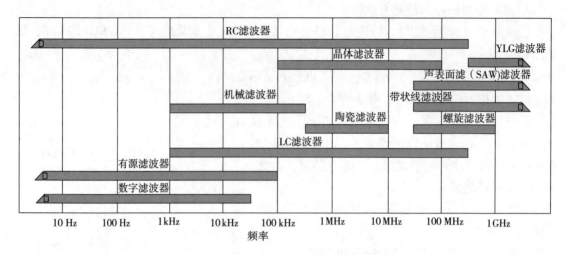

图1-41 各种滤波器的频率适用范围

（Bessel）特性；③切比雪夫（Chebyshev）特性；④联立切比雪夫特性。必须根据目的、用途分别使用不同形状的频率响应。这四种频率响应特性的不同之处主要在于截止频率附近特性的差异。截止频率附近的衰减区域的衰减陡度由滤波器的阶数决定。

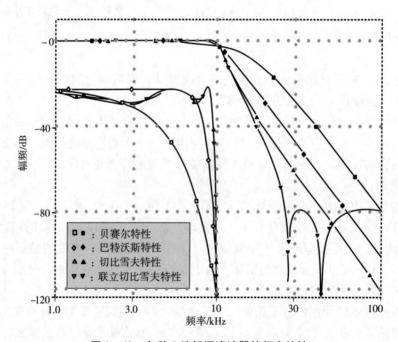

图1-42 各种5阶低通滤波器的频率特性

由希望除去的噪声频率和电平决定滤波器的阶数，则需要用高阶滤波器，只不过在截止频率附近有大的噪声。

图1-43所示为巴特沃斯特性滤波器各阶数中的衰减陡度，衰减陡高由阶数乘以6dB/oct（20dB/dec）的值决定。

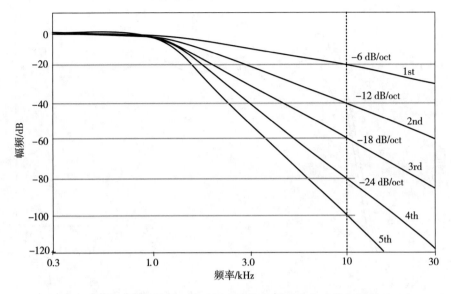

图 1 – 43　巴特沃斯特性低通滤波器各阶数的衰减陡度（截止频率 1kHz）

2）最大平坦：巴特沃斯特性

从图 1 – 43 中所看到的那样，平坦的通过区域宽度称为巴特沃斯特性（也称为最大平坦型特性），LPF 等滤波器中使用最多的特性。

巴特沃斯特性的特征是通过区域中没有增益的起伏，衰减区域的倾斜就是上截止频率附近开始的（阶数 × 6dB/oct）。它的振幅—频率特性是没有凸峰的巴特沃斯特性。在相位的角频率微分特性、群延迟特性方面有波动。

图 1 – 44 所示为各种响应的滤波器中的群延迟特性。通过群延迟特性得到的阶跃响应特性如图 1 – 45 所示，巴特沃斯特性的滤波器中产生上冲和波动。所以，在处理脉冲的电路中使用时必须注意这种现象。

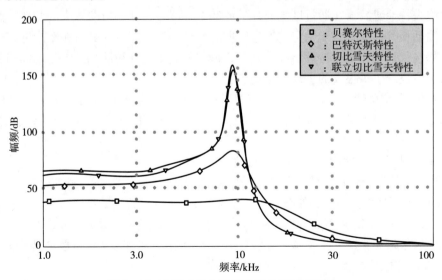

图 1 – 44　各种 5 阶低通滤波器的群延迟特性

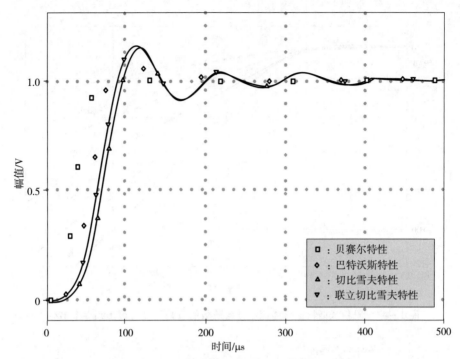

图 1-45　各种 5 阶低通滤波器的过渡响应特性

3）快速调整阶跃响应的贝塞尔特性

如图 1-44 所示，贝塞尔特性滤波器的特征是群延迟特性没有波动。因此，对方波的阶跃响应过程中不产生上冲和波动（图 1-45）。与阶数相同的其他滤波器相比，阶跃响应达到最终稳定值的速度更快。但是，截止特性缓慢（图 1-43），特别是在截止频率前、后的范围形成明显的肩部。贝塞尔特性滤波器具有良好的过渡特性，最适于对波形峰值的分析或传输脉冲的场合。

4）实现陡峭特性的切比雪夫特性

切比雪夫特性滤波器在通过区域允许的波动下其截止特性具有非常大的倾斜。假设在通过区域的波动相等，那么对于给定的通过区域的波动来说，能够在截止频率附近获得最大斜率的截止特性就是切比雪夫特性。波动越大，得到的截止特性越陡峭。但是，如图 1-45 所示，阶跃响应也产生了很大的上冲和波动。

在信号进行 A/D 转换时，对于信号频率来说，在取样频率近处每一个波形取样数目不能多的场合，具备陡峭衰减特性的防混淆滤波器是必要的，这时应该使用切比雪夫特性的 LPF。

（1）更加陡峭——椭圆（Elliptic）特性。

在切比雪夫特性的衰减区域插入陷波，使衰减特性进一步陡峭的就是椭圆特性，它能够得到更加陡峭的衰减特性。但是，如图 1-42 所示，会发生频率特性的反弹，使最大衰减受到限制，而且陷波的频率越接近截止频率，频率的反弹就越大，使最大衰减变小。当用于除去信号中含有高的固定频率的噪声时，如果使陷波对噪声频率调谐，就能以少的阶数实现有效的滤波。

（2）滤波器的副作用——对响应特性的影响。

滤波器像大多数事物一样，既有优点，又有缺点。其副作用表现在时间响应上。当使用频率滤波器时，输出波形必然产生时间滞后，不能在输入的同时得到输出的波形。

　　滤波器的带宽越窄，除去噪声的能力就越强。但是，信号有急剧变化时滤波器的输出达到稳定状态所需要的时间也变长。所以，像频谱分析仪那样分辨率带宽越窄，需要的扫描时间就越长。LPF 的时间响应特性可以利用方波的过渡响应特性来判断。HPF 和 BPF 往往会忽略时间响应特性，这一点需要注意。

　　（3）HPF 的时间响应特性。

　　图 1－46 由 1 阶 RC HPF 的构成。对于除去微弱的直流失调以及漂移来说不存在什么困难，实际上这个 HPF 是一个微分电路。如图 1－46（b）所示，当加上阶跃形状的直流信号时，由于过渡响应特性的原因，要去掉直流成分需要一定的时间。截止频率越低，需要的时间越长。2 阶以上的滤波器中，如图 1－46（c）所示，在产生反极性的电压以后会收敛于零。LPF 中如果使用贝塞尔特性的滤波器，那么方波响应不产生波动。不过，在 HPF 中，如图 1－46（c）所示，当加上阶跃状的直流时，即使贝塞尔特性也发生上冲和波动。所以，在 HPF 中，一般不使用肩特性平缓、不发生上冲的贝塞尔特性滤波器。

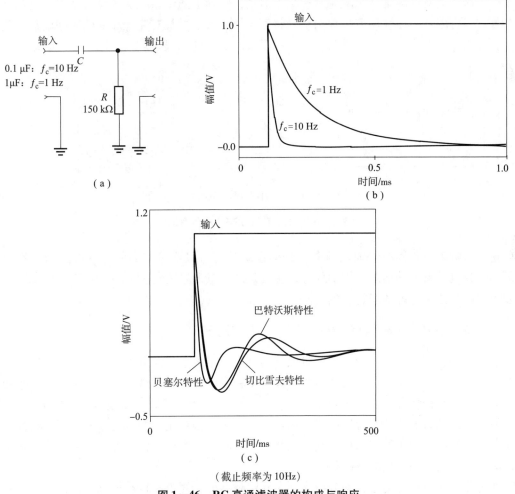

图 1－46　RC 高通滤波器的构成与响应

（a）1 阶 RC 高通滤波器；（b）输入直流阶跃波形时的响应波形；

（c）各种 3 阶高通滤波器输入直流阶跃波形时的响应波形

1.5　测试系统的分析与选用

1.5.1　测试系统的动态特性

在测量静态参数时，由于被测参数不随时间变化，测量和记录过程不受时间限制，测试系统的输出与输入二者之间有一一对应的关系。而在实际测试工作中，大量被测量是动态参数，这种被测信号是随时间变化而变化的。测试系统对动态信号测量的任务不仅是精确地测量被测信号幅值的大小，还包括测量动态信号随时间变化过程的波形，这就要求测试系统能够迅速准确、无失真地再现被测信号随时间变化的波形，也就是要求测试系统具有良好的动态特性。

测试系统的动态特性是指测试系统对激励（输入）的响应（输出）特性。一个动态特性良好的测试系统，其输出量随时间变化的规律将能同时再现输入量随时间变化的规律，如图 1-47 所示的测试系统动态响应示意图。但是，实际上测试系统除了具有理想的比例特性环节外，还有阻尼、惯性环节，输出信号将不会与输入信号具有完全相同的时间函数，这种输出量与输入量之间的差异就是所谓的动态误差。而且动态误差越大，测试系统的动态性能越差。

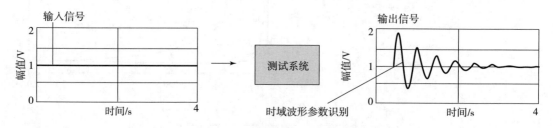

图 1-47　测试系统动态响应示意图

这种影响动态特性的"固定因素"任何系统都有，只不过它们的表现形式和作用程度不同。研究测试系统的动态特性的任务，主要是从测量误差的角度分析产生动态误差的原因以及提出改善测试系统动态特性的措施。

1.5.2　研究与分析测试系统动态特性的方法

研究与分析测试系统的动态特性可以从时域和频域两个方面分别采用瞬态响应法和频率响应法。由于被测动态信号的时间函数形式是多种多样的，在时域分析测试系统的动态特性时，只能分析几种特定的输入时间函数，如阶跃函数、脉冲函数、斜坡函数等的响应特性。在频域分析测试系统的动态特性一般采用正弦输入函数得到频率响应特性。在不同场合，根据实际需要解决的问题不同而选择其中任意一种方法。一个动态特性良好的测试系统其瞬态响应时间很短或者频率响应范围很宽。

在对测试系统进行动态特性分析和动态标定时，为了便于比较与评价，常常采用阶跃与正弦变化的输入信号。

采用阶跃函数输入分析测试系统时域动态特性时，常用时间常数、上升时间、响应时间、过调量等参数综合表征测试系统动态特性。采用正弦函数输入分析测试系统的频域动态特性时，常用幅频特性和相频特性描述测试系统的动态特性，其重要指标是频带宽度，简称带宽。

1.5.3　提高与改善测试系统性能指标的途径

在设计与组成测试系统时，首先要考虑系统的原理方案要正确、合理，必须多方考虑系统的动态特性要求。一般情况下，测试系统由多个环节（分系统）组成，当这些环节为串联时，其传递函数为

$$H(s) = \prod_{i=1}^{n} H_i(s) \tag{1-70}$$

式中：$H_i(s)$ 为第 i 个环节的传递函数。

测试系统的对数幅频特性为

$$A(\omega) = \sum_{i=1}^{n} A_i(\omega) \tag{1-71}$$

式中：$A_i(\omega)$ 为第 i 个环节的对数幅频特性。

例如，一个测试系统由三个环节组成，各环节的对数幅频特性如图 1-48 所示，三个环节的幅频特性分别为 $A_1(\omega)$、$A_2(\omega)$ 和 $A_3(\omega)$，整个系统的对数幅频特性主要取决于频带最窄的 $A_1(\omega)$。要使整个测试系统具有良好的动态特性，也就是说要具有较宽的工作频带，设计系统时必须注意到每个环节的动态特性。

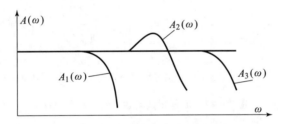

图 1-48　各环节的对数幅频特性

现代动态测试系统一般由传感器、信号调理电路与计算机系统组成。通常信号调理电路与计算机系统的动态响应特性要比传感器的动态响应特性高得多。因为传感器常常是机电系统，并且将非电量信号转换为电信号输出需要一个过程，所以其动态特性较后二者要差。因此，现代动态测试系统的动态特性，主要取决于传感器的动态特性。也可以说传感器是影响整个系统动态特性的关键环节，选用或设计传感器时要特别注意它的动态响应特性。

通过上面分析可知，影响全系统动态特性的是工作频带最窄的环节。要想提高与改善全系统的动态性能指标，主要的任务是找出影响工作频带最窄的环节的动态特性的原因，采取有效措施，使其工作频带加宽。

1.5.4　典型工程测试系统的分析

工程测试技术作为解决工程问题的一种有效手段，早已被人们所利用。近二十多年来，随着科学技术的发展，测试技术发生了令人瞩目的深刻变化。首先由于电子技术和传感器技

术的发展，大大加强了测试系统的功能，提高了测量的精度和速度。随着各种新型传感器的相继问世，使得过去难度较大的测量，如高冲激、微机电系统（MEMS）微结构冲激、极高频和极低频的测试以及恶劣环境中的测量都可以实现。测试方法有很多种，根据不同的测试目的、不同的测试参数、不同的测试功能和不同的测试方法，有不同的测试系统的组成，这些组成的优劣直接影响工程测试结果，必须引起高度重视。

1. 工程测试概述

在工程信号测试领域提出了解决工程的理论分析方法。例如，工程冲激的测试中，首先通过测试系统的质量、阻尼、刚度等物理量描述系统的物理特性，从而构成系统的力学模型；然后通过数学模型分析，求出在自由冲激情况下的模态特性（固有频率、正则振型、阻尼比等），并在激振力的作用下求出相应的强迫冲激响应特性。因此，它也称为是解决冲激问题的正过程。但是，对于较复杂的并不十分清楚的结构物理参数，有些因素难以确定，如系统的阻尼、部件的连接刚度、边界条件等。因此，很难得心应手地把在实际工程中遇到的问题建成一个符合实际的力学模型，这对初学者来说，是个更大的困难。

实验的方法是解决工程测试的主要方法，它是分析方法的逆过程：①通过某种激励方法，使实验对象产生一定的激励响应；②通过测量仪器直接测量出激励和系统激励下的响应特性，如位移、速度、加速度等函数的时间历程；③通过模拟信号分析或数字信号分析得到系统的模态特性；④利用模态坐标的逆变换，进而可获得系统的物理特性，这就是工程测试技术的基本思路。如图 1 – 49 所示。

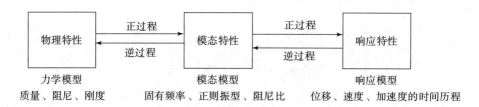

图 1 – 49　工程测试问题求解过程示意图

2. 工程测试方法

在工程测试领域中，测试手段与方法多种多样，按各种参数的测量方法及测量过程的物理性质来分，可以分成以下三类。

1）机械式的测量方法

利用机械接收原理的传感器，将工程测试参量转换成机械信号，再经机械系统放大后，进行测量、记录，它能测量的频率较低，精度也较差。但在现场测试时较为简单方便。

2）光学式的测量方法

利用光学传感器，将工程测试参量转换为光学信号，经光学信号放大后显示和记录。例如，激光测振仪就是基于光学干涉原理，采用非接触式的测量方式，将物体的运动参数由光学元件接收器转换为相应的多普勒频移，交由光检测器将此频移转换为电信号，再由电路部分将其变换为与运动参数相对应的电信号。

3）电测方法

将工程测试参量转换成电信号，经电子线路放大后显示和记录。例如，冲激电测法的要点在于先将机械冲激量转换为电学量（电动势、电荷及其他电学量），然后再对电量进行测量，从而得到所要测量的机械量，这是目前应用得最广泛的测量方法。

三种方法中，电测方法具有很多突出特点，如高精确度、高灵敏度、高响应速度以及低功率，可以连续测量、自动控制，还可以方便地与计算机通信，达到了用机械方法和一般方法测量时很难达到的水平，因而电测方法在动态测量中得到了广泛的应用，并且具有以下优点。

（1）可以将许多不同的非电信号转换为电信号加以测量，从而可以使用相同的测量和记录显示仪器。

（2）输出的电信号可以用作远距离传输，利用远距离操作和自动控制。

（3）采用电测法可以对变化中的参数进行动态测量，因此可以测量和记录瞬时值及变化过程。

（4）易于使用许多后续的数据处理分析仪器，特别是与计算机通信，从而能对复杂的测量结果进行快速的运算和分析处理以及提供反馈控制。

3. 工程测试系统的组成及配置

工程测试系统是指由有关器件、仪器和设备有机组合而成的，具有定量获取某种未知信息功能的整体。一般来说，把外界对测试系统的作用称为测试系统的输入或激励，而将系统对这种作用的反应称为测试系统的输出或响应。

例如，工程振动冲激测试系统一般包含激振设备、传感器、测量线路及放大器、数据分析处理装置四部分，此系统的原理如图 1-50 所示。

图 1-50　测试系统原理示意图

（1）激振设备。激振设备的作用是人为地模拟某种条件，首先把被测系统中的某种信息激发出来，以便检测，如用激振装置作用在机械装置上；然后把机械结构产生的冲激频率、幅值等信息激发出来，由后续装置检测后对它的性能进行分析研究。

（2）传感器。把被测的机械冲激量转换为机械的、光学的或电的信号，完成这项转工作的器件称为传感器。传感器的作用是把被测的机械冲激量接收下来并转换为后续设备能够接收的信号。它是获得信息的主要手段，在整个测试系统中占有重要地位。

（3）测试线路及放大器。一般来说，冲激传感器输出的信号一般都很微弱，需经放大后才能推动后续设备，并且由于各类冲激传感器的特性各不相同，所以要求的测试系统也各不相同。为此，就需要有各种不同的测试系统。

测试系统的作用是把传感器产生的弱电信号变换放大成具有一定功能的电压、电流等信号输出，以推动下一级的测试设备进行分析处理工作，有时也兼做简单的测量工作。根据测试线路的类型和测量结果的要求不同，有时需进行必要的信号变换，如为了低频信号的传输方便，需要将其调制成高频信号。

测量线路的种类甚多，它们都是针对各种传感器的变换原理而设计的。不同的传感器有不同的测试系统，如专配电式传感器的测试线路有电压放大器、电荷放大器等；此外，还有积分线路、微分线路、滤波线路、归一化装置等。

(4) 数据采集和信号分析。从测试线路输出的电压信号，可按测量的要求输入给信号分析仪或输送给显示仪器（如电子电压表、示波器、相位计等）、记录设备（如磁盘、磁带记录仪、$X - Y$ 记录仪等）等。有时为了与计算机通信方便，需要首先将模拟信号变换成数字信号；然后再输入到信号分析仪进行各种分析处理，从而得到最终结果。记录、显示装置和数据分析处理装置的作用是把测试线路输出的电信号不失真地记录和显示出来，而记录和显示的方式一般又分为模拟和数字两种形式，有时可以在一个装置中同时实现显示和记录。在许多情况下，需要对测试信号的重现和处理，不仅需要被测参数的平均值或有效值等测试数据，而且还需要知道它们的瞬时值和变化的过程，特别是对动态测试结果的频谱分析、幅值谱分析、能量谱分析等。这时，必须首先使用记录装置将信号记录下来，并存储在磁盘中；然后对测试记录的数据进行处理、运算、分析等，如果数据量大，还要进行数理统计分析、实验曲线的拟合以及动态测试数据的谱分析等。

1.5.5 测试系统的工程应用实例

1. 电动式测振系统

电动式测振系统是工程测试系统中最常见的一种测试系统，可用来测量加速度、速度和位移，此系统的原理如图 1 – 51 所示。

图 1 –51 电动式测振系统原理示意图

电动式测试系统的多功能传感器本身具有加速度和速度两种参量输出，因此经过（积分）放大后，可获得加速度、速度和位移三种参量，从而克服了需经过微积分得到的测量参量而带来的误差较大和易受高频干扰等缺点。

这类测振仪器的特点是输出信号大、长导线影响小、动态范围大、测量参量全。这类测振系统中的无源传感器不需要电源，但对测振放大器输入阻抗都有较严格的要求，放大器的输入阻抗直接影响传感器的阻尼比和灵敏度。对于有源伺服式传感器，其输出阻抗很小，放宽了对放大器输入阻抗的要求，但传感器需要供电，故测量导线往往采用多芯导线，给测振带来不便。

2. 压电式测振系统

压电式测振系统的传感器为压电式加速度传感器，可用来测量加速度，通过积分线路也可以获得速度和位移，此系统的原理如图 1 – 52 所示。

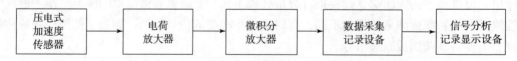

图 1 –52 压电式测振系统原理示意图

压电式加速度传感器输出阻抗很高，因此，放大器的输入阻抗很高，导线和接插件对阻抗的影响较大，要求绝缘电阻很高，它的输出信号也较大，但系统的抗干扰能力较差，易受电磁场的干扰。所以，压电式测振系统中，有时需要配备滤波设备和积分线路才能进行较为满意的测试。在使用数据采集分析系统时，还需加抗混叠滤波器。

3. 应变式测振系统

电阻应变式测振系统的传感器应用的是电阻式加速度传感器。需配套使用的放大器一般用电阻动态应变仪，记录装置为计算机数据采集系统，此系统的原理如图 1-53 所示。

图 1-53　应变式测振系统原理示意图

应变式测振系统的频率响应能从 0 开始，因此，其低频响应较好。它的阻抗较低，但长导线时的灵敏度要比短导线时的低，也较易受干扰。

4. 电涡流式测振系统

电涡流式测振系统可测量金属设备在工作状态下的振动，具有非接触、高线性度、高分辨率特征。电涡流传感器是一种非接触的线性化计算工具，它能准确测量被测体与探头端面之间静态和动态的相对位移变化，如图 1-54 所示。

图 1-54　电涡流式测振系统原理示意图

5. 激光测振系统

激光测振仪是基于光学干涉原理，采用非接触式的测量方式，在测量时由传感器的光学接收部分将物体的冲激转换为相应的多普勒频移。首先由光检测器将此频移转换为电信号；然后由电路部分做适当处理后送往多普勒信号处理器将多普勒频移信号变换为与冲激速度相应的电信号；最后记录于计算机等设备。此系统的原理如图 1-55 所示。

图 1-55　激光测振系统原理示意图

此系统可以应用在许多其他测振方式无法测量的任务中。它的优点是使用方便，不影响物体本身的冲激，测量频率范围宽、精度高、动态范围大，可以满足高精度、高速度测量的应用。使用非接触测量方式，还可以检测液体表面或者非常小物体的冲激，同时还可以弥补接触式测量方式无法测量大幅度冲激的缺陷。其缺点是测量过程受其他杂散光的影响较大。

6. 综合测振系统

综合测振系统是将应变、压电、电涡流、磁电式等各种冲激传感器（加速度、速度、位移）通过相应的信号适调器集于一身，可进行电压、电流等各种物理量的测试和分析。例如，配合压电式加速度传感器、IEPE（ICP）压电式传感器，通过积分可实现加速度、速度、位移的测试和分析；电涡流传感器、磁电式速度传感器可对位移、速度等物理量进行测试和分析；并且通过计算机 USB3.0 接口，对采集器进行参数设置（设置量程、传感器灵敏度、采样速率等）、清零、采样等操作，并可实时分析和传送采样数据。此系统的原理如图 1-56 所示。

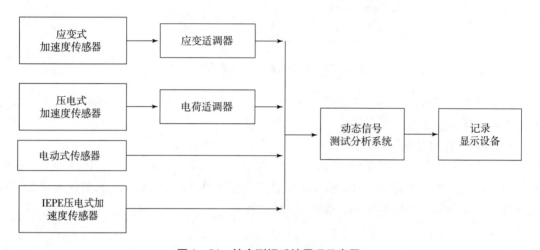

图 1-56　综合测振系统原理示意图

1.5.6　工程测试系统的选用原则

工程测量中参量和仪器的选择是测试过程中的重要环节，必须充分了解工程被测信号的特点，选择测试的频率范围和冲激幅值的区间，才能正确地进行测试工作。下面以冲激信号的工程测试为例阐述测试系统的选用原则。对于低频冲激的物体测量以位移为宜；对于冲激以速度参量为宜。模型冲激试验可根据需要选取参量，也可根据现有的分析手段、所关心的物理量与冲激参量之间的关系选择参量。在测振仪器的选择方面，不能片面地追求某项高指标，应根据研究对象的频率范围、幅值范围和冲激状态选择仪器。

1. 选用原则 1-1：工程冲激的特点

在诸如机械及桥梁等工程冲激测量中，由于频率成分的差异、冲激幅值的不同，冲激状态的多样性，参量和仪器的选择十分重要，否则将不能获得理想的结果。一般来说，机械冲激的频率较高、幅值较小，极端环境条件下的高冲激频率很高，冲激幅值的变化范围较大。由于各种冲激都有其各自的冲激特点，因此不可能所有的冲激测量都选用一种参量；一种测振仪也不可能适应所有工程的冲激测量。冲激测量应根据最关心的冲激参量、现有的分析手段等合理选择冲激参量。测量仪器的选择，应根据所研究对象的固有频率和幅值范围选择仪器，否则次要的冲激频率将会掩盖主要频率成分，测得的冲激参量可能出现量级上的差异而使分析结果的误差很大，甚至得到错误的结果。对于冲激等方面的冲激测量，在测振仪器的选择方面更应慎重。

2. 选用原则 1 - 2：测量参量的选择

1）根据振动的特点选择振动参量。

由于各种工程结构之间的固有频率相差很大，如悬索桥、斜拉桥和高层建筑的自振频率可低达 0.5Hz，而有些机械振动频度可高达 100Hz 以上，并且振动幅值相差亦很大。因此，可根据被测对象的振动特点及所关心的振动参数选择不同的振动参量。总的原则是：①被测物体固有频率低、加速度值很小的情况下选择位移参量；②被测物体固有频率高、位移幅值很小的情况下选择速度参量或加速度参量；③根据现有分析手段选择参量。

（1）机械冲激实验中的冲激测量。在机械冲激实验的冲激测量中，由于其冲激量级远大于外界干扰冲激，其冲激状态基本上是简谐冲激，参量之间的换算关系非常方便，因而可根据需要和现有条件选取参量。

（2）桥梁、民用建筑等结构工程的振动测量。桥梁、民用建筑等结构工程的振动测量的目的在于了解其自振频率、振型、阻尼、动力放大因数等。这些结构的自振频率一般较低，在 0.5 ~ 100Hz 频率范围内，并且振幅较大。因此，桥梁、民用建筑等结构工程的冲激测量应采用位移参量或速度参量。

2）根据物理量选择冲激参量。

在工程科学研究中有些物理量和冲激参量有着直接或间接关系，如加速度和惯性力、速度和能量、位移和力等均存在密切的关系，因此在冲激测量中可根据所关心的物理量选择冲激参量。而在分析力、动载荷和应力的地方，应采用加速度参量，因为加速度与动载荷有关。

3. 选用原则 1 - 3：测量仪器的选择

在冲激测量中，仪器的合理选择是十分重要的。一般来说，应根据本人所从事的研究领域、测量的对象及今后可能遇到的情况做出合理的选择。

1）仪器选择标准 1 - 1：合理选择仪器的通频带

如果结构的自振频率较低，在考虑前几阶振型的情况下，工程测振仪器的频率范围大致选为 0.5 ~ 100Hz。在实际测量中，不同情况应区别对待，根据实际情况进行合理选择。

在实际测量中，应选用 LPF 和 HPF，滤除不必要的频率成分。在工程测振中，还有频率高达 10kHz 的情况，应特殊考虑。所以选择通频带主要关心的是超低频、超高频的测试情况。

2）仪器选择标准 1 - 2：合理选择仪器量程

如果工程冲激的幅值变化范围很大，则在工程冲激测量中，需要大量程的测振仪。因此，在选用仪器时，应尽可能地选用动态范围大的测振仪，以同时满足量程和测量精度的要求。

3）仪器选择标准 1 - 3：根据测试参数状态选用仪器

冲激状态不同，也应选择不同的测量仪器。对于周期冲激、随机冲激测量，可依据冲激频率范围、冲激幅值大小选择测量仪器；对于瞬态冲激等，还应十分注意考虑仪器的瞬态响应特性。

在测试过程中，要考虑激振器、传感器的附加刚度、附加质量对冲激系统的影响。对于微小冲激系统要选择非接触式的激振器、冲激台和传感器，如利用磁场、电场激振的激振器，电涡流测振系统、激光测振系统等。

由此可知，为组建满足工程冲激测试的测试系统，必须了解每个仪器的工作原理、机电性能及特点，才能更好地完成工程测试任务。

4. 选用原则 1 - 4：工程测试技术的任务

工程中多数结构都承受随时间变化的动载荷，我们称为动力结构。例如，桥梁结构、海洋工程结构、机床、旋转机械、车辆结构及航空航天器等，它们都是承受各种动载荷的动力结构。动力结构不可避免地要出现冲激。剧烈的冲激将导致构件破坏，冲激还将导致机构传动失灵、紧固件松脱及降低加工精度等，冲激还将消耗能量、降低效率，冲激噪声还将恶化环境。总之，冲激的危害是多方面的。冲激测试的任务就是要在动力结构的设计、运行的各阶段，为消减和隔离冲激及其带来的危害提供可靠的依据。

在工程冲激理论中，其线性冲激系统的运动方程为

$$M\ddot{x} + C\dot{x} + Kx = F \tag{1-72}$$

式中：M、C、K 分别为系统的质量矩阵、阻尼矩阵与刚度矩阵；x、$\dot{x}$、$\ddot{x}$ 分别为系统诸质量的冲激位移列阵、速度列阵与加速度列阵；F 为系统结构所受的外激振力列阵。

在保证冲激参数正确的前提下，在应用冲激理论的解题思路中，首先要求出冲激系统的固有频率和正则振型；然后利用正则振型的正交性，通过解耦寻找正则坐标下的冲激微分方程组，并求解得到正则坐标下的响应；最后再返回到物理坐标得到冲激问题的解。以上这些参数和解题过程是否正确，必须通过工程冲激测试技术的实验进行验证方能得到正确答案。因此，利用冲激测试技术可解决以下几个方面的工程问题。

1）任务 1 - 1：实验验证

对冲激参数很清楚的系统，若已知激振力列阵 F、被测试系统的质量矩阵 M、阻尼矩阵 C、刚度矩阵 K，可理论计算出冲激响应的位移列阵 x、速度列阵 $\dot{x}$、加速度列阵 $\ddot{x}$。为了验证理论计算结果的准确性，就要求在已知激振力 F 的作用下，通过冲激测试系统得到 x、$\dot{x}$、$\ddot{x}$，如果测试系统与理论结果相一致，则理论结果得到了实验验证，这是工程冲激测试中的正问题。

2）任务 1 - 2：参数识别

对于还不清楚的系统，若已知激振力列阵 F，并可测知系统的冲激位移列阵 x、速度列阵 $\dot{x}$、加速度列阵 $\ddot{x}$，从而通过参数识别（固有频率、振型、阻尼比等）求出系统的物理参数，如质量矩阵 M、阻尼矩阵 C、刚度矩阵 K，这就是"参数识别"和"系统识别"的内容。这一类问题通常称为冲激测试中的第一类反问题。

3）任务 1 - 3：载荷识别

在已知系统参数质量矩阵 M、阻尼矩阵 C、刚度矩阵 K 的情况下，测量出冲激系统的位移列阵 x、速度列阵 $\dot{x}$、加速度列阵 $\ddot{x}$，可求出输入的激振力列阵 F。这就是"载荷识别"问题，以寻找引起结构系统冲激的振源，这是冲激测试中的第二类反问题。这类问题对冲激测试的要求，除了精确测出系统冲激位移列阵 x、速度列阵 $\dot{x}$、加速度列阵 $\ddot{x}$ 外，往往还要首先在已知激振力列阵 F 的情况下进行第一类反问题的计算与测试，以求得冲激结构的系统参数；然后再进行载荷识别。通过这类反问题的研究，可以理清外界干扰力的激振水平和规律，以便采取措施来控制冲激。

4）任务 1 - 4：建立冲激方程

对于比较复杂的冲激系统，可以利用实验结果建立冲激方程。由于结构的冲激系统的参

数是决定结构动力特性的主要参数，利用冲激测试技术直接得到系统的动态参数，直接建立冲激方程，并在此基础上计算冲激系统在实际载荷作用下的响应，以及进行冲激校核和必要的结构修改。

5）任务 1-5：为理论计算提供技术参数

在工程实际的理论计算中，有限元法是一种极为有力的计算工具，它适用于计算各种类型结构的动态参数，以及易于改变结构的各种物理参数，为结构的优化设计提供依据。但是，考虑到实际结构的复杂性，很难第一次就能得心应手地建立一个符合实际的有限元计算模型。通过实验不仅可提供一组可靠的动态参数，还可提供某些只有通过实验手段才能获得的重要数据，如有关结构的阻尼比等。将理论计算（如有限元法）和实验测试结果（模态分析实验）进行相互校核和修正，最后才可得到一组比较真实可靠的动态参数。

6）任务 1-6：故障诊断与监测

工程冲激测试技术的任务还包括监测机器设备工作状况是否稳定、正常及诊断设备故障等。机器、设备在工作过程中发生不正常的运转或故障，往往会使系统的冲激水平发生变化。因此，对机器在工作情况下产生的冲激进行实测分析可得到机器是否正常工作的重要信息，进一步可对机器可能存在的潜在故障做出预测。在一些大型关键性机器设备上，如发电厂的汽轮发电机组、化工厂的离心式压缩机和原子能电站的反应堆供给泵等，都配有完整的冲激监测系统。这些系统不仅提供实时的冲激值，还能长期定时存储数据，以进行趋势分析。

7）任务 1-7：冲激控制

冲激控制就是通过控制减少冲激量，降低冲激水平，以减少甚至消除冲激的危害，还可以通过控制发生冲激所需的冲激激励信号使冲激水平始终保持在一定的范围之内。

此外，冲激测试技术直接应用于其他众多的生产技术领域，如在车辆工程（汽车、火车等）领域，车轮的动平衡，车辆在冲激环境中的模拟实验，车辆构件的疲劳强度实验，车辆的隔振与减振技术应用，车辆冲激时人体对冲激的反应，人在车辆中的舒适度等都是建立在工程冲激基础上的，所以工程冲激测试技术在各个生产技术领域都具有重要的应用意义。

1.6　本书知识框架结构

本书着重讨论 LTI 系统，包括 LTI 连续时间系统和 LTI 离散时间系统，及其相关基本原理、方法和实现。这是因为在实际中经常应用到这两种系统，同时一些非线性系统或时变系统在限定范围或做一些近似可以用线性时不变的方法解决。LTI 系统的分析方法比较完整、成熟，而且也是研究非线性系统和时变系统的基础。

信号与系统的分析主要包含三个步骤：建立数学模型、求解数学模型及数学模型的物理可实现。数学模型的建立依据物理定律和实际规则，本书主要讨论输入/输出模型的分析方法。

LTI 连续时间系统的输入/输出关系通常是用常系数微分方程来描述的，而 LTI 离散时间系统的输入/输出关系则是用差分方程描述的。然而，求解这两种方程和分析这两种系统的方法是相似的，因此系统数学模型的求解和分析方法可统一地分为时间域方法和变换域方法两大类。

时间域方法直接分析时间变量函数，研究系统的时域特性。由于 LTI 系统具有分解特性，其零输入响应和零状态响应可以分别计算；又由于它具有零状态线性和时不变性，其零状态响应可以分解为许多基本信号零状态响应的加权和。例如，不同延迟冲激信号零状态响应的叠加，也就是卷积积分；或不同延迟抽样序列零状态响应的叠加，也就是卷积和。

频域和复频域分析方法将信号与系统模型的时间变量函数变换为相应变换域的变量函数。例如，频域分析法把时间函数变换为频率函数；复频域分析法把时间函数变换为复频率函数。变换域分析法可以将时域分析中的微分、积分运算转化为代数运算；把卷积、相关运算变换为乘积运算，这在解决实际问题时有时显得更加简便和直观。

鉴于连续时间信号与系统和离散时间信号与系统之间的关系日益密切，它们的概念与分析方法之间的紧密联系，本书一开始就以平行方式讨论这两种类型的信号与系统。由于两者在很多概念上是类似的但又不完全一样，因此平行地展开研究可以做到在概念和观点上两者互为分享，并能更好地把注意力放在它们之间的相同点和不同点上。另外，在讨论中还可以看到，某些概念从一种系统引入要比从另一种系统引入更容易接受，而一旦在一种系统中被理解以后，就可简单地把这些概念应用到另一系统中去。信号与系统不同视角分析处理示意图如图 1 - 57 所示。

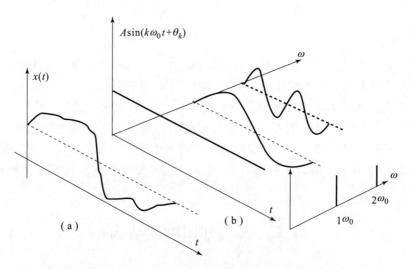

图 1 - 57　信号与系统不同视角分析处理示意图

（a）时域观测；（b）频域观测

本书的特色可以归纳如下：本书系统全面地论述了信号与系统的理论分析、处理方法与仿真实现。全书共分为 8 章，概括为一条主线，两类系统，三种方法，四轮精熟训练，如图 1 - 58 所示。一条主线是：以求解响应为主线，包括信号的响应的求解，系统的响应求解；两类系统是：连续时间系统，离散时间系统，求解连续和离散两类信号和系统的响应；三种方法是：针对两类信号与系统，通过时域分析、频域分析和变换域分析三种分析与处理方法，求解信号与系统的响应；四轮精熟训练是：以精熟为学习目标，以学生为能动主体，通过基础类习题训练、提高类习题训练、MATLAB 仿真实现训练、Lab VIEW 虚拟仿真实现训练，四轮精熟训练让每一个学生学习、学会、学精，真正掌握每一个重要的知识点，并且理论与实践相结合，为将来实际应用奠定理论与技术基础。

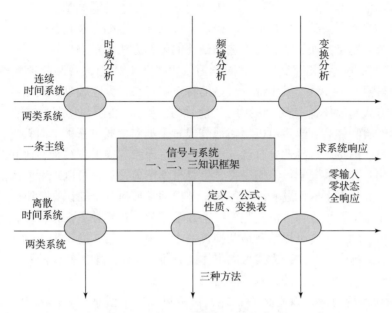

图 1-58　信号与系统的知识框架结构

　　本书介绍的信号与系统的基本理论、典型分析处理方法，以及仿真实现与实验实践等内容，强调理论、实验与应用相结合。本书的撰写工作是基于作者十多年开设的本科生专业基础课"信号与系统"及"传感与动态测试技术"等课程，结合作者长期从事信号分析与处理、信息获取技术、传感与测试技术、计量校准技术的基础理论、实验实践的教学、科研、工程应用与产业化方面研究。

　　本书侧重于信号与系统的分析处理方面的基本原理、方法、实验与仿真实现，强调理论、应用与实践的结合。本书从基本原理角度介绍了信号与系统的时域、频域、变换域分析处理方法与 MATLAB 仿真实验、Lab VIEW 仿真实现相结合，目标上强调知识的精熟学习目的，方法上强调以学生为中心的翻转课堂学习方法，并紧密结合科研实际，以实例方式展示理论与实践的结合。本书在内容选材上注重经典基本理论与方法，实践上与 MATLAB 仿真实验、Lab VIEW 仿真实现相结合，体现理论与实践相结合的特点，兼顾新颖性，力求对读者有所启迪。

1.7　本书学习方法

　　本书的特色可以概括为一条主线、两类系统、三种方法、四轮精熟训练。强调理论、应用与实验相结合，仿真实现与实验实践相结合。读者可以按参考以下方法结合自身的实际情况，灵活应用。

　　（1）构建知识地图，形成脑图。在加深公式记忆的同时，找到公式与公式之间的联系，有利于达成精熟学习的目的，在真正理解公式含义和功能的基础上，才能以不变应万变，融会贯通，活学活用所学知识。所以要求每位读者在学完每章之后，可以一边查书一边用VISIO 软件，将本章的所有知识点，包括所有的公式，全部画在一张白纸上，要标注和寻找到公式之间的联系，形成脑图，哪些公式结合起来，可以求解哪类题目，就一目了然了。在构建完每章的知识地图基础上，再进一步构建全书的知识地图，建立不同章节公式和知识点之间的联系，求解题目更加灵活，可以选择最佳的解题方法求解题目。

（2）建立学习小组，相互交流，共同学习。以学生为中心，慕课或者翻转课堂的方式是未来教育的重要趋势。每个学生都有自己的特点和优势，课堂教学方式不可能对每一个学生都是最佳的方式。以作者十多年讲授的"信号与系统""传感与动态测试技术"两门专业基础课的教学经验和体会，学生可以粗略地分成三个类别，通过三种不同教学方式推进为最佳，学生结合自己的特点选择适合自己的学习方式。课堂与线上相结合，建立两三个人一组的学习小组，相互交流共同学习。第一类学生是自学能力强的，可以观看上传的线上教学视频，独立学习，通过书上的例题和课后习题，精熟地掌握每一个知识点。第二类学生是课堂授课可能没完全跟上，可以课下反复观看线上教学视频、智慧教室视频，多花时间，通过书上的例题和课后习题，同样可以精熟地掌握每一个知识点。第三类学生比较适合课堂教学方式，可以按部就班地学习。这种方式可以整体提升每一个学生掌握知识的程度，提高其学习效率，最终达到精熟的学习目的，真正学会每一个知识点。

（3）例题和课后习题，以精熟为目标，可多可少，灵活掌握。读者根据自己的特点，首先重点看懂学会每一章节的例题；然后通过课后的基础类习题训练、提高类习题训练、MATLAB 仿真实现训练、Lab VIEW 虚拟仿真实现训练，不必全做，可多可少，以真正掌握每一个知识点为目标，灵活地掌握演算课后习题量，才可能激发学生学习的兴趣。

（4）理论应用于实践。对于自学能力强、学习效率高的读者，可以在学好本课程的同时，大三或者大四阶段提前进入实验室，将所学理论知识与科研实践相结合，锻炼和提高自己的工程实践能力，有利于理论联系实际。

第 2 章

连续时间信号与系统的时域分析 单位冲激响应

2.1 引 言

连续的确定性信号是指可用时域上连续的确定性函数描述的信号，是一类在描述、分析上最简单的信号，同时又是其他信号分析的基础。本章首先从什么是基本连续时间信号讲起，逐步深入介绍连续信号的时域基本运算，及其在连续时不变系统中微分方程的求解，并分析系统的零状态响应、零输入响应和全响应；最后重点介绍单位冲激响应，及其在连续系统分析中的重要意义与作用。

2.2 基本连续时间信号

2.2.1 单位阶跃函数

与复指数信号一样，单位阶跃函数 $u(t)$ 也是一种重要的基本连续时间信号，其定义为

$$u(t) = \begin{cases} 0, & t < 0 \\ 1, & t > 0 \end{cases} \tag{2-1}$$

如图 2-1（a）所示，该函数在 $t=0$ 处不连续。在跳变点 $t=0$ 处，函数值 $u(0)$ 未定义，或者可以定义为

$$u(0) = \frac{[u(0_-) + u(0_+)]}{2} = 1/2 \tag{2-2}$$

同理，延时 t_0 的单位阶跃函数定义为

$$u(t - t_0) = \begin{cases} 0, & t < t_0 \\ 1, & t > t_0 \end{cases} \tag{2-3}$$

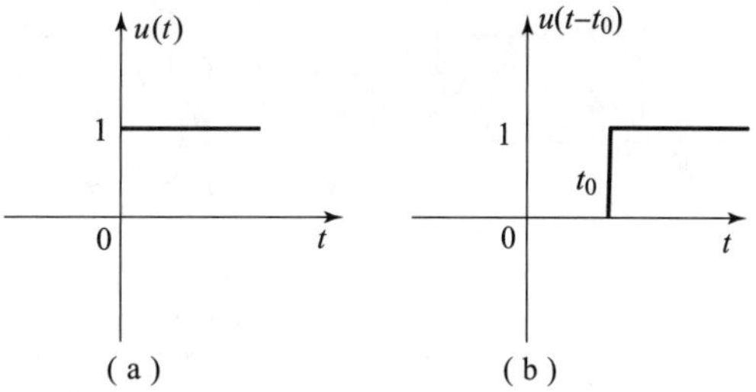

图 2-1 单位阶跃函数及延时单位阶跃函数

式（2-3）简称为延时阶跃函数，如图 2-1（b）所示。$u(t-t_0)$ 的跳变点不在 $t=0$ 处，而在 $t=t_0$ 处。若把式（2-3）的定义推广开来，写成复合函数的阶跃表示式 $u[f(t)]$，$f(t)$ 为一般普通函数，如 $f(t) = t^2 - 4$ 和 $\cos(\pi t)$ 等。若使 $f(t) = 0$，由此解出的 $f(t)$ 的实根，就是阶跃函数的跳变点，使 $f(t) > 0$ 的 t 的取值区间便是 $u[f(t)] = 1$；使 $f(t) < 0$ 的 t 的取值区间是 $u[f(t)] = 0$。

例 2 - 1 化简 $u^2(t^2 - 4)$，并画出其函数的波形。

解：$f(t) = t^2 - 4$，跳变点出现在 $t_1 = -2$ 和 $t_2 = 2$，并且 $t_1 < -2$ 及 $t_2 > 2$ 区间函数值取 1，$-2 < t < 2$ 区间函数值取 0，即

$$u(t^2 - 4) = \begin{cases} 1, & t < -2 \\ 0, & -2 < t < 2 \\ 1, & t > 2 \end{cases} \tag{2-4}$$

因此，可以画出 $u(t^2 - 4)$ 的图形，可将其简化表示为

$$u(t^2 - 4) = u(-t - 2) + u(t - 2) \tag{2-5}$$

实际的工程应用，通常用 $u(t)$ 或 $u(t - t_0)$ 与某信号的乘积表示该信号的接入特性。例如，在 $t = 0$ 时刻对某一系统的输入端接入幅度为 A 的直流信号（直流电压源或直流电流源），可看作是在输入端作用一个 A 与 $u(t)$ 相乘的信号，即

$$x(t) = Au(t) \tag{2-6}$$

如图 2 - 2 所示。如果接入电源的时刻推迟到 $t = t_0$（$t_0 > 0$），则输入信号为

$$x(t - t_0) = Au(t - t_0) \tag{2-7}$$

即 A 与 $u(t - t_0)$ 的乘积，如图 2 - 3 所示。

其他信号常表示为一些延迟阶跃函数的加权和。本章习题的最后给出了信号及函数的分解运算示意图，希望读者认真体会。图 2 - 4 所示的矩形脉冲 $x(t)$ 可表示为

$$x(t) = u(\tau/2 + t) - u(-\tau/2 + t) \tag{2-8}$$

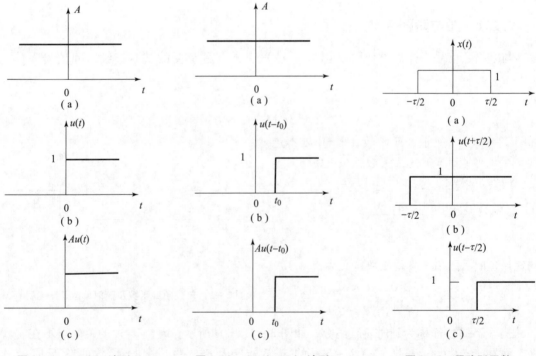

图 2 - 2 $Au(t)$ 波形　　　　**图 2 - 3 $Au(t - t_0)$ 波形**　　　　**图 2 - 4 用阶跃函数**
表示脉冲函数

2.2.2　单位冲激函数

单位冲激函数不是普通的函数，是另一种重要的基本连续时间信号。为了对它有一个直观的认识，先将其看成一个普通的函数，如图 2 - 5 所示的窄矩形脉冲的极限。图 2 - 5 所示的窄矩形脉冲可表示为

$$\delta_\Delta(t) = \left[u(t + \Delta/2) - u(t - \Delta/2) \right]/\Delta \tag{2-9}$$

这个脉冲的特点是：不论参数 A 取什么值，脉冲下的面积总是 1，即

$$\int_{-\infty}^{\infty} \delta_\Delta(t)\,\mathrm{d}t = 1 \tag{2-10}$$

而且脉冲的高度将随 Δ 变窄无限增长，在 $-\Delta/2 \leqslant t \leqslant \Delta/2$ 区间以外，$\delta_\Delta(t) = 0$。随着 $\Delta \to 0$，$\delta_\Delta(t)$ 变得越来越窄，幅度越来越大，但其下的面积仍然为 1，它的极限即为单位冲激函数，记为 $\delta_\Delta(t)$，有

$$\delta(t) = \lim_{\Delta \to 0} \delta_\Delta(t) \tag{2-11}$$

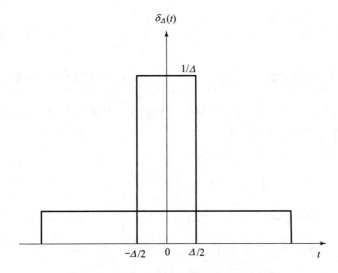

图 2 - 5　把 $\delta(t)$ 看成窄矩形脉冲的极限

式（2 - 11）的波形如图 2 - 6 所示，图中用一个带箭头的高度线段来表示它们的面积，称为冲激强度。由图可见，$\delta(t)$ 冲激强度为 1，除原点以外，处处为零，即

$$\begin{cases} \int_{-\infty}^{\infty} \delta_\Delta(t)\,\mathrm{d}t = 1 \\ \delta(t) = 0, t \neq 0 \end{cases} \tag{2-12}$$

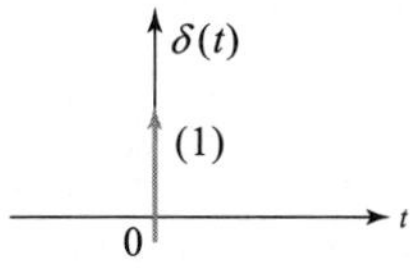

图 2 - 6　$\delta(t)$ 函数

式（2 - 12）就是单位冲激函数 $\delta(t)$ 的定义。这个定义是由狄拉克（Dirac）首先提出的，所以单位冲激函数又称为狄拉克 δ 函数，简称为 δ 函数（Delta function）。

同理，延时 t_0 的单位冲激函数 $\delta(t - t_0)$ 定义为

$$\begin{cases} \int_{-\infty}^{\infty} \delta(t - t_0)\,\mathrm{d}t = 1 \\ \delta(t - t_0) = 0, t \neq t_0 \end{cases} \tag{2-13}$$

式（2-13）简称为延迟冲激函数，如图2-7所示。

由图可见，$\delta(t-t_0)$ 是在 $t=t_0$ 处出现的一个单位冲激。

单位冲激函数与单位阶跃函数一样，是从实际中抽象出来的一个理想化的信号模型，在信号与系统分析中非常有用。实际工程应用中，δ 函数常用来描述某一瞬间出现的强度很大的物理量。如图2-8所示的理想电压源对电容 C 充电的电路中，在开关接通的瞬间（$t=0$），充电电流 $i_C(t)\rightarrow\infty$，而 $i_C(t)$ 的积分值，就是单位电容 C 两端的电压，即

$$\int_{-\infty}^{\infty} i_C(t)\mathrm{d}t = \frac{1}{C}\int_{0_-}^{0_+} i_C(t)\mathrm{d}t, C=1\mathrm{F}$$

$$= \int_{0_-}^{0_+}\frac{\mathrm{d}u_C(t)}{\mathrm{d}t}\mathrm{d}t = 1\mathrm{V}, i_C = C\mathrm{d}u_C(t)/\mathrm{d}t \qquad (2-14)$$

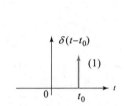

图2-7　延时冲激函数

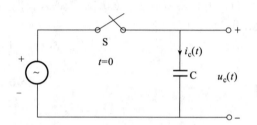

图2-8　理想电压源对电容 C 充电

而在 $t\neq0$ 期间，$i_C(t)=0$，由此可见这个理想电压源对电容 C 充电电流 $i_C(t)$ 就是一个集中在 $t=0$ 瞬间的单位冲激，即 δ 函数。下面讨论 δ 函数的性质。

（1）δ 函数对时间的积分等于阶跃函数，即

$$\int_{-\infty}^{t}\delta(\tau)\mathrm{d}\tau = \begin{cases}1, t>0\\0, t<0\end{cases} = u(t) \qquad (2-15)$$

这是因为 $\delta(\tau)$ 的强度是集中在 $\tau=0$，所以式（2-15）积分从 $-\infty$ 到 $t<0$ 都是0，$t>0$ 时式（2-15）则为1，如图2-9（a）和（b）所示。必须注意，$\int_{-\infty}^{t}\delta(\tau)\mathrm{d}\tau$ 是 t 的函数，而 $\int_{-\infty}^{\infty}x(\tau)\mathrm{d}\tau$ 是函数 $x(\tau)$ 的面积值。

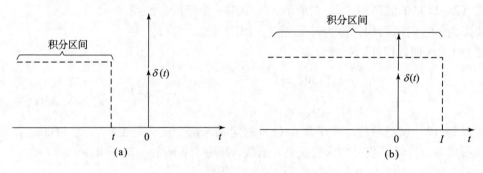

图2-9　用 $\delta(t)$ 表示阶跃函数

同理，延迟冲激函数的积分等于延迟阶跃函数，即

$$\int_{-\infty}^{t} \delta(t-t_0)\mathrm{d}t = \begin{cases} 1, t > t_0 \\ 0, t < t_0 \end{cases} = u(t-t_0) \tag{2-16}$$

式（2-15）和式（2-16）也说明不能把 $\delta(t)$ 看作普通函数，因为一个普通函数从 $-\infty$ 到 t 的积分应该是 t 的连续函数，而 $u(t)$ 或 $u(t-t_0)$ 在原点或 $t=t_0$ 点不连续。所以，我们把 $\delta(t)$ 或 $\delta(t-t_0)$ 称为奇导函数或广义函数。

（2）δ 函数等于单位阶跃函数的导数，即

$$\delta(t) = \frac{\mathrm{d}u(t)}{\mathrm{d}t} \tag{2-17}$$

这是因为阶跃函数除 $t=0$ 以外，处处都是固定值，其变化为 0，而在 $t=0$ 处为不连续点，该点的导数，即

$$\left. \frac{\mathrm{d}u(t)}{\mathrm{d}t} \right|_{t=0} \to \infty \tag{2-18}$$

其面积为

$$\int_{-\infty}^{\infty} \frac{\mathrm{d}u(t)}{\mathrm{d}t}\mathrm{d}t = \int_{-\infty}^{\infty} \mathrm{d}u(t) = u(t)\Big|_{-\infty}^{\infty} = 1 \tag{2-19}$$

所以，单位阶跃函数的导数是 δ 函数。由此可见，引入 $\delta(t)$ 概念以后，可以认为在函数跳变处也存在导数，即可对不连续函数进行微分。

例 2-2　已知 $x(t)$ 为一阶梯函数，如图 2-10（a）所示，试用阶跃函数表示 $x(t)$，并求 $x(t)$ 的导数 $x'(t)$。

解：

$$x(t) = 4u(t-2) + 2u(t-6) - 6u(t-8) \tag{2-20}$$

$$x'(t) = 4\delta(t-2) + 2\delta(t-6) - 6\delta(t-8) \tag{2-21}$$

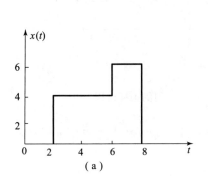
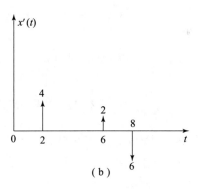

图 2-10　例 2-2 中信号及其微分波形

如图 2-10（b）所示，每个冲激的强度（面积）等于 $x(t)$ 在 $t=t_i$ 时（不连续点）的函数跳变值。例如，$4\delta(t-2)$ 是集中在 $x(t)$ 的第一个不连续点（$t=2$）上的冲激，而且它的强度等于 4。

（3）对于任何在 $t=t_0$ 点连续的函数 $x(t)$ 乘以 $\delta(t-t_0)$，等于强度为 $x(t_0)$ 的一个冲激，即

$$x(t)\delta(t-t_0) = x(t_0)\delta(t-t_0) \tag{2-22}$$

式（2-22）可以这样理解：$\delta(t-t_0)$ 除 $t=t_0$ 以外，处处为 0，仅在 $t=t_0$ 点的强度为 1；当其与 $x(t)$ 相乘时，显然 $t=t_0$ 点以外的区间，其乘积仍为 0，而在 $t=t_0$ 点的冲激强度变成 $x(t_0)$，即函数 $x(t)$ 在 $t=t_0$ 的抽样值。作为一个特定情况，当 $t=t_0$ 时，有

$$x(t)\delta(t) = x(0)\delta(t) \tag{2-23}$$

（4）对于任何在 $t=t_0$ 点连续的函数 $x(t)$，它与 $\delta(t-t_0)$ 之积在 $t=-\infty \sim \infty$ 时间内的积分等于 $x(t)$ 在 $t=t_0$ 的抽样值，即

$$\int_{-\infty}^{\infty} x(t)\delta(t-t_0)\mathrm{d}t = x(t_0) \tag{2-24}$$

容易证明上述结果：

$$\int_{-\infty}^{\infty} x(t_0)\delta(t-t_0)\mathrm{d}t = x(t_0)\int_{-\infty}^{\infty}\delta(t-t_0)\mathrm{d}t = x(t_0) \tag{2-25}$$

$$\int_{-\infty}^{\infty} x(t_0)\delta(t-t_0)\mathrm{d}t = x(t_0)\int_{-\infty}^{\infty}\delta(t-t_0)\mathrm{d}t = x(t_0) \tag{2-26}$$

当 $t_0=0$ 时，有

$$\int_{-\infty}^{\infty} x(t)\delta(t)\mathrm{d}t = x(0) \tag{2-27}$$

上述性质表明了冲激信号的抽样特性（或者称为筛选性质），这个抽样过程可以用图 2-11 所示的框图表示，框图包括乘法器和积分器两个环节。由于 δ 函数是一个理想化的信号模型，所以图 2-11 所示的框图也是一个理想抽样模型。在实际中，常用窄脉冲代替 δ 函数，窄脉冲越窄，测得的抽样值 $x(t_0)$ 越精确。也就是说，延迟冲激函数实际上相当于对任意函数 $x(t)$ 在 t_0 时刻进行抽样。

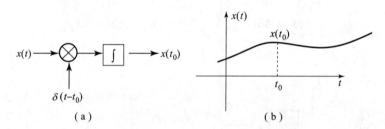

图 2-11 对某一函数 $x(t)$ 在 t_0 时的抽样过程

应当指出，冲激函数除了用狄拉克的方法定义外，也可利用筛选性质来定义，这种定义方法是一种在数学上更严谨且应用更广泛的方法。

（5）δ 函数是偶函数，即

$$\delta(t) = \delta(-t) \tag{2-28}$$

可证明如下：

$$\int_{-\infty}^{\infty} \delta(-t)x(t)\mathrm{d}t = \int_{-\infty}^{\infty}\delta(\tau)x(-\tau)\mathrm{d}(-\tau)$$
$$= \int_{-\infty}^{\infty}\delta(\tau)x(0)\mathrm{d}(\tau) = x(0) \tag{2-29}$$

这里，用到变量代换 $\tau=-t$。可得出 $\delta(t)=\delta(-t)$ 的结论。

（6）δ 函数的尺度变换，即

$$\delta(at) = \delta(t)/|a| \tag{2-30}$$

δ 函数是一个宽度趋于 0、幅度无限大的奇导信号，其大小由强度（或面积）来度量。δ 函数的尺度变换当然不能用普通信号波形宽度的伸缩来表示，必须用函数强度的变化来表示。式（2 - 30）等号右边 $\delta(t)$ 的系数 $1/|a|$ 则代表了 δ 函数强度的改变。当 $a > 1$ 时，冲激函数减小，对应于普通函数宽度变窄（压缩）；当 $0 < a < 1$ 时，冲激强度增大，对应于普通函数宽度扩展。

（7）单位冲激的复合函数表达式为 $\delta[f(t)]$，其中 $f(t)$ 是普通函数。当 $f(t) = 0$ 时，由此解出的实根 t_i 处会出现冲激，冲激的强度等于 $1/|f'(t_i)|$，这时 $f'(t_i)$ 是 $f(t)$ 在 $t = t_i$ 处的导数。

下面证明 δ 函数的性质（7）。

之所以在 $f(t) = 0$ 的实根 t_i 处出现冲激，是依据单位冲激的定义式。围绕冲激出现的足够小邻域内把 $f(t)$ 展开为泰勒级数，注意到 $f(t_1) = 0$ 并忽略高次项，可得

$$f(t) = f(t_i) + f'(t_i) \cdot (t - t_i) + \frac{1}{2}f''(t_i) \cdot (t - t_i)^2 + \cdots$$
$$\approx f'(t_i)(t - t_i) \tag{2 - 31}$$

由尺度变换性质可知，在出现冲激的 $t = t_1$ 附近，复合函数形式的冲激可简化为

$$\delta[f(t)] = \delta[f'(t_i)(t - t_i)] = \delta(t - t_i)/|f'(t_i)| \tag{2 - 32}$$

例 2 - 3　化简 $\delta(2t - 1)$，并画出其图形。

下面用两种方法求解此例题。

解法一：首先得出延迟冲激 $\delta(t - 1)$ 的图形，如图 2 - 12（a）所示；然后根据尺度变换性质得到 $\delta(2t - 1)$ 的图形，如图 2 - 12（b）所示。

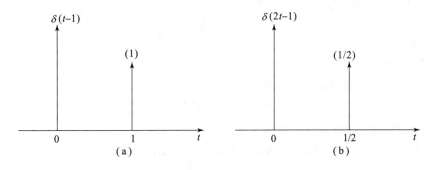

图 2 - 12　例 2 - 3 的图形

解法二：直接应用复合函数性质，$f(t) = 2t - 1$，其根为 $t_1 = 0.5$，于是在 $t_1 = 0.5$ 处有一个冲激出现，其强度是 $f'(0.5) = 2$ 的倒数，则

$$\delta(2t - 1) = 0.5\delta(t - 1/2) \tag{2 - 33}$$

上述两种解法得到的结果相同。

2.2.3　复指数信号

复指数信号可表示为

$$x(t) = Ce^{at} \tag{2 - 34}$$

式中：C 和 a 一般为复数。

根据 C 与 a 的取值不同，式（2-34）代表了三种最常用的复指数信号。

1. 实指数信号

式（2-34）中 C 和 a 为实数。如图 2-13 所示，a 取值范围不同，可分为三种情况。

（1）$a<0$，这时 $x(t)$ 随 t 的增加而按指数衰减。这类信号可用来描述放射性衰变、RC 电路暂态响应和有阻尼的机械系统等物理过程。

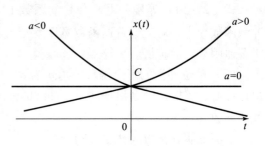

图 2-13 三种实指数信号

（2）$a>0$，这时 $x(t)$ 随 t 的增加而按指数增长。这类信号可用来描述细菌无限繁殖、原子弹爆炸和复杂化学反应中的连锁反应等现象。

（3）$a=0$，这时 $x(t)=C$ 为一个常数，是一个直流信号。

2. 虚指数信号

这时，式（2-34）中，$C=1$，$a=j\omega_0$ 为纯虚数，式（2-34）变为

$$x(t)=e^{j\omega_0 t} \tag{2-35}$$

这种信号具有以下几个重要特点。

（1）式（2-35）是周期信号，当满足条件

$$e^{j\omega_0 T}=1 \tag{2-36}$$

$$e^{j\omega_0(t+T)}=e^{j\omega_0 t}e^{j\omega_0 T}=e^{j\omega_0 t} \tag{2-37}$$

时，式（2-36）的最小 T 值记为 T_0，即

$$T_0=2\pi/\omega_0 \tag{2-38}$$

式中：T_0 为基波周期。

同理，$e^{-j\omega_0 t}$ 也是周期信号，其基波周期也是 T_0。

（2）基波周期是复数信号，根据欧拉（Euler）公式

$$x(t)=e^{j\omega_0 t}=\cos(\omega_0 t)+j\sin(\omega_0 t) \tag{2-39}$$

它可分解为实部和虚部两部分，$e^{-j\omega_0 t}$ 也是复数信号。

（3）复数信号 $e^{-j\omega_0 t}$ 的实部和虚部都是实数信号，而且是相同基波周期的正弦信号，即

$$\mathrm{Re}\{e^{j\omega_0 t}\}=\cos(\omega_0 t) \tag{2-40}$$

$$\mathrm{Im}\{e^{j\omega_0 t}\}=\sin(\omega_0 t) \tag{2-41}$$

3. 复指数信号

这时，式（2-34）中，C 和 a 都是复数，为了讨论方便，C 和 a 分别用极坐标系和笛卡儿坐标系公式表示，即

$$C=|C|e^{j\theta} \tag{2-42}$$

$$a=r+j\omega_0 \tag{2-43}$$

则

$$\begin{aligned}
x(t)&=Ce^{at}=|C|e^{j\theta}e^{(r+j\omega_0)t}=|C|e^{rt}e^{j(\omega_0 t+\theta)}\\
&=|C|e^{rt}[\cos(\omega_0 t+\theta)+j\sin(\omega_0 t+\theta)]\\
&=|C|e^{rt}\cos(\omega_0 t+\theta)+j|C|e^{rt}\sin(\omega_0 t+\theta)
\end{aligned} \tag{2-44}$$

式中：$x(t)$ 可分解为实部和虚部两部分，即

$$\text{Re}\{x(t)\} = |c|e^{rt}\cos(\omega_0 t + \theta) \tag{2-45}$$

$$\text{Im}\{x(t)\} = |c|e^{rt}\sin(\omega_0 t + \theta) \tag{2-46}$$

式（2-45）和式（2-46）都是实数信号，而且是同频率的振幅随时间变化的正弦振荡。其中，复指数 a 的实部 r 表征振幅随时间变化的情况，$r > 0$ 表示振幅随 t 的增加而指数增加；$r < 0$ 表示振幅随 t 的增加而指数衰减；$r = 0$ 表示振幅为一个常数 $|C|$，即不随 t 变化。A 的虚部 ω_0 为振荡的角频率。根据 r 的取值范围不同，$x(t)$ 的实部或虚部波形如图 2-14 所示。图中，虚线相应于 $\pm|C|e^{rt}$，它反映振荡的上、下峰值的变化趋势，是振荡的包络。指数幅值衰减的正弦信号常称为阻尼正弦振荡，这是一种非周期信号，这类信号常用于描绘 RLC 电路和汽车减振系统的过渡过程。振幅指数增长的正弦信号称为增幅正弦振荡，它也是一个非周期信号，这种信号常用来描绘系统的不稳定过程。振幅为常数的正弦信号称为正弦信号，它是大家熟悉的常用的周期信号。正弦信号和其他复指数信号一样，都是常用的基本信号。正弦信号也可以用同频率的虚指数信号表示，即

$$A\cos(\omega_0 t + \theta) = A(e^{j\theta}e^{j\omega_0 t} + e^{-j\theta}e^{-j\omega_0 t})/2 \tag{2-47}$$

式中：两个虚指数信号的振幅都是复数，分别为 $Ae^{j\theta}/2$ 和 $Ae^{-j\theta}/2$。正弦信号还可以用同频率的两个虚指数信号的实部或虚部表示，即

$$A\cos(\omega_0 t + \theta) = A\text{Re}\{e^{j(\omega_0 t + \theta)}\} \tag{2-48}$$

$$A\sin(\omega_0 t + \theta) = A\text{Im}\{e^{j(\omega_0 t + \theta)}\} \tag{2-49}$$

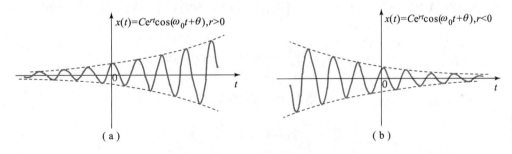

图 2-14　复指数信号的实部或虚部波形

正弦信号和虚指数信号常用来描述很多物理现象。例如，不同频率的正弦信号可用于测试系统的频率响应，合成出需要的波形或音响等。由虚指数信号或正弦信号可构成频率成谐波关系的函数集合，即 $\{e^{jk\omega_0 t}, k = 0, \pm 1, \pm 2, \cdots, \pm \infty\}$，这些信号分量具有公共周期 $T_0 = 2\pi/\omega_0$。其中第 k 次谐波分量的频率是 $|k|\omega_0$，其振荡周期为 $2\pi/|k|\omega_0 = T_0/|k|$，表明 k 次谐波在 T_0 时间间隔内经历了 $|k|$ 个振荡周期。任何实用的周期信号都可以在虚指数或正弦信号构成的集合中被分解成无限多个正弦分量的线性组合，这就是后续章节将要详细讨论的信号频域分析的基础和出发点。这里"谐波"源于音乐中的一个现象，即由声振动得到的各种音调，其频率均是某一个基波频率的整数倍。

2.3　连续时间信号的时域运算

2.3.1　信号的基本运算

在信号的分析、处理与实现过程中，常用的运算包括数乘、取模、相加、相乘、微分或差分、积分或求和（累加），以及移位、反转、尺度变换（尺度伸缩）等。下面逐一讨论这些运算。

1. 基本运算 1 – 1：数乘

设 c 为复常数，实常数为其特例，则

$$y(t) = cx(t) , \; y[n] = cx[n] \qquad (2-50)$$

数乘示意图如图 2 – 15 所示。

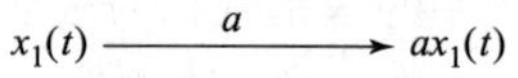

图 2 – 15　数乘示意图

2. 基本运算 1 – 2：相加

对应时刻，将两个函数值相加，即

$$y(t) = x_1(t) + x_2(t) , \; y[n] = x_1[n] + x_2[n] \qquad (2-51)$$

相加示意图如图 2 – 16 所示；图 2 – 17 给出了两个不同频率正弦信号相加的例子。

$$x_1(t)，x_2(t) \xrightarrow{\Sigma} x(t) = x_1(t) + x_2(t)$$

图 2 – 16　相加示意图

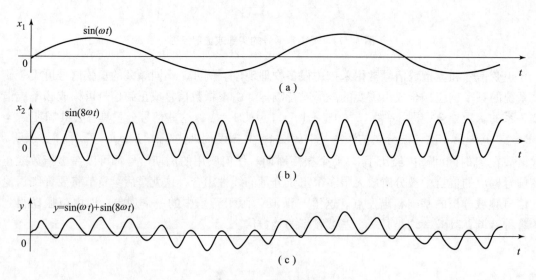

（a）

（b）

（c）

图 2 – 17　两信号相加

3. 基本运算 1 – 3：相乘

对应时刻，将两个函数相乘，即

$$y(t) = x_1(t)x_2(t)\,,\ y[n] = x_1[n]x_2[n] \qquad (2-52)$$

相乘示意图如图 2 – 18 所示。

图 2 – 18　相乘示意图

图 2 – 19 给出了两个正弦信号相乘的例子。在通信系统的调制、解调等过程中经常遇到两信号的相乘运算。

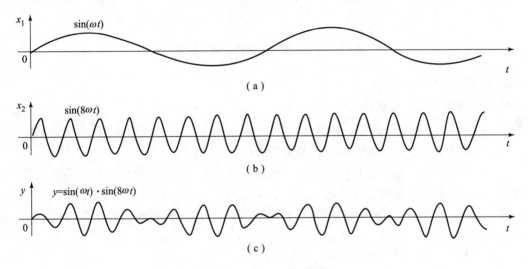

图 2 – 19　两信号相乘

4. 基本运算 1 – 4：微分或差分

对连续时间函数求导即微分如图 2 – 20 所示，对离散序列相邻值相减即差分，有

$$y(t) = \frac{\mathrm{d}}{\mathrm{d}t}x(t)\,,\ y[n] = x[n] - x[n-1]\ \text{或}\ y[n] = x[n+1] - x[n] \quad (2-53)$$

式中：前一个公式为一阶后向差分；后一个公式为一阶前向差分。

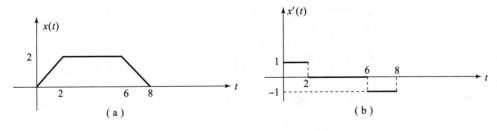

图 2 – 20　连续时间函数的微分运算

5. 基本运算 1 - 5：积分或求和

对连续时间函数求上限的积分，如图 2 - 21 所示，对离散时间序列求上限的累加，即

$$y(t) = \int_{-\infty}^{t} x(\tau)\mathrm{d}\tau \ , \ y[n] = \sum_{k=-\infty}^{n} x[k] \tag{2-54}$$

图 2 - 20 和图 2 - 21 分别给出连续时间信号微分运算和积分运算的两个示例，由图可以看出，微分和积分的作用刚好相反，微分的结果凸显了信号的变化部分，积分使信号突变的部分变得平滑。

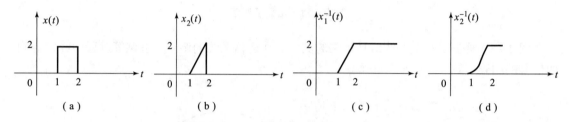

图 2 - 21　连续时间函数的积分运算

6. 基本运算 1 - 6：取模

模是代表信号大小度量的一种方式，即

$$y(t) = |x(t)| = [x(t)x^*(t)]^{\frac{1}{2}} , \ y[n] = |x[n]| = \{x[n]x^*[n]\}^{\frac{1}{2}} \tag{2-55}$$

以上 6 种运算都是对函数式在某时刻的值进行的相应运算。

下面讨论的翻转、移位、尺度变换这三种运算或者说三种波形变换，其实质是由函数自变量 t 或 n 的变换而导致的信号变化。以连续时间为例，函数自变量 t 代换为一个线性表达式，即 $t \to at + b$，其中 a、b 均为实数。为讨论方便，可将函数变换前的变量写成 t'，于是线性变换式可写为

$$t' = at + b \tag{2-56}$$

式中：t 为变换后的自变量。

式（2 - 56）也可写为

$$t = (t' - b)/a \tag{2-57}$$

若以 t 为横坐标画出原信号 $x(t')$ 波形，就是自变量变换导致信号波形变换的结果。

7. 基本运算 1 - 7：翻转

自变量按 $t' = -t$（$a = -1 < 0$，$b = 0$）变换，以 $t = -t'$ 为横坐标画出原信号 $x(t')$ 的波形。由此自变量的变换可知，反转的结果就是使原信号波形绕纵轴翻转 180°，图 2 - 22 所示为连续时间信号反转的示例。另一个实际例子

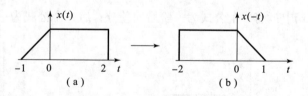

图 2 - 22　连续时间信号的翻转

是磁带倒放，即若 $x(t)$ 是表示一个收录于磁带上的语音信号，则 $x(-t)$ 就代表该磁带倒过来放音。

8. 基本运算 1 - 8：移位

自变量按 $t' = t + b$（$a = 1$）变换，以 $t = t' - b$ 为横坐标画出原信号 $x(t')$ 波形。由 $t =$

$t' - b$ 可以看到，若 $b > 0$，将使信号波形左移；$b < 0$，信号波形右移。图 2 – 23 所示为连续时间信号移位的示例，其中 $b = -2 < 0$，故 $x(t-2)$ 较 $x(t)$ 右移了 2s。信号移位常常应用在雷达、声呐、地震信号处理中，利用移位信号对原信号在时间上的延迟，可以探测目标或震源的距离。

9. 基本运算 1 – 9：尺度变换

自变量按 $t' = at$（$a > 0$，$b = 0$）变换，以 $t = t'/a$ 为横坐标画出原信号 $x(t')$ 的波形。此自变量变换意味着，若 $a > 1$，将导致原信号波形沿时间轴向原点压缩；若 $a < 1$，信号波形将自原点拉伸。图 2 – 24 所示为一连续时间信号尺度变换（或称尺度伸缩）的示例，其中 $x(2t)$ 中 $a = 2 > 1$，导致原信号波形压缩，而 $x(t/2)$ 中 $a = 1/2 < 1$，信号波形被拉伸（或展宽）为原来的 2 倍。在实际中，若 $x(t)$ 仍表示一个录制在磁带上的语音信号，则 $x(2t)$ 表示慢录快放，即以该磁带录制速度的 2 倍放音；而 $x(t/2)$ 刚好相反，表示快录慢放，即以原磁带 1/2 的录制速度放音。

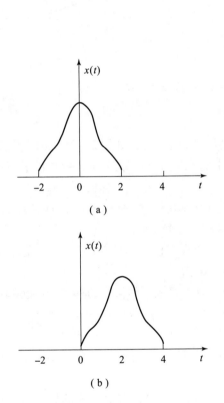

图 2 – 23　连续时间信号的移位

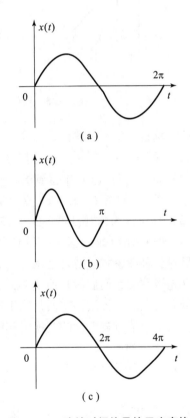

图 2 – 24　连续时间信号的尺度变换

例 2 – 4　已知某连续时间信号 $x(t)$ 的波形如图 2 – 25（a）所示，试画出信号 $x(2 - t/3)$ 的波形图。

解：分析自变量的交换 $t' = 2 - t/3$，可知它包括移位（$b = 2 \neq 0$）、反转（$a = -1/3 < 0$）和扩展（$|a| = -1/3 < 1$）。

此种图解方法是按三种运算一步步地进行，由于三种运算的次序可任意排列组合，因此图解法可有 6 种。下面给出其中一种图解方法。

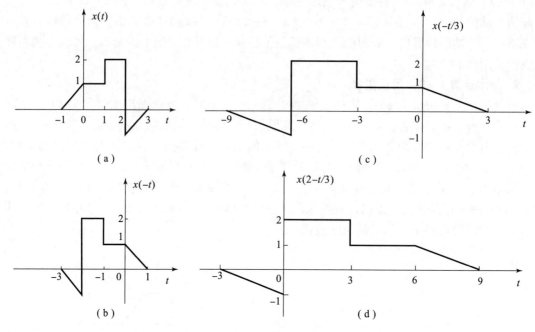

图 2 - 25 $x(t)$ 由翻转 - 扩展 - 移位得到 $x(2 - t/3)$

解：翻转—扩展—移位。

(1) 反转：将 $t \rightarrow -t$，得原信号 $x(t)$ 的翻转波形 $x(-t)$，如图 2 - 25 (b) 所示。

(2) 扩展：将 (1) 中得到的 $x(-t)$，令其中的 $t \rightarrow -t/3$，导致 $x(-t)$ 的波形扩展为 $x(-t/3)$，如图 2 - 25 (c) 所示。

(3) 移位：为达题目要求的 $x(2 - t/3)$，需把 $x(-t/3)$ 中的 $t \rightarrow t - 6$，这导致图 2 - 25 (c) 的波形沿 t 轴右移 6s，得到最终结果如图 2 - 25 (d) 所示。

另外五种图解方法请自己练习。如果函数自变量变换中包括移位（$b \neq 0$），解题的第一步最好先做移位，而后做其他变换，这种做法不容易出错。

以上讨论的三种波形变换只限于连续时间信号，对于离散时间信号的移位、翻转和尺度变换，也是由信号自变量的变换引起的，即

$$n' = an + b$$

式中：n' 和 n 为序列变换前后的自变量，均取整数；常数 a 取整数或整数的倒数，b 也取整数。

关于序列的移位（$a = 1$，$b \neq 0$）和翻转（$a = -1$，$b = 0$），解决问题的思路与连续时间信号相同。而序列的尺度变换有其特殊性，这是由于序列仅在整数时间点上有定义。根据序列的尺度变换因子 a 的取值不同，可分为抽取和内插两种变换，这些变换在滤波器设计与实现，以及图像分析处理中都有重要应用。

2.3.2　信号的卷积积分

两个具有相同变量 t 的函数 $x_1(t)$ 和 $x_2(t)$，经过以下积分可以得到第三个相同变量的函数 $y(t)$，即

$$y(t) = \int_{-\infty}^{\infty} x_1(\tau) x_2(t - \tau) \mathrm{d}\tau \tag{2-58}$$

式（2-58）称为卷积积分。常用符号"$*$"表示两个函数的卷积运算，即

$$y(t) = x_1(t) * x_2(t) \tag{2-59}$$

为便于读者理解卷积积分的含义，图 2-26 给出了卷积积分公式的推导演化的过程示意图。

$$\begin{array}{c}
x(t) \approx \hat{x}(t) = \sum_{k=-\infty}^{\infty} x(k\Delta)\delta(t - k\Delta) \cdot \Delta \\[2mm]
\begin{array}{lcr}
输入 & & 零状态响应 \\
\delta(t) & \longleftrightarrow & h(t) \\
\delta(t - k\Delta) & \longleftrightarrow & h(t - k\Delta) \\
x(k\Delta) \cdot \Delta \cdot \delta(t - k\Delta) & \longleftrightarrow & x(k\Delta) \cdot \Delta \cdot h(t - k\Delta) \\
\sum_{k=-\infty}^{\infty} x(k\Delta) \cdot \Delta \cdot \delta(t - k\Delta) & \longleftrightarrow & \sum_{k=-\infty}^{\infty} x(k\Delta) \cdot \Delta \cdot h(t - k\Delta)
\end{array}
\end{array} \tag{2-60}$$

(a)

$$\begin{array}{l}
y(t) = \lim_{\Delta \to 0} \sum_{k=-\infty}^{\infty} x(k\Delta) \cdot \Delta \cdot h(t - k\Delta) \\[2mm]
x(t) = \int_{-\infty}^{\infty} x(\tau)\delta(t - \tau) \mathrm{d}\tau \\[2mm]
y(t) = \int_{-\infty}^{\infty} x(\tau) h(t - \tau) \mathrm{d}\tau = x(t) * h(t)
\end{array} \tag{2-61}$$

(b)

图 2-26　卷积积分推导演化过程示意图

(a) 时不变性、齐次性、叠加性；(b) 极限运算

1. 卷积积分的计算

卷积积分的计算可用解析法完成。

例 2-5　已知 $x_1(t) = \mathrm{e}^{-t}u(t)$，$x_2(t) = u(t) - u(t - 3)$，试求 $x_1(t) * x_2(t)$。

解：由卷积的定义，可得

$$\begin{aligned}
x_1(t) * x_2(t) &= \int_{-\infty}^{\infty} x_1(\tau) x_2(t - \tau) \mathrm{d}\tau = \int_{-\infty}^{\infty} \mathrm{e}^{-\tau} u(\tau) \left[u(t - \tau) - u(t - \tau - 3) \right] \mathrm{d}\tau \\
&= \int_{-\infty}^{\infty} \mathrm{e}^{-\tau} u(\tau) u(t - \tau) \mathrm{d}\tau - \int_{-\infty}^{\infty} \mathrm{e}^{-\tau} u(\tau) u(t - \tau - 3) \mathrm{d}\tau \\
&= \left[\int_{0}^{t} \mathrm{e}^{-\tau} \mathrm{d}\tau \right] u(t) - \left[\int_{0}^{t-3} \mathrm{e}^{-\tau} \mathrm{d}\tau \right] u(t - 3) \\
&= (1 - \mathrm{e}^{-t}) u(t) - \left[1 - \mathrm{e}^{-(t-3)} \right] u(t - 3)
\end{aligned}$$

利用定义直接计算卷积积分时，需要注意以下两点：①积分过程中的上、下限如何确定；②积分结果的有效存在时间如何用阶跃函数表示出来。下面分别叙述。

1）积分上、下限的确定

一般情况卷积积分中出现的积分项，其被积函数总是含有两个阶跃函数因子，二者结合会构成一个门函数。此门函数的两个边界就是积分的上、下限，且左边界为下限、右边界为上限。

例如，例 2 – 5 中第一项 $\int_{-\infty}^{\infty} e^{-\tau}u(\tau)u(t-\tau)\mathrm{d}\tau$ 中含有阶跃因子 $u(\tau)$ $u(t-\tau)$，其积分变量为 τ。

对于 $u(\tau)$：当 $\tau>0$ 时，$u(\tau)=1$，其他情况为 0。

对于 $u(t-\tau)$：当 $t-\tau>0$ 时，即 $\tau<t$，$u(t-\tau)=1$，其他情况为 0。

$u(\tau)$ $u(t-\tau)$ 要想有意义，即 $u(\tau)$ $u(t-\tau)=1$，必须有 $0<\tau<t$。其他情况下的 $u(\tau)$ $u(t-\tau)=0$。

因此，第一项积分的积分限为 $0\sim t$。同理，分析可知第二项积分的积分限为 $0\sim t-3$。

2）积分结果有效存在时间的确定

这个有效存在时间总是用阶跃函数来表示，并且仍然可以由被积函数中的两个阶跃函数因子来确定。

仍以例 2 – 5 中第一项 $\int_{-\infty}^{\infty} e^{-\tau}u(\tau)u(t-\tau)\mathrm{d}\tau$ 为例，前面已经知道，当 $0<\tau<t$ 时，$u(\tau)u(t-\tau)=1$，此时积分可化简为 $\int_{0}^{t} e^{-\tau}\cdot 1\mathrm{d}\tau$。然而这需要一个前提，即 $t>0$。只有 $t>0$ 的前提下，$u(\tau)$ 和 $u(\tau)$ $u(t-\tau)$ 才有对接，$u(\tau)$ $u(t-\tau)=1$ 才成立，即相当于在 $\int_{0}^{t} e^{-\tau}\cdot 1\mathrm{d}\tau$ 后跟加一个阶跃函数 $u(t)$。

同理，对于第二项，当 $t-3>\tau>0$ 时，$u(\tau)u(t-\tau-3)=1$，它成立的前提是 $t-3>0$，即相当于积分后跟加阶跃函数 $u(t-3)$。

在具体计算时，方法也很简单，将两个阶跃函数的时间相加即可。例如，例 2 – 5 中的第一项中的 $u(\tau)$ $u(t-\tau)$，两个阶跃函数的时间相加为 $\tau+t-\tau=t$，所以积分之后的阶跃函数为 $u(t)$。

2. 卷积积分的图解法

利用卷积积分的图解法，可以帮助理解卷积的概念，把一些抽象的关系加以形象化。

函数 $x_1(t)$ 和 $x_2(t)$ 的卷积积分为

$$y(t)=x_1(t)*x_2(t)=\int_{-\infty}^{\infty}x_1(\tau)x_2(t-\tau)\mathrm{d}\tau \tag{2-62}$$

由式（2 – 62）可见，为实现某一点的卷积计算，需要完成以下五个步骤。

（1）变量置换：将 $x_1(t)$、$x_2(t)$ 变为 $x_1(\tau)$、$x_2(\tau)$，即把 τ 变成函数的自变量；

（2）反转：$x_2(\tau)$ 反转，变为 $x_2(-\tau)$；

（3）平移：$x_2(-\tau)$ 平移 t 变为 $x_2[-(\tau-t)]$，即 $x_2(\tau-t)$。在此处，t 作为常数存在；

（4）相乘：将两信号 $x_1(\tau)$ 和 $x_2(t-\tau)$ 的重叠部分相乘；

（5）积分：求 $x_1(\tau)$、$x_2(t-\tau)$ 乘积下的面积，此即 t 时刻的卷积结果 $y(t)$ 的值。

要进行下一点的计算时，需要改变参变量 t 的值，并重复步骤（3）~（5）。

下面举例说明卷积的过程。

例 2 – 6 函数 $x_1(t)$ 和 $x_2(t)$ 的波形如图 2 – 27 所示，试用图解法求其卷

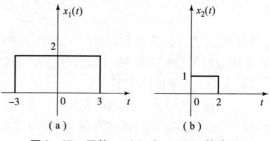

图 2 – 27 函数 $x_1(t)$ 和 $x_2(t)$ 的波形

积图。

　　解：卷积积分的图解过程如图 2 - 28 所示。

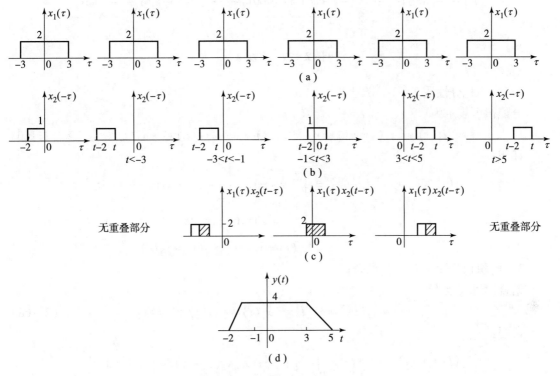

图 2 - 28　卷积的过程及结果

　　对于卷积积分的图解法总结如下。

　　（1）两个脉宽不等的矩形脉冲，其卷积结果应为一个等腰梯形，这个梯形的参数可以由两个矩形的参数直接得出。

　　（2）梯形起点时间的数值等于两矩形起点时间的数值之和，梯形终止点时间的数值等于两矩形终止点时间的数值之和，这一点对于所有的卷积结果都是适用的。

　　（3）梯形顶部的宽度等于两矩形宽度之差。

　　（4）如果两个完全相等的矩形的脉冲做卷积，其结果为一个等腰三角形。

3. 卷积积分的性质

卷积是一种数学运算法，它具有以下一些有用的基本性质。

1）卷积积分性质 2 - 1：交换律

交换律可表示为

$$x_1(t) * x_2(t) = x_2(t) * x_1(t) \tag{2 - 63}$$

证明：卷积定义为

$$x_1(t) * x_2(t) = \int_{-\infty}^{\infty} x_1(\tau) x_2(t - \tau) \mathrm{d}\tau \tag{2 - 64}$$

令 $\tau = t - \lambda$，则

$$x_1(t) * x_2(t) = \int_{-\infty}^{\infty} x_1(t - \lambda) x_2(\lambda) \mathrm{d}\lambda = x_2(t) * x_1(t) \tag{2 - 65}$$

卷积积分的交换律如图 2 - 29 所示。

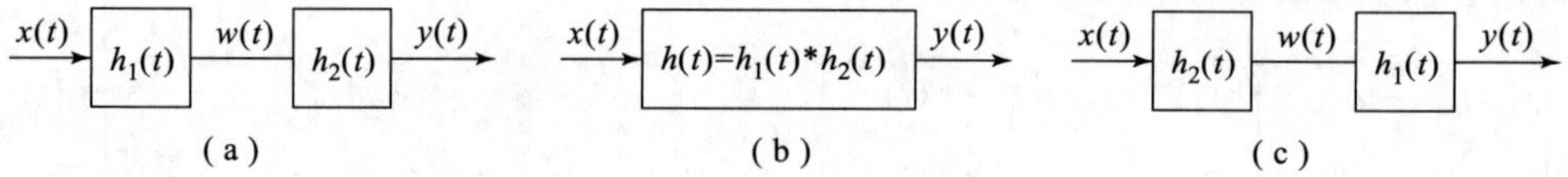

图 2 - 29 交换律

2）卷积积分性质 2 - 2：分配律

分配律可表示为

$$x_1(t) * [x_2(t) + x_3(t)] = x_1(t) * x_2(t) + x_1(t) * x_3(t) \tag{2-66}$$

证明：

$$
\begin{aligned}
x_1(t) * [x_2(t) + x(t)] &= \int_{-\infty}^{\infty} x_1(\tau)[x_2(t-\tau) + x_3(t-\tau)]\mathrm{d}\tau \\
&= \int_{-\infty}^{\infty} x_1(\tau)x_2(t-\tau)\mathrm{d}\tau + \int_{-\infty}^{\infty} x_1(\tau)x_3(t-\tau)\mathrm{d}\tau \\
&= x_1(t) * x_2(t) + x_1(t) * x_3(t)
\end{aligned}
\tag{2-67}
$$

3）卷积积分性质 2 - 3：结合律

结合律可表示为

$$[x_1(t) * x_2(t)] * x_3(t) = x_1(t) * [x_2(t) * x_3(t)] \tag{2-68}$$

证明：

$$
\begin{aligned}
[x_1(t) * x_2(t)] * x_3(t) &= \int_{-\infty}^{\infty} \left[\int_{-\infty}^{\infty} x_1(\lambda)x_2(\tau-\lambda)\mathrm{d}\lambda\right]x_3(t-\tau)\mathrm{d}\tau \\
&= \int_{-\infty}^{\infty} x_1(\lambda)\left[\int_{-\infty}^{\infty} x_2(\tau-\lambda)x_3(t-\tau)\mathrm{d}\tau\right]\mathrm{d}\lambda \\
&= \int_{-\infty}^{\infty} x_1(\lambda)\left[\int_{-\infty}^{\infty} x_2(\tau)x_3(t-\lambda-\tau)\mathrm{d}\tau\right]\mathrm{d}\lambda \\
&= x_1(t) * [x_2(t) * x_3(t)]
\end{aligned}
\tag{2-69}
$$

上述三条性质与乘法运算的性质相似。

4）卷积积分性质 2 - 4：卷积的微分

两个函数卷积后的导数等于两个函数之一的导数与另一函数的卷积，即

$$\frac{\mathrm{d}}{\mathrm{d}t}[x_1(t) * x_2(t)] = x_1(t) * \frac{\mathrm{d}x_2(t)}{\mathrm{d}t} = \frac{\mathrm{d}x_1(t)}{\mathrm{d}t} * x_2(t) \tag{2-70}$$

证明：

$$\frac{\mathrm{d}}{\mathrm{d}t}[x_1(t) * x_2(t)] = \frac{\mathrm{d}}{\mathrm{d}t}\int_{-\infty}^{\infty} x_1(\tau)x_2(t-\tau)\mathrm{d}\tau = \int_{-\infty}^{\infty} x_1(\tau)\frac{\mathrm{d}x_2(t-\tau)}{\mathrm{d}t}\mathrm{d}\tau = x_1(t) * \frac{\mathrm{d}x_2(t)}{\mathrm{d}t} \tag{2-71}$$

同理可证：

$$\frac{\mathrm{d}}{\mathrm{d}t}[x_1(t) * x_2(t)] = \frac{\mathrm{d}x_1(t)}{\mathrm{d}t} * x_2(t) \tag{2-72}$$

5）卷积积分性质 2 - 5：卷积的积分

卷积的积分可表示为

$$y(t) = x_1(t) * x_2(t) \tag{2-73}$$

定义 $y^{(-1)}(t) = \int_{-\infty}^{t} y(x)\mathrm{d}x$ ，则

$$y^{(-1)}(t) = x_1^{(-1)}(t) * x_2(t) = x_1(t) * x_2^{(-1)}(t) \tag{2-74}$$

证明：

$$y^{(-1)}(t) = \int_{-\infty}^{t}\Big[\int_{-\infty}^{\infty} x_1(\tau)x_2(\lambda-\tau)\mathrm{d}\tau\Big]\mathrm{d}\lambda = \int_{-\infty}^{\infty} x_1(\tau)\Big[\int_{-\infty}^{t} x_2(\lambda-\tau)\mathrm{d}\lambda\Big]\mathrm{d}\tau$$

$$= x_1(t) * \int_{-\infty}^{t} x_2(\lambda)\mathrm{d}\lambda = x_1(t) * x_2^{(-1)}(t) \tag{2-75}$$

同理可证：

$$y^{(-1)}(t) = x_1^{(-1)}(t) * x_2(t)$$

利用以上性质，可以证明：

$$y(t) = x_1(t) * x_2(t) = x'_1(t) * x_2^{(-1)}(t) = x_1^{(-1)}(t) * x'_2(t) \tag{2-76}$$

例 2-7　函数 $x_1(t)$ 和 $x_2(t)$ 的波形如图 2-30 所示，试用图解法求其卷积图形。

解：利用上述卷积的积分性质，进而简化求解过程。

本例中用到了一个重要的结论，即

$$x_1(t) * x_2(t) = x_1^{(-2)}(t) * x_2^{(+2)}(t) \tag{2-77}$$

对于此结论，读者可以自己证明。

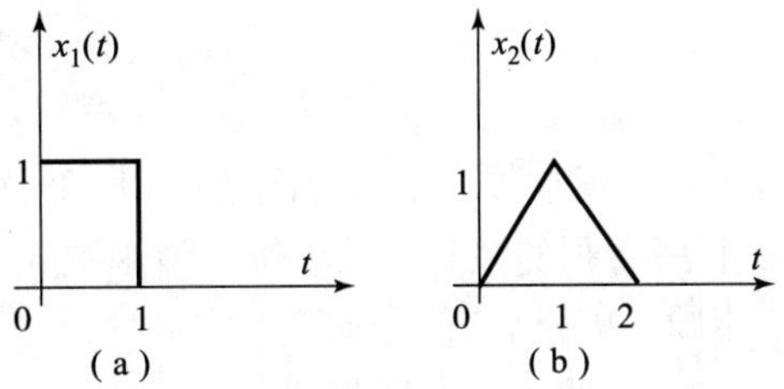

例 2-7 的卷积积分的图解过程如图 2-31 所示。

图 2-30　函数 $x_1(t)$ 和 $x_2(t)$ 的波形

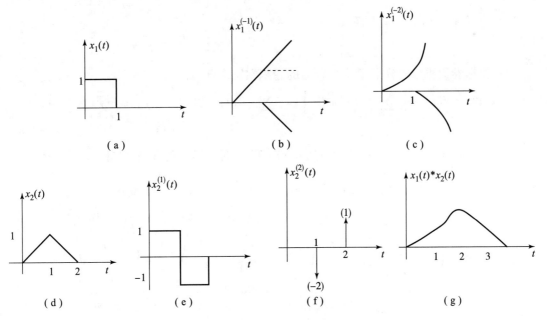

图 2-31　卷积的过程及结果

4. 与单位冲激函数的卷积

任意函数 $x(t)$ 与单位冲激函数 $\delta(t)$ 的卷积等于函数 $x(t)$ 本身，即

$$x(t) * \delta(t) = \delta(t) * x(t) = \int_{-\infty}^{\infty} \delta(\tau) x(t-\tau) \mathrm{d}\tau = x(t) \int_{-\infty}^{\infty} \delta(\tau) \mathrm{d}\tau = x(t)$$

$$(2-78)$$

同理，有

$$x(t) * \delta(t-t_0) = \int_{-\infty}^{\infty} x_1(\tau) \delta(t-\tau-t_0) \mathrm{d}\tau = x(t-t_0) \qquad (2-79)$$

$$x(t-t_1) * \delta(t-t_0) = x(t-t_1-t_0) \qquad (2-80)$$

结合卷积的微分、积分特性，还可以得以下结论：

$$x(t) * \delta(t) = x'(t) \qquad (2-81)$$

$$x(t) * u(t) = \int_{-\infty}^{\infty} x(\tau) \mathrm{d}\tau \qquad (2-82)$$

因此，$\delta(t)$ 又称为微分器，$u(t)$ 又称为积分器，推广到一般情况，可得

$$x(t) * \delta^{(k)}(t) = x^{(k)}(t) \qquad (2-83)$$

$$x(t) * \delta^{(k)}(t-t_0) = x^{(k)}(t-t_0) \qquad (2-84)$$

式中：k 取正整数表示求导次数；k 取负整数表示积分次数。

利用卷积的性质以及单位冲激函数 $\delta(t)$ 卷积运算的特点可以简化卷积运算。

例 2-8 已知信号 $x(t)$ 如图 2-32（a）所示，周期为 T 的单位冲激函数序列 $\delta_T(t)$，又称单位冲激串，如图 2-32（b）所示，试求 $x(t) * \delta_T(t)$ 和 $\delta(t)$。

$$\delta_T(t) = \sum_{-\infty}^{\infty} \delta(t-mT)，m \text{ 为整数}$$

$$(2-85)$$

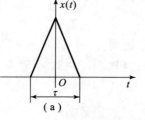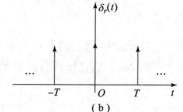

图 2-32　例 2-8 图

解：根据卷积积分的分配律及 $\delta(t)$ 的卷积性质，有

$$x(t) * \delta_T(t) = x(t) * \left[\sum_{m=-\infty}^{\infty} \delta(t-mT) \right] = \sum_{m=-\infty}^{\infty} \left[x(t) * \delta(t-mT) \right] = \sum_{m=-\infty}^{\infty} \left[x(t-mT) \right]$$

$$(2-86)$$

随着 $T > \tau$ 和 $T < \tau$，卷积结果的波形有所不同，$T > \tau$ 时波形出现重叠，如图 2-33 所示。

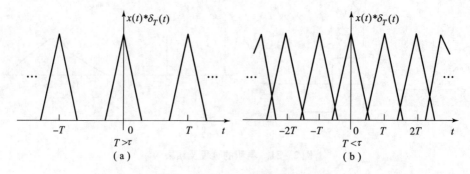

图 2-33　$T > \tau$ 和 $T < \tau$ 的卷积结果波形

2.4　LTI 连续时间系统的微分方程及其求解

LTI 连续时间系统处理的是连续时间信号，即系统的输入激励 $e(t)$ 和输出响应 $y(t)$ 都是连续的。在实际应用中，为了便于对系统进行分析，任何系统的物理特性都希望用具体的数学模型进行描述，即建立系统激励与系统响应之间的相互关系。例如，一个由电阻 R、电容 C 和电感 L 串联组成的系统，如图 2−34 所示。若系统的激励信号为电源电压 $e(t)$，欲求系统的响应回路电流 $i(t)$，则由电路中的基尔霍夫电压定律（KVL），有

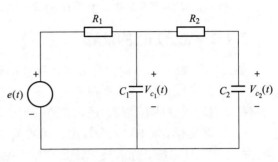

图 2−34　RLC 串联系统

$$LC = \frac{\mathrm{d}^2 i(t)}{\mathrm{d}t^2} + RC\frac{\mathrm{d}i(t)}{\mathrm{d}t} + i(t) = C\frac{\mathrm{d}e(t)}{\mathrm{d}t} \tag{2-87}$$

这就是 RLC 串联系统的数学模型，是一个线性常系数二阶微分方程。

2.4.1　LTI 连续时间系统的微分方程

进行系统分析时，首先要建立系统的数学模型，通常称为建模。LTI 连续时间系统的输入/输出关系是用线性常系数微分方程来描述的，方程中含有输入量、输出量及它们对时间的导数或积分，这种微分方程又称为动态方程或运动方程。微分方程的阶数一般是指方程中输出端的最高导数项的阶数，又称为系统的阶数。系统的复杂性经常由系统的阶数来表示，一般来说，阶数越高，系统越复杂。

对于单变量 n 阶 LTI 连续时间系统，微分方程为

$$\begin{aligned}
&a_n y^{(n)}(t) + a_{n-1} y^{(n-1)}(t) + \cdots + a_1 y^{(1)}(t) + a_0 y(t) \\
&= b_m x^{(m)}(t) + b_{m-1} x^{(m-1)}(t) + \cdots + b_1 x^{(1)}(t) + b_0 x(t)
\end{aligned} \tag{2-88}$$

式中：$x(t)$ 为输入信号；$y(t)$ 为输出信号；$y^n(t)$ 表示 $y(t)$ 对 t 的 n 阶导数；$a_i(i = 0, 1, 2, \cdots, n)$、$b_j(j = 0, 1, 2, \cdots, m)$ 都是由系统结构参数决定的系数，可简写为

$$\sum_{k=0}^{n} a^k \frac{\mathrm{d}^k y(t)}{\mathrm{d}t^k} = \sum_{k=0}^{m} b^k \frac{\mathrm{d}^k x(t)}{\mathrm{d}t^k} \tag{2-89}$$

为了方便，引入微分算子表示，令

$$D = \frac{\mathrm{d}}{\mathrm{d}t}, \ D^k = \frac{\mathrm{d}^k}{\mathrm{d}t^k} \tag{2-90}$$

则

$$\frac{\mathrm{d}y(t)}{\mathrm{d}t} = Dy(t), \ \frac{\mathrm{d}^k y(t)}{\mathrm{d}t^k} = D^k y(t) \tag{2-91}$$

因此式（2−89）可写为

$$\sum_{k=0}^{n} a^k D^k y(t) = \sum_{k=0}^{m} b^k D^k x(t) \tag{2-92}$$

系统建立数学模型的方法有分析法和实验法。分析法是根据系统中各元件所遵循的客观（物理、化学、生物学）规律和运行机制，列出微分方程，又称为理论建模。实验法是人为地给系统施加某种测试信号，记录其输出响应，并用适当的数学模型去逼近，称为实验建模，也称系统辨识。下面举例说明理论建模方法。

2.4.2 微分方程的求解

如式（2-88）所示的微分方程所描述的输入/输出关系，不是将系统输出作为输入函数的一种显式给出的。为得到显式表达式，就需要求解微分方程。对于这种动态系统，求解时仅仅知道输入量是不够的，还须知道一组变量初始值。不同的初始值选取会导致不同的解 $y(t)$，结果就有不同的输入和输出之间的关系。由于本书的绝大部分都集中在用微分方程描述的因果 LTI 系统，系统要求满足初始松弛的条件，即对于一个因果的 LTI 系统，若 $t < t_0$，$x(t) = 0$，则 $t < t_0$，$y(t)$ 必须也等于零。值得强调的是，初始松弛条件并不表明在某一固定时刻点上的零初始条件，而是在时间上调整这一点，以使得在输入变成非零值，响应一直为零。

首先来回顾微分方程的经典解法。

根据微分方程经典解法，微分方程全解由齐次解 $y_h(t)$ 和特解 $y_p(t)$ 组成，即

$$y(t) = y_h(t) + y_p(t) \qquad (2-93)$$

齐次解满足式（2-88）中等号右边输入 $x(t)$ 及其各阶导数都为零的齐次方程，即

$$a_n y^{(n)}(t) + a_{n-1} y^{(n-1)}(t) + \cdots + a_1 y^{(1)}(t) + a_0 y(t) = 0 \qquad (2-94)$$

齐次解的基本形式为 $Ae^{\lambda t}$，将 $Ae^{\lambda t}$ 代入式（2-94），可得

$$a_n A\lambda^{(n)} e^{\lambda t} + a_{n-1} A\lambda^{(n-1)} e^{\lambda t} + \cdots + a_1 A\lambda^{(1)} e^{\lambda t} + a_0 A e^{\lambda t} = 0$$

在 $A \neq 0$ 的条件下，可得

$$a_n \lambda^{(n)} + a_{n-1} \lambda^{(n-1)} + \cdots + a_1 \lambda + a_0 = 0 \qquad (2-95)$$

式（2-95）称为微分方程对应的特征方程。对应的 n 个根 λ_1，λ_2，$\cdots$，λ_n 称为微分方程的特征根，齐次解的形式取决于特征根的模式，各种模式下的齐次解形式如表 2-1 所示。

表 2-1 齐次解形式

特征根	齐次解中的对应项
1）每一单根 $\lambda = r$	1）给出一项 ce^{rt}
2）重实根 $\lambda = r$（k 重）	2）给出 k 项 $c_1 e^{rt} + c_2 t e^{rt} + \cdots + c_k t^{k-1} e^{rt}$ $c_1 e^{\alpha t}\cos(\beta t) + c_2 e^{\alpha t}\sin(\beta t)$ $c_1 e^{\alpha t}\cos(\beta t) + c_2 t e^{\alpha t}\cos(\beta t) + \cdots + \cdots$
3）一对单复根 $\lambda_{1,2} = \alpha \pm j\beta$	3）给出两项：
4）一对重复根 $\lambda_{1,2} = \alpha \pm j\beta$（$m$ 重）	4）给出 m 项：$c_m t^{m-1} e^{\alpha t}\cos(\beta t) + d_1 e^{\alpha t}\sin(\beta t) + d_2 t e^{\alpha t}\sin(\beta t) + \cdots + \cdots d_m t^{m-1} e^{\alpha t}\sin(\beta t)$

注：c_i 为待定系数，由初始条件确定。

微分方程的特解形式与输入信号的形式有关。将特解与输入信号代入式（2-88）中，求得特解函数式中的待定系数，即可给出特解 $y_p(t)$。几种常用的典型输入信号所对应的特

解如表 2 - 2 所示。

表 2 - 2　常用的典型输入信号对应的特解

输入信号	特　　解
K	A
$\mathrm{e}^{-\alpha t}$（特征根 $\lambda \neq -\alpha$）	$A\mathrm{e}^{-\alpha t}$
$\mathrm{e}^{-\alpha t}$（特征根 $\lambda = -\alpha$，k 重）	$At^k\mathrm{e}^{-\alpha t}$
t^m	$A_m t^m + A_{m-1} t^{m-1} + \cdots + A_1 t + A_0$
$\mathrm{e}^{-\alpha t}\cos(\omega_0 t)$ 或 $\mathrm{e}^{-\alpha t}\sin(\omega_0 t)$	$A\mathrm{e}^{-\alpha t}\sin(\omega_0 t) + B\mathrm{e}^{-\alpha t}\cos(\omega_0 t)$
$t^m \mathrm{e}^{-\alpha t}\cos(\omega_0 t)$ 或 $t^m \mathrm{e}^{-\alpha t}\sin(\omega_0 t)$	$(A_m t^m + A_{m-1} t^{m-1} + \cdots + A_1 t + A_0)\mathrm{e}^{-\alpha t}\sin(\omega_0 t) +$ $(B_m t^m + B_{m-1} t^{m-1} + \cdots + B_1 t + B_0)\mathrm{e}^{-\alpha t}\cos(\omega_0 t)$

注：1. A_i 和 B_i 为待定系数；
2. 若输入信号 $x(t)$ 由几种输入信号组合，则特解也为其相应的组合。

得到齐次解的形式和特解后，将二者相加，得到微分方程的全解表达形式，即

$$y(t) = y_h(t) + y_p(t) \qquad (2-96)$$

再利用已知的 n 个初始条件 $y(0)$，$y^{(1)}(0)$，$\cdots$，$y^{n-1}(0)$ 即可在全解表达式中确定齐次解的待定系数，从而得到微分方程的全解。

例 2 - 9　已知 LTI 连续时间系统为

$$y^{(2)}(t) + 6y^{(1)}(t) + 8y(t) = x(t) \qquad (2-97)$$

初始条件 $y(0) = 1$，$y^{(1)}(0) = 2$，输入信号 $x(t) = \mathrm{e}^{-t}u(t)$，试求系统的完全响应 $y(t)$。

解：（1）齐次解 $y_h(t)$。

特征方程：$\lambda^2 + 6\lambda + 8 = 0$。

特征根：$\lambda_1 = -2$，$\lambda_2 = -4$，均为互异单根，故齐次解形式为

$$y_h(t) = C_1\mathrm{e}^{-2t} + C_2\mathrm{e}^{-4t} \qquad (2-98)$$

（2）特解 $y_p(t)$。由输入信号 $x(t)$ 的形式，可知方程的特解为

$$y_p(t) = C_3\mathrm{e}^{-t} \qquad (2-99)$$

将设定的特解及输入信号代入系统微分方程

$$(C_3\mathrm{e}^{-t})^{(2)} + 6(C_3\mathrm{e}^{-t})^{(1)} + 8(C_3\mathrm{e}^{-t}) = \mathrm{e}^{-t} \qquad (2-100)$$

即可求得 $C_3 = 1/3$，于是特解为

$$y_p(t) = \mathrm{e}^{-t}/3 \qquad (2-101)$$

（3）全解 $y(t)$。原方程的全解

$$y(t) = y_h(t) + y_p(t) = C_1\mathrm{e}^{-2t} + C_2\mathrm{e}^{-4t} + \mathrm{e}^{-t}/3 \qquad (2-102)$$

利用给定的初始条件，在全解形式中确定齐次解的特定系数

$$y(0) = 1 \Rightarrow C_1 + C_2 + 1/3 = 1$$

和

$$y^{(1)}(0) = 2 \Rightarrow -2C_1 - 4C_2 - 1/3 = 2$$

可求得 $C_1 = 5/2$，$C_2 = -11/6$。

微分方程的全解，即系统的完全响应为

$$y(t) = 5e^{-2t}/2 - 11e^{-4t}/6 + e^{-t}/3, t > 0 \qquad (2-103)$$

由式（2-103）可以看出，全解中的齐次解由系统的特征根决定，仅仅依赖于系统本身特性，因此这一部分的响应常称为自然响应，系统特征根 λ_i（$i=1,2,\cdots,m$）称为系统的自然频率（或固有频率、自由频率）；全解中的特解由输入信号确定，因此称为受迫响应。

经典法是一种纯数学方法，没有完全突出输入信号经过系统后产生系统响应的明确物理概念，因此选择另一角度来分析系统。在前面的分析中，可以知道系统的全响应不仅与输入信号有关，并且与系统初始状态有关，这时将系统的初始状态也看作一种输入激励，这样根据系统的线性性质，系统全响应可看作初始状态与输入信号作为引起响应的两种因素通过系统后分别产生的响应的叠加。其中，仅由初始状态单独作用于系统产生的响应称为零输入响应，记为 $y_0(t)$；仅由输入信号单独作用于系统产生的响应称为零状态响应，记为 $y_x(t)$。此时系统全响应就变成：全响应 = 零输入响应 + 零状态响应，即

$$y(t) = y_0(t) + y_x(t) \qquad (2-104)$$

2.4.3　关于 0_- 与 0_+ 值

在经典求解系统响应的过程中，尽管齐次解的形式依赖于系统特性，而与激励信号形式无关，但齐次解的系数 A 却与激励信号有关，即在激励信号 $x(t)$ 加入 $t=0_+$ 受其影响的状态。而在实际应用中，系统往往已知的是激励信号 $x(t)$ 加入前 0_- 的状态。而如果已知 0_-，在经典求解过程中，为了确定系统 A，需要把 0_- 转化为 0_+。下面的问题就是如何由 0_- 计算 0_+，即确定系统在 $t=0$ 是否发生跳变。

由于激励信号的作用，响应 $y(t)$ 及其各阶导数可能在 $t=0$ 处发生跳变，即 $y(0_+) \neq y(0_-)$，其跳变量以 $[y(0_+) - y(0_-)]$ 表示。对于已知系统，一旦系统微分方程确定，判断其在 $t=0$ 处是否发生跳变，完全取决于微分方程右端的自由项中是否包含冲激函数 $\delta(t)$ 及其导数。如果包含 $\delta(t)$ 及其导数，则在 $t=0$ 处可能发生跳变，否则没有发生跳变。关于引起跳变量的数值，可以根据微分方程两边 $\delta(t)$ 函数平衡的原理来计算。例如，已知系统的微分方程为

$$\frac{dy(t)}{dt} + 3y(t) = 2\frac{dy(t)}{dt} \qquad (2-105)$$

设初始条件 $y(0_-)=1$，激励信号 $x(t)=u(t)$，试计算起点的跳变值及 $y(0_+)$ 值。

δ 函数平衡，应首先考虑式（2-105）两边最高阶的平衡，则

$$y'(t) \rightarrow 2x'(t) = 2\delta(t) \qquad (2-106)$$

即最高阶项 $y'(t)$ 中应该有 $2\delta(t)$，则

$$y(t) \rightarrow 2u(t) \qquad (2-107)$$

由式（2-107）可见，$y(t)$ 在 $t=0$ 处有跳变，其值为

$$y(0_+) - y(0_-) = y(0_+) - 1 = 2 \qquad (2-108)$$

则

$$y(0_+) = 2 + 1 = 3$$

2.5　零输入响应与零状态响应

2.5.1　零输入响应的求解

系统的微分方程为

$$a_n y^{(n)}(t) + a_{n-1} y^{(n-1)}(t) + \cdots + a_1 y^{(1)}(t) + a_0 y(t)$$
$$= b_m x^{(m)}(t) + b_{m-1} x^{(m-1)}(t) + \cdots + b_1 x^{(1)}(t) + b_0 x(t) \tag{2-109}$$

对于零输入响应，由于与输入信号无关，即方程右端输入信号及其各阶导数为零，则零输入响应是齐次方程的解，即

$$a_n y^{(n)}(t) + a_{n-1} y^{(n-1)}(t) + \cdots + a_1 y^{(1)}(t) + a_0 y^{(0)}(t) = 0 \tag{2-110}$$

由于零输入响应是由初始状态引起的响应，因此齐次解中的待定系数直接由给定的初始条件确定。

例 2-10　已知 LTI 连续时间系统的微分方程为

$$y^{(2)}(t) + 3y^{(1)}(t) + 2y(t) = x^{(1)}(t) + 3x(t) \tag{2-111}$$

初始状态 $y(0_-) = 1$，$y^{(1)}(0_-) = 2$，输入信号 $x(t) = e^{-3t}u(t)$，试求系统的零输入响应 $y_0(t)$。

解：系统的特征方程为 $\lambda^2 + 3\lambda + 2 = 0$。解得特征根为 $\lambda_1 = -1$，$\lambda_2 = -2$（互异单根）。零输入响应 $y_0(t)$ 具有齐次解，即

$$y_0(t) = C_1 e^{-t} + C_2 e^{-2t} \tag{2-112}$$

将初始条件 $y(0_-) = 1$，$y^{(1)}(0_-) = 2$ 代入式（2-112），可得

$$y(0_-) = 1 \Rightarrow C_1 + C_2 = 1$$
$$y^{(1)}(0_-) = 2 \Rightarrow -C_1 - 2C_2 = 2$$

并解得

$$C_1 = 4, \quad C_2 = -3$$

因此，零输入响应为

$$y_0(t) = 4e^{-t} - 3e^{-2t} \tag{2-113}$$

2.5.2　零状态响应的求解

对于零状态响应，由于是输入信号所引起的响应，微分方程式（2-109）等号右边存在输入信号及其导数，因此仍然保持非齐次微分方程形式，所以零状态响应具有方程的完全解形式。由于零状态响应与初始状态无关，则初始条件全部为零，即

$$y_0(t) = y^{(1)}(0) = \cdots = y^{(n-1)}(0) = 0 \tag{2-114}$$

因此，用这一限定因素确定全解中齐次解的待定系数。

例 2-11　试求微分方程 $y''(t) + 1.5y'(t) + 0.5y(t) = 5e^{-3t}u(t)$，初始条件 $y'(0) = 0$，$y(0) = 0$ 的零状态响应。

解：第一步，求齐次解。

$$\lambda^2 + 1.5\lambda + 0.5 = 0$$

得两个实根：-1，-0.5，则

$$y_p(t) = C_1 e^{-t} + C_2 e^{-0.5t} \qquad (2-115)$$

第二步，求特解。将

$$y_p(t) = C e^{-3t}$$

代入原微分方程（由于 -3 不是特征根），得 $C=1$，则

$$y_p(t) = e^{-3t} \qquad (2-116)$$

第三步，求零状态解。将初始条件 $y'(0)=0$，$y(0)=0$ 代入式（2-115），可得

$$\begin{cases} C_1 = -5 \\ C_2 = 4 \end{cases}$$

则

$$y_x(t) = (-5e^{-t} + 4e^{-0.5t} + e^{-3t}) u(t) \qquad (2-117)$$

注意：零状态响应 $y_x(t)$ 由方程的全解得到，其中齐次解的系数应在全解中由初始条件 $y_0(t) = y^{(1)}(0) = \cdots = y^{(n-1)}(0) = 0$ 确定。

例 2-12 已知 LTI 连续时间系统的微分方程为

$$y^{(2)}(t) + \frac{3}{2} y^{(1)}(t) + \frac{1}{2} y(t) = x(t) \qquad (2-118)$$

初始条件 $y(0)=1$，$y^{(1)}(0)=0$，$x(t)=5e^{-3t}u(t)$，试求系统的零输入响应 $y_0(t)$、零状态响应 $y_x(t)$ 以及完全响应 $y(t)$。

解：（1）零输入响应 $y_0(t)$。系统的特征方程为

$$\lambda^2 + 3\lambda/2 + 1/2 = 0$$

解得特征根为

$$\lambda_1 = -1, \lambda_2 = -1/2$$

零输入 $y_0(t)$ 具有齐次解，即

$$y_0(t) = C_1 e^{-t} + C_2 e^{-\frac{1}{2}t} \qquad (2-119)$$

将初始条件 $y(0)=1$，$y^{(1)}(0)=0$ 代入式（2-119），可得

$$y(0) = 1 \Rightarrow C_1 + C_2 = 1$$
$$y^{(1)}(0) = 0 \Rightarrow -C_1 - C_2/2 = 0$$

则

$$C_1 = -1, \quad C_2 = 2$$

因此，零输入响应为

$$y_0(t) = e^{-t} + 2e^{-\frac{1}{2}t}$$

（2）零状态响应 $y_x(t)$。零状态响应具有全解形式，则

$$y_x(t) = y_h(t) + y_p(t) \qquad (2-120)$$

首先求特解 $y_p(t)$。根据给定输入 $x(t)=5e^{-3t}u(t)$，设特解 $y_p(t)=Ae^{-3t}$，将其与输入共同代入微分方程，比较对应项系数得 $A=1$，特解、齐次解和全解如下：

$$y_p(t) = e^{-3t}$$

$$y_h(t) = C_1 e^{-t} + C_2 e^{-\frac{1}{2}t}$$

$$y_x(t) = y_h(t) + y_p(t) = C_1 e^{-t} + C_2 e^{-\frac{1}{2}t} + e^{-3t} \qquad (2-121)$$

因为零状态响应与初始状态无关，$y(0) = y^{(1)}(0) = 0$，用这一限定条件确定 $y_x(t)$ 中齐次解的待定系数 C_1 和 C_2，即

$$y(0) = 0 \Rightarrow C_1 + C_2 + 1 = 0$$

$$y^{(1)}(0) = 0 \Rightarrow -C_1 - C_2/2 - 3 = 0$$

则

$$C_1 = -5, \quad C_2 = 4$$

因此，零状态响应为

$$y_x(t) = \left(-5e^{-t} + 4e^{-\frac{1}{2}t} + e^{-3t}\right)u(t) \tag{2-122}$$

（3）完全响应 $y(t)$。完全响应可表示为

$$y(t) = y_0(t) + y_x(t) = \left(-e^{-t} + 2e^{-\frac{1}{2}t}\right) + \left(-5e^{-t} + 4e^{-\frac{1}{2}t} + e^{-3t}\right)$$

$$= \Big[\underbrace{\left(-6e^{-t} + 6e^{-\frac{1}{2}t}\right)}_{\text{自然响应}} + \underbrace{e^{-3t}}_{\text{受迫响应}} \Big] u(t) \tag{2-123}$$

由式（2-123）可以看出，自然响应包括零输入响应和零状态响应的一部分。

2.6　单位冲激响应

前面介绍的 LTI 连续时间系统的零状态响应求解是经典解法，下面介绍另一种方法，即卷积法。卷积方法清楚地表现了输入、系统和输出三者之间的时域关系。在介绍卷积法求解零状态响应之前，首先介绍一下卷积法中所应用到的一个重要概念：单位冲激响应。

系统的单位冲激响应定义为单位冲激信号 $\delta(t)$ 输入时系统的零状态响应，记为 $h(t)$。由于输入信号是单位冲激信号 $\delta(t)$，并且初始条件全部为零。因此，单位冲激响应 $h(t)$ 仅取决于系统的内部结构及其元件参数，不同结构和元件参数的系统将具有不同的单位冲激响应。系统的单位冲激响应 $h(t)$ 是表征系统本身特性的重要物理量。

所描述的系统，其单位冲激响应 $h(t)$ 满足微分方程

$$a_n h^{(n)}(t) + a_{n-1} h^{(n-1)}(t) + \cdots + a_1 h^{(1)}(t) + a_0 h(t)$$
$$= b_m \delta^{(m)}(t) + b_{m-1} \delta^{(m-1)}(t) + \cdots + b_1 \delta^{(1)}(t) + b_0 \delta(t) \tag{2-124}$$

及初始状态 $h^{(i)}(0_-) = 0$（$i = 0, 1, \cdots, n-1$）。由于 $\delta(t)$ 及其各阶导数在 $t \geq 0_+$ 时都等于零，因此式（2-124）右端各项在 $t \geq 0_+$ 时恒等于零，此时式（2-124）为齐次方程，这样单位冲激响应形式与齐次解形式相同。在 $n > m$ 时，$h(t)$ 可表示为

$$h(t) = \left(\sum_{i=1}^{n} C_i e^{\lambda_i t} \right) u(t) \tag{2-125}$$

若 $n \leq m$，则 $h(t)$ 中将包含 $\delta(t)$ 及 $\delta^{(1)}(t)$，一直到 $\delta^{(m-n)}(t)$。由于式（2-124）等号右边是 $\delta(t)$ 及其各阶导数项，$h(t)$ 是输入为 $\delta(t)$ 时的零状态响应，因此求解单位冲激响应 $h(t)$ 的问题实质是在初始条件跃变下确定 $t = 0_+$ 时的初始条件及其在该初始条件下的齐次解问题。下面分析 $t = 0_+$ 时的初始条件。

对于一个微分方程如下式表示的 LTI 连续时间系统

$$a_n y^{(n)}(t) + a_{n-1} y^{(n-1)}(t) + \cdots + a_1 y^{(1)}(t) + a_0 y^{(0)}(t) = x(t) \tag{2-126}$$

当 $x(t) = \delta(t)$ 时，响应为 $h(t)$，即

$$a_n h^{(n)}(t) + a_{n-1} h^{(n-1)}(t) + \cdots + a_1 h^{(1)}(t) + a_0 h^{(0)}(t) = \delta(t) \qquad (2-127)$$

为保证方程两端冲激函数平衡，则式（2-127）等号左边有冲激函数项，且只能出现在第一项 $h^{(n)}(t)$ 中，这样第二项中应有阶跃函数项，在其后的各项中有相应的 t 的正幂函数项。

对式（2-127）两端取 $0_-\sim 0_+$ 的定积分，则

$$a_n \int_{0_-}^{0_+} h^{(n)}(t)\mathrm{d}t + a_{n-1} \int_{0_-}^{0_+} h^{(n-1)}(t)\mathrm{d}t + \cdots + a_1 \int_{0_-}^{0_+} h^{(1)}(t)\mathrm{d}t + a_0 \int_{0_-}^{0_+} h(t)\mathrm{d}t = \int_{0_-}^{0_+} \delta(t)\mathrm{d}t$$

$$(2-128)$$

在 0_- 时刻，$h(t)$ 及其各阶导数值为零，即

$$h^{(n-1)}(0_-) = h^{(n-2)}(0_-) = \cdots = h^{(1)}(0_-) = h(0_-) = 0$$

另外，式（2-128）等号左端积分除第一项因被积函数包含单位冲激函数，其积分结果在 $t=0$ 处不连续外，其余各项积分结果在 $t=0$ 处都连续，即这些积分项所得函数 $t=0_-$ 和 $t=0_+$ 时的取值相同，即

$$h^{(n-1)}(0_+) = h^{(n-2)}(0_-) = 0, \cdots, h^{(1)}(0_+) = h^{(1)}(0_-) = 0, h(0_+) = h(0_-) = 0$$

式（2-128）等号右边积分为1，则式（2-128）等号两边积分后，可得

$$a_n [h^{(n-1)}(0_+) - h^{(n-1)}(0_-)] = 1$$

由此可见，对于式（2-128）所描述的系统，单位冲激函数 $\delta(t)$ 引起的 $t=0_+$ 时的 n 个初始条件为

$$\begin{cases} h^{(n-1)}(0_+) = \dfrac{1}{a_n} \\ h^{(n-2)}(0_+) = h^{(n-3)}(0_+) = \cdots = h^{(1)}(0_+) = h(0_+) = 0 \end{cases} \qquad (2-129)$$

有了这样一组初始条件，$h(t)$ 齐次解模式中的对应系数 C_i 就迎刃而解了。

同样，对于式（2-124）描述的一般系统，可以利用微分特性法，分两步完成系统单位冲激响应 $h(t)$ 的求解。

（1）设式（2-128）等号右边只有输入 $\delta(t)$，即

$$a_n \hat{h}^{(n)}(t) + a_{n-1} \hat{h}^{(n-1)}(t) + \cdots + a_1 \hat{h}^{(1)}(t) + a_0 \hat{h}^{(0)}(t) = \delta(t) \qquad (2-130)$$

式中：$\hat{h}(t)$ 具有齐次解形式，初始条件 $\hat{h}^{(n-1)}(0_+) = 1/a_n$，$\hat{h}^{(n-2)}(0_+) = \cdots = \hat{h}(0_+) = 0$，试求出 $\hat{h}(t)$。

（2）对 $\hat{h}(t)$ 进行式（2-124）等号右边的等价运算，可得所描述系统的单位冲激响应 $h(t)$，即

$$h(t) = b_m \hat{h}^{(m)}(t) + b_{m-1} \hat{h}^{(m-1)}(t) + \cdots + b_1 \hat{h}^{(1)}(t) + b_0 \hat{h}(t) \qquad (2-131)$$

例 2-13 某 LTI 系统的微分方程如下，试求其单位冲激响应 $h(t)$。

$$y''(t) + 5y' + 6y(t) = x'(t) + x(t) \qquad (2-132)$$

解：（1）可先求等号右边只有 $\delta(t)$ 时的 $\hat{h}(t)$，即

$$\hat{h}''(t) + 5\hat{h}'(t) + 6\hat{h}(t) = \delta(t)$$

系统特征方程为

$$\lambda^2 + 5\lambda + 6 = 0$$

系统特征根

$$\lambda_1 = -2, \lambda_2 = -3$$

$\hat{h}(t)$ 具有齐次解模式，即

$$\hat{h}(t) = C_1 e^{-2t} + C_2 e^{-3t}, t > 0 \qquad (2-133)$$

将 $t = 0_+$ 时的初始条件 $\hat{h}'(0_+) = 1$，$\hat{h}(0_+) = 0$ 代入式（2-133），可得

$$C_1 = 1, C_2 = -1$$

则

$$\hat{h}(t) = (e^{-2t} - e^{-3t}) u(t)$$

（2）对式（2-133）等号右边做 $\hat{h}'(t)$ 的等价运算，可得

$$h(t) = \hat{h}'(t) + \hat{h}(t) = (-e^{-2t} + 2e^{-3t}) u(t) \qquad (2-134)$$

当然，也可以采用冲激函数平衡法确定齐次解的待定系数，即将式（2-132）所对应的齐次解

$$h(t) = (k_1 e^{-2t} + k_2 e^{-3t}) u(t) \qquad (2-135)$$

代入式（2-132），为保持系统对应的微分方程恒等，式（2-135）等号两边所具有的单位冲激信号及其高阶导数必须相等。根据此规则即可求得系统单位冲激响应 $h(t)$ 的待定系数 $k_1 = -1$，$k_2 = 2$。

单位冲激响应可以在时域中直接求解，也可以在频域、变换域中求解，这个问题将在后续章节中进行讨论。

2.7　用单位冲激响应表征系统的性质

结合前面介绍的单位冲激函数（δ 函数）的相关内容，可知任意激励信号 $x(t)$ 均可以分解为许多窄脉冲，如图 2-35 所示，可得

$$x(t) = \int_{-\infty}^{\infty} x(\tau) \delta(t - \tau) \mathrm{d}\tau = \lim_{\Delta t \to 0} \sum_{k=-\infty}^{\infty} k\Delta t \cdot \delta(t - k\Delta t) \cdot \Delta t \qquad (2-136)$$

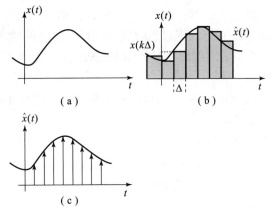

图 2-35　信号的分解

对于 $\delta(t)$，其零状态响应为 $h(t)$；根据 LTI 系统的时不变性，则由 $\delta(t - k\Delta t)$ 引起的零状态响应为 $h(t - k\Delta t)$；根据齐次性，由 $x(k\Delta t) \cdot \delta(t - k\Delta t)$ 引起的零状态响应为 $x(k\Delta t) \cdot \delta(t - k\Delta t)$。由叠加特性，可知激励 $x(t)$ 的零状态响应为

$$y_x(t) = \lim_{\Delta t \to 0} \sum_{k=-\infty}^{\infty} k\Delta t \cdot \delta(t - k\Delta t) \cdot \Delta t$$

$$= \int_{-\infty}^{\infty} x(\tau) h(t - \tau) \mathrm{d}\tau \qquad (2-137)$$

上述信号的分解与近似过程的理论推演示意图如图2-36所示。

$$\hat{x}(t) = \sum_{k=-\infty}^{\infty} x(k\Delta) \cdot \Delta \delta(t - k\Delta)$$

当 $\quad \Delta \to 0, \qquad k\Delta \to$ 连续变量 $\tau,$
$\qquad \Delta \to \mathrm{d}\tau, \qquad \delta(t - k\Delta) \to \delta(t - \tau)$
$\qquad x(k\Delta) \to x(\tau) \qquad \sum_{k=-\infty}^{\infty} \to \int_{-\infty}^{\infty}$
$\qquad \hat{x}(t) \to x(t)$
$$x(t) = \int_{-\infty}^{\infty} x(\tau) \delta(t - \tau) \mathrm{d}\tau$$

$$(2-138)$$

图2-36　信号分解与近似推演示意图

在时域中，把任意函数分解为无限多个冲激函数的叠加积分表示如下：

$$x(t) = \int_{-\infty}^{\infty} x(\tau) \delta(t - \tau) \mathrm{d}\tau \text{，多点抽样} \qquad (2-139)$$

$$x(t_0) = \int_{-\infty}^{\infty} x(t) \delta(t - t_0) \mathrm{d}t \text{，一点抽样} \qquad (2-140)$$

因此有如下结论，LTI系统的零状态响应 $y_x(t)$ 是激励 $x(t)$ 的卷积积分，即

$$y_x(t) = x(t) * h(t) \qquad (2-141)$$

根据卷积的性质，有

$$y_x(t) = x(t) * h(t) = x'(t) * g(t) = \int_{-\infty}^{\infty} x'(\tau) g(t - \tau) \mathrm{d}\tau \qquad (2-142)$$

式（2-142）称为"杜阿密尔积分"，它表示LTI系统的零状态响应等于激励信号的导数系统的阶跃响应的卷积积分。其物理意义是：把激励 $x(t)$ 分解成一系列接入时间不同、幅值不同的阶跃函数（在 τ 时刻为 $x'(\tau)\mathrm{d}\tau \cdot u(t - \tau)$ 时，根据LTI系统的零状态线性和时不变性，在激励 $x(t)$ 的作用下，系统的零状态响应等于相应的一系列阶跃响应的积分）。

由经典法求解零状态响应时对激励信号的限制比较大，而用卷积积分法求解时对激励信号基本没有限制。

例2-14　已知某系统状态响应 $y''(t) + 5y'(t) + 6y(t) = x'(t) + x(t)$，系统输入 $x(t) = e^{-t}u(t)$，试求系统的零状态响应。

解：可以求出系统的冲激响应为

$$h(t) = (-e^{-2t} + 2e^{-3t})u(t) \qquad (2-143)$$

利用式 $y_x(t) = x(t) * h(t)$，将 $x(t)$ 与 $h(t)$ 做卷积运算，可得 $y_x(t) = (e^{-2t} - e^{-3t})u(t)$，读者可以自己验证。

1. 系统特性2-1：有记忆和无记忆LTI系统

若一个系统在任何时刻的输出仅与同一时刻的输入有关，这个系统就是无记忆的。对一个LTI连续时间系统，唯一能使这一点成立的条件是在 $t \neq 0$ 时，系统的单位冲激响应 $h(t) = 0$，此时单位冲激响应为

$$h(t) = k\delta(t) \text{，} k \text{ 为常数} \qquad (2-144)$$

当 $k = 1$ 时，$y(t) = x(t) * h(t) = x(t) * \delta(t) = x(t)$，系统变为恒等系统，

$\delta\ (t)$ 又称为恒等器。

2. 系统特性 2 - 2：LTI 系统的可逆性

对于一个 LTI 连续时间系统，其单位冲激响应为 $h\ (t)$，仅当存在一个逆系统，其与原系统级联后所产生的输出等于第一个系统的输入时，这个系统才是可逆的。如果这个系统是可逆的，则它就有一个 LTI 的逆系统，如图 2 - 37 所示。

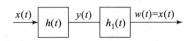

图 2 - 37　可逆系统框图

给定系统单位冲激响应 $h\ (t)$，逆系统的单位冲激响应 $h_1\ (t)$，有

$$y(t) = x(t) * h(t) \tag{2-145}$$

和

$$w(t) = y(t) * h_1(t) = x(t) * h(t) * h_1(t) = x(t) \tag{2-146}$$

必须满足的逆系统单位冲激响应条件为

$$h(t) * h_1(t) = \delta(t) \tag{2-147}$$

3. 系统特性 2 - 3：LTI 系统的因果性

一个因果系统的输出只取决于现在和过去的输入值。一个因果 LTI 系统的冲激响应在冲激出现之前必须为零，因此因果性应满足的条件为

$$h(t) = 0, t < 0 \tag{2-148}$$

这时，一个 LTI 连续时间因果系统可以表示为

$$y(t) = \int_{-\infty}^{\infty} x(\tau)h(t-\tau)\mathrm{d}\tau = \int_{0}^{\infty} h(\tau)x(t-\tau)\mathrm{d}\tau$$

$$= \int_{-\infty}^{t} x(\tau)h(t-\tau)\mathrm{d}\tau \tag{2-149}$$

4. 系统特性 2 - 4：LTI 系统的稳定性

如果一个系统对于每一个有界的输入，其输出都是有界的，则该系统是有界输入、有界输出稳定，定义为系统稳定。在 LTI 连续时间系统，若对全部 t，有 $|x\ (t)| < B < \infty$，则

$$|y(t)| = |x(t) * h(t)|$$

$$= \left| \int_{-\infty}^{\infty} h(\tau)x(t-\tau)\mathrm{d}\tau \right|$$

$$\leqslant \int_{-\infty}^{\infty} |h(\tau)||x(t-\tau)|\mathrm{d}\tau \leqslant B\int_{-\infty}^{\infty} |h(\tau)|\mathrm{d}\tau \tag{2-150}$$

只需保证 $h(t)$ 绝对可积，即 $\int_{-\infty}^{\infty} |h(\tau)|\mathrm{d}\tau < \infty$，$y(t)$ 有界，该系统稳定。

5. 系统特性 2 - 5：LTI 系统的单位阶跃响应

可以看到，$h\ (t)$ 是时域描述系统的重要物理量，根据 LTI 系统的线性和时不变性，以及 $\delta\ (t)$ 与 $h\ (t)$ 的关系，单位阶跃响应也常用来描述 LTI 系统特性。

单位阶跃响应是当输入为单位阶跃信号 $u\ (t)$ 时，系统的零状态响应，记为 $s\ (t)$。LTI 连续时间系统单位阶跃响应为

$$s(t) = u(t) * h(t)$$

$$= \delta(t) * \int_{-\infty}^{t} h(\tau)\mathrm{d}\tau = \int_{-\infty}^{t} h(\tau)\mathrm{d}\tau \tag{2-151}$$

这就是说，一个 LTI 连续时间系统的 $s\ (t)$ 是它的 $h\ (t)$ 的积分函数，或者说，$h\ (t)$ 是 $s\ (t)$ 的一阶导数，即

$$h(t) = \frac{\mathrm{d}s(t)}{\mathrm{d}t} = s'(t) \tag{2-152}$$

因此，系统单位阶跃响应也能够表征一个 LTI 系统。

2.8 系统的结构及其模拟图

前面讨论了时域中分析 LTI 连续时间系统的方法——微分方程法和卷积积分法。这两种方法分别依据微分方程模型和系统的单位冲激响应 $h(t)$，它们的共同特点是以数学函数式的形式表现系统输入/输出关系。通常为了更直观地进行系统分析，我们还会采取另外一种图形化的模型进行系统分析，称为系统模拟框图。这里的模拟不是指仿制实际系统，而是指数学意义的模拟，保证用来模拟的实验系统与真实系统在输入/输出关系上具有相同的微分方程描述。系统的模拟由几种基本的运算器组合而成，以图形进行表示，在时域中构成时域模拟图。基本运算器包括加法器、标量乘法器和积分器，如图 2-38 所示。

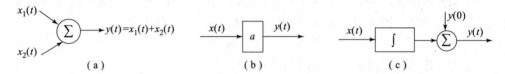

图 2-38 加法器、乘法器和积分器
（a）加法器；（b）乘法器；（c）积分器

LTI 连续时间系统的微分方程为

$$
\begin{aligned}
&a_n y^{(n)}(t) + a_{n-1} y^{(n-1)}(t) + \cdots + a_1 y^{(1)}(t) + a_0 y(t) \\
&= b_n x^{(n)}(t) + b_{n-1} x^{(n-1)}(t) + \cdots + b_1 x^{(1)}(t) + b_0 x(t)
\end{aligned} \tag{2-153}
$$

通常在做微分方程模拟时不用微分器而用积分器，这是因为在实际工作中积分器的性能要比微分器好，其抗干扰能力较强，实现容易。既然如此，我们有必要将微分方程变换为积分方程。先作如下设定。

零次积分：$y_{(0)}(t) = y(t)$

一次积分：$y_{(1)}(t) = y(t) * u(t)$

二次积分：$y_{(2)}(t) = y(t) * u(t) * u(t)$

k 次积分：$y_{(k)}(t) = y(t) * \underbrace{u(t) * u(t) * \cdots * u(t)}_{k\text{个}}$

对式（2-153）等号两边做 n 次积分，有

$$\sum_{k=0}^{n} a_k y_{(n-k)}(t) = \sum_{k=0}^{n} b_k x_{(n-k)}(t) \tag{2-154}$$

即

$$y(t) = \frac{1}{a_n} \left[\sum_{k=0}^{n} b_k x_{(n-k)}(t) - \sum_{k=0}^{n-1} a_k y_{(n-k)}(t) \right] \tag{2-155}$$

设 $w(t) = \sum_{k=0}^{n} b_k x_{(n-k)}(t)$，则

$$y(t) = \frac{1}{a_n}\left[w(t) - \sum_{k=0}^{n-1} a_k y_{(n-k)}(t) \right] \qquad (2-156)$$

例 2 – 15　画出 LTI 连续时间系统微分方程 $y' + a_0 y = x$ 的模拟图。

解： 我们注意到，微分方程等号右边无求导数项情况，可以按如下步骤求解。

（1）把输出函数的最高阶导数项放在左边，其余项目都放在右边，即

$$y' = x - a_0 y \qquad (2-157)$$

（2）经过若干个积分器，这里只需要一个积分器，可得 $y(t)$。

（3）通过各个标量乘法器，送到第一个积分器之前与输入相加得到最高阶导数项。微分方程的模拟图如图 2 – 39 所示。

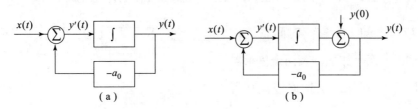

图 2 – 39　微分方程的模拟图

（a）无初始条件；（b）有初始条件

例 2 – 16　画出连续时间系统微分方程

$$y'' + a_1 y' + a_0 y = b_1 x' + b_0 x \qquad (2-158)$$

的模拟图。

解： 我们注意到，式（2 – 158）等号右边含有 x 项的导数项情况。

首先进行变换代换，设式（2 – 158）等号右边项中 x 用 q 来代替 $y(t) = b_1 q' + b_0 q$；然后进行变换代换，则

$$q'' + a_1 q' + a_0 q = x$$

读者自己可以简单推导证明。

证明： 变换代换：

$$y(t) = b_1 q' + b_0 q , \quad q'' + a_1 q' + a_0 q = x$$

以 $y(t) = b_1 q' + b_0 q$ 代入式（2 – 158），可得

$$
\begin{aligned}
(b_1 q' &+ b_0 q) + a_1 (b_1 q' + b_0 q) + a_0 (b_1 q' + b_0 q) \\
&= b_1 q''' + b_0 q'' + a_1 b_1 q'' + a_1 b_0 q' + a_0 b_1 q' + a_0 b_0 q \\
&= b_1 (q'' + a_1 q' + a_0 q) + b_0 (q'' + a_1 q' + a_0 q) \\
&= b_1 x' + b_0 x
\end{aligned}
\qquad (2-159)
$$

式中：$x = q'' + a_1 q' + a_0 q$。

微分方程式（2 – 158）对应的模拟图如 2 – 40 所示。

式（2 – 159）可以按如下步骤求解。

首先进行第一个微分方程 $q'' + a_1 q' + a_0 q = x$ 的运算，形成图 2 – 40 下面部分的模拟图；然后进行第二个微分方程 $y(t) = b_1 q' + b_0 q$ 的运算，形成图 2 – 40 上面部分的模拟图；至此得到微分方程 $y'' + a_1 y' + a_0 y = b_1 x' + b_0 x$ 完整的模拟图。

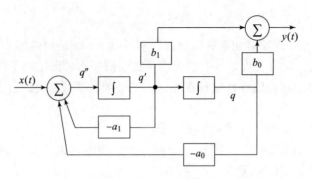

图 2-40　式（2-158）等号右边存在导数项的微分方程的模拟图

例 2-17　已知一个连续时间系统由两个微分器 $\int_1$、$\int_2$ 两个相加器及两个倍乘器组成，如图 2-41 所示。试按连接规则写出系统输出 $y(t)$。

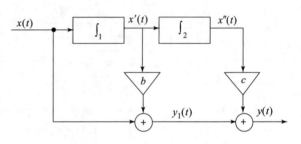

解：图 2-41 中微分器 $\int_1$ 先与倍乘器 b 级联后再与输入相加（并联）构成输出

图 2-41　例 2-17 的系统框图

$y_1(t)$；另外，$\int_1$ 又与微分器 $\int_2$、倍乘器 c 级联后再与 $y_1(t)$ 相加构成系统输出 $y(t)$，即

$$y_1(t) = x(t) + bx'(t) \tag{2-160}$$

$$y(t) = y_1(t) + cx''(t) = x(t) + bx'(t) + cx''(t) \tag{2-161}$$

对于例 2-17，若把其系统方框图中的两个微分器换成两个延迟器，其他则把连续信号改成离散信号，请读者自己练习写出系统输出 $y[n]$。读者会发现，结果将不再是如式（2-161）的微分方程，而是一个差分方程，它们分别是这两个系统的数学模型。

例 2-18　系统的微分方程为

$$a_1 y'(t) + a_0 y(t) = b_1 x'(t) + b_0 x(t) \tag{2-162}$$

画出其模拟图。

解：对式（2-162）两边同时积分，可得

$$a_1 y(t) + a_0 y_{(1)}(t) = b_1 x(t) + b_0 x_{(1)}(t) \tag{2-163}$$

和

$$y(t) = \frac{1}{a_1}[b_1 x(t) + b_0 x_{(1)}(t) - a_0 y_{(1)}(t)] \tag{2-164}$$

设 $w(t) = b_1 x(t) + b_0 x_{(1)}(t)$，则

$$y(t) = [w(t) - a_0 y_{(1)}(t)]/a_1 \tag{2-165}$$

对于式（2-162）等号右端：$x(t) \rightarrow w(t)$ 的模拟图如图 2-42（a）所示；

对于式（2-162）等号左端：$w(t) \rightarrow y(t)$ 的模拟图如图 2-42（b）所示。

子系统（1）与子系统（2）呈级联关系，如图 2-42（a）和（b）所示。

由于级联与子系统连接顺序无关，交换子系统（1）和子系统（2）的顺序并且合并积分器，就得到图 2-42（c）。

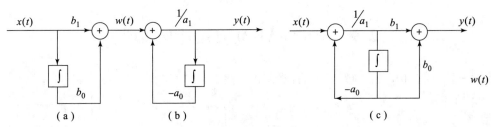

图 2-42　级联模拟图

输入特性与级联次序无关，将两个积分器合并为一个，如图 2-42（c）所示。推广到二阶微分方程的情况如图 2-43 所示。

同理，将上述方法进行 n 阶推广，即可得到如图 2-44 所示的模拟图，其中图 2-44（a）称为直接 I 型，交换子系统顺序并合并积分器得到图 2-44（b），称为直接 II 型，在直接 II 型的基础上，合并加法器，得到图 2-44（c），称为正准型。

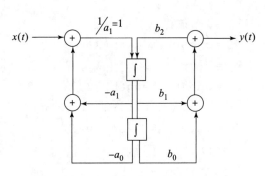

图 2-43　二阶微分方程对应的模拟图

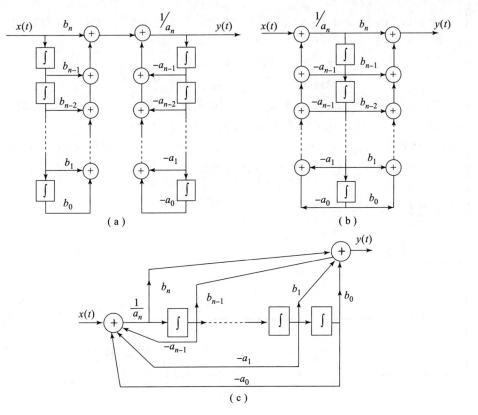

图 2-44　直接 I 型、直接 II 型、正准型的模拟图

（a）直接 I 型；（b）直接 II 型；（c）正准型

2.9 MATLAB 仿真设计与实现

例 2 – 19 绘出 $f_1\ (t)*f_2(t)$ 的波形如图 2 – 45 所示。

解：

MATLAB 仿真程序如下：

```
p = 0.01;
k1 = 0:p:2;
f1 = ones(1,length(k1));
k2 = 1:p:3;
f2 = ones(1,length(k2));
[f,k] = sconv(f1,f2,k1,k2,p);
function[f,k] = sconv(f1,f2,k1,k2,p)
f = conv(f1,f2);                    % 计算序列 f1(t)和 f2(t)的卷积和 f
f = f* p;
k0 = k1(1) + k2(1);                 % 计算序列 f 非零样值的起点位置
k3 = length(f1) + length(f2) - 2;   % 计算卷积和 f 的非零样值的宽度
k = k0:p:k0 + k3* p;
subplot(2,2,1);plot(k1,f1);     % 在图 2 – 46(a)绘制序列 f1(t)的波形图
title('f1(t)');xlabel('t');ylabel('f1(t)');
subplot(2,2,2);plot(k2,f2);     % 在图 2 – 46(b)绘制序列 f2(t)的波形图
title('f2(t)');xlabel('t');ylabel('f2(t)');
subplot(2,2,3);plot(k,f);       % 在图 2 – 46(c)绘制序列 f(k)的波形图
title('f1(t)和 f2(t)的卷积)');xlabel('t');ylabel('f(t)');
end
```

输出结果波形如图 2 – 46 所示。

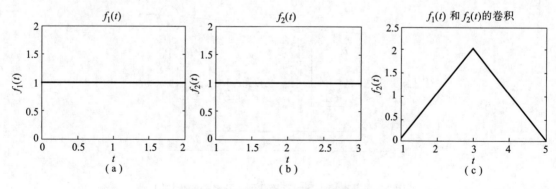

图 2 – 46 例 2 – 19 的输出结果波形

例 2 – 20　试求系统

$$y''(t) + y'(t) + y(t) = f'(t) + f(t) \qquad (2-166)$$

在 0 ~ 10s 内的冲激响应和阶跃响应的数值解，并画出波形。

解：

MATLAB 仿真程序如下：

```
a = [1 1 1];
b = [1 1];
sys = tf(b,a);
subplot(1,2,1)
impulse(sys,10);
subplot(1,2,2)
step(sys,10);
```

输出结果波形如图 2 – 47 所示。

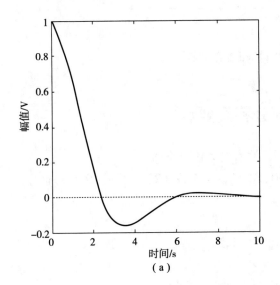
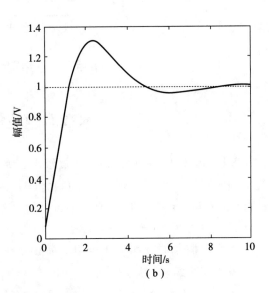

图 2 – 47　例 2 – 20 的输出结果波形

（a）脉冲响应；（b）阶跃响应

例 2 – 21　试求系统

$$y''(t) + 4y'(t) + 3y(t) = f(t), f(t) = u(t) \qquad (2-167)$$

在激励信号 $f(t)$ 作用下的零状态响应，并画出波形。

解：

MATLAB 仿真程序如下：

```
a = [1 4 3];
b = [1];
sys = tf(b,a);%                   %构造激励
t = 0:0.01:10;
ft = ones(1,length(t));%          %计算系统在时长为 t 的零状态响应
```

```
lsim(sys,ft,t);
```
输出结果波形如图 2 - 48 所示。

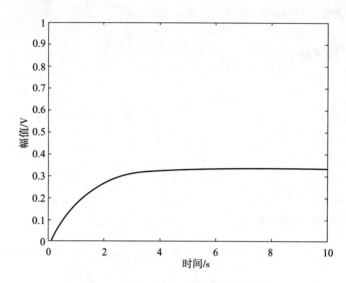

图 2 - 48 例 2 - 21 的输出结果波形

本章习题及部分答案要点

2.1 已知系统的微分方程和初始状态如下，试求其系统的全响应。

（1）$(D^2 + 5D + 6)y(t) = u(t), y(0) = 0, y^{(1)}(0) = 1$； （2）$(D^2 + 4D + 3)y(t) = e^{-2t}u(t), y(0) = y^{(1)}(0) = 0$。

（1）答案要点：

特征方程为 $\lambda^2 + 5\lambda + 6 = 0$，特征值为 $\lambda_1 = -2, \lambda_2 = -3$。

系统的通解为 $y_h(t) = c_1 e^{\lambda_1 t} + c_2 e^{\lambda_2 t} = c_1 e^{-2t} + c_2 e^{-3t}$

令 $y_p(t) = A$，代入原方程，得特解 $A = 1/6$。

全响应为 $y(t) = y_h(t) + y_p(t) = c_1 e^{-2t} + c_2 e^{-3t} + 1/6$，

将初始条件 $y(0) = 0, y^{(1)}(0) = 1$ 代入原方程，可得 $c_1 = 1/2$，$c_2 = -2/3$，

则 $y(t) = (1/2)e^{-2t} - (2/3)e^{-3t} + 1/6$

（2）答案要点：

特征方程为 $\lambda^2 + 4\lambda + 3 = 0$，可得 $\lambda_1 = -3, \lambda_2 = -1$。

则 $y_h(t) = c_1 e^{\lambda_1 t} + c_2 e^{\lambda_2 t} = c_1 e^{-3t} + c_2 e^{-t}$

令 $y_p(t) = c_3 e^{-2t}$，代入原方程，可得 $c_3 = -1$

则 $y_p(t) = -e^{-2t}$，

全响应为 $y(t) = y_h(t) + y_p(t) = c_1 e^{-3t} + c_2 e^{-t} - e^{-2t}$

将初始条件 $y(0) = 0, y^{(1)}(0) = 0$ 代入原方程，可得 $c_1 = c_2 = 1/2$，

则 $y(t) = (1/2)e^{-3t} + (1/2)e^{-t} - e^{-2t}$。

2.2 已知描述系统的微分方程如下，试求其系统的单位冲激响应 $h(t)$。

(1) $(D^2 + 3D + 2)y(t) = x(t)$；(2) $(D^2 + 6D + 8)y(t) = Dx(t)$；(3) $(D^2 + 4D + 3)y(t) = (D + 1)x(t)$；(4) $(D^2 + 4D + 3)y(t) = x(t)$；(5) $(D^2 + 4D + 4)y(t) = (D + 3)x(t)$；(6) $(D^2 + 2D + 2)y(t) = Dx(t)$。

(1) 答案要点：

特征方程为 $\lambda^2 + 3\lambda + 2 = 0$，可得 $\lambda_1 = -2, \lambda_2 = -1$。

则 $h(t) = (c_1 e^{\lambda_1 t} + c_2 e^{\lambda_2 t})u(t) = (c_1 e^{-2t} + c_2 e^{-t})u(t)$

$h'(t) = (c_1 + c_2)\delta(t) + (-2c_1 e^{-2t} - c_2 e^{-t})u(t)$

$h''(t) = (c_1 + c_2)\delta'(t) + (-2c_1 - c_2)\delta(t) + (4c_1 e^{-2t} + c_2 e^{-t})u(t)$

将 $x(t) = \delta(t), y(t) = h(t)$ 代入原方程，可得

$c_1 + c_2 = 0$，$c_1 + 2c_2 = 1$，则 $c_1 = -1, c_2 = 1$

所以 $h(t) = (-e^{-2t} + e^{-t})u(t)$

(2) 答案要点：

特征方程为 $\lambda^2 + 6\lambda + 8 = 0$，可得 $\lambda_1 = -2, \lambda_2 = -4$。

则 $h(t) = (c_1 e^{\lambda_1 t} + c_2 e^{\lambda_2 t})u(t) = (c_1 e^{-2t} + c_2 e^{-4t})u(t)$

$h'(t) = (c_1 + c_2)\delta(t) + (-2c_1 e^{-2t} - 4c_2 e^{-4t})u(t)$

$h''(t) = (c_1 + c_2)\delta'(t) + (-2c_1 - 4c_2)\delta(t) + (4c_1 e^{-2t} + 8c_2 e^{-4t})u(t)$

将 $x(t) = \delta(t), y(t) = h(t)$ 代入原方程，可得

$(c_1 + c_2)\delta'(t) + (4c_1 + 2c_2)\delta(t) = \delta'(t)$

$c_1 + c_2 = 1$，$4c_1 + 2c_2 = 0$，则 $c_1 = -1, c_2 = 2$

所以 $h(t) = (-e^{-2t} + 2e^{-4t})u(t)$

(3) 答案要点：

特征方程为 $\lambda^2 + 4\lambda + 3 = 0$，可得 $\lambda_1 = -3, \lambda_2 = -1$。

则 $h(t) = (c_1 e^{\lambda_1 t} + c_2 e^{\lambda_2 t})u(t) = (c_1 e^{-3t} + c_2 e^{-t})u(t)$

$h'(t) = (c_1 + c_2)\delta(t) + (-3c_1 e^{-3t} - c_2 e^{-t})u(t)$

$h''(t) = (c_1 + c_2)\delta'(t) + (-3c_1 - c_2)\delta(t) + (9c_1 e^{-3t} + c_2 e^{-t})u(t)$

将 $x(t) = \delta(t), y(t) = h(t)$ 代入原方程，可得

$(c_1 + c_2)\delta'(t) + (c_1 + 3c_2)\delta(t) = \delta'(t) + \delta(t)$

$c_1 + c_2 = 1$，$c_1 + 3c_2 = 1$，则 $c_1 = 1, c_2 = 0$，

所以 $h(t) = e^{-3t}u(t)$

(4) 答案要点：

特征方程为 $\lambda^2 + 4\lambda + 3 = 0$，可得 $\lambda_1 = -3, \lambda_2 = -1$。

则 $h(t) = (c_1 e^{\lambda_1 t} + c_2 e^{\lambda_2 t})u(t) = (c_1 e^{-3t} + c_2 e^{-t})u(t)$

$h'(t) = (c_1 + c_2)\delta(t) + (-3c_1 e^{-3t} - c_2 e^{-t})u(t)$

$h''(t) = (c_1 + c_2)\delta'(t) + (-3c_1 - c_2)\delta(t) + (9c_1 e^{-3t} + c_2 e^{-t})u(t)$

将 $x(t) = \delta(t), y(t) = h(t)$ 代入原方程，可得

$c_1 + c_2 = 0$，$c_1 + 3c_2 = 1$，则 $c_1 = -1/2, c_2 = 1/2$，

所以 $h(t) = (-e^{-3t} + e^{-t})u(t)/2$

（5）答案要点：

特征方程为 $\lambda^2 + 4\lambda + 4 = 0$ ，可得 $\lambda_1 = -2, \lambda_2 = -2$ 。

则 $h(t) = (c_1 e^{\lambda_1 t} + c_2 e^{\lambda_2 t})u(t) = (c_1 e^{-3t} + c_2 e^{-2t})u(t)$

$h'(t) = (c_1 + c_2)\delta(t) + (-3c_1 e^{-3t} - 2c_2 e^{-2t})u(t)h''(t) = (c_1 + c_2)\delta'(t) + (-3c_1 - 2c_2)\delta(t) + (9c_1 e^{-3t} + 4c_2 e^{-2t})u(t)$

将 $x(t) = \delta(t), y(t) = h(t)$ 代入原方程，可得

$c_2\delta'(t) + (c_1 + 2c_2)\delta(t) = \delta'(t) + 3\delta(t)$ ，则 $c_1 = 1$ ，$c_2 = 1$ ，

所以 $h(t) = (t+1)e^{-2t}u(t)$

（6）答案要点：

特征方程为 $\lambda^2 + 2\lambda + 2 = 0$ ，可得 $\lambda_1 = -1+j, \lambda_2 = -1-j$ 。

则 $h(t) = (c_1 e^{\lambda_1 t} + c_2 e^{\lambda_2 t})u(t) = (c_1 e^{-t}\cos t + c_2 e^{-t}\sin t)u(t)$

求出 $h'(t)$ 、$h''(t)$ ，和 $x(t) = \delta(t)$ ，

将 $y(t) = h(t)$ 代入原方程，可得

$c_1 = 1$ ，$c_1 + c_2 = 0$ ，则 $c_1 = 1, c_2 = -1$ ，

所以 $h(t) = e^{-t}(\cos t - \sin t)u(t) = 2^{1/2}e^{-t}\cos(t + \pi/4)u(t)$

以下习题，读者自己选择练习。

2.3 某系统的输入/输出方程为 $\dfrac{d^2 y(t)}{dt^2} + 5\dfrac{dy(t)}{dt} + 6y(t) = 3\dfrac{dx(t)}{dt} + 2x(t)$ ，若输入信号 $x(t) = 4e^{-t}u(t)$ ，系统的初始状态 $y(0) = 1$ ，$y'(0) = 1$ ，试求全响应。

2.4 计算卷积 $u(t-1) * e^{3at}u(t-1)$ 。

2.5 容易混淆的知识点。

信号及函数的分解运算示意图如图 2-49 所示。

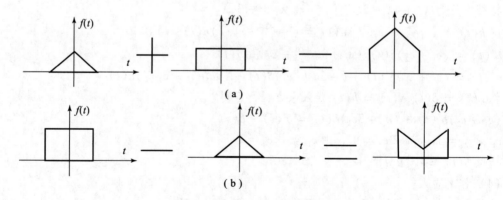

图 2-49 信号分解运算示意图

第3章

离散时间信号与系统的时域分析　单位抽样响应

3.1　引　言

离散时间信号是指信号在时间上是离散的，即只在某些不连续的规定的时刻具有瞬时值，在其他时刻无意义的信号。对连续时间信号的采样是产生离散时间信号的方法之一，而计算机技术的发展以及数字技术的广泛应用是离散信号分析、处理理论和方法迅速发展的动力。

本章从基本离散时间信号讲起，首先介绍什么是基本离散时间信号；然后逐步深入介绍离散时间信号的时域运算，以及在离散时不变系统中差分方程的求解；最后分析系统的零状态响应、零输入响应和全响应。与连续时间信号的单位冲激响应对应，这里有离散时间信号的单位抽样响应。在学习中可以体会到，单位抽样响应对系统的分析有重要意义和作用。

3.2　基本离散时间信号

与基本连续时间信号对应，下面首先讨论几个重要的离散时间信号，它们是构成其他离散时间信号的基本信号。

3.2.1　单位阶跃序列和单位抽样序列

与连续的单位阶跃函数 $u(t)$ 对应的是离散的单位阶跃序列 $u[n]$，其定义为

$$u[n] = \begin{cases} 0, n = -1, -2, \cdots \\ 1, n = 0, 1, 2, 3, \cdots \end{cases} \tag{3-1}$$

离散的单位阶跃序列 $u[n]$ 和延迟一个单位阶跃序列 $u[n-1]$ 的波形如图 3-1 所示。

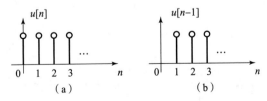

图 3-1　单位阶跃序列 $u[n]$ 和延迟一个单位阶跃序列 $u[n-1]$ 的波形

与 $u(t)$ 不同，$u[n]$ 的变量 n 取离散值，并且在 $n=0$ 时，$u[n]$ 的取值为 1。与连续的单位冲激函数 $\delta(t)$ 对应的是离散的单位抽样序列 $\delta[n]$，或称单位脉冲序列，其定义

为

$$\delta[n] = \begin{cases} 0, n \neq 0 \\ 1, n = 0 \end{cases} \qquad (3-2)$$

如图 3 - 2 所示，有时单位抽样序列也称为离散冲激或冲激序列。与 $\delta(t)$ 不同，$\delta[n]$ 是普通函数，$n = 0$ 时 $\delta[n]$ 取确定值 "1"，而不是无限大。

同理，延迟 k 的单位抽样序列定义为

$$\delta[n-k] = \begin{cases} 1, n = k \\ 0, n \neq k \end{cases} \qquad (3-3)$$

式（3-3）简称为延迟抽样序列，如图 3 - 3 所示。

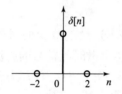

图 3 - 2　单位抽样序列 [n]

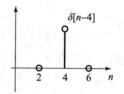

图 3 - 3　延迟四个单位的冲激序列的波形

与 $\delta(t)$ 相对应，$\delta[n]$ 也有很多与之相似的性质，如图 3 - 4 所示。

$\delta(t)$ 是 $u(t)$ 的一阶微分，而 $\delta[n]$ 是 $u[n]$ 的一阶差分，即

$$\delta[n] = u[n] - u[n-1] \qquad (3-4)$$

$\delta(t)$ 的积分函数是 $u(t)$，而 $\delta[n]$ 的求和函数是 $u[n]$，即

$$\sum_{m=-\infty}^{n} \delta[m] = u[n] \qquad (3-5)$$

这是因为 $\delta[m]$ 仅在 $m = 0$ 时，其值为 1，所以式（3-5）求和 m 从 $-\infty$ 到 $n < 0$ 时都是 0，$n \geqslant 0$ 时才是 1，如图 3 - 5 所示。

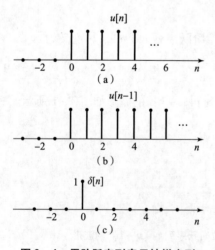

图 3 - 4　用阶跃序列表示抽样序列

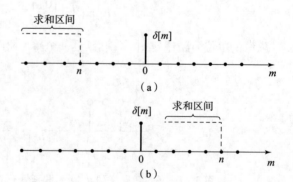

图 3 - 5　用抽样序列表示 $u[n]$

式（3-5）中的 $u[n]$ 也可以用延迟抽样序列表示，即

$$u[n] = \delta[n] + \delta[n-1] + \delta[n-2] + \cdots = \sum_{k=0}^{\infty} \delta[n-k] \tag{3-6}$$

由于 $\delta[n]$ 仅当 $n=0$ 时为 1，有

$$x[n]\delta[n] = x[0]\delta[n] \tag{3-7}$$

3.2.2　复指数序列

与连续复指数信号相对应的是离散复指数序列 $x[n]$，其定义为

$$x[n] = Ca^n \tag{3-8}$$

式中：C 和 a 一般为复数；n 为离散变量。

式（3-8）概括了实指数序列、虚指数序列和复指数序列三种序列。

1. 实指数序列

式（3-8）中的 C 和 a 均为实数称为实指数序列，根据 a 的取值不同，有下列 6 种情况。

（1）$a > 1$，$x[n]$ 随离散变量 n 指数增长；

（2）$0 < a < 1$，$x[n]$ 随 n 指数衰减；

（3）$-1 < a < 0$，$x[n]$ 值正负交替并指数衰减；

（4）$a < -1$，$x[n]$ 值正负交替并指数增长；

（5）$a = 1$，$x[n] = C$，即为常数；

（6）$a = -1$，$x[n] = C(-1)^n$，即交替出现 C 和 $-C$。

以上 6 种情况下的序列图分别如图 3-6（a）~（f）所示。

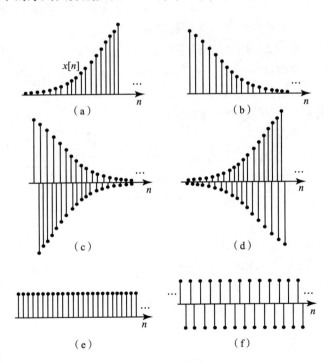

图 3-6　6 种实指数序列

2. 虚指数序列

式（3-8）中的 C 为实数且 $C=1$ 时，将 $a = \mathrm{e}^{\mathrm{j}\Omega_0}$ 代入式（3-8），可得

$$x[n] = \mathrm{e}^{\mathrm{j}\Omega_0 n} \tag{3-9}$$

根据欧拉公式，有

$$\mathrm{e}^{\mathrm{j}\Omega_0 n} = \cos(\Omega_0 n) + \mathrm{j}\sin(\Omega_0 n) \tag{3-10}$$

由式（3-10）可见，虚指数序列为复数序列，其实部和虚部分别为

$$\mathrm{Re}\{\mathrm{e}^{\mathrm{j}\Omega_0 n}\} = \cos(\Omega_0 n) \tag{3-11}$$

$$\mathrm{Im}\{\mathrm{e}^{\mathrm{j}\Omega_0 n}\} = \sin(\Omega_0 n) \tag{3-12}$$

它们为余弦序列和正弦序列，两者都是实数序列。
式中 n 取整数，单位为 1；Ω_0 为角度，单位为 rad，
称为数字频率，它反映序列值的重复速率。例如，
$\Omega_0 = 2\pi/16$，则序列值每 16 个重复一次，如图 3-7
所示。

根据欧拉公式可以导出

$$\mathrm{e}^{\mathrm{j}\Omega_0 n} + \mathrm{e}^{-\mathrm{j}\Omega_0 n} = 2\cos(\Omega_0 n) \tag{3-13}$$

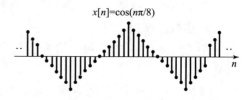

图 3-7　余弦序列

由式（3-13）可知，一对共轭虚指数序列的和为实数序列，且为余弦序列。

3. 复指数序列

式（3-8）中的 C 和 a 可表示为 $C = |C|\mathrm{e}^{\mathrm{j}\theta}$ 和 $a = |a|\mathrm{e}^{\mathrm{j}\Omega_0}$，则复数称为复指数序列，
有

$$x[n] = |C||a|^n\cos(\Omega_0 n + \theta) + \mathrm{j}|C||a|^n\sin(\Omega_0 n + \theta) \tag{3-14}$$

由式（3-14）可见，复指数序列为复数序列。
当 $|a| = 1$ 时，其实部和虚部都是正弦序列；当
$|a| < 1$ 时，其实部和虚部为正弦序列乘以指数
衰减序列；当 $|a| > 1$ 时为正弦序列乘以指数增
长序列。其图形分别如图 3-8（a）~（c）所示。

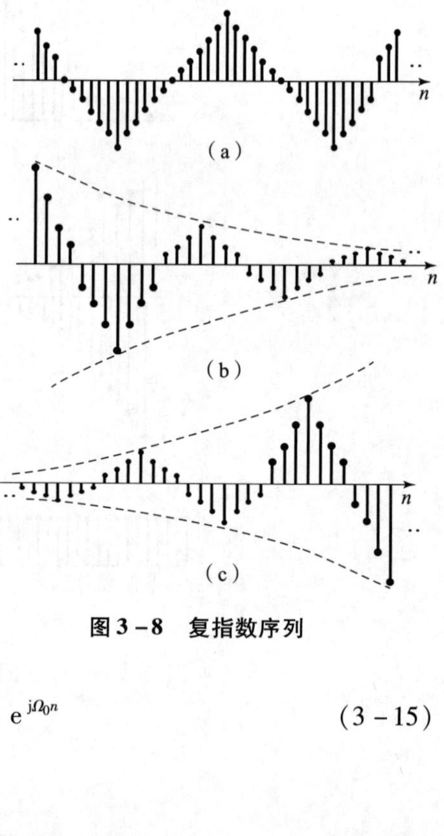

4. 复指数序列的周期性质

连续的复指数信号 $\mathrm{e}^{\mathrm{j}\omega_0 t}$ 或正弦信号 $\sin(\omega_0 t)$ 有
两个性质；ω_0 越大，振荡的速率越高，即 ω_0 不同，
信号不同；对任何 ω_0 值，$\mathrm{e}^{\mathrm{j}\omega_0 t}$ 或 $\sin(\omega_0 t)$ 都是 t 的
周期函数。

与连续的复指数信号 $\mathrm{e}^{\mathrm{j}\omega_0 t}$ 或正弦信号 $\sin(\omega_0 t)$
不同，离散的复指数序列 $\mathrm{e}^{\mathrm{j}\Omega_0 n}$ 或正弦序列 $\sin(\Omega_0 n)$
对 Ω_0 具有周期性，即频率相差 2π，信号相同。另
外，对不同的 Ω_0 值，它不都是 n 的周期序列。下面
从两个方面进行研究。

1）对频率 Ω_0 具有周期性

复指数序列可表示为

（a）

（b）

（c）

图 3-8　复指数序列

$$\mathrm{e}^{\mathrm{j}(\Omega_0 \pm 2k\pi)n} = \mathrm{e}^{\mathrm{j}\Omega_0 n}\mathrm{e}^{\pm 2k\pi n} = \mathrm{e}^{\mathrm{j}\Omega_0 n} \tag{3-15}$$

式中：k 为正整数。

式（3-15）说明复指数序列 $e^{j(\Omega_0 \pm 2k\pi)n}$ 和 $e^{j\Omega_0 n}$ 是完全相同的。即频率为 Ω_0 的复指数序列和频率为（$\Omega_0 \pm 2\pi$）、（$\Omega_0 \pm 4\pi$）、…的复指数序列是完全相同的。换句话说，Ω_0 具有周期性，即频率相差 2π，信号相同。所以研究复指数序列 $e^{j\Omega_0 n}$ 或者 $\sin(\Omega_0 n)$ 仅需在 2π 范围内选择频率 Ω_0 即可。虽然从式（3-15）中发现，任何 2π 间隔均分，但习惯上常取 $0 \leqslant \Omega_0 \leqslant 2\pi$ 或 $-\pi \leqslant \Omega_0 \leqslant \pi$ 区间。

与连续复指数信号 $e^{j\omega_0 t}$ 不同，复指数序列 $e^{j\Omega_0 n}$ 的变化速率不是 Ω_0 越大就变化越快，而是当 $\Omega_0 \leqslant \pi$ 时，Ω_0 越大，序列 $e^{j\Omega_0 n}$ 变化越快；当 $\Omega_0 > \pi$ 后，Ω_0 越大，序列变化越慢。图 3-9 给出了 Ω_0 在 $0 \sim 2\pi$ 区间不同的 Ω_0 时，$\cos(\Omega_0 n)$ 的变化情况。当 Ω_0 为 0 和 2π 时，$x[n] = 1$，即不随 n 变化，如图 3-9（a）和（i）所示。当 Ω_0 为 $\pi/8$ 和 $15\pi/8$ 时，$x[n] = \cos(\pi n/8)$ 和 $x[n] = \cos(15\pi n/8) = \cos(\pi n/8)$，两者变化速率一样，如图 3-9（b）和（h）所示；当 Ω_0 为 $\pi/4$ 和 $7\pi/4$ 时，$x[n] = \cos(n\pi/4)$ 和 $x[n] = \cos(7\pi n/4) = \cos(n\pi/4)$ 两者一样，如图 3-9（c）和（g）所示；当 Ω_0 为 $\pi/2$ 和 $3\pi/2$ 时，$x[n] = \cos(n\pi/2)$ 和 $x[n] = \cos(3n\pi/2) = \cos(n\pi/2)$ 两者一样，如图 3-9（d）和（f）所示；当 $\Omega_0 = \pi$ 时，$x[n] = \cos(n\pi) = (-1)^n$ 变化速率最高，如图 3-9（e）所示。由图可见，正弦序列在 Ω_0 变化时的一个重要特点是，其低频（序列值的慢变化）位于 Ω_0 为 0、2π 或 π 的偶数倍附近；而高频（序列值的快变化）则位于 Ω_0 为 $\pm\pi$ 或 π 的奇数倍附近。

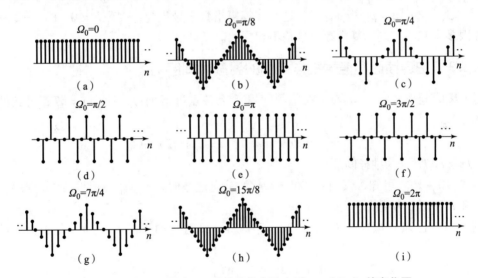

图 3-9　几个不同频率 Ω_0 时的离散余弦序列 $\cos(\Omega_{0n})$ 的变化图

2）$e^{j\Omega_0 n}$ 对不同的 Ω_0 值不都是 n 的周期序列

复指数序列必须满足 $e^{j\Omega_0(n+N)} = e^{j\Omega_0 n}$，等效于 $e^{j\Omega_0 N} = 1$，只有当 $\Omega_0 N$ 是 2π 的整数倍时，式（3-16）才成立，即 $\Omega_0 N = 2\pi n$，或

$$\Omega_0/2\pi = m/N \tag{3-16}$$

式中：m 和 N 都是正整数。

由式（3-16）可见，当 $\Omega_0/(2\pi)$ 为有理数时，$e^{j\Omega_0 n}$ 或 $\sin(\Omega_0 n)$ 才是 n 的周期序列。例如，$\cos(2n\pi/12)$ 是周期序列，这是因为 $\Omega_0/(2\pi) = 1/12$ 是有理数，其周期 $N = 12$。

$\cos(n/6)$ 不是周期序列，因为 $\Omega_0 = 1/6$、$\Omega_0/(2\pi) = 1/(12\pi)$ 不是有理数。包络线（序列值顶点连线）虽按余弦规律变化，但不是周期序列。

由式（3-16）可以求得周期序列的频率，即

$$\Omega_0 = 2\pi m/N \qquad (3-17)$$

如果 m 和 N 没有公因子，则 N 就是序列的基波周期，其基波频率为

$$2\pi/N = \Omega_0/m \qquad (3-18)$$

与连续的情况一样，在离散的情况下，组成谐波关系的复指数序列是非常有用的。一组以 N 为周期而它们的频率是基波频率 $2\pi/N$ 的整数倍，即 $2\pi/N$，$4\pi/N$，$6\pi/N$，$\cdots$，$2k\pi/N$，则此复指数序列的集合为

$$\begin{cases} \varphi_1[n] = \mathrm{e}^{\mathrm{j}2n\pi/N} \\ \varphi_2[n] = \mathrm{e}^{\mathrm{j}4n\pi/N} \\ \quad\vdots \\ \varphi_k[n] = \mathrm{e}^{\mathrm{j}2kn\pi/N} \end{cases} \qquad (3-19)$$

由于

$$\varphi_{k+N}[n] = \mathrm{e}^{\mathrm{j}(k+N)2n\pi/N} = \mathrm{e}^{\mathrm{j}2kn\pi/N}\mathrm{e}^{\mathrm{j}2n\pi} = \varphi_k[n] \qquad (3-20)$$

由式（3-20）可见，在一个周期为 N 的复指数序列集合中，只有 N 个复指数序列是独立的，即只有 $\varphi_0[n]$，$\varphi_1[n]$，$\cdots$，$\varphi_{N-1}[n]$ 等 N 个是互不相同的。这是因为 $\varphi_N[n] = \psi_0[n]$，$\varphi_{N-1}[n] = \varphi_1[n]$，$\cdots$。这与连续复指数信号集合 $\{\mathrm{e}^{\mathrm{j}k\omega_0 t}, k = 0, \pm1, \pm2, \cdots, \infty\}$ 中有无限多个互不相同的复指数信号是不相同的。

3.2.3 由连续时间信号抽样得到的离散时间序列

对连续时间信号 $\cos(\omega_0 t)$，在每等间隔 T 上各点进行抽样，即令 $t = nT$，得到的余弦序列为

$$x[n] = \cos(\omega_0 nT) = \cos(\Omega_0 n)$$

式中：$\Omega_0 = \omega_0 T$，T 为抽样间隔。

由式（3-16）可知，仅当 $\omega_0 T/2\pi = m/N$ 是有理数时，$x[n]$ 才是 n 的周期序列。式中：m 和 N 都是正整数。

例 3-1 已知 $x(t) = \cos(2\pi t)$，若令 $T = 1/2$ 进行抽样，问 $x[n]$ 是否为 n 的周期序列？

解：将 $t = nT = n/12$，代入式 $x(t)$ 得 $x[nT]$，记为 $x[n]$，则

$$x[n] = \cos(2n\pi/12) = \cos(n\pi/6)$$

由于 $\Omega_0/(\pi) = 1/12$ 是有理数，所以 $x[n]$ 是 n 的周期序列。

例 3-2 已知 $x(t) = \cos(2\pi t)$，若令 $T = \pi/12$，试问 $x[n]$ 是否是周期序列？

解：将 $t = nT = n\pi/12$ 代入式 $x[t]$，可得

$$x[n] = \cos(2n\pi\pi/12) = \cos(n\pi^2/6)$$

因为 $\Omega_0/(2\pi) = (\pi^2/6)/(2\pi) = \pi/12$ 不是有理数，所以 $x[n]$ 不是周期序列。

3.3 离散时间信号的时域运算

离散信号的时域运算包括平移、翻转、相加、相乘、累加、差分、抽取、内插零、卷积和等。

3.3.1 信号的基本运算

1. 基本运算 3 − 1：平移

如果有序列 $x[n]$，当 m 为正时，$x[n-m]$ 是指序列 $x[n]$ 逐项依次延时（右移）m 位得到的一个新序列，而 $x[n+m]$ 则依次超前（左移）m 位；m 为负时，则相反。

例 3 − 3 假设有如下序列：

$$x[n] = \begin{cases} 2^{-(n+1)}, & n \geqslant -1 \\ 0, & n < -1 \end{cases} \qquad (3-21)$$

则

$$x[n+1] = \begin{cases} 2^{-(n+1+1)}, & n+1 \geqslant -1 \\ 0, & n+1 < -1 \end{cases} \qquad (3-22)$$

即

$$x[n+1] = \begin{cases} 2^{-(n+1+1)}, & n \geqslant -2 \\ 0, & n < -2 \end{cases} \qquad (3-23)$$

序列 $x[n]$ 及超前序列 $x[n+1]$ 如图 3 − 10 所示。

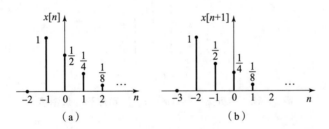

图 3 − 10 序列 $x[n]$ 及超前序列 $x[n+1]$ 图示

2. 基本运算 3 − 2：翻转

如果有序列 $x[n]$，则 $x[-n]$ 是以纵轴为对称轴将 $x[n]$ 进行翻转得到的新序列。

例 3 − 4 设 $x[n]$ 的表达式同例 3 − 3，翻转后的序列为

$$x[-n] = \begin{cases} 2^{-(-n+1)}, & -n \geqslant -1 \\ 0, & -n < -1 \end{cases} \qquad (3-24)$$

和

$$x[-n] = \begin{cases} 2^{n-1}, & n \leqslant 1 \\ 0, & n > 1 \end{cases} \qquad (3-25)$$

序列 $x[n]$ 的翻转序列 $x[-n]$ 如图 3 − 11 所示。

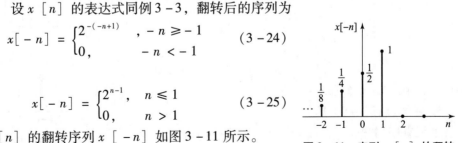

图 3 − 11 序列 $x[n]$ 的翻转序列 $x[-n]$ 图示

3. 基本运算3-3：相加

两个序列的和是指同序号的序列值逐项对应相加而构成的新序列，表示为

$$z[n] = x[n] + y[n]$$

例3-5　设 $x[n]$ 的表达式同例3-3，而

$$y[n] = \begin{cases} 2^n, & n < 0 \\ n+1, & n \geq 0 \end{cases}$$

则

$$z[n] = x[n] + y[n] = \begin{cases} 2^n, & n < -1 \\ \dfrac{3}{2}, & n = -1 \\ 2^{-(n+1)} + n + 1, & n \geq 0 \end{cases}$$

序列 $x[n]$、$y[n]$ 和 $z[n]$ 如图3-12所示。

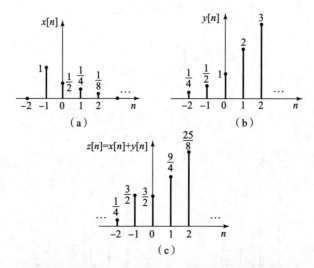

图3-12　序列 $x[n]$、$y[n]$ 和两序列相加图示

4. 基本运算3-4：相乘

两序列相乘是指同序列的序列值逐项对应相乘，表示为

$$z[n] = x[n]y[n]$$

例3-6　设序列 $x[n]$ 和 $y[n]$ 的表达式同例3-5，则

$$z[n] = x[n]y[n] = \begin{cases} 0, & n < -1 \\ \dfrac{1}{2}, & n = -1 \\ (n+1)2^{-(n+1)}, & n \geq 0 \end{cases}$$

两序列相乘 $z[n]$ 如图3-13所示。

5. 基本运算3-5：累加

如果有序列 $x[n]$，则 $x[n]$ 的累加序列 $y[n]$ 为 $y[n] =$

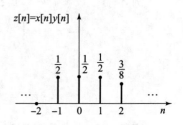

图3-13　两序列相乘图示

$\sum\limits_{k=-\infty}^{n} x[k]$，它表示 $y[n]$ 在 n_0 上的值有时等于 n_0 上及 n_0 以前所有 $x[n]$ 值之和。

例 3 - 7　设 $x[n]$ 的表达式同例 3 - 3，则其累加序列为

$$y[n] = \sum_{k=-\infty}^{n} x[k] = \begin{cases} \sum\limits_{k=-1}^{n} 2^{-(n+1)}, & n \geqslant -1 \\ 0, & n < -1 \end{cases}$$

累加序列 $y[n]$ 也可表示为

$$y[n] = y[n-1] + x[n]$$

则　　$\begin{cases} y[-1] = 1 \\ y[0] = y[-1] + x[0] = 1 + 1/2 = 3/2 \\ y[1] = y[0] + x[1] = 3/2 + 1/4 = 7/4 \\ y[2] = y[1] + x[2] = 7/4 + 1/8 = 15/8 \end{cases}$

序列 $x[n]$ 的累加序列 $y[n]$ 如图 3 - 14 所示。

6. 基本运算 3 - 6：差分

如果有序列 $x[n]$，则 $x[n]$ 的前向差分和后向差分如下：

前向差分为

$$\Delta x[n] = x[n+1] - x[n] \qquad (3-26)$$

后向差分为

$$\nabla x[n] = x[n] - x[n-1] \qquad (3-27)$$

由此得出

$$\nabla x[n] = \Delta x[n-1] \qquad (3-28)$$

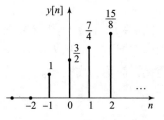

图 3 - 14　序列 $x[n]$ 的累加序列 $y[n]$ 图示

例 3 - 8　设 $x[n]$ 的表达式同例 3 - 3，则它的前向差分为

$$\Delta x[n] = x[n+1] - x[n] = \begin{cases} 0, & n < -2 \\ 1, & n = -2 \\ 2^{-(n+2)} - 2^{-(n+1)} = -2^{-(n+2)}, & n > -2 \end{cases}$$

后向差分为

$$\nabla x[n] = x[n] - x[n-1] = \begin{cases} 0, & n < -1 \\ 1, & n = -1 \\ 2^{-(n+1)} - 2^{-n} = -2^{-(n+1)}, & n > -1 \end{cases}$$

$x[n]$ 的前向差分 $\Delta x[n]$ 及后向差分 $\nabla x[n]$ 如图 3 - 15 所示。

7. 基本运算 3 - 7：抽取

序列的自变量按 $n' = kn$（k 为正整数）变换，以 $n = n'/k$ 为横坐标画出原序列 $x[n']$ 的图形。图 3 - 16（a）和（b）给出了 $x[n]$ 及 $x[n']$ 和 $x[3n]$ 的图例说明，从图中可以看出，$x[3n]$ 只保留原序列在 3 的整倍数时间点的序列值，其余的序列值均被丢弃，故把 $x[n] \to x[3n]$ 的变换称为 3 : 1 抽取。

8. 基本运算 3 - 8：内插零

自变量按 $n' = n/k$（k 为正整数）变换，以 $n = kn'$ 为横坐标画出原序列 $x[n']$ 的图形，记为 $x_{(k)}[n]$，此结果的含义为

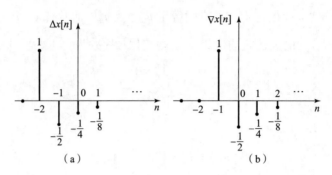

图 3 - 15 $x[n]$ 的前向差分 $\Delta x[n]$ 及后向差分 $\nabla x[n]$ 图示

(a) 前向差分；(b) 后向差分

$$x[k] = \begin{cases} x\left[\dfrac{n}{k}\right], & n \text{ 为 } k \text{ 的整数倍} \\ 0, & \text{其他} \end{cases} \tag{3-29}$$

图 3 - 16（c）给出序列 $x[n]$ 变换为 $x_{(3)}[n]$ 的图示，由图可见，$x_{(3)}[n]$ 是由原序列相邻的序列值之间插入两个零值得到的，故把 $x[n] \rightarrow x_{(k)}[n]$ 的变换称为内插 $k-1$ 个零的变换，简称为内插零。

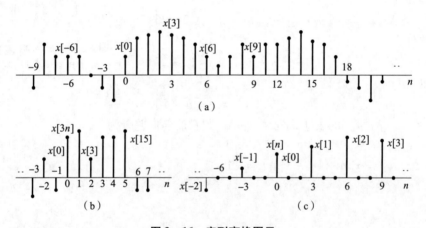

图 3 - 16 序列变换图示

可以看到，离散时间信号的尺度变换与连续时间情况有很大区别。离散时间情况下抽取或内插零的信号变换，一般来说，不再代表原信号时域压缩 $1/k$ 或扩展 k 倍，而是会导致离散时间序列波形的某种改变。

3.3.2 信号的卷积和

下面介绍卷积和的相关运算。设 $x[n]$ 和 $y[n]$ 是两个序列，它们的卷积和定义为

$$z(n) = \sum_{m=-\infty}^{\infty} x[m]y[n-m] = x[n]*y[n] \tag{3-30}$$

卷积和运算的一般步骤如下：

（1）换坐标：将原来坐标 n 换成 m 坐标，而把 n 视为 m 坐标中的参变量；

（2）翻转：将 $y[m]$ 以 $m=0$ 的垂直轴为对称轴翻转成 $y[-m]$；

（3）平移：当取某一定值 n 时，将 $y[-m]$ 平移 n，即得 $y[n-m]$。对变量 m，当 n 为正整数时，右移 n 位；当 n 为负整数时，左移 n 位；

（4）相乘：将 $y[n-m]$ 和 $x[m]$ 的相同 m 值的对应点相乘；

（5）累加：把以上所有对应点的乘积累加起来，即得 $z[n]$。

按上述步骤，取 $n=\cdots,\ -3,\ -2,\ -1,\ 0,\ 1,\ 2,\ \cdots$，即可得新序列 $z[n]$。通常，两个长度分别为 N 和 M 的序列求卷积和，其结果是一个长度为 $L=N+M-1$ 的序列。

具体求解时，可以考虑将 n 分成几个不同的区间来分别计算，用下例说明。

例 3 - 9　假设有如下两个序列：

$$x[n]=\begin{cases}n/2, & 1\leqslant n\leqslant 3\\ 0, & 其他\end{cases}$$

$$x[n]=\begin{cases}1, & 0\leqslant n\leqslant 2\\ 0, & 其他\end{cases}$$

则

$$z(n)=x[n]*y[n]=\sum_{m=1}^{3}x[m]y[n-m]$$

分段考虑如下：

（1）当 $n<1$ 时，$x[m]$ 和 $y[n-m]$ 相乘，处处为零，则

$$z(n)=0,n<1$$

（2）当 $1\leqslant n\leqslant 2$ 时，$x[m]$ 和 $y[n-m]$ 有交叠的非零项对应的 $m=1$ 到 $m=n$，则

$$z(n)=\sum_{m=1}^{3}x[m]y[n-m]=\sum_{m=1}^{n}m/2=0.5\times0.5n[1-n]=0.25n[n+1]$$

即

$$z[2]=3/2,z[2]=3/2$$

（3）当 $3\leqslant n\leqslant 5$ 时，$x[m]$ 和 $y[n-m]$ 有交叠，但非零项对应的 m 下限是变化的（$n=3$，4，5 分别对应 m 的下限为 $m=1$，2，3），而 m 的上限是 3，有

$$z[3]=\sum_{m=1}^{3}x[m]y[3-m]=\sum_{m=1}^{3}0.5m=0.5\times[1+2+3]=3$$

$$z[4]=\sum_{m=2}^{4}x[m]y[4-m]=\sum_{m=2}^{3}0.5m=0.5\times[2+3]=2.5$$

$$z[5]=x[3]y[5-3]=1.5\times1=1.5$$

（4）当 $n\geqslant6$ 时，$x[m]$ 和 $y[n-m]$ 没有非零项的交叠部分，则 $z[n]=0$。

序列 $x[n]$ 和 $y[n]$ 的卷积和的图示如图 3 - 17 所示。

与连续信号的卷积积分类似，卷积和也具有一系列运算规则和性质，利用这些运算规则和性质，可以简化卷积和运算。卷积的运算规则和性质如下。

（1）卷积和性质 3 - 1：交换律，即

$$x_1[n]*x_2[n]=x_2[n]*x_1[n] \tag{3-31}$$

（2）卷积和性质 3 - 2：分配律，即

$$x_1[n]*(x_2[n]+x_3[n])=x_1[n]*x_2[n]+x_1[n]*x_3[n] \tag{3-32}$$

（3）卷积和性质 3 - 3：结合律，即

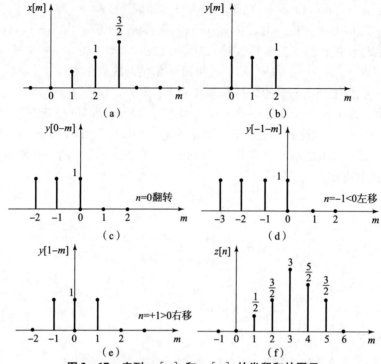

图 3 – 17　序列 $x[n]$ 和 $y[n]$ 的卷积和的图示

$$(x_1[n] * x_2[n]) * x_3[n] = x_1[n] * (x_2[n] * x_3[n]) \tag{3-33}$$

（4）卷积和性质 3 – 4：卷积和的差分，即

$$\Delta(x_1[n] * x_2[n]) = x_1[n] * (\Delta x_2[n]) = (\Delta x_1[n]) * x_2[n] \tag{3-34}$$

（5）卷积和性质 3 – 5：卷积和的累加，即

$$\sum_{n=-\infty}^{m} (x_1[n] * x_2[n]) = x_1[n] * \left(\sum_{n=-\infty}^{m} (x_2[n]) \right) = \left(\sum_{n=-\infty}^{m} (x_1[n]) \right) * x_2[n]$$

$$\tag{3-35}$$

与脉冲序列的卷积：任意序列与脉冲序列的卷积有特殊的意义，可以得到以下一些公式，即

$$x[n] * \delta[n] = x[n] \tag{3-36}$$

$$x[n] * \delta[n - n_0] = x[n - n_0] \tag{3-37}$$

$$x[n - n_1] * \delta[n - n_2] = x[n - n_1 - n_2] \tag{3-38}$$

卷积和公式推导演化过程示意图如图 3 – 18 所示。

$$
\begin{aligned}
&\delta[n] \leftrightarrow h[n] \\
&\delta[n-k] \leftrightarrow h[n-k] \\
&x[k]\delta[n-k] \leftrightarrow x[k]h[n-k] \\
&\sum_{k=-\infty}^{\infty} x[k]\delta[n-k] \leftrightarrow \sum_{k=-\infty}^{\infty} x[k]h[n-k] \\
&y[n] = \sum_{m=-\infty}^{\infty} x[k]h[n-k] = x[n] * h[n]
\end{aligned}
\tag{3-39}
$$

图 3 – 18　卷积和公式推导演化过程示意图

3.4　LTI 离散时间系统的差分方程及其求解

3.4.1　LTI 离散时间系统的差分方程

在连续时间系统中信号是时间变量 t 的连续函数，系统可用微分方程描述为

$$a_n y^{(n)}(t) + a_{n-1} y^{(n-1)}(t) + \cdots + a_1 y^{(1)}(t) + a_0 y(t)$$
$$= + b_m x^{(m)}(t) + b_{m-1} x^{(m-1)}(t) + \cdots + b_1 x^{(1)}(t) + b_0 x(t) \tag{3-40}$$

式（3-40）由连续自变量 t 的激励函数、$x(t)$ 和响应函数、$y(t)$ 及其各阶导数 $x^{(1)}(t)$，以及 $x^{(2)}(t)$、$\cdots$ 和 $y^{(1)}(t)$、$y^{(2)}(t)$、$\cdots$ 线性叠加组成。对离散时间系统，信号的自变量 n 是离散的整数值，因此描述离散时间系统的数学模型为差分方程，它们由激励序列 $x[n]$ 和响应序列 $y[n]$ 及其各阶移位 $x[n-1]$、$x[n-2]$、$\cdots$ 和 $y[n-1]$、$y[n-2]$、$\cdots$ 或 $x[n+1]$、$x[n+2]$、$\cdots$ 和 $y[n+1]$、$y[n+2]$、$\cdots$ 线性叠加而成。

由微分推导到差分过程示意图，一阶、二阶差分推导关系如图 3-19 所示。

$$
\begin{aligned}
&\frac{\mathrm{d}y(t)}{\mathrm{d}t} + a y(t) = x(t),\, a > 0 \\
&\frac{\mathrm{d}y(t)}{\mathrm{d}t} = \lim_{\Delta t \to 0} \frac{\Delta y(t)}{\Delta t} \\
&y(n) \text{ 和 } y(n-1) \text{ 代表前后两点 } y \\
&\text{坐标的数值} \frac{\mathrm{d}y(t)}{\mathrm{d}t} \approx \frac{\Delta y}{\Delta t} = \frac{y(nT) - y[(n-1)T]}{T}
\end{aligned}
\tag{3-41}
$$

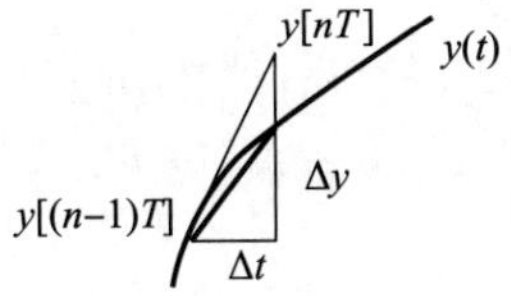

（a）

$$
\begin{aligned}
&y[n] - y[n-1] = \nabla y[n] \text{ 为一阶后向差分} \\
&y[n+1] - y[n] = \nabla y[n] \text{ 为一阶前向差分} \\
&\text{一阶后差 } \nabla y[n] = y[n] - y[n-1] \\
&\text{相当于连续系统} \frac{\mathrm{d}y}{\mathrm{d}t} \xrightarrow[t=nT]{} \frac{\nabla y[n]}{T} \\
&\text{二阶后差 } \nabla^2 y[n] = \nabla[\nabla y[n]] = \nabla[y[n] - y[n-1]] \\
&\qquad\qquad\qquad = y[n] - 2y[n-1] + y[n-2] \\
&\text{相当于} \\
&\frac{\mathrm{d}^2 y}{\mathrm{d}t^2}\bigg|_{t=nT} \xrightarrow{} \frac{\nabla^2 y[n]}{T^2}
\end{aligned}
\tag{3-42}
$$

（b）

图 3-19　微分与差分关系图

下面举例说明系统如何建立描述其特性的差分方程。

例 3-10　一个空运控制系统，用计算机每隔 1s 计算一次某飞机应有的高度 $x[n]$，与此同时用雷达对该飞机实测一次高度 $y[n]$，把应有高度 $x[n]$ 与 1s 之前的实测高度 $y[n-1]$ 相比较得到差值，飞机的高度将根据此差值的大小及其为正或为负来控制。设飞机改变高度

的垂直速度正比于此差值，即速度 $v = K\{x[n] - y[n-1]\}$ m/s，所以从第 $(n-1)$s 到第 ns 之内飞机升高为

$$K\{x[n] - y[n-1]\} = y[n] - y[n-1]$$

则

$$y[n] + (K-1)y[n-1] = Kx[n] \qquad (3-43)$$

式（3-43）是表示控制信号 $x[n]$ 与响应信号 $y[n]$ 之间关系的差分方程，它描述了这个离散时间（每隔 1 s 计算和实测一次）的空运控制系统。

在例 3-10 中，差分方程的离散变量是时间的离散值。然而，差分方程只是一种处理离散变量的数学工具，变量的选取因具体函数而异，并不限于时间。

一般情况下，描述离散系统的差分方程有以下两种形式。

（1）向右移序的差分方程：

$$y[n] + a_1y[n-1] + \cdots + a_Ny[n-N] = b_0x[n] + b_1x[n-1] + \cdots + b_Mx[n-M]$$

或

$$\sum_{i=0}^{N} a_iy[n-i] = \sum_{j=0}^{M} b_jx[n-j], a_0 = 1 \qquad (3-44)$$

（2）向左移序的差分方程：

$$y[n+N] + a_{N-1}y[n+N-1] + \cdots + a_0y[n] =$$
$$b_Mx[n+M] + b_{M-1}x[n+M-1] + \cdots + b_0x[n]$$

或

$$\sum_{i=0}^{N} a_iy[n+i] = \sum_{j=0}^{M} b_jx[n+j], a_N = 1 \qquad (3-45)$$

式中：$x[n]$ 为系统的输入序列；$y[n]$ 为系统的输出序列。

差分方程中函数序号改变称为移序。差分方程输出函数序列中自变量的最高序号和最低序号的差数称为差分方程的阶数，因此式（3-44）和式（3-45）都是 N 阶差分方程，而且此二式所代表的系统称为 N 阶系统。对于线性非时变系统，方程中系数 a、b 都是常数，则式（3-44）和式（3-45）是常系数线性差分方程。

3.4.2 差分方程的求解

与微分方程的解法类似，其解由齐次解 $y_h[n]$ 和特解 $y_p[n]$ 组成，即

$$y[n] = y_h[n] + y_p[n] \qquad (3-46)$$

（1）齐次解。齐次解 $y_h[n]$ 满足

$$a_0y[n] + a_1y[n-1] + \cdots + a_Ny[n-N] = 0 \qquad (3-47)$$

的解。齐次解的形式由其特征根决定，即

$$\sum_{k=0}^{N} a_k\alpha^{N-k} = 0 \qquad (3-48)$$

其 N 个特征根为 $a_i(i=1, 2, \cdots, N)$，根据特征根的不同取值，差分方程的齐次解如表 3-1 所示，其中 c_i、D、A 为待定系数。

表 3 - 1　不同特征根所对应的齐次解

特征根	齐次解 $y_h[n]$
单实根 α	$c\alpha^n$
r 重实根 α	$c_{r-1}n^{r-1}\alpha^n + c_{r-2}n^{r-2}\alpha^n + \cdots + c_1 n\alpha^n + c_0\alpha^n$
一对共轭复根 $\alpha_{1,2} = a \pm jb = \rho e^{\pm j\beta}$	$\rho^n[\cos(\beta n) + D\sin(\beta n)]$ 或 $A\rho^n\cos(\beta n - \theta)$

（2）特解。差分方程的特解形式与输入 $x[n]$ 的形式有关。表 3 - 2 列出了几种典型输入 $x[n]$ 所对应的特解 $y_p[n]$，选定特解后代入原差分方程，求出其待定系数 p_i，就得到差分方程的特解。

表 3 - 2　几种典型输入所对应的特解

输入 $x[n]$	特解 $y_p[n]$
n^m	$p_m n^m + p_{m-1}n^{m-1} + \cdots + p_1 n + p_0$
α^n	$p\alpha^n$，α 不是特征根 $p_1 n\alpha^n + p_0 n\alpha^n$，$\alpha$ 是特征根 $p_r n^r\alpha^n + p_{r-1}n^{r-1}\alpha^n + \cdots + p_1 n\alpha^n + p_0\alpha^n$，$\alpha$ 是 r 重特征根
$\cos(\beta n)$ 或 $\sin(\beta n)$	$P\cos(\beta n) + Q\sin(\beta n)$ 或 $A\cos(\beta n - \theta)$，当所有特征根均不等于 $e^{\pm j\beta}$

（3）全解。差分方程的全解 $y[n]$ 是齐次解 $y_h[n]$ 与特解 $y_p[n]$ 之和，即
$$y[n] = y_h[n] + y_p[n]$$
通常，输入 $x[n]$ 是在 $n = 0$ 时接入的，差分方程的解适合于 $n \geqslant 0$。对于 N 阶差分方程，给定 N 个初始条件就可以确定全部待定系数。

例 3 - 11　已知某二阶 LTI 系统的差分方程为
$$y[n] + y[n-1] + y[n-2]/4 = x[n] \tag{3-49}$$
初始条件 $y[0] = 1$，$y[1] = 1/2$，输入 $x[n] = u[n]$，试求输出 $y[n]$。

解：

（1）齐次解。差分方程（3 - 49）的特征方程为
$$y^2 + \alpha + 1/4 = 0$$
解得其特征根 $\alpha_1 + \alpha_2 = 1/2$ 为二重根，其齐次解为
$$y_h[n] = C_1 n\,(1/2)^n + C_2\,(1/2)^n, n \geqslant 0$$

（2）特解。根据输入 $x[n] = u[n]$，当 $n \geqslant 0$ 时 $x[n] = 1$，由表 3 - 2 可知特解为
$$y_p[n] = p, n \geqslant 0$$
将 $y_p[n]$、$y_p[n-1]$、$y_p[n-2]$ 和 $x[n]$ 代入系统的差分方程，可得
$$p + p + p/4 = 1$$
则
$$p = 4/9, y_p[n] = 4u[n]/9$$

（3）全解。差分方程（3 - 49）的全解为
$$y[n] = y_h[n] + y_p[n] = C_1 n\,(1/2)^n + C_2\,(1/2)^n + 4/9, n \geqslant 0$$
将已知初始条件代入上式，可得

$$y[0] = C_2 + 4/9 = 1$$
$$y[1] = C_1/2 + C_2/2 + 4/9 = 1/2$$

则 $C_1 = -4/9$，$C_2 = 5/9$，最后可得差分方程（3-49）的全解为

$$y[n] = -4n(1/2)^n/9 + 5(1/2)^n/9 + 9/4, n \geqslant 0$$

与微分方程一样，差分方程的齐次解也称为系统的自由响应，特解称为强迫响应。本例中由于特征根 $|a| < 1$，自由响应随着 n 增大逐渐衰减为零，故称为瞬态响应。其强迫响应随着 n 的增大而趋于稳定，故称为稳态响应。

3.5　零输入响应与零状态响应

3.5.1　零输入响应的求解

LIT 离散时间系统的零输入响应是指当激励信号为零，即 $x[n] = 0$ 时，仅由系统初始状态引起的响应，用 $y_0[n]$ 表示。

因此，零输入响应就是齐次方程的解，即

$$\sum_{i=0}^{m} a_{m-i} y_0[n-i] = 0 \tag{3-50}$$

零输入响应与齐次解具有相同的形式，完全由差分方程的特征根来决定。假设式（3-50）的特征根全为单根，即

$$y_0[n] = \sum_{i=1}^{m} C_i \lambda_i^n \tag{3-51}$$

式中：C_i 为待定系数；λ_i 为齐次方程的特征根。

一般设定激励是在 $n = 0$ 时接入系统的，在 $n < 0$ 时，激励未接入，故式（3-50）的初始状态满足

$$\begin{cases} y_0[-1] = y[-1] \\ y_0[-2] = y[-2] \\ \quad\vdots \\ y_0[-n] = y[-n] \end{cases} \tag{3-52}$$

式中：$y[-1]$，$y[-2]$，…，$y[-n]$ 为系统的初始条件，将这些条件代入式（3-51），可得零输入响应 $y_0[n]$。

例 3-12　描述某 LTI 离散时间系统的差分方程为

$$y[n] - y[n-1] - 2y[n-2] = x[n]$$

已知 $y[-1] = -1$，$y[-2] = 1/4$，试求该系统的零输入响应 $y_0[n]$。

解：零输入响应 $y_0[n]$ 满足

$$y_0[n] - y_0[n-1] - 2y_0[n-2] = 0$$

对应的特征方程为 $\lambda^2 - \lambda - 2 = 0$，解得 $\lambda_1 = -1$，$\lambda_2 = 2$，则

所以有 $y_0[n] = C_1(-1)^n + C_2 2^n, n \geqslant 0$

将 $y_0[-1] = y[-1] = -1$、$y_0[-2] = y[-2] = 1/4$ 代入上式，可得

$$\begin{cases} -C_1 + C_2/2 = -1 \\ C_1 + C_2/4 = 1/4 \end{cases}$$

联立这两个公式，可得 $C_1 = 1/2, C_2 = -1$。因此，$y_0[n] = [(-1)^n/2 - 2^n]u[n]$。

3.5.2　零状态响应的求解

LTI 离散时间系统零状态响应的定义：当系统的初始状态为零，仅由激励 $x[n]$ 所引起的响应，用 $y_x[n]$ 表示。在零状态情况下，零状态响应满足

$$\sum_{i=0}^{m} a_{m-i} y_x[n-i] = \sum_{j=0}^{J} b_{J-j} x[n-j] \tag{3-53}$$

且 $y_x[-1] = y_x[-2] = \cdots = y_x[-n] = 0$，若其特征根均为单根，则其零状态响应可表示为

$$y_x[n] = \sum_{i=0}^{m} D_i \lambda_i^n + y_p[n]$$

式中：D_i 为待定系数；$y_p[n]$ 为特解。

需要注意的是，零状态响应的初始条件 $y_x[-1]$，$y_x[-2]$，$\cdots$，$y_x[-n]$ 均为零，但其初始值 $y_x[0]$，$y_x[1]$，$\cdots$，$y_x[n-1]$ 不一定为零；求解系数 D_i 时，需要代入 $y_x[0]$，$y_x[1]$，$\cdots$，$y_x[n-1]$ 的数值。

例 3-13　描述某 LTI 离散时间系统的差分方程为

$$y[n] - y[n-1] - 2y[n-2] = x[n] \tag{3-54}$$

已知 $x[n] = u[n]$，试求该系统的零状态响应 $y_x[n]$。

解：将 $x[n]$ 代入差分方程（3-54），可得

$$y_x[n] - y_x[n-1] - 2y_x[n-2] = u[n] \tag{3-55}$$

且 $y_x[-1] = y_x[-2] = 0$，则有

$$y_x[0] = u[0] + y_x[-1] + 2y_x[-2] = 1$$
$$y_x[1] = u[1] + y_x[0] + 2y_x[-1] = 2$$

式（3-55）的齐次解为

$$D_1(-1)^n + D_2 2^n, \quad n \geqslant 0$$

当 $n \geqslant 0$ 时，式（3-55）等号右边为 1，所以设其特解为常数 P，将其代入式（3-55），可得

$$P - P - 2P = 1$$

则

$$P = -1/2$$

因此，有

$$y_x[n] = D_1(-1)^n + D_2 2^n - 1/2, \quad n \geqslant 0$$

将 $y_x[0] = 1, y_x[1] = 2$ 代入上式，可得 $D_1 = 1/6, D_2 = 4/3$。因此，零状态响应为

$$y_x[n] = [(-1)^n/6 + 4 \cdot 2^n/3 - 1/2]u[n]$$

3.5.3　全响应的求解

一个初始状态不为零的 LTI 离散时间系统，在外加激励作用下，其完全响应等于零输入

响应和零状态响应之和，即

$$y[n] = y_0[n] + y_x[n]$$

若特征根均为单根，则全响应为

$$y[n] = \underbrace{\sum_{i=1}^{m} C_i \lambda_i^n}_{\text{零输入响应}} + \underbrace{\sum_{i=1}^{m} D_i \lambda_i^n + y_p[n]}_{\text{零状态响应}} = \underbrace{\sum_{i=1}^{m} A_i \lambda_i^n}_{\text{自由响应}} + \underbrace{y_p[n]}_{\text{受迫响应}} \qquad (3-56)$$

由式（3-56）可以看出，系统的全响应可以分解为自由响应和受迫响应，也可以分解为零输入响应和零状态响应。虽然自由响应和零输入响应都是齐次方程的解的形式，但是它们的系数并不相同。C_i 仅由系统的初始状态决定，而 A_i 是由初始状态和激励共同决定的。

例 3-14 某离散系统的差分方程为

$$y[n] + 3y[n-1] + 2y[n-2] = x[n] \qquad (3-57)$$

已知激励 $x[n] = 2^n$（$n \geq 0$），初始状态 $y[-1] = 0$，$y[-2] = 0.5$，试求系统的全响应。

解：（1）求零输入响应。特征方程为 $\lambda^2 + 3\lambda + 2 = 0$，则特征根为 $\lambda_1 = -1, \lambda_2 = -2$，有

$$y_0[n] = C_1(-1)^n + C_2(-2)^n$$

将 $y_0[-1] = y[-1] = 0, y_0[-2] = y[-2] = 0.5$ 代入上式，可得 $C_1 = 1, C_2 = -2$，则

所以有 $y_0[n] = (-1)^n - 2(-2)^n, n \geq 0$。

（2）求零状态响应。根据 $x[n]$ 的形式，假设特解 $y_p[n] = P \cdot 2^n$，将其代入差分方程（3-57），可得 $P = 1/3$。

所以，零状态响应的形式为

$$y_x[n] = D_1(-1)^n/3 + (2)^n/3 + D_2(-2)^n \qquad (3-58)$$

由 $y_x[-1] = y_x[-2] = 0$，可求出 $y_x[0] = 1, y_x[1] = -1$。

将 $y_x[0] = 1$ 和 $y_x[1] = -1$ 代入式（3-58），得 $D_1 = -1, D_2 = 1$，则

$$y_x[n] = (-1)^n/3 + (-2)^n + 2^n/3, n \geq 0$$

因此，全响应为

$$y[n] = y_0[n] + y_x[n] = 2 \cdot (-1)^n/3 - (-2)^n + 2^n/3, n \geq 0$$

3.6　单位抽样响应

前面已指出，LTI 离散时间系统的零状态响应可以通过经典法求得，也可通过卷积分析法求得。卷积分析法的基本出发点是首先把一个 LTI 离散时间系统的输入表示成抽样序列的离散集合；然后求集合中每个抽样序列单独作用于系统时的零状态响应，即抽样响应；最后把这些抽样响应叠加就是系统对任意序列的零状态响应。

根据系统的线性时不变性质，如果已知系统对单位抽样序列 $\delta[n]$ 的零状态响应 $h[n]$，就可以求出该系统对所有延迟抽样序列以及这些延迟序列的线性组合的零状态响应。这一观点是开展卷积分析研究的基础，基于这种观点，用抽样序列表示任意序列，用单

位抽样响应表示系统特性，为 3.6.1 节通过系统抽样响应来表示该系统的任意序列的状态响应做准备。

3.6.1 单位抽样响应的定义及求解

1. 用抽样序列表示任意序列

在离散时间信号中，单位抽样序列可以作为一个基本信号来构成其他任何序列。为了看清这一点，考察如图 3 – 20 所示的序列 $x[n]$。

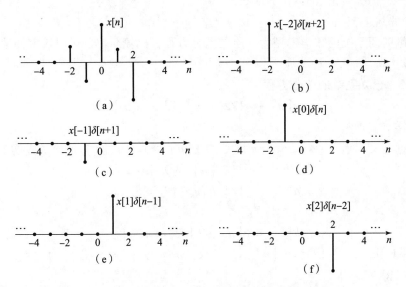

图 3 – 20 把序列分解为一组加权的移位抽样序列之和图示

从图 3 – 20 可见，在 $-2 \leqslant n \leqslant 2$ 区间，$x[n]$ 可用五个加权的延迟抽样序列表示，即

$$x[n] = \cdots + x[-2]\delta[n+2] + x[-1]\delta[n+1] + x[0]\delta[n]$$
$$+ x[1]\delta[n-1] + x[2]\delta[n-2] + \cdots \tag{3-59}$$

其中，

$$x[-2]\delta[n+2] = \begin{cases} x[-2], & n = -2 \\ 0, & n \neq -2 \end{cases}$$

$$x[-1]\delta[n+1] = \begin{cases} x[-1], & n = -1 \\ 0, & n \neq -1 \end{cases}$$

式（3 – 59）等号右边对全部 n 都只有一项是非零的，而非零项大小是 $x[n]$，所以式（3 – 59）可写为

$$x[n] = \sum_{k=0}^{\infty} x[k]\delta[n-k] \tag{3-60}$$

这说明任意序列 $x[n]$ 都可以用一串移位的（延迟的）单位抽样序列的加权和表示，其中第 k 项的权因子就是 $x[k]$。例如，单位阶跃序列 $u[n]$ 可用一串移位的单位抽样序列的加权和表示，即

$$x[n] = u[n]\begin{cases} 1, & n > 0 \\ 0, & n \leqslant 0 \end{cases}$$

根据式（3-60），可得

$$u[n] = \sum_{k=0}^{\infty} \delta[n-k]$$

2. 单位抽样响应

LTI 离散时间系统的输入为单位抽样序列时的零状态响应定义为单位抽样响应，记为 $h[n]$，并可表示为

$$\delta[n] \rightarrow h[n]$$

下面分三种情况讨论 $h[n]$ 的求法。

1）一阶系统

一阶离散时间系统的数学模型为一阶的差分方程，比较简单，可以较方便地用递推法依次求得 $h[0]$，$h[1]$，…，$h[n]$。

例3-15　已知系统的差分方程

$$y[n] - (1/2)y[n-1] = x[n]$$

试求单位抽样响应。

解：根据定义，当 $x[n] = \delta[n]$ 时，$y[n] = h[n]$。由系统的差分方程 $y[n] - (1/2)y[n-1] = x[n]$，可得 $h[n]$ 与 $\delta[n]$ 的关系为

$$h[n] - (1/2)h[n-1] = \delta[n]$$

或

$$h[n] = \delta[n] + (1/2)h[n-1]$$

当 $n = -1$ 时，$h[-1] = \delta[n] + (1/2)h[-2] = 0$。以此为起点，令 $n = 0, 1, 2, …, n$，可得

$$\begin{cases} h[0] = \delta[0] + (1/2)h[-1] = 1 \\ h[1] = \delta[1] + (1/2)h[0] = 1/2 \\ h[2] = \delta[2] + (1/2)h[1] = (1/2)^2 \\ \qquad\qquad\vdots \\ h[n] = (1/2)^2 u[n] \end{cases}$$

2）高阶系统

这时用递推法求解比较复杂，且不易得到闭式解。简便的方法是把单位抽样序列 $\delta[n]$ 等效为初始条件 $h[0]$，$h[-1]$，…，$h[-N+1]$，把 $h[n]$ 转化为这些等效初始条件引起的零输入响应。

设 n 阶离散时间系统的差分方程为

$$a_0 y[n] + a_1 y[n-1] + \cdots + a_N y[n-N] = x[n] \qquad (3-61)$$

根据定义，当 $x[n] = \delta[n]$ 时该系统的零状态响应是 $h[n]$，将其代入式（3-61），可得

$$a_0 h[n] + a_1 h[n-1] + \cdots + a_N h[n-N] = \delta[n] \qquad (3-62)$$

由于 $n > 0$，$\delta[n] = 0$，则

$$a_0 h[n] + a_1 h[n-1] + \cdots + a_N h[n-N] = 0, n > 0 \qquad (3-63)$$

因此，$n > 0$，$h[n]$ 一定满足式（3-61）所示的差分方程，即其是差分方程式（3-61）的齐次解。

例如，如果该系统有 N 个互异的特征根 $\alpha_1, \alpha_2, \cdots, \alpha_N$，则

$$h[n] = C_1\alpha_1^n + C_2\alpha_2^n + \cdots + C_N\alpha_N^n$$

式中：待定系数 $h[n] = C_1, C_2, \cdots, C_N$ 由 $\delta[n]$ 等效的初始条件决定，即由式（3-62）确定。

由于初始时（$n<0$）系统是静止的，所以 $h[-1] = h[-2] = \cdots = h[-N+1] = 0$；$n=0$ 时，得 $a_0 h[0] = \delta[n] = 1$，即 $h[n] = 1/a_0$。所以，对于 n 阶后向差分方程，$\delta[n]$ 等效的初始条件为

$$h[0] = 1/a_0, h[-1] = h[-2] = \cdots = h[-N+1] = 0$$

根据初始条件可以确定齐次解系数 $C_1, C_2, \cdots, C_N$，从而求得 $n>0$ 时的 $h[n]$。

例 3-16 已知系统的差分方程

$$y[n] - 3y[n-1] + 3y[n-2] - y[n-3] = x[n] \tag{3-64}$$

试求其单位抽样响应。

解：根据齐次差分方程（3-64）和由 $\delta[n]$ 等效的初始条件，可以列出如下方程组，即

$$h[n] - 3h[n-1] + 3h[n-2] - h[n-3] = 0$$
$$h[0] = 1, h[-1] = h[-2] = 0$$

其特征方程为

$$\alpha^3 - 3\alpha^2 + 3\alpha - 1 = (\alpha-1)^3 = 0$$

特征根 $\alpha = 1$ 为三重根，所以齐次解包含 α^n，$n\alpha^n$ 和 $n^2\alpha^n$ 项，即

$$h[n] = C_1\alpha^n + C_2 n\alpha^n + C_3 n^2\alpha^n$$

由初始条件

$$h[0] = C_1 = 1$$
$$h[-1] = C_1 - C_2 + C_3 = 0$$
$$h[-2] = C_1 - 2C_2 + 4C_3 = 0$$

可得 $C_1 = 1$，$C_2 = 3/2$，$C_3 = 1/2$，所以该系统的单位抽样响应为

$$h[n] = (1 + 3n/2 + n^2/2)u[n]$$

在本例中，把输入单位抽样序列等效为初始条件 $h[0] = 1$，$h[-1] = h[-2] = 0$，从而把求解单位抽样响应的问题转化为求系统的零输入响应，较简便地求得 $h[n]$ 的闭式解。

3）差分方程等号右边含有 $x[n]$ 及其移项

在实际应用中，系统的差分方程等号右边有时不仅包含输入 $x[n]$，而且含有它的移序列 $x[n-k]$，即

$$a_0 y[n] + a_1 y[n-1] + \cdots + a_N y[n-N]$$
$$= b_0 x[n] + b_1 x[n-1] + \cdots + b_M x[n-M] \tag{3-65}$$

这时，可以求系统对输入 $x[n]$ 的零状态响应 $\hat{y}[n]$，即

$$a_0\hat{y}[n] + a_1\hat{y}[n-1] + \cdots + a_N\hat{y}[n-N] = x[n] \tag{3-66}$$

再根据系统的线性时不变特性，不难求得系统对输入 $b_0 x[n] + b_1 x[n-1] + \cdots + b_M x[n-M]$ 的零状态响应为

$$y[n] = b_0\hat{y}[n] + b_1\hat{y}[n-1] + \cdots + b_M\hat{y}[n-M] \tag{3-67}$$

式（3-66）和式（3-67）提供了求解由式（3-65）表示的系统的单位抽样响应的方法。

（1）求由式（3-66）表示的系统单位抽样响应，并记为 $\hat{h}[n]$，它的解法前面已经讨论过。

（2）通过式（3-67）求出式（3-65）表示的系统的单位抽样响应，即

$$h[n] = b_0\hat{h}[n] + b_1\hat{h}[n-1] + \cdots + b_M\hat{h}[n-M] \tag{3-68}$$

例 3-17 已知系统的差分方程

$$y[n] - 5y[n-1] + 6[n-2] = x[n] - 3x[n-2]$$

试求其单位抽样响应。

解：（1）求由

$$\hat{y}[n] - 5\hat{y}[n-1] + 6\hat{y}[n-2] = x[n]$$

表示的系统的单位抽样响应 $\hat{h}[n]$，其特征方程为

$$\alpha^2 - 5\alpha + 6 = (\alpha - 2)(\alpha - 3) = 0$$

特征根为 $\alpha_1 = 2$，$\alpha_2 = 3$，则

$$\hat{h}[n] = C_1(2)^n + C_2(3)^n$$

由初始条件

$$\hat{h}[0] = C_1 + C_2 = 1$$
$$\hat{h}[-1] = C_1(2)^{-1} + C_2(3)^{-1} = 0$$

可得 $C_1 = -2$，$C_2 = 3$，则

$$\hat{h}[n] = \begin{cases} -2(2)^n + 3(3)^n, & n \geqslant 0 \\ 0, & n < 0 \end{cases}$$

（2）求系统对输入 $x[n] - 3x[n-2]$ 的单位抽样响应，即

$$h[n] = \hat{h}[n] - 3\hat{h}[n-2] = [-2(2)^n + 3(3)^n]u[n] - 3[-2(2)^{n-2} + 3(3)^{n-2}]u[n-2]$$
$$= \delta[n] + 5\delta[n-1] + [18(3)^{n-2} - 2(2)^{n-2}]u[n-2]$$

3.6.2　用单位抽样响应表征系统的性质

一个 LTI 离散时间系统的特性可以完全由它的单位抽样响应 $h[n]$ 来决定。因此在时域分析中可以根据 $h[n]$ 来判断系统的其他几个重要性质，如因果性、稳定性、记忆性、可逆性以及系统的联结性质等。

1. 系统特性 3-1：LTI 离数时间系统的稳定性

稳定系统指的是输入有界、输出也有界的系统。因此系统稳定的充分必要条件是单位抽样响应绝对可和，即

$$\sum_{n=-\infty}^{\infty} |h[n]| < \infty \tag{3-69}$$

这是因为如果输入有界，其界为 B，则对于所有的 n，有

$$|x[n]| \leqslant B$$

则

$$|y[n]| \leqslant \sum_{k=-\infty}^{\infty} |h[k]x[n-k]|$$

因为乘积和的绝对值总小于或等于绝对值乘积的和，则

$$| y[n] | \leqslant \sum_{k=-\infty}^{\infty} | h[k] | \cdot | x[n-k] | \leqslant B \sum_{k=-\infty}^{\infty} | h[k] |,任何 n \tag{3-70}$$

由式（3-70）可见，为了保证 $| y[n] |$ 有界，只需要

$$\sum_{k=-\infty}^{\infty} | h[k] | < \infty$$

实际系统绝大多数都是稳定系统，因此应该加上稳定性约束条件，即式（3-69）。

例 3-18　已知一个 LTI 离散时间系统的单位抽样响应为

$$h[n] = \alpha^n u[n]$$

试判断它是否为稳定系统。

解： 为了确定系统的稳定性，必须计算和式，即

$$\sum_{k=-\infty}^{\infty} | h[k] | = \sum_{k=0}^{\infty} | \alpha |^n$$

当 $| \alpha | < 1$ 时，幂级数是收敛的，级数和 $1/(1 - | \alpha |) < \infty$，所以系统是稳定的；当 $| \alpha | > 1$ 时，则级数发散，所以该系统在 $| \alpha | \geqslant 1$ 时是不稳定的。

2. 系统特性 3-2：LTI 离散时间系统的因果性

因果系统指的是输出不领先于输入出现的系统，即输出仅取决于此时及过去的输入，即 $x[n]$，$x[n-1]$，$x[n-2]$，$\cdots$，而与未来的输入 $x[n+1]$，$x[n+2]$，$\cdots$无关。所以，LTI 离散时间系统为因果系统的充要条件为

$$h[n] = 0,n < 0 \tag{3-71}$$

其中，

$$y[n] = \sum_{k=0}^{\infty} h[k]x[n-k] = \sum_{k=-\infty}^{n} x[k]h[n-k] \tag{3-72}$$

式（3-72）等号右边上限为 n 是因为当 $n-k < 0$ 即 $k > n$ 时，$h[n-k] = 0$。

例 3-19　下面是一些 LTI 离散时间系统的单位抽样响应，试判断其是否是因果系统。

(1) $h[n] = \alpha^n[n]$；(2) $h[n] = \delta[n+n_0]$；

(3) $h[n] = \delta[n] - \delta[n-1]$；(4) $h[n] = u[2-u]$。

解： (1) 和（3）为因果系统，因为它们满足因果条件 $n < 0$，$h[n] = 0$；(2) 当 $n_0 < 0$ 时为因果系统，$n_0 > 0$ 时为非因果系统；(4) 为非因果系统，因为它不满足因果条件，即 $n < 0$ 时，$h[n] \neq 0$。

3. 系统特性 3-3：LTI 离散时间系统的记忆性

无记忆系统指的是输出仅取决于同一时刻输入的系统，即

$$y[n] = kx[n] \tag{3-73}$$

所以，无记忆条件为

$$h[n] = k\delta[n] \tag{3-74}$$

式中：$k = h[0]$ 为一个常数，则

$$y[n] = \sum_{k=-\infty}^{\infty} x[k]h[n-k] = \sum_{k=-\infty}^{\infty} x[k]k\delta[n-k] = kx[n]$$

当 $k = 1$ 时，该系统就成为恒等系统，即

$$y[n] = x[n] \tag{3-75}$$

恒等系统的单位抽样响应

$$h[n] = \delta[n] \tag{3-76}$$

记忆系统的输出 $y[n]$ 不仅与现在的输入 $x[n]$ 有关，而且与过去的输入 $x[n-k]$、输出 $y[n-k]$ 有关。所以，记忆系统的单位抽样响应 $h[n]$，当 $n \neq 0$ 时不全部为零。例如，$h[n] = \delta[n] + \delta[n-1]$ 的系统为记忆系统，因为该系统的输出

$$
\begin{aligned}
y[n] &= x[n] * h[n] = x[n] * \delta[n] + \delta[n-1] \\
&= x[n] * \delta[n] + x[n] * \delta[n-1] = x[n] + x[n-1]
\end{aligned}
$$

与过去的输入有关。

同理，$h[n] = u[n]$ 的系统也是记忆系统，因为该系统的输出为

$$y[n] = x[n] * u[n] = \sum_{k=-\infty}^{\infty} x[k]u[n-k]$$

因为 $n-k < 0$ 时，$u[n-k] = 0$，而 $n-k > 0$，即 $k > n$ 时，$u[n-k] = 1$，则

$$y[n] = \sum_{k=-\infty}^{\infty} x[k] \tag{3-77}$$

3.6.3 利用卷积和求解零状态响应

现在用卷积方法求解 LTI 离散时间系统对任意序列 $x[n]$ 的零状态响应 $y_x[n]$。根据系统的线性和时不变的性质，如果已知系统对 $\delta[n]$ 的零状态响应为 $h[n]$，就可以求出该系统对所有的延迟抽样序列以及这些延迟序列的线性组合的零状态响应，即开展用卷积法分析系统零状态响应的基础，假设

$$\delta[n] \rightarrow h[n]$$

根据系统的时不变性与齐次性，有

$$\delta[n-k] \rightarrow h[n-k] \tag{3-78}$$
$$x[k]\delta[n-k] \rightarrow [k]h[n-k] \tag{3-79}$$

式中：$k = 0, \pm 1, \pm 2, \cdots, \pm \infty$。

由于任意序列 $x[n]$ 都可以用一串移位的单位序列的加权和给表示，即

$$x[n] = \sum_{k=-\infty}^{\infty} x[k]\delta[n-k] \tag{3-80}$$

根据系统的叠加性质，有

$$\sum_{k=-\infty}^{\infty} x[k]\delta[n-k] \rightarrow \sum_{k=-\infty}^{\infty} x[k]h[n-k] \tag{3-81}$$

这就是该系统对任意序列 $x[n]$ 的零状态响应，即

$$y_x[n] = \sum_{k=-\infty}^{\infty} x[k]h[n-k] \tag{3-82}$$

式（3-82）是系统分析中极为有用的公式，称为 $x[n]$ 和 $h[n]$ 的卷积和。

（1）系统的零状态输出 $y_x[n]$ 是输入 $x[n]$ 与单位抽样响应 $h[n]$ 的卷积，即

$$y_x[n] = x[n] * h[n] \tag{3-83}$$

（2）系统的特性可以用单位抽样响应 $h[n]$ 来表示。如果给定输入 $x[n]$ 及系统的单位抽样响应 $h[n]$，就可以根据式（3-82）求得系统的零状响应 $y_x[n]$。

若把式（3-82）中的变量 k 用 $n-k$ 替换，则

$$y_x[n] = \sum_{k=-\infty}^{\infty} x[n-k]h[k] = \sum_{k=-\infty}^{\infty} h[k]x[n-k] = h[n] * x[n] \tag{3-84}$$

由此可见，卷积的结果与卷积和的两个序列的先后次序无关，即若将输入和单位抽样响

应互换位置，系统的零状态响应不变。换句话说，输入 $x[n]$、单位抽样响应为 $h[n]$ 的 LTI 系统和输入为 $h[n]$、单位抽样响应为 $x[n]$ 的 LTI 系统具有相同的输出。

如果 $x[n]$ 是一个有始序列（或称单位序列），即

$$x[n] = x[0]\delta[n] + x[1]\delta[n-1] + \cdots + x[k]\delta[n-k] \qquad (3-85)$$

则由 $x[n]$ 引起的零状态响应为

$$y_x[n] = x[0]h[n] + x[1]h[n-1] + \cdots + x[k]h[n-k] \qquad (3-86)$$

由于 $\delta[n]$ 只存在于 $n=0$ 这一点，而对因果系统来说，在 $n<0$ 时 $h[n]$ 必然为零。因此，当 $k>n$ 时，$h[n-k]=0$，即在式中只包含 $n+1$ 项，则

$$y_x[n] = x[0]h[n] + x[1]h[n-1] + \cdots + x[n]h[0],$$

$$\sum_{k=0}^{n} x[k]h[n-k] > n \qquad (3-87)$$

或

$$y_x[n] = \sum_{k=0}^{n} h[k]h[n-k] \qquad (3-88)$$

例 3-20 已知 LTI 离散时间系统的单位抽样响应 $h[n] = b^n u[n]$，输入 $x[n] = \alpha^n u[n]$，试求其零状态响应。

解：根据给定的 $x[n]$ 和 $h[n]$，可知 $x[n]$ 为单边序列，系统为因果的 LTI 离散时间系统，因此可以求其零状态响应，即

$$y_x[n] = \sum_{k=0}^{n} x[k]h[n-k] = \sum_{k=0}^{n} \alpha^k b^{n-k} = b^n \sum_{k=0}^{n} (\alpha/b)^k$$

根据等比级数求和公式，可得

$$y_x[n] = \begin{cases} b^n \dfrac{1-(a/b)^{n+1}}{1-a/b}, & a \neq b, n > 0 \\ b^n(n+1), & a = b, n > 0 \\ 0, & n > 0 \end{cases}$$

上面讨论了 LTI 离散时间系统的零输入响应和零状态响应的时域分析方法。在一般情况下，系统的响应是由初始状态和输入共同引起的，所以系统的全响应等于零输入响应和零状态响应之和。下面通过实例归纳一下 LTI 离散时间系统全响应的时域求法。

例 3-21 已知一个 LTI 离散时间系统的差分方程为

$$y[n] - (5/2)y[n-1] + y[n-2] = 6x[n] - 7x[n-1] + 5x[n-2] \qquad (3-89)$$

输入 $x[n] = u[n]$，初始状态 $y_0[-1] = 1$，$y_0[-2] = 7/2$，试求系统的全响应。

解：（1）零输入响应。该差分方程的特征方程为

$$\alpha^2 - (5/2)\alpha + 1 = (2\alpha - 1)(\alpha/2 - 1) = 0$$

特征根为

$$\alpha_1 = 1/2, \alpha_2 = 2$$

则

$$y_0[n] = C_1(1/2)^n + C_2(2)^n$$

由初始条件 $y_0[-1] = 2C_1 + C_2 2 = 1$，可得

$$y_0[-2] = 4C_1 + C_2/4 = 7/2$$

解得 $C_1 = 1$，$C_2 = -2$，代入 $y_0[n]$ 式中，得

零输入响应为

$$y_0[n] = (1/2)^n - 2 \cdot (n)^n$$

（2）零状态响应。

①求单位抽样响应。在差分方程（3-89）中，当 $x[n] = \delta[n]$ 时，$y[n] = h[n]$，该方程可表示为

$$h[n] - (5/2)h[n-1] + h[n-2] = 6\delta[n] - 7\delta[n-1] + 5\delta[n-2]$$

先求 $\delta[n]$ 作用下的响应 $\hat{h}[n]$，$\hat{h}[n]$ 是等效初始条件的齐次解，即

$$\begin{cases} \hat{h}[n] - (5/2)\hat{h}[n-1] + \hat{h}[n-2] = 0 \\ \hat{h}[0] = 1, \hat{h}[-1] = 0 \end{cases}$$

的解为

$$\hat{h}[n] = A_1(1/2)^n + A_2(2)^n, n > 0$$

由等效初始条件 $\hat{h}[0] = A_1 + A_2 = 1$，可得

$$\hat{h}[-1] = 2A_1 + A_2/2 = 0$$

并解得 $A_1 = -1/3$，$A_2 = 4/3$，所以有

$$\hat{h}[n] = [(4/3)(2)^n - (1/3)(1/2)^n]u[n]$$

则

$$\begin{aligned} h[n] = 6\hat{h}[n] - 7\hat{h}[n-1] + 5\hat{h}[n-2] &= [8(2)^n - 2(1/2)^n]u[n] + \\ &\quad [(7/3)(1/2)^{n-1} - (28/3)(2)^{n-1}]u[n-1] + \\ &\quad [(20/3)(1/2)^{n-2} - (5/3)(1/2)^{n-1}]u[n-2] \\ &= 6\delta[n] - 4(1/2)^n u[n-1] + 5(2)^n u[n-1] \end{aligned}$$

②零状态响应。由 $h[n]$ 和 $x[n]$ 的卷积和，可求得零状态响应为

$$\begin{aligned} y_x[n] &= h[n] * u[n] \\ &= 6u[n] - 4\sum_{k=1}^{n}(1/2)^k u[n-1] + 5\sum_{k=1}^{n}(2)^k u[n-1] \\ &= 6u[n] - 8[1/2 - (1/2)^{n-1}]u[n] - 5[2 - 2^{n+1}]u[n] \\ &= [4(1/2)^n + 10(2)^n - 8]u[n] \end{aligned}$$

（3）全响应。全响应的表达式为

$$\begin{aligned} y[n] &= y_0[n] + y_x[n] \\ &= (1/2)^n - 2(2)^n + 10(2)^n - 8 \\ &= 5(1/2)^n + 8(2)^n - 8, n \geqslant 0 \end{aligned}$$

3.7 卷积和、反卷积的求解方法

除了用图解法求卷积和之外，阵列法也是求解卷积和的一种常用方法。阵列法是把序列 $x_1[n]$ 和 $x_2[n]$ 构成一个阵列，如图 3-21 所示。在阵列的左侧从上到下按序列 $x_1[n]$ 中序号 n 的增长顺序排列，在阵列的上方从左到右按序列 $x_2[n]$ 中 n 的增长顺序排列，阵列内的元素为对应行、列的 $x_1[n]$ 和 $x_2[n]$ 的乘积。如果要求这两个序列的卷积和，只要按图 3-21 中虚线表示的对角线各项相加就行了。因此，把第一条虚线表示的对角线间的各项相加

（仅一项 $x_1[0]x_2[0]$）即为卷积和 $y[n]$ 的第 0 个值，即

$$y[0] = x_1[0]x_2[0]$$

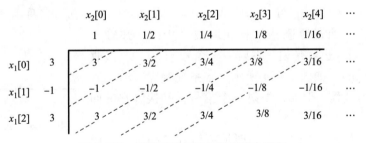

图 3 – 21　用阵列法求单边序列卷积和

把第二条虚线表示的对角线间的各项相加，就是 $y[n]$ 的第一个值，即

$$y[1] = x_1[1]x_2[0] + x_1[0]x_2[1] \tag{3-90}$$

同理，可求得 $y[n]$ 的第 2~6 个值为

$$\begin{cases} y[2] = x_1[2]x_2[0] + x_1[1]x_2[1] + x_1[0]x_2[2] \\ y[3] = x_1[3]x_2[0] + x_1[2]x_2[1] + x_1[1]x_2[2] + x_1[0]x_2[3] \\ y[4] = x_1[3]x_2[1] + x_1[2]x_2[2] + x_1[1]x_2[3] \\ y[5] = x_1[3]x_2[2] + x_1[2]x_2[3] \\ y[6] = x_1[3]x_2[3] \end{cases} \tag{3-91}$$

可以直接用定义式或者图解法求解卷积和，与上述阵列法求得的结果一致。

例 3 – 22　已知 $x_1[n] = \{3, -1, 3\}$，$x_2[n] = \begin{cases} (1/2)^n, & n \geq 0 \\ 0, & n < 0 \end{cases}$，试求其卷积和 $y[n]$。

解：（1）绘制阵列图如图 3 – 22 所示。

		$x_2[0]$	$x_2[1]$	$x_2[2]$	$x_2[3]$	$x_2[4]$	…
		1	1/2	1/4	1/8	1/16	…
$x_1[0]$	3	3	3/2	3/4	3/8	3/16	…
$x_1[1]$	−1	−1	−1/2	−1/4	−1/8	−1/16	…
$x_1[2]$	3	3	3/2	3/4	3/8	3/16	…

图 3 – 22　用阵列法求两个序列的卷积和

（2）把图 3 – 22 中虚线表示的对角线上的值相加，可得。

$$y[0] = 3$$
$$y[1] = -1 + 3/2 = 1/2$$
$$y[2] = 3 - 1/2 + 3/4 = 13/4$$
$$y[3] = 3/2 - 1/4 + 3/8 = 13/8$$
$$\cdots\cdots$$

于是，其卷积和序列为

$$y[n] = \{3, 1/2, 13/4, 13/8, \cdots\}$$

同理，可求得双边序列的卷积和 $y[n]$，其阵列图如图 3-23 所示。不过，要注意的是，$y[n]$ 的第 0 个值是含有 $x_1[0]x_2[0]$ 乘积项的对角线上所有乘积项的和，即

$$y[0] = x_1[1]x_2[-1] + x_1[0]x_2[0] + x_1[-1]x_2[1] \tag{3-92}$$

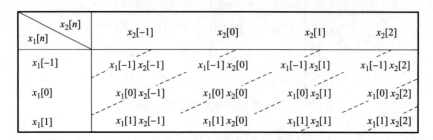

$x_1[n]$ ╲ $x_2[n]$	$x_2[-1]$	$x_2[0]$	$x_2[1]$	$x_2[2]$
$x_1[-1]$	$x_1[-1]x_2[-1]$	$x_1[-1]x_2[0]$	$x_1[-1]x_2[1]$	$x_1[-1]x_2[2]$
$x_1[0]$	$x_1[0]x_2[-1]$	$x_1[0]x_2[0]$	$x_1[0]x_2[1]$	$x_1[0]x_2[2]$
$x_1[1]$	$x_1[1]x_2[-1]$	$x_1[1]x_2[0]$	$x_1[1]x_2[1]$	$x_1[1]x_2[2]$

图 3-23   用阵列法求双边序列卷积和

卷积和 $y[n]$ 的其他值依次是其他对角线上乘积项的和，即

$$\begin{cases} y[-2] = x_1[-1]x_2[-1] \\ y[-1] = x_1[0]x_2[-1] + x_1[-1]x_2[0] \\ y[1] = x_1[1]x_2[0] + x_1[0]x_2[1] + x_1[-1]x_2[2] \\ y[2] = x_1[1]x_2[1] + x_1[0]x_2[2] \\ y[3] = x_1[1]x_2[2] \end{cases} \tag{3-93}$$

对地下目标探测而言，可把地层包括目标在内看成一个线性时不变系统。设发射信号为 $x[n]$，地层这一线性系统的单位抽样响应为 $h[n]$，则回波信号就是输出 $y[n]$，即

$$y[n] = x[n] * h[n]$$

我们的任务就是根据回波信号 $y[n]$ 和发射信号 $x[n]$ 求出 $h[n]$，根据已知 $y[n]$ 与 $x[n]$ 求解 $h[n]$，或已知 $y[n]$ 与 $h[n]$ 求解 $x[n]$ 的过程，称为反卷积。

实际问题中，如资源遥感信息获取技术中，已知输入 $x[n]$ 和输出 $y[n]$，也就是说，发射一个信号 $x[n]$，又接收它的回波信号 $y[n]$，如图 3-24 所示，求系统响应 $h[n]$，就是求解反卷积的过程。例如，发射一个信号，又接收它的回波信号 $y[n]$。

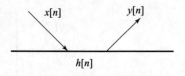

图 3-24   求解反卷积过程

求反卷积的方法，同样可分为时域方法和变换域方法两种。用时域方法求反卷积 $h[n]$，可通过解卷积方程得到。

前面已经介绍过，LTI 离散时间系统的输入和输出关系可用卷积和来描述，即

$$y[n] = \sum_{k=-\infty}^{\infty} x[k]h[n-k]$$

设系统是因果系统，且单位抽样响应取 $N+1$ 项，则

$$\begin{aligned} y[n] &= \sum_{k=0}^{N} x[k]h[n-k] \\ &= h[n]x[0] + h[n-1]x[1] + \cdots + h[n-N]x[N] \end{aligned} \tag{3-94}$$

现在分别令 $n=0, 1, 2, \cdots, N$，代入式（3-94），依次可得 $N+1$ 个方程，即

$$\begin{cases} y[0] = h[0]x[0] \\ y[1] = h[1]x[0] + h[0]x[1] \\ \qquad\qquad \vdots \\ y[N] = h[N]x[0] + h[N-1]x[1] + \cdots + h[0]x[N] \end{cases} \tag{3-95}$$

将式（3-95）中方程组写成矩阵形式，得

$$\begin{bmatrix} h[0] & 0 & \cdots & 0 \\ h[1] & h[0] & \cdots & 0 \\ \vdots & \vdots & & \vdots \\ h[N] & h[N-1] & \cdots & h[0] \end{bmatrix} \begin{bmatrix} x[0] \\ x[1] \\ \vdots \\ x[N] \end{bmatrix} \begin{bmatrix} y[0] \\ y[1] \\ \vdots \\ y[N] \end{bmatrix} \tag{3-96}$$

或简写成矩阵形式，即

$$HX = Y \tag{3-97}$$

式中：X 和 Y 均为 $N+1$ 维矢量；H 为 $(N+1)\times(N+1)$ 维下三角矩阵，共有 $N+1$ 个未知值。

若已知输入和输出的样值，可得

$$\begin{cases} h[0] = y[0]/x[0] \\ h[1] = \{y[1] - h[0]x[1]\}/x[0] \\ \qquad\qquad \vdots \\ h[n] = \left\{ y[n] - \sum_{k=0}^{n-1} h[k]x[n-k] \right\} \Big/ x[0] \end{cases} \tag{3-98}$$

根据上述推导过程，我们可以设计一把求反卷积的计算尺，如图 3-25 所示，该计算尺由固定尺和滑动尺两部分组成。固定尺的上边从左到右按 n 的增长顺序依次印有序列 $y[n]$ 的值；固定尺的下边从左到右按同样顺序印有序列 $x[n]$ 的值。滑动尺从右到左按 n 的增长顺序印有序列 $h[n]$ 的值（从左到右为反序列），滑动尺套在固定尺的中间可以左右移动。当计算 $h[n]$ 时（$n = 1, 2, \cdots, N$），只要把滑动尺右端的 $h[0]$ 对准所指的 $y[n]$，减去滑动尺上 $h[0]$ 到 $h[n-1]$ 与 $x[n]$ 到 $x[n-1]$ 对应项乘积的和，然后再除以 $x[0]$ 即可。

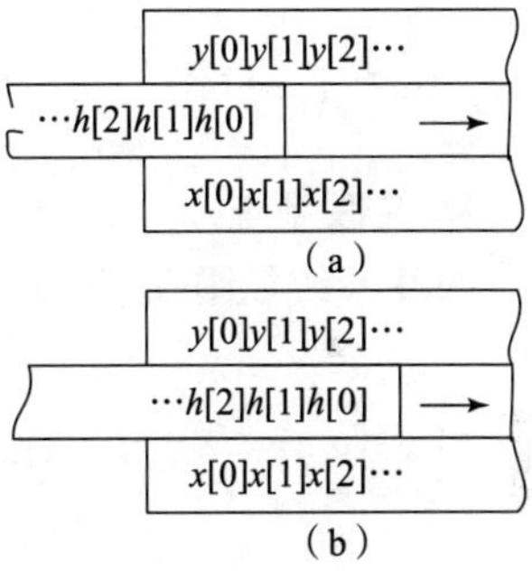

图 3-25　反卷积计算尺

例 3-23　已知系统的输入和输出序列分别为

$$x[n] = \{1,1,2\} \qquad y[n] = \{1, -1, 3, -1, 6\}$$

试求该系统的单位抽样响应 $h[n]$。

解：将 $x[n]$ 和 $h[n]$ 的值代入式（3-98），可得

$$\begin{cases} h[0] = y[0]/x[0] = 1 \\ h[1] = \{y[1] - h[0]x[1]\}/x[0] = \{-1 - 1\times 1\}/1 = -2 \\ h[2] = \{y[2] - h[0]x[2] - h[1]x[1]\}/x[0] = 3 \end{cases}$$

同理，可求得 $n \geqslant 3$ 时，$h[n] = 0$，则

$$h[n] = \{1, -2, 3\}$$

前面已经介绍过，两个序列的卷积和与两个序列的次序无关，即

$$x[n] * h[n] = h[n] * x[n]$$

或

$$\sum_{k=0}^{n} x[k]h[n-k] = \sum_{k=0}^{N} h[k]x[n-k] \tag{3-99}$$

根据这一性质，只要把式（3-96）和式（3-98）中的 $x[n]$ 和 $h[n]$ 互换，可得

$$\begin{cases} x[0] = y[0]/h[0] \\ x[1] = \{y[1] - x[0]h[1]\}/h[0] \\ \qquad\qquad \vdots \\ x[n] = \{y[n] - \sum_{k=0}^{n-1} x[k]h[n-k]\}/h[0], n = 1,2,\cdots,N \end{cases} \tag{3-100}$$

由此可见，如果已知系统的 $h[n]$ 和输出序列 $y[n]$，就可根据式（3-100）求得所需的输入序列 $x[n]$。

例 3-24 已知系统的单位抽样响应 $h[n] = \{1,2,1\}$，试求当输出 $y[n] = \{3,7,8,8,8,8,8,7,3\}$ 时所需的输入 $x[n]$。

解：把 $h[n]$ 和 $y[n]$ 的值代入式（3-100），可得

$$\begin{cases} x[0] = y[0]/h[0] = 3/1 = 3 \\ x[1] = \{7 - 3 \times 2\}/1 = 1 \\ x[2] = \{8 - 3 \times 1 - 1 \times 2\}/1 = 3 \end{cases}$$

同理，可得 $x[3] = 1$、$x[4] = 3$、$x[5] = 1$、$x[6] = 3$ 和 $n \geqslant 7$ 时 $x[n] = 0$。所以，$x[n] = \{3,1,3,1,3,1,3\}$。

3.8 系统的结构及其模拟图

1. 级联系统

级联系统如图 3-26 所示，$a_1 = 2$，$a_2 = 3$，由图 3-26 可知

$$y_x[n] = x[n] * h_1[n] * h_2[n] \tag{3-101}$$

当 $x[n] = \delta[n]$ 时，$y_x[n] = h[n]$，有

$$h[n] = h_1[n] * h_2[n] \tag{3-102}$$

由式（3-102）可知，级联系统的单位抽样响应等于各子系统单位抽样响应的卷积和。

2. 并联系统

并联系统如图 3-27 所示，由图可知，$y_x[n] = x[n] * h_1[n] + x[n] * h_2[n]$，当 $x[n] = \delta[n]$ 时，$y_x[n] = h[n]$，有

$$h[n] = h_1[n] + h_2[n] \tag{3-103}$$

由式（3-103）可知，并联系统的单位抽样响应等于各子系统单位抽样响应之和。

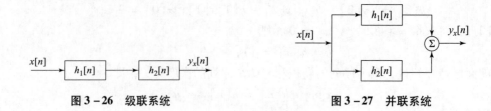

图 3-26 级联系统 　　　　　　　　　　　　　图 3-27 并联系统

例 3 – 25　如图 3 – 28 所示的系统，它由几个子系统组合而成，各子系统的单位抽样响应分别为 $h_1[n]$，$h_2[n]$ 和 $h_3[n]$，试求此混联系统的单位抽样响应。

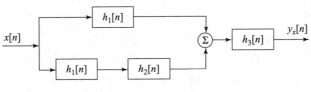

图 3 – 28　例 3 – 25 混联系统

解：由题意可知

$$y_x[n] = [x[n] * h_1[n] + x[n] * h_1[n] + h_2[n]] * h_3[n]$$
$$= x[n] * [h_1[n] + h_1[n] * h_2[n] * h_3[n]]$$

当 $x[n] = \delta[n]$ 时，$y_x[n] = h[n]$，有

$$h[n] = [h_1[n] + h_1[n] * h_2[n]] * h_3[n]$$

下面讨论如何应用基本单元来模拟系统，即实现给定的系统差分方程特性。

例 3 – 26　图 3 – 29 所示的 LTI 离散时间系统由两个延迟器、两个倍乘器和两个相加器组成，试写出该系统的输出 $y[n]$。

解：由图 3 – 29 可见，系统输出通过两条途径反馈。一条经延迟器 D_1、延迟器 D_2 和倍乘器 10 反馈到相加器 1 的输入端，并与 $x[n]$ 相加构成系统的真正输入；另一条通过 D_1 和倍乘器 7 反馈到相加器 2 的输入端（内部反馈）并与相加器 1 输出 $y_1[n]$ 相加构成系统输出 $y[n]$，即

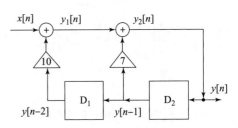

图 3 – 29　例 3 – 26 系统框图

$$y_1[n] = x[n] + 10y[n-2]$$
$$y[n] = y_2[n] = y_1[n] + 7y[n-1]$$
$$= x[n] + 10y[n-2] + 7y[n-1]$$

或

$$y[n] - 7y[n-1] - 10y[n-2] = x[n]$$

前面已经介绍了 LTI 离散时间系统基本运算单元即倍乘器、单位延迟器和相加器的方框图，本节讨论如何应用这些基本运算单元模拟系统，即实现给定的系统差分方程特性。

已知 LTI 离散时间系统 N 阶后向差分方程如下式，即

$$\sum_{k=0}^{N} a_k y[n-k] = \sum_{r=0}^{M} b_r x[n-r] \tag{3-104}$$

为了方便，令式（3 – 104）中 $N = M$ 并把它写成递推形式，即

$$y(n) = \left\{ \sum_{r=0}^{N} b_r x[n-r] - \sum_{k=1}^{N} a_k y(n-k) \right\} \Big/ a_0 \tag{3-105}$$

式（3 – 105）等号右边涉及倍乘、延迟和相加三种基本运算，这三种运算可由倍乘器、单位延迟器和相加器完成。例如，$N = 1$，式（3 – 105）可写为

$$y[n] = [b_0 x(n) + b_1 x(n-1) - a_1 y(n-1)]/a_0 \qquad (3-106)$$

由式（3-106）得到图 3-30 所示的模拟框图。

级联系统输入/输出特性与级联顺序无关，颠倒一下图 3-30 中前后两个子系统的级联顺序，可得一个与图 3-30 等效的模拟框图如图 3-31（a）所示。实际上，图 3-31（a）中的两个单位延迟器具有相同的输入，即要求存储同一个输入量，因此可以将这两个单位延迟器合并成一个，便得到图 3-31（b）所示的模拟框图。图 3-32 和图 3-33（b）分别称为直接Ⅰ型和直接Ⅱ型实现。推广到 N 阶差分方程，式（3-104）描述的离散时间系统，经变换成式（3-105），得相应的 LTI 离散时间系统直接Ⅰ型和直接Ⅱ型实现，如图 3-31 和图 3-33（b）所示。从图中可见，LTI 离散时间系统直接Ⅰ型和直接Ⅱ型实现的结构，与 LTI 连续时间系统相似，其区别在于后者结构中的积分器被单位延迟器所替代。从图 3-32 和图 3-33（b）比较可见，直接Ⅱ型所用的单位延迟器最少，也称为正准型。将正准型输入端和输出端中的各相加器分别合并，其实现框图可简化为如图 3-34 所示。

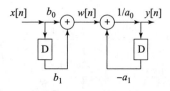

图 3-30 式（3-106）的模拟框图

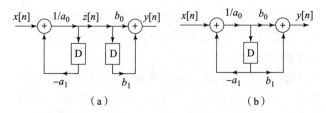

（a）　　　　　　　　　（b）

图 3-31 式（3-106）的两种等效框图

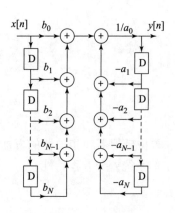

图 3-32 式（3-105）的
直接Ⅰ型实现

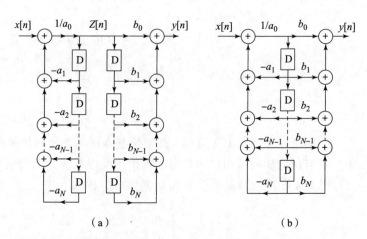

（a）　　　　　　　　　（b）

图 3-33 式（3-105）的直接Ⅱ型实现

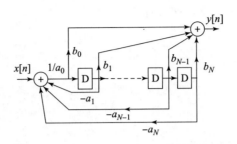

图 3 - 34　式（3 - 105）的正准型实现

3. 9　MATLAB 仿真设计与实现

例 3 - 27　画出 $f_1[k] * f_2[k]$ 的输出波形，输入函数波形如图 3 - 35 所示。

解：

MATLAB 仿真程序如下：

```
f1 = [1,2,1];
f2 = [1,1,1,1,1];
F = conv(f1,f2);
t = [-3:3];
stem(t,F,'filled');
axis([-5,5,-1,6]);
```

输出结果波形如图 3 - 36 所示。

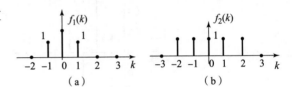

图 3 - 35　例 3 - 27 输入函数波形

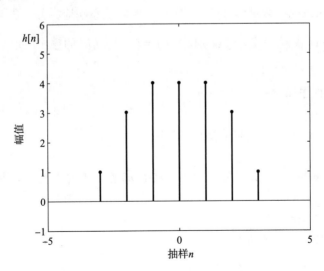

图 3 - 36　例 3 - 27 输出结果波形

例 3 - 28　试求系统在 0 ~ 20 时间内的采样单位冲激响应的数值解，并画出

$y(k) + y(k-1) + \dfrac{1}{4}y(k-2) = f(k)$ 的输出波形。

解：

MATLAB 仿真程序如下：

```
a = [1 1 1/4];
b = [1];
impz(b,a,20);
```

输出结果波形如图 3 - 37 所示。

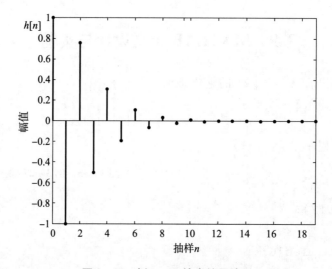

图 3 - 37   例 3 - 28 输出结果波形

例 3 - 29   试求系统在激励信号 $f(k)$ 作用下的零状态响应，并画出

$y(k) + 2y(k-1) + y(k-2) = f(k)$ 和 $f(k) = \left(\dfrac{1}{4}\right)^{k} u(k)$ 的输出波形。

解：

MATLAB 仿真程序如下：

```
a = [1 2 1];
b = [1];%              %构造\输入信号
k = 0:20;
fk = (1/4).^k;%        %计算离散系统在 f(k) 作用下的零状态响应
y = filter(b,a,fk);
stem(k,y,'filled');
```

输出结果波形如图 3 - 38 所示。

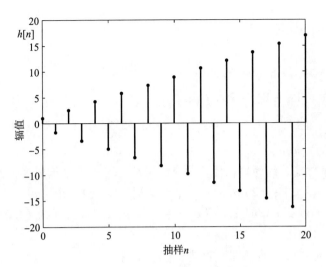

图 3 - 38　例 3 - 29 输出结果波形

本章习题及部分答案要点

3.1　如图 3 - 39 所示的 LTI 离散时间系统包括两个级联的子系统，它们的单位抽样响应分别为

$$h_1[n] = (-1/2)^n u[n]$$

和

图 3 - 39　题 3.1 图

$$h_2[n] = u[n] + u[n-1]/2$$

设 $x[n] = u[n]$，试按下列两种方法计算 $y[n]$。两种方法的结果应该是一样的，说明卷积和满足结合律。

(1) $y[n] = [x[n] * h_1[n]] * h_2[n]$；(2) $y[n] = x[n] * (h_1[n] * h_2[n])$。

答案要点：

$$y[n] = [x[n] * h_1[n]] * h_2[n] = (-1/2)^n u[n] * h_2[n]$$

$$= (-1/2)^n u[n] + (-1/2)^n u[n] * \left(\frac{1}{2}\right)u[n-1]$$

$$= (-1/2)^n u[n] + \frac{2}{3}\left(1 - \left(\frac{1}{2}\right)^{n-1}\right)u[n]$$

$$y[n] = x[n] * h_1[n] * h_2[n] = x[n] * [h_1[n] * h_2[n]]$$

$$= u[n] * \left[(-1/2)^n u[n] + \frac{2}{3}\left(1 - \left(\frac{1}{2}\right)^{n-1}\right)u[n-1]\right]$$

两种计算方法的结果相同，说明卷积和满足结合律。

3.2　计算下列卷积和：

(1)　$\{3, 2, 1, -3\} * \{4, 8, -2\}$；

(2)　$\{3, \boxed{2}, 1, -3\} * \{4, 8, -2\}$；（其中带框字第二项为 $n = 0$ 的值）；

(3)　$\{10, -3, 6, 8, 4, 0, 1\} * \{1/2, \boxed{1/2}, 1/2, 1/2\}$；（其中带框字第二项为

$n = 0$ 的值）；

(4) $(1/2)^n u[n] * u[n]$。

答案要点：

(1) $\{12, 32, 14, -8, -26, 6\}$；

(2) $\{12, \boxed{32}, 14, -8, -26, 6\}$；

(3) $\{5, \boxed{7/2}, 13/2, 21/2, 15/2, 9, 13/2, 5/2, 1/2, 1/2\}$；

(4) $[2 - (1/2)^n] u[n]$。

3.3   下列各序列是系统的单位抽样响应，试分别讨论各系统的因果性和稳定性。

(1) $\delta[n] + \delta[n-2]$；(2) $\delta[n+6]$；(3) $u[n]$；(4) $u[-n]$；

(5) $u[n]/n$；(6) $u[n]/n!$；(7) $u[n+4] - u[n-4]$；(8) $(1/2)^n u[1-n]$。

答案要点：

(1) 因果，稳定；(2) 非因果，稳定；(3) 因果，不稳定；(4) 非因果，不稳定；

(5) 因果，不稳定；(6) 因果，稳定；(7) 非因果，稳定；(8) 非因果，不稳定。

3.4   计算下列各对信号的卷积 $y[n] = x[n] * h[n]$。

(1) $x[n] = \alpha^n u[n], h[n] = \beta^n u[n], \alpha \neq \beta$；

(2) $x[n] = h[n] = \alpha^n u[n]$；

(3) $x[n] = 2^n u[-n], h[n] = u[n]$；

(4) $x[n] = \delta[n-n_1], h[n] = \delta[n-n_2], n_1$ 和 n_2 为常数。

答案要点：

(1) $y[n] = \dfrac{1}{\beta - \alpha}(\beta^{n+1} - \alpha^{n+1})u[n]$

(2) $y[n] = (n+1)\alpha^n u[n]$

(3) $y[n] = \begin{cases} 2^{n+1}, & n \leq 0 \\ 2, & n > 0 \end{cases}$

(4) $y[n] = \delta[n - n_1 - n_2]$

3.5   已知离散时间系统的差分方程为 $y[n] + 3y[n-1] + 2y[n-2] = x[n]$，系统的初始状态 $y[-1] = 0$ 和 $y[-2] = 0.5$，输入信号 $x[n] = u[n]$，试求系统的完全响应 $y[n]$。

答案要点：

零状态响应：$y_x[n] = \left[\dfrac{1}{6} - \dfrac{1}{2}(-1)^n + \dfrac{4}{3}(-2)^n\right]u[n]$

零输入响应：$y_0[n] = [(-1)^n - 2(-2)^n]u[n]$

全响应：$y_1[n] = \left[\dfrac{1}{6} + \dfrac{1}{2}(-1)^n - \dfrac{2}{3}(-2)^n\right]u[n]$

以下习题，读者自己选择练习。

3.6   已知系统输入 $x[n] = \left(\dfrac{4}{5}\right)^n u[n]$ 时，输出 $y[n] = n\left(\dfrac{4}{5}\right)^n u[n]$，试求描述该系统的差分方程。

3.7   已知某 LTI 系统的单位抽样响应 $h[n] = (1/2)^n(u[n] + u[n-2])$。

（1）若输入 $x[n] = e^{j\Omega_0 n}$，试求系统的零状态响应；

（2）画出系统直接 II 型模拟框图。

3.8　分别用图解法和阵列法计算下列各对信号的卷积，并绘出 $y[n] = x[n] * h[n]$ 的图形。

（1）$x[n]$ 和 $h[n]$ 如图 3 - 40（a）所示；

（2）$x[n]$ 和 $h[n]$ 如图 3 - 40（b）所示；

（3）$x[n]$ 和 $h[n]$ 如图 3 - 40（c）所示；

（4）$x[n] = (-1)^n[u[-n] - u[-n-8]]$；$h[n] = u[n] - u[n-8]$。

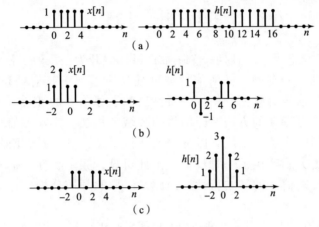

图 3 - 40　题 3.8 图

3.9　已知如下两个序列：$x_1[n] = x_2[n] = \begin{cases} 1, 0 \le n \le 4 \\ 0, 其他 \end{cases}$，分别用图解法和阵列法，试求其卷积和 $y[n]$，并绘出 $y[n]$ 的图形。

3.10　已知序列 $x_1[n] = \{3, 1, 3, \boxed{1}, 3, 1, 3\}$，中间的带框字的项为 $n = 0$ 的值，即 $x_1[-3] = 3$，$x_1[-2] = 1$，$x_1[-1] = 3$，$x_1[0] = 1$，$x_1[1] = 3$，$x_1[2] = 1$，$x_1[3] = 3$；序列 $x_2[n] = \{1, 2, 1\}$，即 $x_2[0] = 1$，$x_2[1] = 2$，$x_2[2] = 1$。试用阵列法求其卷积和 $y[n]$ 并绘出图形。

第 4 章

连续时间信号与系统的频域分析　连续时间傅里叶变换

4.1　引　言

由傅里叶级数的概念可知，任何一个函数都可以展开为一系列正弦函数与余弦函数的累加和形式。推广到信号空间，任何信号都可视为一系列正弦信号和余弦信号的组合，这些正弦信号和余弦信号的频率、相位等特性反映了原信号的性质，也就是用频率域的特性来描述时间域信号特性的方法，即信号的频域分析法。实际上信号的频域特性具有明显的物理意义，如声波频率高低会以音调的高低呈现，颜色是人眼的视觉细胞接收不同频率光波信号而由大脑产生的一种反应。由此可见，频率特性是信号的客观性质，在很多情况下它更能反映信号的基本特性，因此，信号的频域分析也是信号处理与分析重要的手段。

本章从信号的正交性开始阐述，进一步引出傅里叶级数和傅里叶变换以及傅里叶变换的性质，在频域中对系统进行分析与处理，包括频域分析原理、频率响应的求解，以及利用频域分析的方法求系统的零状态响应。

4.2　正交分解与正交性

4.2.1　信号的正交分解

将信号分解为正交函数的原理与矢量正交分解的原理类似。

二维平面空间内的矢量 A 在笛卡儿坐标系中可以分解为 x 轴向的分量和 y 轴向的分量，如图 4-1 所示。此时，矢量 A 可表示为

$$A = A_x + A_y$$

同理，对于一个三维空间内的矢量，可以在笛卡儿坐标系中将其分解为 x 轴向的分量、y 轴向的分量和 z 轴向的分量，如图 4-2 所示。此时，矢量 A 可表示为

$$A = A_x + A_y + A_z$$

上述概念在理论上可以推广到 n 维空间，n 维空间矢量正交分解的概念同样可以推广到信号空间。在信号空间找到若干个相互正交的信号，以它们为基本信号，可以将任意一个信号表示为若干基本信号的线性组合。

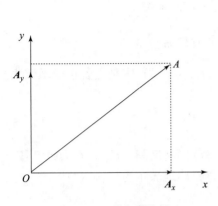

图 4 - 1　二维矢量分解

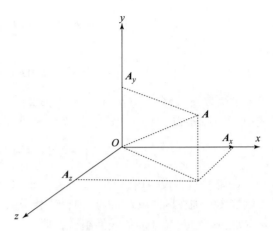

图 4 - 2　三维矢量分解

4.2.2　正交函数与正交函数集

（1）区间 $（t_1,t_2）$ 上的两个实函数，若满足

$$\int_{t_1}^{t_2}\varphi_i(t)\varphi_j^*(t)\mathrm{d}t = 0, i \neq j \tag{4-1}$$

则两个实函数 $\varphi_i(t)$ 和 $\varphi_j(t)$ 在区间 $（t_1,t_2）$ 内正交。

（2）若区间 $（t_1,t_2）$ 内复函数集 $\{\varphi_1(t),\varphi_2(t),\cdots,\varphi_n(t)\}$ 中的各个函数之间，满足下列正交条件：

$$\int_{t_1}^{t_2}\varphi_i(t)\varphi_j^*(t)\mathrm{d}t = \begin{cases} 0, & i \neq j \\ K_i \neq 0, & i = j \end{cases} \tag{4-2}$$

则此复函数集为正交函数集，式中 $\varphi_j^*(t)$ 为函数 $\varphi_j(t)$ 的共轭复函数。

（3）若区间 $（t_1,t_2）$ 内函数集 $\{\varphi_1(t),\varphi_2(t),\cdots,\varphi_n(t)\}$ 中的各个函数之间，满足下列正交条件：

$$\int_{t_1}^{t_2}\varphi_i(t)\varphi_j^*(t)\mathrm{d}t = \begin{cases} 0, & i \neq j \\ 1, & i = j \end{cases} \tag{4-3}$$

则 $\{\varphi_i(t)\}$ $(i=1,2,\cdots,n)$ 为归一化正交函数集。

（4）若正交函数集 $\{\varphi_1(t),\varphi_2(t),\cdots,\varphi_n(t)\}$ 之外，再也找不到另一个非零函数与该函数集 $\{\varphi_i(t)\}$ 中每一个函数都正交，则该函数集为完备正交函数集，否则为不完备正交函数集。

例如，三角函数集

$$\{1,\cos(\Omega t),\cos(2\Omega t),\cdots,\cos(m\Omega t),\cdots,\sin(\Omega t),\sin(2\Omega t),\cdots,\sin(n\Omega t),\cdots,\} \tag{4-4}$$

在区间 $（t_0,t_0+T）$ 内为正交函数集，而且是完备的正交函数集（式中，$T = 2\pi/\Omega$），即

$$\int_{t_0}^{t_0+T}\cos(m\Omega t)\cos(n\Omega t)\mathrm{d}t = \begin{cases} 0, & m \neq n \\ \dfrac{T}{2}, & m = n \neq 0 \\ T, & m = n = 0 \end{cases}$$

$$\int_{t_0}^{t_0+T} \sin(m\Omega t)\sin(n\Omega t)\,\mathrm{d}t = \begin{cases} 0, m \neq 0 \\ \dfrac{T}{2}, m = n \neq 0 \end{cases}$$

$$\int_{t_0}^{t_0+T} \sin(m\Omega t)\cos(n\Omega t)\,\mathrm{d}t = 0 , \text{对所有的 } m \text{ 和 } n。$$

复函数集 $\{\mathrm{e}^{jn\Omega t}\}$ ($n = 0$, ± 1, ± 2, $\cdots$) 在区间 $(t_0, t_0 + T)$ 内是完备正交函数集。式中，$T = 2\pi/\Omega$，它在 $(t_0, t_0 + T)$ 区间内满足

$$\int_{t_0}^{t_f} \mathrm{e}^{jn\Omega t}(\mathrm{e}^{jm\Omega t})^*\,\mathrm{d}t = \begin{cases} 0, m \neq n \\ T, m = n \end{cases} \tag{4-5}$$

定理 4-1：设 $\{\varphi_0(t), \varphi_1(t), \varphi_2(t), \cdots, \varphi_n(t)\}$ 在区间 (t_1, t_2) 内是完备正交函数集，则在区间 (t_1, t_2) 内，任意函数 $f(t)$ 都可以精确地表示为 $\{\varphi_0(t), \varphi_1(t), \varphi_2(t), \cdots, \varphi_n(t)\}$ 的线性组合，即

$$x(t) = c_0\varphi_0(t) + c_1\varphi_1(t) + c_2\varphi_2(t) + \cdots + c_n\varphi_n(t) = \sum_{i=0}^{n} c_i\varphi_i(t) \tag{4-6}$$

式中：c_i 为傅里叶展开系数，有

$$c_i = \frac{\int_{t_1}^{t_2} x(t)\varphi_i^*(t)\,\mathrm{d}t}{\int_{t_1}^{t_2} \varphi_i(t)\varphi_i^*(t)\,\mathrm{d}t} = \frac{\int_{t_1}^{t_2} x(t)\varphi_i^*(t)\,\mathrm{d}t}{\int_{t_1}^{t_2} |\varphi_i|^2\,\mathrm{d}t} \tag{4-7}$$

式（4-7）通常称为正交展开式，c_i 为傅里叶系数。

证明：将式（4-6）两边乘以 $\varphi_j^*(t)$，其中 j 是任意数值，然后在指定区间 (t_1, t_2) 内积分，可得

$$\int_{t_1}^{t_2} \varphi_j^*(t)x(t)\,\mathrm{d}t = \int_{t_1}^{t_2} \varphi_j^*(t)\left[\sum_{i=1}^{n} c_i\varphi_i(t)\right]\mathrm{d}t = \sum_{i=1}^{n} c_i \int_{t_1}^{t_2} \varphi_j^*(t)\varphi_i(t)\,\mathrm{d}t \tag{4-8}$$

由于 $\varphi_i(t)$，$\varphi_j(t)$ 满足正交条件式（4-2），所以式（4-8）等号右边的所有项（除了 $i = j$ 项外）全为零。因此，系数 c_i 可以表示为

$$c_i = \frac{\int_{t_1}^{t_2} x(t)\varphi_i^*(t)\,\mathrm{d}t}{\int_{t_1}^{t_2} |\varphi_i|^2\,\mathrm{d}t} \tag{4-9}$$

由此可以看出，当使用正交函数作为基本信号时，基本信号的系数 c_i 仅与被分解信号 $x(t)$ 及相应序号的基本信号 $\varphi_i(t)$ 有关，而与其他序号的基本信号无关。因此，c_i 也称为任意信号 $x(t)$ 与基本信号 $\varphi_i(t)$ 的相关系数，它表示 $x(t)$ 含有一个与 $\varphi_i(t)$ 相同的分量，这个分量的大小就是 $c_i\varphi_i(t)$。

4.2.3 复指数函数是正交函数

可以证明，复指数函数 $\mathrm{e}^{jn\omega_0 t}$（$n = 0$, ± 1, ± 2, $\cdots$）在区间 $(t_0, t_0 + T)$ 内是正交函数，由呈谐波关系的复指数函数构成的复指数函数集 $\{\mathrm{e}^{jn\omega_0 t}\}$（$n = 0$, ± 1, ± 2, $\cdots$）在区间 $(t_0, t_0 + T)$ 内是正交函数集。因为它们满足正交条件，即式（4-3）。

$$\int_{t_1}^{t_1+T_0} \mathrm{e}^{jn\omega_0 t}(\mathrm{e}^{jm\omega_0 t})^*\,\mathrm{d}t = \int_{t_1}^{t_1+T_0} \mathrm{e}^{jn\omega_0 t}\mathrm{e}^{-jm\omega_0 t}\,\mathrm{d}t = \int_{t_1}^{t_1+T_0} \mathrm{e}^{j(n-m)\omega_0 t}\,\mathrm{d}t = \begin{cases} 0, & n \neq m \\ T_0, & n = m \end{cases} \tag{4-10}$$

式中：$T_0 = 2\pi/\omega_0$ 为基波周期。

正弦函数与余弦函数的积分分别为

$$\int_{t_1}^{t_1+T_0} \sin(n\omega_0 t)\sin(m\omega_0 t)\,\mathrm{d}t = \begin{cases} 0, & n \neq m \\ \dfrac{T_0}{2} & n = m \end{cases} \tag{4-11}$$

$$\int_{t_1}^{t_1+T_0} \cos(n\omega_0 t)\cos(m\omega_0 t)\,\mathrm{d}t = \begin{cases} 0, & n \neq m \\ \dfrac{T_0}{2} & n = m \end{cases} \tag{4-12}$$

$$\int_{t_1}^{t_1+T_0} \sin(n\omega_0 t)\cos(m\omega_0 t)\,\mathrm{d}t = 0 , \quad \text{对所有的 } m \text{ 和 } n。 \tag{4-13}$$

式中：$T_0 = 2\pi/\omega_0$ 为基波周期。

4.3　周期信号的频谱分析　连续时间傅里叶级数

4.3.1　周期信号的傅里叶级数

1. 用复函数表示周期信号：复指数形式的傅里叶级数

如果一个信号 $x(t)$ 是周期性的，那么对一切 t 有一个非零正值 T 使下式成立，即

$$x(t) = x(t + T) \tag{4-14}$$

式中：$x(t)$ 的基波周期 T_0 就是满足式（4-14）中 T 的最小非零正值，而基波角频率为

$$\omega_0 = \frac{2\pi}{T_0} \tag{4-15}$$

余弦函数 $\cos(\omega_0 t)$ 和复指函数 $\mathrm{e}^{jn\omega_0 t}$ 都是周期信号，其角频率为 ω_0，周期为

$$T_0 = \frac{2\pi}{\omega_0} \tag{4-16}$$

呈谐波关系的复指数函数集

$$\varphi_k(t) = \mathrm{e}^{jk\omega_0 t}, k = 0, \pm 1, \pm 2, \cdots, \pm \infty \tag{4-17}$$

也是周期信号，其中每个分量的角频率 ω_0 的整倍数。用这些函数加权组合而成的信号为

$$x(t) = \sum_{k=-\infty}^{\infty} c_k \mathrm{e}^{jk\omega_0 t} \tag{4-18}$$

式中：$x(t)$ 是以 T_0 为周期的周期信号；$k = 0$ 的项 c_0 称为常数项或称直流分量；$k = 1$ 和 $k = -1$ 这两项的周期是基波周期 T_0，两者合在一起称为基波分量或一次谐波分量；$k = 2$ 和 $k = -2$ 这两项其周期是基波周期的 $1/2$，频率是基波频率的 2 倍，称为二次谐波分量。依此类推，$k = N$ 和 $k = -N$ 的分量称为 N 次谐波分量。

将周期信号表示成式（4-16）的形式，即一组呈谐波关系的复指数函数的加权和，称为傅里叶级数表示或复指数形式的傅里叶级数。

2. 三角函数形式的傅里叶级数

为了导出傅里叶级数的三角函数形式，将式（4-16）按各对谐波分量重写，即

$$x(t) = c_0 + \sum_{k=1}^{\infty} (c_k \mathrm{e}^{jk\omega_0 t} + c_{-k} \mathrm{e}^{jk\omega_0 t}) \tag{4-19}$$

式中：$x(t)$ 为实信号时存在 $c_{-k} = c_k^*$，可得

$$x(t) = c_0 + \sum_{k=1}^{\infty}(c_k e^{jk\omega_0 t} + c_k^* e^{jk\omega_0 t}) \tag{4-20}$$

因为括号内的两项互成共轭，根据复数性质，式（4-20）可写为

$$x(t) = c_0 + \sum_{k=1}^{\infty} 2\mathrm{Re}\,|c_k e^{jk\omega_0 t}| \tag{4-21}$$

若将 c_k 写成极坐标形式，即

$$令\ c_k = A_k e^{j\theta_k} \tag{4-22}$$

式中：A_k 是 c_k 的模；θ_k 是 c_k 的幅角或相位。

将式（4-22）代入式（4-21），可得

$$x(t) = c_0 + \sum_{k=1}^{\infty} 2\mathrm{Re}\,|A_i e^{(jk\omega_0 t + \theta_k)}| = c_0 + 2\sum_{k=1}^{\infty} A_k \cos(k\omega_0 t + \theta_k) \tag{4-23}$$

式（4-23）就是在连续时间情况下，实周期信号的傅里叶级数的三角函数形式。

若将 c_k 写成笛卡儿坐标形式，即

$$c_k = B_k + jD_k \tag{4-24}$$

式中：B_k 和 D_k 都是实数，则式（4-23）可改写为

$$x(t) = c_0 + 2\sum_{k=1}^{\infty}\left[B_k\cos(k\omega_0 t - D_k\sin(k\omega_0 t))\right] \tag{4-25}$$

式（4-23）和式（4-25）都是按照式（4-18）所给出的复指数形式的傅里叶级数演变来的，因此在数学上它们三者是等效的。式（4-23）和式（4-25）都称为三角函数形式的傅里叶级数：前者为极坐标形式；后者为正弦—余弦形式。1807 年 12 月，法国数学家傅里叶（J. B. J. Fourier）向法兰西研究院提交的研究报告就是按式（4-25）给出的正弦—余弦形式的傅里叶级数，三种形式的傅里叶级数都很有用。三角函数形式的傅里叶级数比较直观，但在数学运算处理上不如复指数形式的傅里叶级数简便，所以本书主要采用复指数形式的傅里叶级数。

3. 傅里叶级数系数的确定

根据傅里叶级数的定义，可以求得复指数形式的傅里叶级数的系数，即

$$c_k = \frac{1}{T_0}\int_0^{T_0} x(t) e^{-jk\omega_0 t}\mathrm{d}t \tag{4-26}$$

式（4-26）和式（4-18）说明，若 $x(t)$ 存在一个傅里叶级数表示式，即 $x(t)$ 可表示为呈谐波关系的复指数函数的加权和，则傅里叶级数的系数就由式（4-26）确定。这一对关系式就定义为一个周期信号的复指数形式的傅里叶级数和傅里叶级数的系数，即

$$x(t) = \sum_{k=-\infty}^{\infty} c_k e^{jk\omega_0 t} \tag{4-27}$$

$$c_k = \frac{1}{T_0}\int_{T_0} x(t) e^{-jk\omega_0 t}\mathrm{d}t \tag{4-28}$$

式中：用 $\int_{T_0}$ 表示任何一个基波周期 T_0 内的积分。

式（4-27）和式（4-28）确立了周期信号 $x(t)$ 和系数 c_k 之间的关系，即

$$x(t) \leftrightarrow c_k$$

它们在 $x(t)$ 的连续点上是一一对应的。式（4-27）称为反变换式，它说明当根据（4-28）计算出 c_k 值，并将其结果代入式（4-27）时所得的和就等于 $x(t)$。式（4-28）称为正变换式，它说明已知 $x(t)$ 可以根据该式分析出它所含频谱。系数 $\{c_k\}$ 称为 $x(t)$ 的

傅里叶级数的系数或频谱，这些系数是对信号 $x(t)$ 中每一个谐波分量做出的度量。系数 c_0 是 $x(t)$ 中的直流或常数分量，以 $k=0$ 代入式（4-28），可得

$$c_0 = \left(\int_{T_0} x(t)\,\mathrm{d}t \right) \Big/ T_0 \tag{4-29}$$

显然，这就是 $x(t)$ 在一个周期内的平均值。"频谱系数"这一术语是从光的分解借用的，光线通过分光镜分解出一组频谱线，这组谱线就代表光的每个不同频率分量在整个光的能量中所占有的分量。

同理，可以求出正弦—余弦形式的傅里叶级数

$$x(t) = c_0 + 2\sum_{k=1}^{\infty} \left[B_k\cos(k\omega_0 t) - D_k\sin(k\omega_0 t) \right] \tag{4-30}$$

的系数。根据傅里叶级数系数的计算公式，可得

$$2B_k = \frac{2}{T_0}\int_{T_0} x(t)\cos(k\omega_0 t)\,\mathrm{d}t \tag{4-31}$$

$$-2D_k = \frac{2}{T_0}\int_{T_0} x(t)\sin(k\omega_0 t)\,\mathrm{d}t \tag{4-32}$$

式（4-30）~ 式（4-32）说明，若 $x(t)$ 表示为呈谐波关系的正弦和余弦分量的加权和，则其傅里叶级数中的余弦分量和正弦分量的系数分别由式（4-31）和式（4-32）确定。这三个关系式就定义为周期信号的正弦—余弦形式的傅里叶级数。

在式（4-30）中，同频率的正弦项和余弦项可以合并，从而该式可变成坐标形式的傅里叶级数，即

$$x(t) = c_0 + 2\sum_{k=1}^{\infty} A_k\cos(k\omega_0 t + \theta_k) \tag{4-33}$$

其中，

$$A_k = \sqrt{B_k^2 + D_k^2} \tag{4-34}$$

$$\tan\theta_k = D_k/B_k \tag{4-35}$$

据此，如果已知正弦—余弦形式的傅里叶级数的系数，也可根据式（4-34）和式（4-35）确定极坐标形式的傅里叶级数的系数（包括振幅 A_k 和 θ_k）。

前面已经指出，把正弦和余弦表示为复指数函数在数学运算上比较方便。列出欧拉公式，即

$$\begin{aligned}
& 2\left[B_k\cos(k\omega_0 t) - D_k\sin(k\omega_0 t) \right] \\
& = B_k(\mathrm{e}^{jk\omega_0 t} + \mathrm{e}^{-jk\omega_0 t}) + jD_k(\mathrm{e}^{jk\omega_0 t} - \mathrm{e}^{-jk\omega_0 t}) \\
& = (B_k + jD_k)\mathrm{e}^{jk\omega_0 t} + (B_k - jD_k)\mathrm{e}^{-jk\omega_0 t} \\
& = c_k\mathrm{e}^{jk\omega_0 t} + c_{-k}\mathrm{e}^{jk\omega_0 t}
\end{aligned} \tag{4-36}$$

将式（4-36）代入式（4-30），可得

$$\begin{aligned}
x(t) & = c_0 + \sum_{k=1}^{\infty} (c_k\mathrm{e}^{jk\omega_0 t} + c_{-k}\mathrm{e}^{-jk\omega_0 t}) \\
& = \sum_{k=-\infty}^{\infty} c_k\mathrm{e}^{jk\omega_0 t}
\end{aligned}$$

其中，

$$c_k = B_k + jD_k, \quad c_{-k} = B_k - jD_k = c_k^* \tag{4-37}$$

反之，式（4－27）中的和式可以写成式（4－30）的形式，为了求出相应的系数 B_k 和 $-D_k$，利用式（4－37），可得

$$B_k = (c_k + c_{-k})/2 \ , \ -D_k = j(c_k - c_{-k})/2 \ , \ k > 0 \qquad (4-38)$$

若 $x(t)$ 为实函数，则系数 B_k 和 $-D_k$ 都是实数。但是，系数 c_k 通常是复数，而且由式（4－38）可见，系数 c_{-k} 是 c_k 的复共轭，则

$$B_k = \mathrm{Re}\{c_k\} \ , \ -D_k = -\mathrm{ImRe}\{c_k\} \ , \ k > 0 \qquad (4-39)$$

若 c_k 为实数，则 $-D_k = 0$，从而级数式（4－30）只包含余弦项。若 c_k 是纯虚数，则 $B_k = 0$，从而级数只包含正弦项。实际上，式（4－31）和式（4－32）用得较少，在大多数情况下先求 c_k 比较容易。

三角函数傅里叶级数展开形式总结如下：

$$\text{平均值：} c_0 = \frac{1}{T_0} \int_{T_0} x(t) \, \mathrm{d}t$$

$$\text{综合}\begin{cases} x(t) = c_0 + 2\sum_{n=1}^{\infty}\left[B_n \cos n\omega_0 t - D_n \sin n\omega_0 t \right] \\ A_n = \sqrt{B_n^2 + D_n^2} \quad \varphi_n = \arctan\dfrac{-D_n}{B_n} \end{cases}$$

$$\text{分析}\begin{cases} B_n = \dfrac{1}{T_0}\int_{T_0} x(t)\cos n\omega_0 t \mathrm{d}t \\ -D_n = \dfrac{1}{T_0}\int_{T_0} x(t)\sin n\omega_0 t \mathrm{d}t \end{cases}$$

例 4 － 1　已知 $x(t)$ 是一周期性的矩形脉冲，如图 4 － 3 所示，试求其傅里叶级数。

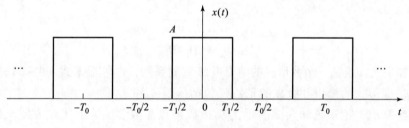

图 4 － 3　周期矩形脉冲

解：从图 4 － 3 中可知，该信号的周期是 T_0，基波频率 $\omega_0 = 2\pi/T_0$，脉宽是 T，它在 $-T_0/2 \leqslant t \leqslant -T_0/2$，一个周期内可表示为

$$x(t) = \begin{cases} A, |t| \leqslant T_1/2 \\ 0, \text{周期内的其他时间} \end{cases} \qquad (4-40)$$

由式（4－28）或式（4－29）可计算出其复指数傅里叶级数的系数，简称傅里叶系数，即

$$c_0 = \frac{1}{T_0} \int_{\frac{-T_1}{2}}^{\frac{T_1}{2}} A\mathrm{d}t = A\frac{T_1}{T_0} \qquad (4-41)$$

式（4－41）表示 $x(t)$ 的平均值，显然该平均值与脉冲幅度 A 及占空比 T_1/T_0（脉宽与周期的比值），即 $x(t) = A$ 在一个周期内所占的比例有关，则

$$c_k = \frac{1}{T_0}\int_{-\frac{T_1}{2}}^{\frac{T_1}{2}} A\mathrm{e}^{-\mathrm{j}k\omega_0 t}\mathrm{d}t = \frac{A}{\mathrm{j}k\omega_0 T_0}(\mathrm{e}^{\mathrm{j}k\omega_0\frac{T_1}{2}} - \mathrm{e}^{-\mathrm{j}k\omega_0\frac{T_1}{2}})$$

$$= \left(2\frac{A}{k\omega_0 T_0}\right)\sin\left(\frac{k\omega_0 T_1}{2}\right)$$

因为 $\omega_0 T_0 = 2\pi$ 和 $\omega_0 = 2\pi/T_0$ ，所以

$$c_k = \frac{A}{k\pi}\sin\left(k\pi\frac{T_1}{T_0}\right) \tag{4-42}$$

图 4-4 画出了某一个固定的 T_0 和几个不同的 T_1 下 $x(t)$ 的傅里叶系数图，就是频谱图。

当占空比 $T_1/T_0 = 0.5$ 时，$x(t)$ 是一对称的方波，则

$$c_0 = A/2$$

$$c_k = \frac{A}{k\pi}\sin(k\pi/2), k \neq 0 \tag{4-43}$$

由式 (4-43) 可知，当 k 为偶数时，$c_k = 0$；而当 k 为奇数时，$\sin(k\pi/2) \neq \pm 1$ ，则

$$c_1 = c_{-1} = \frac{A}{\pi}, c_3 = c_{-3} = \frac{-A}{3\pi}, c_5 = c_{-5} = \frac{A}{5\pi}$$

将上式的系数 c 的值代入式 (4-19) 中，可得复指数形式的傅里叶级数为

$$x(t) = \frac{A}{2} + \frac{A}{\pi}\left[(\mathrm{e}^{\mathrm{j}k\omega_0 t} + \mathrm{e}^{-\mathrm{j}k\omega_0 t}) - \frac{1}{3}(\mathrm{e}^{\mathrm{j}3k\omega_0 t} + \mathrm{e}^{-\mathrm{j}3k\omega_0 t}) + \frac{1}{5}(\mathrm{e}^{\mathrm{j}5k\omega_0 t} + \mathrm{e}^{-\mathrm{j}5k\omega_0 t}) - \cdots\right] \tag{4-44}$$

其频谱图如图 4-4 (a) 所示。

由式 (4-39) 可得

$$-D_k = 0, 2B_1 = \frac{2A}{\pi}, 2B_3 = \frac{-2A}{3\pi}, 2B_5 = \frac{2A}{5\pi}, \cdots, 2B_2 = 2B_4 = \cdots = 0,$$

将上式的系数 D 与 B 的值代入式 (4-30)，得正弦—余弦形式的傅里叶级数为

$$x(t) = \frac{A}{2} + \frac{2A}{\pi}\left[\cos(\omega_0 t) - \frac{1}{3}\cos(\omega_0 t) + \frac{1}{5}\cos(5\omega_0 t) - \cdots\right] \tag{4-45}$$

例 4-2　已知 $x(t) = 7\cos(\omega_0 t) + 3\sin(3\omega_0 t) + 5\cos(2\omega_0 t) - 4\sin(2\omega_0 t)$ ，试求其复指数形式的傅里叶级数。

解：给定的 $x(t)$ 是式 (4-30) 的特例，其系数为

$$2B_1 = 7, -2D_1 = 3, 2B_2 = 5, -2D_2 = -4, 2B_k = 0, -2D_k = 0$$

将这些系数代入式 (4-37)，可得其余的系数，即

$$c_1 = 3.5 - 1.5\mathrm{j}, c_{-1} = 3.5 + 1.5\mathrm{j}$$

$$c_2 = 2.5 + 2\mathrm{j}, c_{-2} = 2.5 - 2\mathrm{j}$$

将系数 $c_k = 0$ 代入式 (4-27)，可得

$$x(t) = (3.5 - 1.5\mathrm{j})\mathrm{e}^{\mathrm{j}2\omega_0 t} + (3.5 + 1.5\mathrm{j})\mathrm{e}^{-\mathrm{j}2\omega_0 t}$$

$$+ (2.5 + 2\mathrm{j})\mathrm{e}^{\mathrm{j}2\omega_0 t} + (2.5 - 2\mathrm{j})\mathrm{e}^{-\mathrm{j}2\omega_0 t}$$

例 4-3　已知

$$x(t) = (2 + 3\mathrm{j})\mathrm{e}^{-\mathrm{j}2\omega_0 t} + (5 - 2\mathrm{j})\mathrm{e}^{-\mathrm{j}\omega_0 t}$$

$$+ 4 + (5 + 2\mathrm{j})\mathrm{e}^{\mathrm{j}\omega_0 t} + (2 - 3\mathrm{j})\mathrm{e}^{\mathrm{j}2\omega_0 t}$$

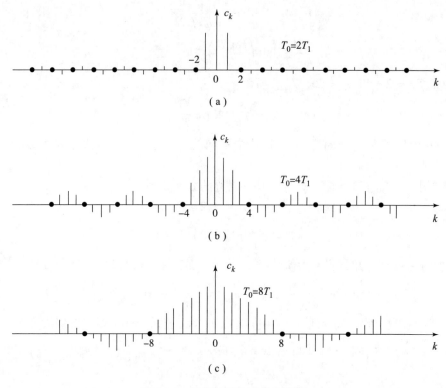

图 4 – 4　周期矩形脉冲的频谱图

试求其正弦—余弦形式的傅里叶级数。

　　解：给定的是式（4 – 27）的特例，其系数为

$$c_{-2} = 2 + 3\mathrm{j}, c_{-1} = 5 - 2\mathrm{j}, c_0 = 4, c_1 = 5 + 2\mathrm{j}, c_2 = 2 - 3\mathrm{j}$$

其余的系数 $c_k = 0$，将其代入式（4 – 38）或式（4 – 39），可得

$$2B_1 = 10, 2B_2 = 4, -2D_2 = -4, -2D_2 = 6$$

其余的系数 $2B_k = 0$，$-2D_k = 0$，将其代入式（4 – 30），可得

$$x(t) = 4 + 10\cos(\omega_0 t) - 4\sin(\omega_0 t) + 4\cos(2\omega_0 t) + 6\sin(2\omega_0 t)$$

4.3.2　周期信号的频谱图

　　如上所述，周期信号可以分解为一系列的正弦信号之和，即

$$x(t) = A_0/2 + \sum_{n=1}^{\infty} A_n\cos(n\omega_0 t + \varphi_n)$$

该式表明一个周期为 $T_0 = 2\pi/\omega_0$ 的信号，由直流分量（信号在一个周期内的平均值）、频率为原信号频率以及原信号频率的整倍数的一系列正弦信号组成，分别将这些正弦信号为基波分量（$n = 1$）、二次谐波分量（$n = 2$），以及三次、四次、……谐波分量，它们的振幅分别为对应的 A_n，相位分别为对应的 φ_n。由此可见，周期信号的傅里叶级数展开式全面地描述了组成原信号的各谐波分量特征：频率、幅度和相位。因此，对于一个周期信号，只要掌握了信号的基波频率 ω_0、各谐波的幅度 A_n 和相位 φ_n，就等于掌握了该信号所有的特征。

指数形式的傅里叶级数表达式中复数量 $X(n\omega_0) = A_n \mathrm{e}^{\mathrm{j}\varphi}/2$ 是离散频率 $n\omega_0$ 的复函数，其模 $|X(n\omega_0)| = A_n/2$ 反映了各谐波分量的幅度，它的相角 φ_n 反映了各谐波分量的相位，因此它能完全描述任意波形的周期信号。复数量 $X(n\omega_0)$ 随频率 $n\omega_0$ 的分布称为信号的频谱，$X(n\omega_0)$ 也称为周期信号的频谱函数，正如波形是信号在时域的表示，频谱是信号在频域的表示。有了频谱的概念，可以在频域描述和分析信号，实现从时域到频域的转变。

由于 $X(n\omega_0)$ 包含了幅度和相位的分布，通常把其幅度 $|X(n\omega_0)|$ 随频率的分布称为幅度频谱，简称幅频；相位 φ_n 随频率的分布称为相位频谱，简称相频。为了直观起见，往往以频率为横坐标，各谐波分量的幅度或相位为纵坐标，画出幅频和相频的变化规律，称为信号的频谱图。

周期信号的频谱也可根据其复指数形成的傅里叶级数

$$x(t) = \sum_{k=-\infty}^{\infty} c_k \mathrm{e}^{\mathrm{j}k\omega_0 t} = c_0 + \sum_{k=1}^{\infty} (c_k \mathrm{e}^{\mathrm{j}k\omega_0 t} + c_{-k} \mathrm{e}^{-\mathrm{j}k\omega_0 t})$$

画出。

由于

$$c_k = A_k \mathrm{e}^{\mathrm{j}\theta_k}, c_{-k} = c_k^* = A_k \mathrm{e}^{-\mathrm{j}\theta_k} \tag{4-46}$$

则

$$|c_k| = |c_{-k}| = A_k, \arg c_k = \arg c_{-k} = \theta_k, \ k > 0 \tag{4-47}$$

即 $|c_k|$ 是 $k\omega_0$ 的偶函数，$\arg c_k$ 是 $k\omega_0$ 的奇函数，$|c_k|$ 是 k 次谐波振幅 $2A_k$ 的 $1/2$，而 $\arg c_k$（$k>0$）是 k 次谐波的相位。由于复指数傅里叶系数 c_k 概括了谐波振幅和相位两个物理量，所以用复指数傅里叶系数 c_k 表示频谱在工程上更为有用。这种频谱是根据复系数 c_k 振幅 $|c_k|$ 和相位 $\arg c_k$ 对 $k\omega_0$ 的函数关系画出的，称为复指数频谱。其中，$|c_k|$ 对 $k\omega_0$ 的关系图形称为振幅频谱，$\arg c_k$ 为 $k\omega_0$ 的关系图形称为相位频谱。图 4-5（b）和图 4-5（a）是由同一周期信号画出的复指数振幅频谱和三角振幅频谱。图 4-5（b）中每一条谱线代表式（4-47）中的一个复指数函数项。由于式（4-47）中不仅包括 $k\omega_0$ 项，还包括 $-k\omega_0$ 项，所以复指数振幅频谱对纵轴是对称的，即双边频谱，而且每一根谱线的长度 $|c_k| = 2A_k/2 = A_k$。

比较图 4-5（a）和图 4-5（b）可以看出，这两种频谱的表示方法实质上是一样的。不同之处仅在于：图 4-5（a）上每一条谱线代表一个谐波分量，而在图 4-5（b）上正负频率相对应的两条谱线合并起来才代表一个谐波分量，即

$$\begin{aligned} c_k \mathrm{e}^{\mathrm{j}k\omega_0 t} + c_{-k} \mathrm{e}^{-\mathrm{j}k\omega_0 t} &= |c_k| \mathrm{e}^{\mathrm{j}\theta_k} \mathrm{e}^{\mathrm{j}k\omega_0 t} + |c_{-k}| \mathrm{e}^{-\mathrm{j}\theta_k} \mathrm{e}^{-\mathrm{j}k\omega_0 t} \\ &= |c_k| \mathrm{e}^{\mathrm{j}(k\omega_0 t + \theta_k)} + |c_k| \mathrm{e}^{-\mathrm{j}(k\omega_0 t + \theta_k)} \\ &= 2|c_k| \cos(k\omega_0 t + \theta_k) \end{aligned} \tag{4-48}$$

因此，图 4-5（b）上谱线长度是图 4-5（a）上谱线长度的 $1/2$，且对称地分布在纵轴的两侧。这里应该解释的是，在复指数傅里叶级数和复指数频谱中出现负频率（$-k\omega_0$）的问题。实际上，这是将 $\cos(k\omega_0 t)$ 或者 $\sin(k\omega_0 t)$ 分解为 $\mathrm{e}^{\mathrm{j}k\omega_0 t}$ 和 $\mathrm{e}^{-\mathrm{j}k\omega_0 t}$ 两项时引进的。它的出现完全是数学运算的结果，没有任何物理意义。就复指数傅里叶级数而言，只有当负频率项和相应的正频率项成对地组合起来时，才能得到原来的实函数 $\cos(k\omega_0 t)$。

下面，仍以例 4-1 中的周期性矩形脉冲为例，讨论周期信号的复指数频谱。在例 4-1

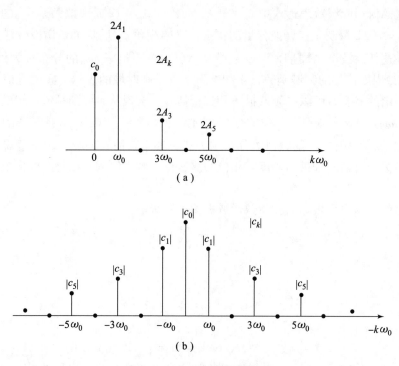

图 4 - 5 $x(t)$ 的振幅频谱

（a）单边频谱；（b）双边频谱

中已经求得该矩形脉冲的复指数傅里叶系数为

$$c_k = \left[2A/(k\omega_0 T_0) \right] \sin(k\omega_0 T_1/2)$$

并给出了该矩形脉冲幅度 A、重复周期 T_0 保持不变，而脉冲宽度 T_1 变化时的频谱图，如图 4 - 5 所示。下面讨论周期性矩形脉冲在脉冲幅度 A、宽度 T_1 保持不变，而重复周期 T_0 变化时的频谱变化规律。

为了便于讨论，把复指数傅里叶系数表示为

$$c_k = (AT_1/T_0) \left[\sin(k\omega_0 T_1/2)/(k\omega_0 T_1/2) \right] \tag{4-49}$$

式中方括号里的函数具有 $\sin Z/Z$ 的形式，在通信理论中非常有用，称为抽样函数，记为 sinc (Z)，则

$$\text{sinc}(Z) = \sin Z/Z \tag{4-50}$$

式（4 - 50）可以看成奇函数 $\sin Z$ 和奇函数 $1/Z$ 的乘积，所以是一个偶函数，如图 4 - 6 所示。从图 4 - 6 可见，函数以周期 2π 起伏，振幅在 Z 的正、负两个方向都衰减，并在 Z 为 $\pm\pi$、$\pm 2\pi$、$\pm 3\pi$、…处通过零点（函数值为零），而在 $Z = 0$ 处函数不确定，应用洛必达法则可得 sinc $(0) = 1$。

由式（4 - 49）可得

$$c_k = (AT_1/T_0) \text{sinc}(k\omega_0 T_1/2) \tag{4-51}$$

将式（4 - 51）代入式（4 - 27），可得该矩形脉冲的复指数形式的傅里叶级数为

$$x(t) = (AT_1/T_0) \sum_{k=-\infty}^{\infty} \text{sinc}(k\omega_0 T_1/2) e^{jk\omega_0 t} \tag{4-52}$$

从式（4 - 51）可见，若把各条谱线 c_k 顶点的连线称为频谱包络线，则该矩形脉冲的频

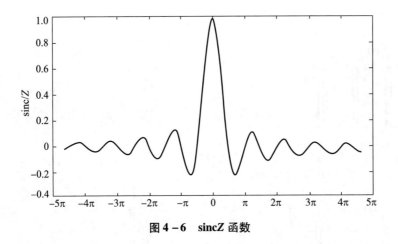

图 4 – 6 sincZ 函数

谱包络线 sincZ 变化规律相同。其主峰高度为 AT_1/T_0，主峰两侧第一个零点为 $k\omega_0 T_1/2 = \pm\pi$，即 $k\omega_0 = \pm 2\pi/T_1$，主峰宽度为 $-2\pi/T_1 \sim 2\pi/T$，谱线间隔 $\omega_0 = 2\pi/T_0$，在 $0 \sim 2\pi/T_1$ 间的谱线数目为

$$(2\pi/T_1)/(2\pi/T_0) - 1 = T_0/T_1 - 1$$

当脉冲幅度 A、宽度 T_1 保持不变，而重复周期 T_0 增大时，则主峰高度 AT_1/T_0 减小，各条谱线高度相应地减小；主峰宽度 $-2\pi/T_1 \sim 2\pi/T$ 不变，各谱线间隔 $\omega_0 = 2\pi/T_0$ 减小，谱线变密。如果 T_0 减小，则情况相反。图 4 – 7 所示为当 $A = 1$，$T_1 = 0.1S$ 保持不变，而 T_0 为 0.5S 和 2S 时的频谱。

由以上分析可得以下性质。

（1）周期性矩形脉冲信号的频谱是离散的，谱线间隔为 ω_0，即各次谐波仅存在于基频 ω_0 的整数倍上；而且，谱线长度随谐波次数的增高趋于收敛。至于频谱收敛规律以及谐波含量，则由信号波形决定。因此，离散性、谐波性和收敛性是周期信号的共同特点。

（2）理论上，周期信号的谱波含量是无限多的，其频谱应包括无限多条谱线。由图 4 – 7 可见，高次谐波虽然有时起伏，但总的趋势是逐渐减小的。由于谱波振幅的这种收敛性，在工程上往往只考虑对波形影响较大的较低频率分量，把对波形影响不太大的高频分量忽略不计。通常把包含主要谐波分量的 $0 \sim 2\pi/T_1$ 这段频率范围称为矩形脉冲信号的有效频带宽度，简称为有效频宽 B_ω，即

$$B_\omega = 2\pi/T_1$$

（3）随着信号周期 T_0 变得越来越大，基频 $2\pi/T_0$ 就变得越来越小，因此在给定的频段内就有越来越多的频率分量，即频谱越来越密。但是，各个频率分量的振幅随着 T_0 增大变得越来越小。在极限的情况下，T_0 为无穷大，便得到一个宽度为 T_1 的单个矩形脉冲。单个矩形脉冲可以看作周期 T_0 为无穷大的周期性矩形脉冲，其基频 $\omega_0 = 2\pi/T_0 = 0$，频谱变成连续的了，即在每一频率上都有谱线。但是，值得注意的是，频谱的形状并不随周期 T_0 而变，即频谱的包络仅仅和脉冲的形状有关，而与脉冲的重复周期 T_0 无关。

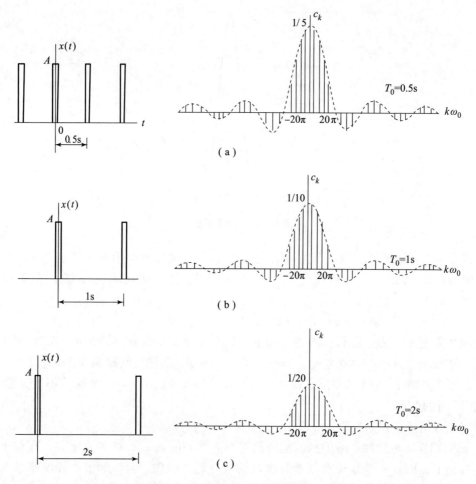

图 4-7　重复周期 T_0 变化对频谱的影响

4.4　非周期信号的频谱分析　连续时间傅里叶变换

4.4.1　非周期信号的傅里叶变换

1. 非周期信号傅里叶变换的导出

非周期信号可以看作周期是无穷大的周期信号，从这一思想出发，可以在周期信号频谱分析的基础上研究非周期信号的频谱分析。在之前讨论矩形脉冲信号的频谱时已经指出，当 τ 不变而增大周期 T_0 时，随着 T_0 的增大，谱线越来越密，同时谱线的幅度将越来越小。如果 $T_0 \to \infty$，则周期矩形脉冲信号将演变成非周期矩形脉冲信号。可以预料，此时谱线会无限密集而演变成非周期的连续的频谱，与此同时，谱线的幅度将变成无穷小量。为了避免在一系列无穷小量中讨论频谱关系，考虑 $T_0 X(n\omega_0)$ 这一物理量，由于 T_0 因子的存在，克服了 T_0 对 $X(n\omega_0)$ 幅度的影响，这时有 $T_0 X(n\omega_0) = 2\pi X(n\omega_0)/\omega_0$，即 $T_0 X(n\omega_0)$ 含有单位解频率所具有的复频谱的物理意义，故称为频谱密度函数，简称为频谱。

下面讨论如图 4 - 8（a）所示的非周期信号 $x(t)$，希望在整个区间（ $-\infty$，∞）内将此信号表示为复指数函数之和。为此目的，构成一个新的周期性函数 $\tilde{x}(t)$，其周期为 T_0，即函数 $x(t)$ 每 T_0s 重复一次，如图 4 - 8（b）所示。必须注意的是周期 T_0 必须选得足够大，使得 $x(t)$ 形状的脉冲之间没有重叠。这个新函数 $\tilde{x}(t)$ 是一个周期性函数，因此可用复指数傅里叶级数表示。在极限的情况下，令 $T_0 \to \infty$，则周期性函数 $\tilde{x}(t)$ 中的脉冲将在无穷远间隔后才重复。因此，在 $T_0 \to \infty$ 的极限情况下，$x(t)$ 和 $\tilde{x}(t)$ 相同，即

$$x(t) = \lim_{T_0 \to \infty} \tilde{x}(t) \tag{4-53}$$

这样，如果 $\tilde{x}(t)$ 的傅里叶级数中令 $T_0 \to \infty$，则在整个区间表示 $\tilde{x}(t)$ 的傅里叶级数也能在整个区间内表示 $x(t)$。

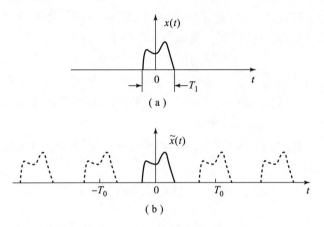

图 4 - 8　将 $x(t)$ 开拓为周期函数 $\tilde{x}(t)$

$\tilde{x}(t)$ 的复指数傅里叶级数可以写为

$$\tilde{x}(t) = \sum_{k=-\infty}^{\infty} c_k e^{jk\omega_0 t} \tag{4-54}$$

式中：$\omega_0 = 2\pi/T_0$；系数 c_k 可表示为

$$c_k = \frac{1}{T_0} \int_{-T_0/2}^{T_0/2} \tilde{x}(t) e^{-jk\omega_0 t} dt \tag{4-55}$$

式中：c_k 表示频率为 $k\omega_0$ 的分量的振幅。

随着 T_0 的增大，基频 ω_0 变小，频谱变密。由式（4 - 55）可知，各分量振幅也变小，不过频谱的形状是不变的，因为频谱的形状取决于式（4 - 55）右边的积分，即第一周期 $\tilde{x}(t)$，也即 $x(t)$ 的波形。在 $T_0 = \infty$ 的极限情况下，式（4 - 55）中每一个分量的振幅 c_k 变为无穷小，为了分析此量的信号频谱特性，将式（4 - 55）改写为

$$c_k T_0 = \frac{2\pi c_k}{\omega_0} = \int_{-T_0/2}^{T_0/2} \tilde{x}(t) e^{-jk\omega_0 t} dt \tag{4-56}$$

当 $T_0 \to \infty$ 时，式（4 - 56）中的各变量将作如下改变，即

$$\begin{cases} T_0 \to \infty \\ \omega_0 = 2\pi/T_0 \to \Delta\omega \to d\omega \\ k\omega_0 \to k\Delta\omega \to \omega \end{cases} \tag{4-57}$$

这时 $c_k \to 0$，但 $c_k T_0$ 可趋近于一个有限函数，即

$$\lim_{T_0 \to \infty} c_k T_0 = \lim_{T_0 \to \infty} \int_{-T_0/2}^{T_0/2} \tilde{x}(t) e^{-jk\omega_0 t} dt = \int_{-\infty}^{\infty} x(t) e^{-j\omega t} dt \qquad (4-58)$$

对式（4-58）积分后为 ω 的函数，用 $X(\omega)$ 表示，则

$$X(\omega) = \lim_{T_0 \to \infty} c_k T_0 = \int_{-\infty}^{\infty} x(t) e^{-j\omega t} dt \qquad (4-59)$$

从式（4-59）可知，$X(\omega)$ 是非周期信号 $x(t)$ 的周期开拓 $\tilde{x}(t)$ 的周期和频率为 $\omega = k\omega_0$ 分量复振幅的乘积，即单位频率（角频率）上的复振幅，称为 $x(t)$ 的频谱密度函数，简称为频谱密度或频谱函数。频谱密度函数一般为复函数，可以写成 $|X(\omega)| e^{jargX(\omega)}$，频谱密度函数 $|X(\omega)|$ 表示非周期信号中各频率分量的相对大小，而辐角 $argX(\omega)$ 则表示相应各频率分量的相位。对照式（4-56）和式（4-59）不难看出，它们的大小虽然不同，但是函数的形式相同。这说明，当周期信号趋于无穷大时，虽然各频率分量的振幅趋于无穷小，但并不为零，各个频率分量的振幅仍具有比例关系，通过频谱函数可以表示这种信号的频谱特性。而非周期信号 $x(t)$ 的频谱密度函数与相同波形的周期信号的复指数频谱包络线具有相似的形状，只是幅度有所不同。如果给出非周期信号 $x(t)$ 的时域表示形式，就可根据式（4-59）求得它的频谱函数。

将式（4-57）中所列的极限情况代入式（4-54），根据式（4-53）可以导出非周期信号 $x(t)$ 的表达式，即

$$x(t) = \lim_{T_0 \to \infty} \tilde{x}(t) = \lim_{T_0 \to \infty} \sum_{k=-\infty}^{\infty} c_k e^{jk\omega_0 t} \qquad (4-60)$$

由于

$$\lim_{T_0 \to \infty} c_k T_0 = \lim_{T_0 \to \infty} c_k \frac{2\pi}{\omega_0} = X(\omega)$$

所以

$$\lim_{T_0 \to \infty} c_k = \lim_{T_0 \to \infty} \frac{X(\omega)\omega_0}{2\pi}$$

将上式代入式（4-60），可得 $x(t)$ 的表达式为

$$x(t) = \lim_{T_0 \to \infty} \sum_{k=-\infty}^{\infty} \frac{X(\omega)\omega_0}{2\pi} e^{jk\omega_0 t}$$

和

$$= \frac{1}{2\pi} \int_{-\infty}^{\infty} X(\omega) e^{j\omega t} d\omega \qquad (4-61)$$

式（4-61）是由 $\tilde{x}(t)$ 的复指数傅里叶级数极限得到的，称为傅里叶积分。它可以在整个区间 $(-\infty < t < \infty)$ 内将非周期信号 $x(t)$ 表示为复指数函数的连续和。由上述分析可知，非周期信号 $x(t)$ 可以分解成无穷多个复指数函数分量之和，每一个复指数分量的振幅为 $X(\omega) d\omega/(2\pi)$ 是无穷小，但正比于 $X(\omega)$，所以用 $X(\omega)$ 表示 $x(t)$ 的频谱。不过，要注意的是，此频谱是连续的，即存在于所有频率 ω 值上。

式（4-59）和式（4-61）是一对很重要的变换式，称为傅里叶变换对，重写如下：

$$x(t) = \frac{1}{2\pi} \int_{-\infty}^{\infty} X(\omega) e^{j\omega t} d\omega \qquad (4-62)$$

$$X(\omega) = \int_{-\infty}^{\infty} x(t) e^{-j\omega t} dt \qquad (4-63)$$

式（4-63）称为 $x(t)$ 的傅里叶正变换，也称正变换式。通过该式把信号的时间函数（时域）变换为信号的频谱密度函数（频域），以考查信号的频谱结构。式（4-62）称为 $X(\omega)$ 的傅里叶反变换，也称为反变换式，通过该式把信号的频谱密度函数（频域）变换为信号的时间函数（时域）以考查信号的时间特性。总之，通过这两个变换，把信号的时域特性和频域特性联系起来。这两个变换可以用符号分别表示为

$$X(\omega) = F[x(t)] \qquad (4-64)$$

$$x(t) = F^{-1}[X(\omega)] \qquad (4-65)$$

式中：$X(\omega)$ 为 $x(t)$ 的傅里叶正变换；$x(t)$ 为 $X(\omega)$ 的傅里叶反变换。

式（4-62）和式（4-63）确立了非周期信号 $x(t)$ 和频谱 $X(\omega)$ 之间的关系，即

$$x(t) \leftrightarrow X(\omega) \qquad (4-66)$$

它们在 $x(t)$ 的连续点上是一一对应的，式（4-62）称为反变换式，它说明当根据式（4-63）计算出 $X(\omega)$ 并将其结果代入式（4-62）时所得的积分就等于 $x(t)$。式（4-63）称为正变换式，它说明当已知 $x(t)$ 时可以根据该式分析出它所含的频谱，即 $x(t)$ 是由怎样的不同频率的正弦信号组成的。

2. 傅里叶变换的收敛

与周期信号一样，要使上述傅里叶变换成立也必须满足一组条件，这组条件也称为狄里赫利（Dirichlet）条件。

（1）$x(t)$ 绝对可积，即

$$\int_{-\infty}^{\infty} |x(t)| dt < \infty \qquad (4-67)$$

（2）在任何有限区间内，$x(t)$ 只有有限个极大值和极小值。

（3）在任何有限区间内，$x(t)$ 的不连续点个数有限，而且在不连续点处，$x(t)$ 值是有限的。

满足上述条件的 $x(t)$，其傅里叶积分将在所有连续点收敛于 $x(t)$，而在 $x(t)$ 的各个不连续点将收敛于 $x(t)$ 的左极限和右极限的平均值，即 $x(t)$ 在 t_1 点上连续，则

$$x(t) = \frac{1}{2\pi} \int_{-\infty}^{\infty} X(\omega) e^{j\omega t_1} d\omega = x(t_1) \qquad (4-68)$$

若 $x(t)$ 在 t_1 点上不连续，则

$$x(t) = \frac{1}{2\pi} \int_{-\infty}^{\infty} X(\omega) e^{j\omega t_1} d\omega = \frac{1}{2}[x(t_1^-) + x(t_1^+)] \qquad (4-69)$$

所有常用的能量信号都满足上述条件，都存在傅里叶变换。而很多功率信号或周期信号虽然不满足绝对可积条件，但若在变换过程中可以使用冲激函数 $\delta(\omega)$，则也可以认为具有傅里叶变换。这样，傅里叶级数和傅里叶变换结合在一起，使周期和非周期信号的分析统一起来。在下面的讨论中，将会发现这样做是非常方便的。

例 4-4 试求单边指数信号

$$x(t) = e^{-at}u(t), a > 0 \qquad (4-70)$$

的频谱。

解：傅里叶变换 $X(\omega)$ 可由式（4-63）得到，即

$$X(\omega) = \int_{-\infty}^{\infty} \mathrm{e}^{-at} u(t) \mathrm{e}^{-\mathrm{j}\omega t} \mathrm{d}t = \int_{0}^{\infty} \mathrm{e}^{-(a+\mathrm{j}\omega)t} \mathrm{d}t$$

$$= \frac{1}{a+\mathrm{j}\omega} \mathrm{e}^{-(a+\mathrm{j}\omega)t} \bigg|_{0}^{\infty} \frac{1}{a+\mathrm{j}\omega}, a > 0 \qquad (4-71)$$

必须注意，式（4-71）的积分仅当 $a > 0$ 时收敛。当 $a < 0$ 时，$x(t)$ 不是绝对可积，其傅里叶变换是不存在的。另外，由式（4-71）可知，$\mathrm{e}^{-at} u(t)$ 的频谱函数为复数，可表示如下：

$$X(\omega) = \frac{1}{\sqrt{a^2+\omega^2}} \mathrm{e}^{-\mathrm{j}\arctan(\omega/a)} \qquad (4-72)$$

$$|X(\omega)| = \frac{1}{\sqrt{a^2+\omega^2}} \qquad (4-73)$$

$$\arg\{X(\omega)\} = -\arctan(\omega/a) \qquad (4-74)$$

式中：幅度频谱 $|X(\omega)|$ 是 ω 的偶函数；相位频谱 $\arg\{X(\omega)\}$ 是 ω 的奇函数。

单边指数信号的幅谱 $|X(\omega)|$ 和相谱 $\arg\{X(\omega)\}$ 如图 4-9（a）（b）和（c）所示。

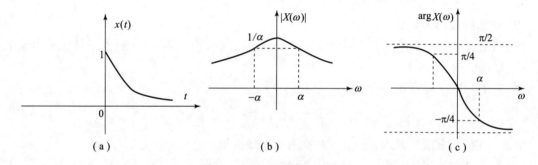

图 4-9　单边指数信号的频谱

例 4-5　门函数 $G_{T_1}(t)$ 是一个如图 4-10（a）所示的矩形脉冲，其定义为

$$G_{T_1}(t) = \begin{cases} 1, & |t| < T_1/2 \\ 0, & |t| > T_1/2 \end{cases}$$

试求该门函数的频谱。

解：$AG_{T_1}(t)$ 的傅里叶变换为

$$X(\omega) = \int_{-T_{1/2}}^{T_{1/2}} A \mathrm{e}^{-\mathrm{j}\omega t} \mathrm{d}t = AT_1 \left[\sin\left(\frac{\omega T_1}{2}\right) \right] \bigg/ \left(\frac{\omega T_1}{2} \right)$$

$$= AT_1 \mathrm{sinc}(\omega T_1/2)$$

由例 4-5 可知，$X(\omega)$ 为实函数，因此在频域可用一个频谱图表示，如图 4-10（b）所示。从图中可知，$X(\omega)$ 的符号是正、负变化的。所以，也可以用两个频谱图，即用振幅频谱图和相位频谱图表示：

$$|X(\omega)| = AT_1 |\mathrm{sinc}(\omega T_1/2)| \qquad (4-75)$$

$$\arg X(\omega) = \begin{cases} 0, & X(\omega) > 0 \\ \pi, & X(\omega) < 0 \end{cases} \qquad (4-76)$$

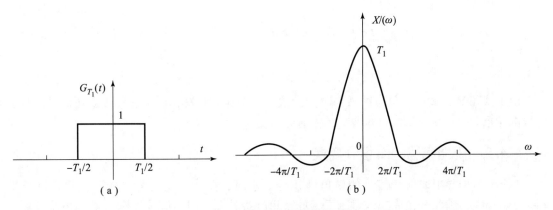

图 4 – 10　门函数及其频谱

比较图 4 – 10（b）和图 4 – 7 可知，单个矩形脉冲的频谱函数与形状相同的周期矩形脉冲频谱包络线的变化规律相同，两者频谱的主峰宽度为 $-2\pi/T_1 \sim 2\pi/T_1$，其有效频宽或信号占有频带为

$$B_\omega = 2\pi/T_1 \tag{4-77}$$

当脉冲宽度或信号持续时间 T_1 增大时，信号占有频带 B_ω 减小；反之，当信号持续时间 T_1 减小时，信号占有频带 B_ω 增加，也就是信号的持续时间 T_1 与信号占有频带 B_ω 成反比。可用如下方法表示门函数，如图 4 – 11 所示，注意下标 ω_c。

$$G_{2\omega_c}(\omega) = \begin{cases} 1, & |\omega| < \omega_c \\ 0, & |\omega| > \omega_c \end{cases}$$

图 4 – 11　门函数的表示方法

例 4 – 6　试求单位冲激函数 $x(t) = \delta(t)$ 的频谱。

解：由式（4 – 63）可得

$$X(\omega) = \int_{-\infty}^{\infty} \delta(t)\mathrm{e}^{-\mathrm{j}\omega t}\mathrm{d}t = 1 \tag{4-78}$$

即

$$\delta(t) \leftrightarrow 1 \tag{4-79}$$

由式（4 – 79）可见，单位冲激函数的频谱为 1，即它不随频率变化，也即其包含振幅相等的所有频率分量。

例 4 – 7　试求频谱为单位冲激函数

$$X(\omega) = \delta(\omega) \tag{4-80}$$

的傅里叶反变换。

解：由式（4-62）可得

$$x(t) = 2\pi \int_{-\infty}^{\infty} \delta(t) e^{j\omega t} d\omega = e^{j\omega t}/2\pi \big|_{\omega=0} = 1/2\pi \qquad (4-81)$$

即

$$1/2\pi \leftrightarrow \delta(\omega)$$

由上式可见，频谱为单位冲激的时间函数为一个与 t 无关的直流信号。换句话说，直流信号的频谱是一个 $\omega = 0$ 处的冲激，其占有频带为零。

4.4.2 周期信号的傅里叶变换

4.4.1 节推导出非周期信号的傅里叶积分表示时，把非周期信号看成开拓周期在周期 $T_0 \to \infty$ 的极限，因此开拓周期信号 $\tilde{x}(t)$ 的傅里叶级数和非周期信号 $x(t)$ 的傅里叶变换之间是有密切联系的。本节将进一步研究这一关系，并推导出周期信号的傅里叶变换。

1. 傅里叶系数与傅里叶变换的关系

本节要证明，周期信号 $\tilde{x}(t)$ 的傅里叶系数 c_k 可以用其一个周期内信号 $\tilde{x}(t)$ 傅里叶变换的样本来表示，即

若 $\tilde{x}(t) \leftrightarrow c_k, x(t) \leftrightarrow X(\omega)$

$$x(t) = \begin{cases} \tilde{x}(t), -T_0/2 \leqslant t \leqslant T_0/2 \\ 0, t < -T_0/2 \text{ 或 } t > T_0/2 \end{cases} \qquad (4-82)$$

则

$$c_k = [X(k\omega_0)]/T_0 \qquad (4-83)$$

由式（4-83）可得

$$c_k = \frac{1}{T_0} \int_{-T_0/2}^{T_0/2} \tilde{x}(t) e^{-jk\omega_0 t} dt = \frac{1}{T_0} \int_{-T_0/2}^{T_0/2} x(t) e^{-jk\omega_0 t} dt$$

$$= \frac{1}{T_0} \int_{-\infty}^{\infty} x(t) e^{-jk\omega_0 t} dt = \frac{1}{T_0} X(k\omega_0)$$

由此可见，如果已知周期信号 $\tilde{x}(t)$ 的一个波形 $x(t)$ 的频谱密度函数 $X(\omega)$，那么应用式（4-83）就可以求得周期信号 $\tilde{x}(t)$ 的傅里叶系数 c_k，周期信号的傅里叶系数可以从某一周期信号 $\tilde{x}(t)$ 的傅里叶变换的样本 $X(k\omega_0)$ 中得到。

2. 周期信号的傅里叶变换

前面已经指出，周期信号不满足绝对可积条件式（4-67），按理不存在傅里叶变换。但是，如果允许在傅里叶变换式中含有冲激函数 $\delta(\omega)$，则也具有傅里叶变换，可以直接从周期信号的傅里叶级数得到它们的傅里叶变换。该周期信号的傅里叶变换是由一串在频域上的冲激函数组成的，这些冲激的强度正比于傅里叶系数。这是一个很重要的表示方法，因为这样可以很方便地把傅里叶分析方法应用到调制和抽样等问题中。

例 4-8 试求频谱密度函数

$$X(\omega) = 2\pi\delta(\omega - \omega_0) \qquad (4-84)$$

的傅里叶反变换。

解：由式（4-62）可得

$$x(t) = \frac{1}{2\pi} \int_{-\infty}^{\infty} 2\pi\delta(\omega - \omega_0) e^{j\omega t} d\omega = e^{j\omega_0 t} \qquad (4-85)$$

即

$$e^{j\omega_0 t} \leftrightarrow 2\pi\delta(\omega - \omega_0) \qquad (4-86)$$

上面结果可推广为，若 $X(\omega)$ 是一组在频率上等间隔的冲激函数的线性组合，即

$$X(\omega) = \sum_{k=-\infty}^{\infty} 2\pi c_k \delta(\omega - k\omega_0) \qquad (4-87)$$

则由式（4-62）可得

$$x(t) = \sum_{k=-\infty}^{\infty} c_k e^{j\omega_0 t} \qquad (4-88)$$

即

$$\sum_{k=-\infty}^{\infty} c_k e^{j\omega_0 t} \leftrightarrow \sum_{k=-\infty}^{\infty} 2\pi c_k \delta(\omega - k\omega_0) \qquad (4-89)$$

按照式（4-27）的定义，可见式（4-88）就是一个周期信号的表示。因此，一个傅里叶系数为 $\{c_k\}$ 的周期信号的傅里叶变换，可以看作出现在等间隔频率上的一串冲激函数。其中间隔频率为 ω_0，出现在 $k\omega_0$ 频率（第 k 次谐波频率）上的冲激函数的强度为第 k 个傅里叶系数 c_k 的 2π 倍。

例 4-9　已知 $x(t) = \sin(\omega_0 t)$ 的傅里叶系数为 $c_1 = j/2$，$c_{-1} = -j/2$，$c_k = 0$，$k \neq \pm 1$，试求其傅里叶变换。

解：由式（4-88）可得其傅里叶变换为

$$X(\omega) = j\pi\delta(\omega + \omega_0) - j\pi\delta(\omega - \omega_0)$$

即

$$\sin(\omega_0 t) \leftrightarrow j\pi[\delta(\omega + \omega_0) - \delta(\omega - \omega_0)] \qquad (4-90)$$

其傅里叶变换如图 4-12（a）所示。

同理，可以求得余弦函数 $\cos(\omega_0 t)$ 的傅里叶变换对为

$$\cos(\omega_0 t) \leftrightarrow \pi[\delta(\omega + \omega_0) - \delta(\omega - \omega_0)] \qquad (4-91)$$

其傅里叶变换如图 4-12（b）所示。这两个变换在分析调制系统时非常重要。

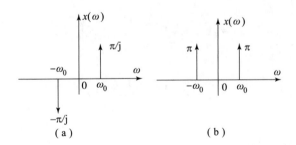

图 4-12　傅里叶变换频谱图

（a）$x(t) = \sin(\omega_0 t)$ 的傅里叶变换；（b）$x(t) = \cos(\omega_0 t)$ 的傅里叶变换

例 4-10　已知周期冲激串 $x(t) = \sum_{k=-\infty}^{\infty} \delta(t - kT)$ 如图 4-13（a）所示，其基波周期为 T_0，试求其傅里叶变换。

解：为了确定该信号的傅里叶变换，先计算它的傅里叶系数，由式（4-91）可得

$$c_k = \frac{1}{T_0} \int_{-T_0/2}^{T_0/2} \delta(t) e^{-jk\omega_0 t} dt = \frac{1}{T_0}$$

将上式代入式（4-91），可得其傅里叶变换为

$$X(\omega) = \frac{2\pi}{T_0} \sum_{k=-\infty}^{\infty} \delta\left(\omega - \frac{2\pi k}{T_0}\right)$$

即

$$\sum_{k=-\infty}^{\infty} \delta(t - kT_0) \leftrightarrow \frac{2\pi}{T_0} \sum_{k=-\infty}^{\infty} \delta(\omega - k\omega_0) \qquad (4-92)$$

由式（4-92）可知，以 T_0 为周期的冲激串信号，其频谱函数 $X(\omega)$ 也是一个周期信号冲激串，该冲激串的频率间隔 $\omega_0 = 2\pi/T_0$，如图 4-13（b）所示。从图 4-13 和式（4-92）可知，在时域中冲激串的时间间隔，重复周期 T_0 越大，则在频域中冲激串的频率 ω_0 间隔越小。这一对变换在抽样系统分析中非常有用。

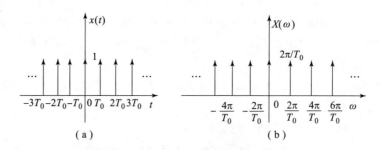

图 4-13　周期冲激串与其傅里叶变换

（a）周期冲激串；（b）周期冲激串的傅里叶变换

重点强调一下，对于傅里叶变换式与反变换式，应当注意变换式中的 $e^{-j\omega t}$ 和 $e^{j\omega t}$：

傅里叶变换式为

$$F(j\omega) = \lim_{T \to \infty} F_n T = \int_{-\infty}^{\infty} f(t) e^{-j\omega t} dt \qquad (4-93)$$

傅里叶反变换式为

$$f(t) = \frac{1}{2\pi} \int_{-\infty}^{\infty} F(j\omega) e^{j\omega t} d\omega \qquad (4-94)$$

4.5　卷积定理及其应用

4.5.1　时域卷积定理

定理 4-1　若 $x_1(t) \leftrightarrow X_1(\omega)$，$x_2(t) \leftrightarrow X_2(\omega)$，则

$$x_1(t) * x_2(t) \leftrightarrow X_1(\omega) X_2(\omega) \qquad (4-95)$$

证明： $F\{x_1(t) * x_2(t)\} = \int_{-\infty}^{\infty} \left[\int_{-\infty}^{\infty} x_1(\tau) x_2(t-\tau) d\tau \right] e^{-j\omega t} dt$

$$= \int_{-\infty}^{\infty} x_1(\tau) \left[\int_{-\infty}^{\infty} x_2(t-\tau) e^{-j\omega t} dt \right] d\tau$$

由时移性可知，上式方括号 $[\cdot]$ 里的积分为 $X_2(\omega) e^{-j\omega t}$，则

$$F\{x_1(t)*x_2(t)\} = \int_{-\infty}^{\infty} x_1(\tau)X_2(\omega)\mathrm{e}^{-\mathrm{j}\omega\tau}\mathrm{d}\tau$$

$$= X_2(\omega)\int_{-\infty}^{\infty} x_1(\tau)\mathrm{e}^{-\mathrm{j}\omega\tau}\mathrm{d}\tau = X_1(\omega)X_2(\omega)$$

上述定理说明，在时域中两个函数的卷积，等效于频域中各个函数频谱函数的乘积。换句话说，时域中的卷积运算等效于频域中的乘积运算。这个定理在系统分析中非常重要，是用频域分析方法研究 LTI 系统响应和滤波的基础。

例 4 - 11　试求图 4 - 14 所示的三角脉冲的频谱函数。

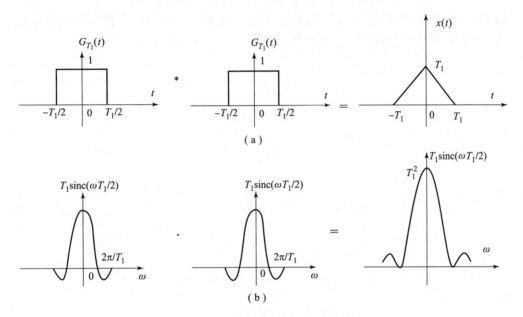

图 4 - 14　时域卷积等效于频域相乘

解： 前面章节已经介绍过，三角脉冲可看成两个门函数的卷积，如图 4 - 14（a）所示。根据时域卷积定理，其频谱函数等于两个门函数频谱函数的乘积，即抽样函数的平方：

$$G_{T_1}(t)*G_{T_1}(t)\leftrightarrow T_1\mathrm{sinc}(\omega T_1/2) \tag{4-96}$$

两个门函数频域的乘积如图 4 - 15（b）所示。

4.5.2　频域卷积定理

时域卷积定理说的是时域内的卷积对应于频域内的乘积。由于时域与频域之间的对偶性，不难预期其一定有一个相应的对偶性质存在，时域内的乘积对应于频域内的卷积。

定理 4 - 2　若 $x(t)\leftrightarrow X(\omega),p(t)\leftrightarrow P(\omega),g(t)\leftrightarrow G(\omega)$，则

$$g(t) = x(t)p(t)\leftrightarrow G(\omega) = [X(\omega)*P(\omega)]/2\pi \tag{4-97}$$

上述定理可以利用 4.5.1 节讨论的对偶性和时域卷积定理来证明；也可以通过傅里叶反变换式，用类似于证明时域卷积定理的方法得到。

在讨论频移性时已经指出，两个信号相乘，可以理解为用一个信号去调制另一信号的振幅，因此两个信号相乘则称为幅度调制。频域卷积定理式（4 - 97）也称为调制定理。这个定理在无线电工程中非常有用，是用频域分析方法研究调制、解调和抽样系统的基础。

例 4 - 12 已知信号 $x(t)$ 的频谱 $X(\omega)$ 如图 4 - 15（a）所示，另外有一个信号 $p(t) = \cos(\omega_0 t)$ 的频谱为

$$P(\omega) = \pi\delta(\omega - \omega_0) + \pi\delta(\omega + \omega_0)$$

如图 4 - 15（b）所示，试求这两个信号相乘 $g(t) = x(t)p(t)$ 的频谱。

解：$g(t) = x(t)p(t)$ 的频谱可以由频域卷积定理得到，即

$$G(\omega) = [X(\omega) * P(\omega)]/2\pi$$
$$= [X(\omega) * \delta(\omega - \omega_0) + X(\omega) * \delta(\omega + \omega_0)]/2$$
$$= X(\omega - \omega_0)/2 + X(\omega + \omega_0)/2$$

如图 4 - 15（c）所示。图中已假设 $\omega_0 > \omega_1$，所以 $G(\omega)$ 中两个非零部分无重叠，即 $g(t)$ 的频谱是两个各向左右平移 ω_0 的、幅度减少 $1/2$ 的 $X(\omega)$ 的和。

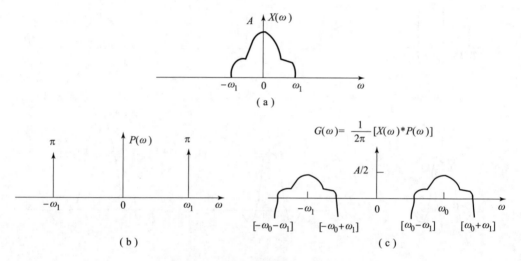

图 4 - 15 时域相乘等效于频域卷积

从式（4 - 96）和图 4 - 15 可以直观地看到，当信号 $x(t)$ 乘以高频余弦波以后，该信号的全部信息 $X(\omega)$ 都被保留下来了，只是这些信息被平移到较高的频率上，这就是幅度调制的基本思想。在例 4 - 13 中，我们将要看到如何从一个幅度已调制高频信号 $g(t)$ 中，将原始信号恢复出来。

例 4 - 13 已知 $g(t) = x(t)$ 的频谱 $G(\omega)$ 如图 4 - 15（c）和图 4 - 16（a）所示，$p(t) = \cos(\omega_0 t)$ 的频谱如图 4 - 16（b）所示，试求 $r(t) = g(t)p(t)$ 的频谱。

解：$r(t) = g(t)p(t)$ 的频谱可以由频域卷积定理得到，即

$$R(\omega) = [G(\omega) * P(\omega)]/2\pi$$

其中，

$$G(\omega) = [X(\omega - \omega_0) + X(\omega + \omega_0)]/2$$
$$P(\omega) = \pi[\delta(\omega - \omega_0) + \delta(\omega + \omega_0)]$$

则

$$R(\omega) = [X(\omega - \omega_0) + X(\omega + \omega_0)] * [\delta(\omega - \omega_0) + \delta(\omega + \omega_0)]/4$$
$$= X(\omega - 2\omega_0)/4 + X(\omega)/2 + [X(\omega + 2\omega_0)]/4 \tag{4 - 98}$$

如图 4 - 16（c）所示，由图可见，已调信号 $g(t)$ 与高频余弦波 $p(t)$ 相乘信号 $r(t)$ 的

频谱中包含有原始信号 $x(t)/2$ 和频率为 $2\omega_0$ 高频已调信号 $[x(t)\cos(2\omega_0 t)]/2$ 的频谱，即

$$r(t) = [x(t) + x(t)\cos(2\omega_0 t)]/2 \qquad (4-99)$$

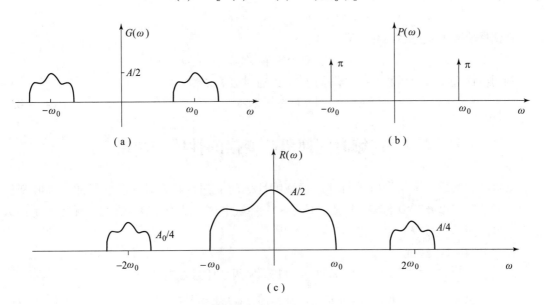

图 4 - 16　例 4 - 13 中信号的频谱

现在假设将 $r(t)$ 作为一个 LTI 系统的输入，如图 4 - 17 所示。该系统的频率响应 $H(\omega)$ 在低频段 $|\omega| < \omega_1$ 为一个常数，而在高频段，$|\omega| \geq \omega_1$ 为零，则

$$H(\omega) = \begin{cases} 2, & |\omega| < \omega_1 \\ 0, & |\omega| \geq \omega_1 \end{cases} \qquad (4-100)$$

图 4 - 17　解调框图

该系统的输出频谱为

$$Y(\omega) = R(\omega) \cdot H(\omega) = X(\omega)$$

该系统的输出为

$$y(t) = F^{-1}\{Y(\omega)\} = F^{-1}\{X(\omega)\} = x(t) \qquad (4-101)$$

由式（4 - 101）可知，幅度已调信号 $g(t)$ 与一频率为 ω_0 的余弦波 $\cos\omega_0 t$ 相乘，再将其输出通过一频率响应 $H(\omega)$ 如式（4 - 101）所示的 LTI 系统（低通滤波器）就可恢复出原始信号。这个过程称为解调，这就是解调的一个基本思想。

例 4 - 14　试求斜升函数 $r(t) = tu(t)$ 和函数 $|t|$ 的频谱函数。

解：（1）$tu(t)$ 的频谱函数为

$$t \leftrightarrow j2\pi\delta'(\omega)$$

根据频域卷积定理，并利用卷积运算的规则，可得 $tu(t)$ 的频谱函数为

$$F[tu(t)] = \frac{1}{2\pi}F[t] * F[u(t)] = \frac{1}{2\pi} \cdot j2\pi\delta'(\omega) * \left[\pi\delta(\omega) + \frac{1}{j\omega}\right]$$

$$= j\pi\delta'(\omega) * \delta(\omega) + \delta'(\omega) * \frac{1}{\omega} = j\pi\delta'(\omega) - \frac{1}{\omega^2}$$

即

$$tu(t)\leftrightarrow j\pi\delta'(\omega) - 1/\omega^2 \qquad (4-102)$$

（2）$|t|$ 的频谱函数。由于 t 的绝对值可写为

$$|t| = tu(t) + (-t)u(-t)$$

利用奇偶性质对上式进行运算，有

$$(-t)u(-t)\leftrightarrow -j\pi\delta'(\omega) - 1/\omega^2$$

利用线性性质可得函数 $|t|$ 与其频谱函数的对应关系为

$$|t|\leftrightarrow -2/\omega^2 \qquad (4-103)$$

4.6 连续时间傅里叶变换的性质与应用

傅里叶变换揭示了信号时域特性和频域特性之间的内在联系。在求信号的傅里叶变换时，如果已知傅里叶变换的某些性质，信号在一种域中进行某种运算会在另一域中产生什么结果，可以使运算过程简化。

1. 性质 4-1：线性

若 $x_1(t)\leftrightarrow X_1(\omega)$，$x_2(t)\leftrightarrow X_2(\omega)$，$a_1$ 和 a_2 为两个任意常数，则

$$a_1x_1(t) + a_2x_2(t)\leftrightarrow a_1X_1(\omega) + a_2X_2(\omega) \qquad (4-104)$$

式（4-104）有两重含义：一是当信号乘以 a，则其频谱函数 $X(\omega)$ 将乘以同一个常数 a；二是几个信号和的频谱函数等于各个信号频谱函数的和。

2. 性质 4-2：奇偶性

若

$$x(t) = \xleftarrow{\quad F\quad} X(\omega)$$

则

$$x^*(t) = \xleftarrow{\quad F\quad} X^*(-\omega) \qquad (4-105)$$

证明：由傅里叶变换定义，有

$$X(\omega) = \int_{-\infty}^{\infty} x(t)e^{-j\omega t}dt$$

取共轭可得

$$X^*(\omega) = \left[\int_{-\infty}^{\infty} x(t)e^{-j\omega t}dt\right]^* = \int_{-\infty}^{\infty} x^*(t)e^{j\omega t}dt$$

以 $-\omega$ 代替 ω，可得

$$X^*(-\omega) = \int_{-\infty}^{\infty} x^*(t)e^{-j\omega t}dt = F[x^*(t)]$$

因此，式（4-105）得证。

当 $x(t)$ 为实函数时，有 $x(t) = x^*(t)$，由式（4-103）可得

$$X(\omega) = X^*(-\omega)$$

或

$$X^*(\omega) = X(-\omega) \qquad (4-106)$$

表明实函数的傅里叶变换具有共轭对称性。

由傅里叶变换定义，有

$$X(\omega) = \int_{-\infty}^{\infty} x(t) e^{-j\omega t} dt = \int_{-\infty}^{\infty} x(t)\cos(\omega t) dt - j \int_{-\infty}^{\infty} x(t)\sin(\omega t) dt$$

$$= \mathrm{Re}(\omega) + j\mathrm{Im}(\omega) = |X(\omega)| e^{j\varphi(\omega)}$$

显然，频谱函数的实部和虚部分别为

$$\begin{cases} \mathrm{Re}(\omega) = \int_{-\infty}^{\infty} x(t)\cos(\omega t) dt \\ \mathrm{Im}(\omega) = \int_{-\infty}^{\infty} x(t)\sin(\omega t) dt \end{cases} \quad (4-107)$$

频谱函数的幅度和相位分别为

$$\begin{cases} |X(\omega)| = \sqrt{\mathrm{Re}^2(\omega) + \mathrm{Im}^2(\omega)} \\ \varphi(\omega) = \arctan\left[\dfrac{\mathrm{Im}(\omega)}{\mathrm{Re}(\omega)}\right] \end{cases} \quad (4-108)$$

对奇偶性讨论如下。

（1）当 $x(t)$ 为实函数时，$\cos(\omega t)$ 是 ω 的偶函数，$\sin(\omega t)$ 是 ω 的奇函数，由式（4-107）可知，$\mathrm{Re}(\omega)$ 是 ω 的偶函数，$\mathrm{Im}(\omega)$ 是 ω 的奇函数；进而由式（4-108）可知，$|X(\omega)|$ 是 ω 的偶函数，$\varphi(\omega)$ 是 ω 的奇函数。

（2）当 $x(t)$ 为实偶函数时，$x(t)\cos(\omega t)$ 是 t 的偶函数，$x(t)\sin(\omega t)$ 是 t 的奇函数，显然有 $\mathrm{Im}(\omega) = 0$，则

$$X(\omega) = \mathrm{Re}(\omega) = \int_{-\infty}^{\infty} x(t)\cos(\omega t) dt = 2\int_{0}^{\infty} x(t)\cos(\omega t) dt = X(-\omega)$$

（3）当 $x(t)$ 为实奇函数时，$x(t)\cos(\omega t)$ 是 t 的奇函数，$x(t)\sin(\omega t)$ 是 t 的偶函数，显然有 $\mathrm{Re}(\omega) = 0$，则

$$X(\omega) = j\mathrm{Im}(\omega) = \int_{-\infty}^{\infty} x(t)\sin(\omega t) dt = -2\int_{0}^{\infty} x(t)\sin(\omega t) dt$$

这时 $X(\omega)$ 是 ω 的虚奇函数。

3. 性质 4-3：时移性

若 $x(t) \leftrightarrow X(\omega)$，则

$$x(t - t_0) \leftrightarrow X(\omega) e^{-j\omega_0 t_0} \quad (4-109)$$

为了证明上述性质，取 $x(t-t_0)$ 的傅里叶变换，并令 $\tau = t - t_0$，可得

$$F\{x(t - t_0)\} = \int_{-\infty}^{\infty} x(\tau) e^{-j\omega(\tau + t_0)} d\tau = e^{-j\omega t_0} X[\omega]$$

由上式可知，延迟了 t_0 的信号的频谱等于信号的原始频谱乘以延时因子 $e^{-j\omega t_0}$，延时的作用只是改变频谱函数的相位特性而不改变其幅频特性，如图 4-18 所示。另外，从式（4-109）中还可以看到，要使信号波形并不因延时而有所变动，那么频谱中所有分量必须沿时间轴同时都向右移一个时间 t_0。对不同的频率分量来说，延时 t_0 所造成的相移（$-\omega t_0$）是与频率 ω 成正比的，有

$$x(t + t_0) \leftrightarrow X(\omega) e^{j\omega t_0} \quad (4-110)$$

即信号波形沿时间轴提前 t_0，相当于在频域中将 $X(\omega)$ 乘以 $e^{j\omega t_0}$。

在工程中，经常遇到延时问题，并通过时移性求得延时信号的频谱函数。

例 4-15　试求移位冲激函数 $\delta(t - t_0)$ 的频谱函数。

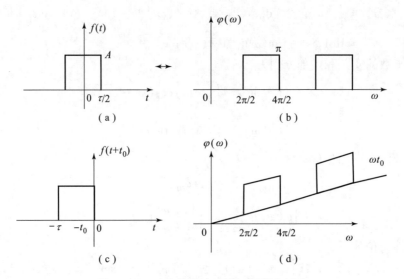

图 4 - 18   时移特性的时域与频域示意图

解：根据时移性质得 $F\{\delta(t)\} = 1$ ，则

$$\delta(t - t_0) \leftrightarrow e^{-j\omega t_0} \tag{4-111}$$

4. 性质 4 - 4：尺度变换

若 $x(t) \leftrightarrow X(\omega)$ ，则

$$x(at) \leftrightarrow \frac{1}{|a|} X\left(\frac{\omega}{a}\right) \tag{4-112}$$

式中：a 为一实常数。

为了证明此性质，取 $x(at)$ 傅里叶变换，并令 $\tau = at$，当 $a > 0$ 时，有

$$F\{x(at)\} = \frac{1}{a} \int_{-\infty}^{\infty} x(\tau) e^{-j\left(\frac{\omega}{a}\right)\tau} d\tau = \frac{1}{a} X\left(\frac{\omega}{a}\right)$$

当 $a < 0$ 时，经过变量置换，积分下限变为 ∞，而上限变为 $-\infty$，交换定积分的上、下限等效于将积分号外面的系数写为 $1/|a|$。因此，不论 $a > 0$ 或 $a < 0$，积分号外的系数都写成式（4 - 112）中时间变量乘以常数，相当于改变时间轴的尺度，同样的频率变量除以常数，相当于改变频率轴的尺度。当 $a > 1$ 时，式（4 - 112）中的 $x(at)$ 表示信号 $x(t)$ 在时间轴上压缩 $1/a$，则 $X(\omega/a)$ 表示频谱函数 $X(\omega)$ 在频率轴上扩展 a 倍。尺度变换特性表明信号在时域中压缩 $1/a$ 倍，对应于在频域中频谱扩展 a 倍且幅度减为原来的 $1/a$；反之，当 $a < 1$ 时，$x(at)$ 表示在时域中展宽，对应的频谱则是压缩且幅度增大。

尺度变换性质的应用例子在实际中经常遇到。例如，一盘已经录好的磁带，在重放时放音速度比录制速度高，相当于信号在时间上受到压缩（$a > 1$），则其频谱扩展，听起来就会感到声音的频率高了；反之，若放音速度比原来慢，相当于信号在时间上受到扩展（$a < 1$），则其频谱压缩，听起来就会感到声音的频率变低，低频分量比原来丰富多了。可以证明

$$x(at - t_0) \leftrightarrow \frac{1}{|a|} X\left(\frac{\omega}{a}\right) e^{-\frac{j\omega t_0}{a}} \tag{4-113}$$

例 4 – 16 已知 $x(t/3)$ 为一个矩形脉冲，如图 4 – 19（b）所示，试求 $x(t/2)$ 的频谱函数。

解：矩形脉冲的频谱函数为

$$X(\omega) = AT_1 \mathrm{sinc}(\omega T_1/2)$$

根据尺度变换性质式（4 – 112）和 $a = 1/2$ ，可以求得 $x(t/2)$ 的频谱函数为

$$F\{x(t/2)\} = 2X(2\omega) = 2AT_1 \mathrm{sinc}(\omega T_1)$$

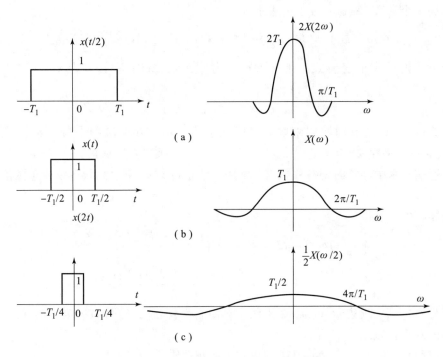

图 4 – 19　矩形脉冲及其频谱的扩展与压缩

该脉冲波形及其对应的频谱如图 4 – 19（a）所示。从图中可见，$x(t/2)$ 的脉冲波形较 $x(t)$ 扩展了 1 倍，对应的频谱则较 $X(\omega)$ 压缩了 1/2 倍。由 $X(\omega)$ 压缩成为 $2X(2\omega)$，表现为信号频宽（第一个过零点频率）由 $2\pi/T_1$ 减小 π/T_1，脉冲宽度的增加，意味着信号能量增加，各频率分量的振幅也相应地增加 1 倍；反之，$x(2t)$ 比 $x(t)$ 压缩 1/2，其频谱 $[X(\omega/2)]/2$ 较 $X(\omega)$ 扩展 1 倍。信号频宽增大，振幅减小如图 4 – 19（c）所示。

尺度变换特性从理论上论证了信号持续时间和频带宽度的反比关系。为了提高通信速度，缩短通信时间，就必须压缩信号的持续时间，为此在频域内就必须展宽频带。为合适地选择信号的持续时间和频带宽度，对通信系统的要求也随之提高。因此，如何合适地选择信号的持续时间和频带宽度是无线通信技术中的一个重要问题。

5. 性质 4 – 5：反转

若 $x(t) \leftrightarrow X(\omega)$，则

$$x(-t) \leftrightarrow X(-\omega) \tag{4 – 114}$$

反转性质可以看作尺度变换特性在 $a = -1$ 的一个特例。

将 $a = -1$ 代入式（4 – 101），可得

$$F\{x(-t)\}\leftrightarrow X(-\omega)$$

由此可见，将信号波形线纵轴转动 $180°$，信号频谱也随之绕纵轴转动 $180°$。由于振幅频谱具有对称性，所以信号反转后，振幅频谱不变，而只是相位频谱绕纵轴转动 $180°$。

6. 性质 4 – 6：频移

若 $x(t)\leftrightarrow X(\omega)$，则

$$x(t)\mathrm{e}^{\mathrm{j}\omega_0 t}\leftrightarrow X(\omega-\omega_0) \tag{4-115}$$

式中：ω_0 为一个常数；$X(\omega-\omega_0)$ 可表示为

$$X(\omega-\omega_0)=\int_{-\infty}^{\infty}x(t)\mathrm{e}^{-\mathrm{j}(\omega-\omega_0)t}\mathrm{d}t=\int_{-\infty}^{\infty}[x(t)\mathrm{e}^{\mathrm{j}\omega_0 t}]\mathrm{e}^{-\mathrm{j}\omega t}\mathrm{d}t$$

若把上式仍看成正变换式，则 $x(t)\mathrm{e}^{\mathrm{j}\omega_0 t}$ 为原函数，$X(\omega-\omega_0)$ 为 $x(t)\mathrm{e}^{\mathrm{j}\omega_0 t}$ 的频谱函数，即

$$x(t)\mathrm{e}^{\mathrm{j}\omega_0 t}\leftrightarrow X(\omega-\omega_0)$$

由上式可知，$x(t)$ 在时域中乘以 $\mathrm{e}^{\mathrm{j}\omega_0 t}$ 等效于 $X(\omega_0)$ 在频域中平移了 ω_0。换句话说，若 $x(t)$ 的频谱原来在 $\omega=0$ 附近（低频信号），将 $x(t)$ 乘以 $\mathrm{e}^{\mathrm{j}\omega_0 t}$ 就可以使频谱平移到 $\omega=\omega_0$ 附近。在通信技术中经常需要搬移频谱，常用方法是将 $x(t)$ 乘以高频余弦或正弦信号，即

$$x(t)\cos(\omega_0 t)=x(t)\cdot(\mathrm{e}^{\mathrm{j}\omega_0 t}+\mathrm{e}^{-\mathrm{j}\omega_0 t})/2$$

根据频移性，可得

$$
\begin{aligned}
F\{x(t)\cos(\omega_0 t)\}&=\frac{F\{x(t)\mathrm{e}^{\mathrm{j}\omega_0 t}\}}{2}+\frac{F\{x(t)\mathrm{e}^{-\mathrm{j}\omega_0 t}\}}{2}\\
&=\frac{X(\omega-\omega_0)+X(\omega-\omega_0)}{2}
\end{aligned}
\tag{4-116}
$$

式中：等号右边第一项表示 $X(\omega)/2$ 沿频率轴向右平移 ω_0；等号右边第二项 $X(\omega)/2$ 表示沿频率轴向左平移 ω_0。

这个过程称为调制，式（4–116）也称为调制性质。

例 4 – 17　试求图 4 – 20（a）$g(t)=x(t)\cos(\omega_0 t)$ 所示的高频脉冲信号的频谱函数。

解：从图 4 – 20 可见，高频脉冲 $g(t)$ 是矩形脉冲 $x(t)$ 与高频正弦波 $p(t)=\cos(\omega_0 t)$ 的乘积，即

$$g(t)=x(t)\cos(\omega_0 t) \tag{4-117}$$

式中：矩形脉冲 $g(t)$ 即高频脉冲的包络线，它的频谱为

$$X(\omega)=AT_1\mathrm{sinc}(\omega T_1/2)$$

根据调制性质式（4–114），可得 $g(t)$ 的频谱函数为

$$G(\omega)=AT_1\mathrm{sinc}[(\omega-\omega_0)T_1/2]+AT_1\mathrm{sinc}[(\omega+\omega_0)T_1/2] \tag{4-118}$$

即高频脉冲的频谱 $G(\omega)$ 等于包络线的频谱 $X(\omega)$ 一分为二，各向左、右平移一个高频率 ω_0，如图 4 – 20 所示。

7. 性质 4 – 7：对偶性

若 $x(t)\leftrightarrow X(\omega)$，则

$$X(t)\leftrightarrow 2\pi x(-\omega) \tag{4-119}$$

由傅里叶反变换式经反转后，并将其中的 t 与 ω 互换，即可证明此性质：

$$x(-t)=\frac{1}{2\pi}\int_{-\infty}^{\infty}X(\omega)\mathrm{e}^{-\mathrm{j}\omega t}\mathrm{d}\omega$$

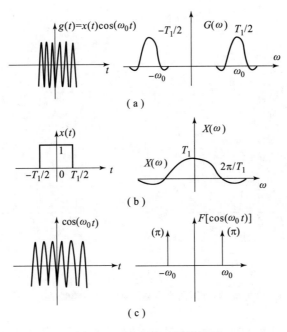

图 4 - 20　高频脉冲及其频谱

$$x(-\omega) = \frac{1}{2\pi} \int_{-\infty}^{\infty} X(t) e^{-j\omega t} dt$$

上式等号右边积分就是时间函数 $x(t)$ 的傅里叶变换，即

$$F\{X(t)\} = \frac{1}{2\pi} \int_{-\infty}^{\infty} X(t) e^{-j\omega t} dt = 2\pi x(-\omega)$$

由上式可见，若 $x(t)$ 的频谱函数为 $X(\omega)$，则信号 $x(t)$ 的频谱函数就是 $2\pi X(-\omega)$。

若 $x(t)$ 是偶函数，即 $x(-t) = x(t)$ 或 $X(-\omega) = X(\omega)$，则

$$X(t) \leftrightarrow 2\pi x(\omega) \tag{4-120}$$

式（4 - 120）说明，若 $x(t)$ 是偶函数，其频谱函数为 $X(\omega)$，则形状与 $X(\omega)$ 相同的另一个时间函数 $x(t)$ 的频谱函数形状与 $x(t)$ 相同，在大小上仅差一个常数 2π。

例 4 - 18　试求抽样函数的 $x(t) = \mathrm{sinc}(\omega_c t)$ 频谱函数。

解：前面已经得到门函数的傅里叶变换为抽样函数，即

$$G_{T_1}(t) \leftrightarrow T_1 \mathrm{sinc}(\omega T_1/2)$$

或

$$(1/T_1) G_{T_1}(t) \leftrightarrow \mathrm{sinc}(\omega T_1/2) \tag{4-121}$$

因此，可以根据对偶性求解抽样函数的频谱函数，如图 4 - 21 所示，由式（4 - 121）并将式（4 - 121）中的 t 和 ω 互换，$T_1/2$ 和 ω_c 互换，可得

$$\mathrm{sinc}(\omega_c t) \leftrightarrow (\pi/\omega_c) G_{2\omega_c}(\omega) \tag{4-122}$$

式（4 - 121）和式（4 - 122）说明时域为抽样函数，其频谱函数为门函数；反之，时域为门函数，其频谱函数为抽样函数，这就是傅里叶变换的对偶性。

8. 性质 4 - 8：函数下的面积

函数 $x(t)$ 与 t 轴围成的面积为

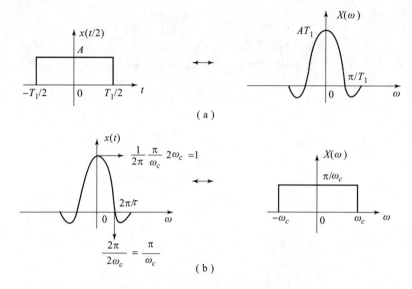

图 4–21 对偶性求解抽样函数的频谱函数

$$\int_{-\infty}^{\infty} x(t)\,\mathrm{d}t = \int_{-\infty}^{\infty} x(t)\,\mathrm{e}^{-\mathrm{j}\omega t}\,\mathrm{d}t\,\Big|_{t=0} = X(\omega)\,\big|_{\omega=0} = X(0) \tag{4-123}$$

式中：$X(0)$ 为频谱函数 $X(\omega)$ 的零频率值。

由式（4–123）可知，$X(\omega)$ 的零频率值等于时域中 $x(t)$ 下（与 t 轴围成）的面积。

同理，频谱函数 $X(\omega)$ 与 t 轴围成的面积为

$$\int_{-\infty}^{\infty} X(\omega)\,\mathrm{d}\omega = \int_{-\infty}^{\infty} X(\omega)\,\mathrm{e}^{\mathrm{j}\omega t}\,\mathrm{d}\omega\,\Big|_{t=0}$$
$$= 2\pi x(t)\,\big|_{t=0} = 2\pi x(0) \tag{4-124}$$

式中：$X(0)$ 为 $x(t)$ 的零时间值。

由式（4–124）可知，在频域中，频谱函数 $X(\omega)$ 下的面积等于 2π 乘以时间域中时间函数 $x(t)$ 的零时间值。

傅里叶变换对这些特性为简化计算和检验计算结果提供了有效的途径。同时，也为信号的等效脉冲宽度和（信号）占有频带宽度的计算提供了方便。

例 4–19 试求抽样函数 $\mathrm{sinc}(\omega_c t)$ 下的面积。

解：前面已经求得抽样函数的频谱函数为门函数，即

$$\mathrm{sinc}(\omega_c t) \leftrightarrow (\pi/\omega_c) G_{2\omega_c}(\omega)$$

由式（4–123）可得

$$\int_{-\infty}^{\infty} \mathrm{sinc}(\omega_c t)\,\mathrm{d}t \leftrightarrow (\pi/\omega_c) G_{2\omega_c}(0) = \pi/\omega_c \tag{4-125}$$

根据图 4–22（a）中实线和虚线所示的两个图形面积相等，即

$$x(0)\tau = \int_{-\infty}^{\infty} x(t)\,\mathrm{d}t = X(0) \tag{4-126}$$

等效脉冲宽度 τ 可定义为 $x(t)$ 面积等效的矩形脉冲的宽度，因此由式（4–115）可得

$$\tau = X(0)/x(0) \tag{4-127}$$

同理，根据图 4-22（b）所示两个图形面积相等，即

$$X(0)B_\omega = \int_{-\infty}^{\infty} X(\omega)\mathrm{d}\omega = 2\pi x(0) \tag{4-128}$$

等效频带宽度 B_ω 可定义为与 $X(\omega)$ 面积等效的矩形频谱的宽度，因此由式（4-128）可得

$$B_\omega = 2\pi x(0)/X(0) \tag{4-129}$$

联立式（4-127）和式（4-129），可得

$$B_\omega = 2\pi/\tau \tag{4-130}$$

或

$$B_f = B_\omega/2\pi = 1/\tau \tag{4-131}$$

式（4-130）和式（4-131）说明信号的等效频带宽度和等效脉冲宽度成反比。因此，若要同时具有较窄的脉宽和带宽，就必须选用两者乘积较小的脉冲信号。

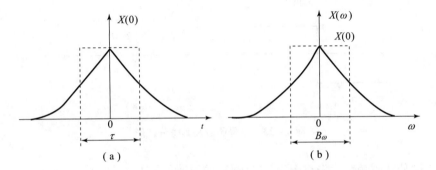

图 4-22　信号等效脉冲宽度与频度宽度

9. 性质 4-9：时域微分

若 $x(t) \leftrightarrow X(\omega)$，则

$$\frac{\mathrm{d}x(t)}{\mathrm{d}t} \leftrightarrow \mathrm{j}\omega X(\omega) \tag{4-132}$$

证明： 将傅里叶反变换式

$$x(t) = \frac{1}{2\pi}\int_{-\infty}^{\infty} X(\omega)\,\mathrm{e}^{\mathrm{j}\omega t}\mathrm{d}\omega$$

两边对 t 微分并交换微积分次序，可得

$$\frac{\mathrm{d}x(t)}{\mathrm{d}t} = \frac{1}{2\pi}\int_{-\infty}^{\infty}(\mathrm{j}\omega X(\omega))\,\mathrm{e}^{\mathrm{j}\omega t}\mathrm{d}\omega$$

若把上式仍看成是反变换式，则 $\mathrm{d}x(t)/\mathrm{d}t$ 是原函数，而 $\mathrm{j}\omega X(\omega)$ 是 $\mathrm{d}x(t)/\mathrm{d}t$ 的频谱函数，即

$$\frac{\mathrm{d}x(t)}{\mathrm{d}t} \leftrightarrow \mathrm{j}\omega X(\omega)$$

说明信号在时域中求导数，相当于在频域中用 $\mathrm{j}\omega$ 去乘它的频谱函数。

同理可证，信号在时域中取 n 阶导数，等效于在频域中用 $(\mathrm{j}\omega)^n$ 乘它的频谱函数，即

$$\frac{\mathrm{d}^n x(t)}{\mathrm{d}t^n} \leftrightarrow (\mathrm{j}\omega)^n X(\omega) \tag{4-133}$$

式（4-132）和式（4-133）即时域微分性质，是一个非常重要的性质，因为它把时域中的微分运算转化为频域中的乘积运算。后面章节中用傅里叶变换来分析由微分方程描述的系统时，就利用到这一重要性质。

利用时域微分性质还可以求出一些在通常意义下不易求得的变换关系，如由 $\delta(t) \leftrightarrow 1$，可得

$$\delta'(t) \leftrightarrow j\omega \tag{4-134}$$

和

$$\delta^{(n)}(t) \leftrightarrow (j\omega)^n \tag{4-135}$$

例4-20 试求图4-23（a）所示的符号函数的频谱函数

$$\mathrm{sgn}(t) = \begin{cases} 1, t > 0 \\ -1, t < 0 \end{cases} \tag{4-136}$$

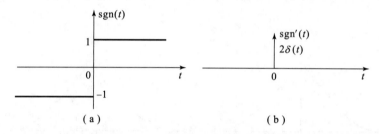

图4-23 符号函数及其微分波形

解：用微分性质解题，先将图4-23（a）的原波形 $x(t)$ 微分，得 $dx(t)/dt$ 波形如图4-23（b）所示，即

$$dx(t)/dt = 2\delta(t)$$

对上式两边取傅里叶变换，$x(t) = \mathrm{sgn}(t)$ 的傅里叶变换为 $X(\omega)$，根据时域微分性质，可得

$$j\omega X(\omega) = 2$$

所以

$$X(\omega) = 2/j\omega$$

即

$$\mathrm{sgn}(t) \leftrightarrow 2/j\omega \tag{4-137}$$

例4-21 试求单位阶跃函数 $u(t)$ 的频谱函数。

解：单位阶跃函数可分解为偶函数和奇函数两部分，即

$$u(t) = 0.5 + 0.5\mathrm{sgn}(t) \tag{4-138}$$

如图4-24所示，对式（4-138）等号两边取傅里叶变换，可得

$$F\{u(t)\} = F\{0.5 + 0.5\mathrm{sgn}(t)\}$$

利用式（4-137）的结果，可得

$$F\{u(t)\} = \pi\delta(\omega) + 1/j\omega \tag{4-139}$$

式（4-139）说明，单位阶跃信号的频谱除了在 $\omega=0$ 处有一个冲激 $\pi\delta(\omega)$ 外，还有其他频率分量。这是因为 $u(t)$ 不同于直流信号，直流信号必须在 $(-\infty, \infty)$ 时间内均为

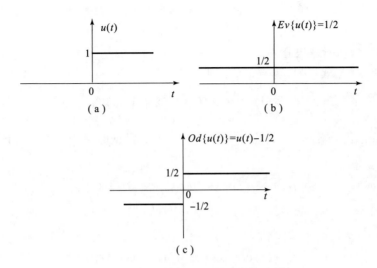

图 4 - 24 单位阶跃函数的奇偶分解

常数。将 $u(t)$ 分解为直流信号 $1/2$ 和幅值为 $1/2$ 的正负信号就不难理解式（4 – 139）的意义了。

10. 性质 4 – 10：频域微分

若 $x(t) \leftrightarrow X(\omega)$ ，则

$$- jtx(t) \leftrightarrow dX(\omega)/d\omega \tag{4 – 140}$$

证明： 对傅里叶变换定义式（4 – 59）两边对 ω 微分，并交换微分与积分的次序，可得

$$\frac{dX(\omega)}{d\omega} = \frac{d}{d\omega}\left[\int_{-\infty}^{\infty} x(t)e^{-j\omega t}dt\right] = \int_{-\infty}^{\infty}[- jtx(t)]e^{-j\omega t}dt$$

若把上式仍看成是一个正变换式，则 $- jtx(t)$ 是原函数，而 $dX(\omega)/d\omega$ 是它的频谱函数，即

$$- jtx(t) \leftrightarrow dX(\omega)/d\omega$$

上式说明信号在频域中对频谱函数求导等效于在时域中用 $- jt$ 去乘它的时间函数。

同理可证，在频域中对频谱求 n 阶导数，等效于在时域中用 $(- jt)^n$ 去乘它的时间函数，即

$$(- jt)^n x(t) \leftrightarrow d^n X(\omega)/d\omega^n \tag{4 – 141}$$

利用频域微分性质可以求得一些通常意义下不易求得的变换关系，由 $1 \leftrightarrow 2\pi\delta(\omega)$ 可得

$$- jt \leftrightarrow 2\pi\delta'(\omega) \text{ 或 } t \leftrightarrow 2\pi j\delta'(\omega) \tag{4 – 142}$$

$$(- jt)^n \leftrightarrow 2\pi\delta^{(n)}(\omega) \text{ 或 } t^n \leftrightarrow 2\pi j^n\delta^{(n)}(\omega) \tag{4 – 143}$$

由

$$u(t) \leftrightarrow \pi\delta(\omega) + 1/j\omega$$

得

$$tu(t) \leftrightarrow j\pi\delta'(\omega) - 1/\omega^2 \tag{4 – 144}$$

由 $\mathrm{sgn}(t)\leftrightarrow 2/\mathrm{j}\omega$ ，可得 $|t| = t\mathrm{sgn}(t)$ 的傅里叶变换对为

$$|t| \leftrightarrow -2/\omega^2 \qquad (4-145)$$

11. 性质 4 – 11：时域积分

若 $x(t)\leftrightarrow X(\omega)$ ， $X(0)$ 为有限值，则

$$\int_{-\infty}^{\infty} x(t)\,\mathrm{d}t \leftrightarrow \pi X(0)\delta(\omega) + X(\omega)/\mathrm{j}\omega \qquad (4-146)$$

证明：前面已经指出， $\int_{-\infty}^{t} x(t)\,\mathrm{d}t = x(t)*u(t)$ ，根据时域卷积定理和式（4 – 139），可得

$$\begin{aligned} F\{x(t)*u(t)\} &= X(\omega)\big[\pi\delta(\omega) + 1/\mathrm{j}\omega\big] \\ &= \pi X(0)\delta(\omega) + X(\omega)/\mathrm{j}\omega \end{aligned}$$

即

$$\int_{-\infty}^{t} x(t)\,\mathrm{d}t \leftrightarrow \pi X(0)\delta(\omega) + X(\omega)/\mathrm{j}\omega$$

式中： $x(0) = \int_{-\infty}^{\infty} x(t)\,\mathrm{d}t$ ，即为 $x(t)$ 的面积。

例 4 – 22 试求图 4 – 25 所示信号 $x(t)$ 的频谱。

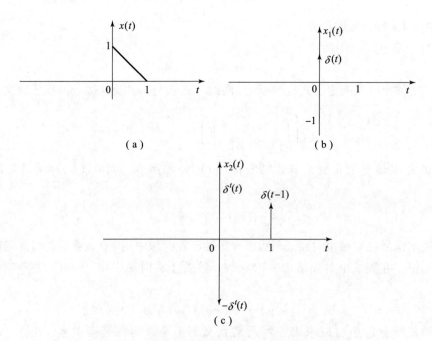

图 4 – 25 例 4 – 22 信号及其一阶、二阶微分波形

解：先对 $x(t)$ 进行两次微分，并令 $x(t)$ 的一、二阶导数分别为 $x_1(t)$ 和 $x_2(t)$ ，则

$$x_1(t) = \int_{-\infty}^{t} x_2(t)\,\mathrm{d}t$$

$$x(t) = \int_{-\infty}^{t} x_1(t)\,\mathrm{d}t$$

由于

$$X_2(0) = \int_{-\infty}^{t} x_2(t)\,\mathrm{d}t$$

$$= \int_{-\infty}^{\infty} \left[\delta'(t) - \delta(t) + \delta(t-1)\right]\mathrm{d}t = 0$$

$$X_2(\omega) = F\{x_2(t)\} = \mathrm{j}\omega - 1 + \mathrm{e}^{-\mathrm{j}\omega}$$

根据时域积分性质，可得

$$X_1(\omega) = F\{x_1(t)\} = (\mathrm{j}\omega - 1 + \mathrm{e}^{-\mathrm{j}\omega})/\mathrm{j}\omega$$

又由于

$$X_1(0) = \int_{-\infty}^{\infty} x_1(t)\,\mathrm{d}t$$

$$= \int_{-\infty}^{\infty} \delta(t)\,\mathrm{d}t$$

$$= \int_{0}^{1} (-1)\,\mathrm{d}t = 0$$

根据时域积分性质，可得

$$X(\omega) = X_1(\omega)/\mathrm{j}\omega = (\mathrm{j}\omega - 1 + \mathrm{e}^{-\mathrm{j}\omega})^2/\mathrm{j}\omega = (\mathrm{j}\omega - 1 + \mathrm{e}^{-\mathrm{j}\omega})/\omega^2$$

由本例可见，在用时域积分性质求得信号频谱时，虽然也对信号进行微分，但用的是积分性质，即

$$X(\omega) = X_1(\omega)/\mathrm{j}\omega + \pi X_1(0)\delta(\omega) \tag{4-147}$$

式中：$x_1(\omega)$ 为信号 $x(t)$ 的一阶导数 $x_1(t)$ 的频谱。

在本例中，因为

$$X_1(0) = \int_{-\infty}^{\infty} x_1(t)\,\mathrm{d}t = 0$$

所以

$$X(\omega) = X_1(\omega)/\mathrm{j}\omega \tag{4-148}$$

若 $X_1(0) = 0$，则函数 $x_1(t)$ 积分后的频谱等于积分前的频谱 $X_1(\omega)$ 除以 ω。换句话说，若 $X_1(0) = 0$，则信号 $x_1(t)$ 在时域中积分等效于在频域中将原信号频谱 $X_1(\omega)$ 除以 $\mathrm{j}\omega$。

12. 性质 4-12：频域积分

若 $x(t) \leftrightarrow X(\omega)$，则

$$-x(t)/\mathrm{j}t + \pi x(0)\delta(t) \leftrightarrow \int_{-\infty}^{\omega} X(\eta)\,\mathrm{d}\eta \tag{4-149}$$

上述性质不难由时域积分性质式（4-146）以及时域之间的对偶性推得。

若 $X(0) = 0$，或 $x(t)$ 为奇函数，则

$$-x(t)/\mathrm{j}t \leftrightarrow \int_{-\infty}^{\omega} X(\eta)\,\mathrm{d}\eta \tag{4-150}$$

式（4-150）说明，在频域中积分等效于在时域中除以 $-\mathrm{j}t$。

为便于读者记忆与理解，周期与非周期函数的傅里叶变换对，常用函数傅里叶反变换对

归纳总结如图 4－26 所示。

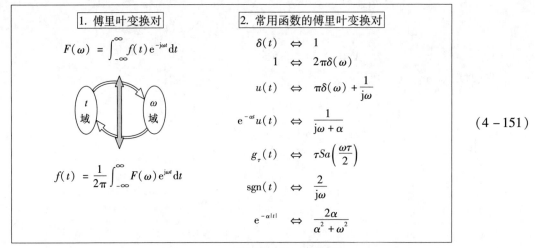

1. 傅里叶变换对

$$F(\omega)=\int_{-\infty}^{\infty}f(t)\mathrm{e}^{-\mathrm{j}\omega t}\mathrm{d}t$$

$$f(t)=\frac{1}{2\pi}\int_{-\infty}^{\infty}F(\omega)\mathrm{e}^{\mathrm{j}\omega t}\mathrm{d}t$$

2. 常用函数的傅里叶变换对

$$\begin{aligned}
\delta(t)&\Leftrightarrow 1\\
1&\Leftrightarrow 2\pi\delta(\omega)\\
u(t)&\Leftrightarrow \pi\delta(\omega)+\frac{1}{\mathrm{j}\omega}\\
\mathrm{e}^{-\alpha t}u(t)&\Leftrightarrow \frac{1}{\mathrm{j}\omega+\alpha}\\
g_{\tau}(t)&\Leftrightarrow \tau Sa\left(\frac{\omega\tau}{2}\right)\\
\mathrm{sgn}(t)&\Leftrightarrow \frac{2}{\mathrm{j}\omega}\\
\mathrm{e}^{-\alpha|t|}&\Leftrightarrow \frac{2\alpha}{\alpha^2+\omega^2}
\end{aligned}\tag{4-151}$$

图 4－26　重要傅里叶变换对图表

非周期信号与周期信号的傅里叶变换对，如图 4－27 和图 4－28 所示。

$$\begin{cases}x(t)=\dfrac{1}{2\pi}\displaystyle\int_{-\infty}^{\infty}X(\mathrm{j}\omega)\mathrm{e}^{\mathrm{j}\omega t}\mathrm{d}\omega\\ X(\mathrm{j}\omega)=\displaystyle\int_{-\infty}^{\infty}x(t)\mathrm{e}^{-\mathrm{j}\omega x}\mathrm{d}t\end{cases}\tag{4-152}$$

图 4－27　非周期信号的傅里叶变换对

$$\begin{cases}x_T(t)=\displaystyle\sum_{n=-\infty}^{\infty}c_n\mathrm{e}^{\mathrm{j}n\omega_0 t}\\ c_n=\dfrac{1}{T_0}\displaystyle\int_{T_0}x_T(t)\mathrm{e}^{-\mathrm{j}n\omega_0 t}\mathrm{d}t\end{cases}\tag{4-153}$$

图 4－28　周期信号的傅里叶变换对

到此为止，讨论了傅里叶变换的相关主要性质。为了便于查用，先把这些性质和后面将讨论的几个性质汇总于表 4－1 中。傅里叶变换的很多性质在傅里叶级数中都能找到对应的性质，现把这些性质汇总于表 4－2 中。在表 4－3 中，汇总了前面已讨论的一些基本又重要的傅里叶变换对。这些变换对在用傅里叶分析法研究信号与系统时经常会遇到。

表 4－1　傅里叶变换的性质

序号	性质	时域 $x(t)$	频域 $X(\omega)$
1	线性	$ax_1(t)+bx_2(t)$	$aX_1(\omega)+bX_2(\omega)$
2	共轭对称性	$x(t)$ 为实函数	$X(-\omega)=X^*(\omega)$
3	时移性	$x(t-t_0)$	$X(\omega)\mathrm{e}^{-\mathrm{j}\omega t_0}$

续表

序号	性质	时域 $x(t)$	频域 $X(\omega)$
4	频移性	$x(t)\mathrm{e}^{\mathrm{j}\omega_0 t}$	$X(\omega - \omega_0)$
5	尺度变换	$x(at)$	$(1/\lvert a\rvert)X(\omega/a)$
6	反转	$x(-t)$	$X(-\omega)$
7	对偶性	$X(t)$	$2\pi x(-\omega)$
8	时域微分	$\dfrac{\mathrm{d}x(t)}{\mathrm{d}t}$	$\mathrm{j}\omega X(\omega)$
9	频域微分	$-\mathrm{j}tx(t)$	$\dfrac{\mathrm{d}X(\omega)}{\mathrm{d}\omega}$
10	时域卷积	$x_1(t)*x_2(t)$	$X_1(\omega)X_2(\omega)$
11	频域卷积	$x_1(t)x_2(t)$	$[X_1(\omega)*X_2(\omega)]/(2\pi)$
12	时域积分	$\displaystyle\int_{-\infty}^{t}x(\tau)\mathrm{d}\tau$	$X(\omega)/(\mathrm{j}\omega)+\pi X(0)\delta(\omega)$
13	频域积分	$[-1/(\mathrm{j}t)]x(t)+\pi x(0)\delta(t)$	$\displaystyle\int_{-\infty}^{\omega}X(\eta)\mathrm{d}\eta$
14	相关定理	$x_1(t)\circ x_2(t)$	$X_1(\omega)X_2^{*}(\omega)$
15	函数下面积	$\displaystyle\int_{-\infty}^{\infty}x(t)\mathrm{d}t$	$X(0)$
		$2\pi x(0)$	$\displaystyle\int_{-\infty}^{\infty}X(\omega)\mathrm{d}\omega$
16	帕色伐尔定理	$\displaystyle\int_{-\infty}^{\infty}x^2(t)\mathrm{d}t$	$\dfrac{1}{2\pi}\displaystyle\int_{-\infty}^{\infty}\lvert X(\omega)\rvert^2\mathrm{d}\omega$

表 4 – 2　傅里叶级数的性质

序号	性质	时域 $x(t)$	频域 c_k
1	线性	$ax_1(t)+bx_2(t)$	$ac_{1k}+bc_{2k}$
2	共轭对称性	$x(t)$ 为实函数	$c_{-k}=c_k^{*}$
3	时移性	$x(t-t_0)$	$c_k\mathrm{e}^{-\mathrm{j}k\left(\frac{2\pi}{T_0}\right)t_0}$
4	频移性	$x(t)\mathrm{e}^{\mathrm{j}m\omega_0 t}$	c_{k-m}
5	尺度变换	$x(at),a>0,$ 周期 T_0/a	c_k
6	反转	$x(-t)$	c_{-k}
7	时域微分	$\dfrac{\mathrm{d}x(t)}{\mathrm{d}t}$	$\mathrm{j}k\left(\dfrac{2\pi}{T_0}\right)c_k$
8	时域积分	$\displaystyle\int_{-\infty}^{t}x(\tau)\mathrm{d}\tau$ （仅当 $c_0=0$ 时，才是有限值）	$\left(\dfrac{1}{\mathrm{j}k\left(\frac{2\pi}{T_0}\right)}\right)c_k$

序号	性质	时域 $x(t)$	频域 c_k
9	时域卷积	$\int_{T_0} x_1(\tau) x_2(t-\tau)\,\mathrm{d}\tau$	$T_0 c_{1k} c_{2k}$
10	频域卷积	$x_1(t) x_2(t)$	$\sum\limits_{l=-\infty}^{\infty} c_{1l} c_{2(k-l)}$
11	帕斯伐尔定理	$\int_{T_0} x^2(t)\,\mathrm{d}t$	$\sum\limits_{k=-\infty}^{\infty} \lvert c_k \rvert^2$
12	函数下面积	$x(0)$	$\sum\limits_{k=-\infty}^{\infty} c_k$

表 4 – 3　常用傅里叶变换对

序号	时间函数 $x(t)$	傅里叶变换 $X(\omega)$
1	复指数信号	$\mathrm{e}^{\mathrm{j}\omega_0 t}$ $\mathrm{e}^{-\mathrm{j}\omega_0 t}$	$2\pi\delta(\omega - \omega_0)$ $2\pi\delta(\omega + \omega_0)$
2	余弦波	$\cos(\omega_0 t)$	$\pi[\delta(\omega - \omega_0) + \delta(\omega + \omega_0)]$
3	正弦波	$\sin(\omega_0 t)$	$-\mathrm{j}\pi[\delta(\omega - \omega_0) - \delta(\omega + \omega_0)]$
4	常数	1	$2\pi\delta(\omega)$
5	周期波	$\sum\limits_{k=-\infty}^{\infty} c_k \mathrm{e}^{\mathrm{j}\omega_0 t}$	$2\pi \sum\limits_{k=-\infty}^{\infty} c_k \delta(\omega - k\omega_0)$
6	周期矩形脉冲	$\begin{cases} 1, \lvert t \rvert < \dfrac{T_1}{2} \\ 0, \dfrac{T_1}{2} < \lvert t \rvert < \dfrac{T_0}{2} \end{cases}$	$\sum\limits_{k=-\infty}^{\infty} \dfrac{2A\sin\left(\dfrac{k\omega_0 T_1}{2}\right)}{k} \delta(\omega - k\omega_0)$
7	冲激串	$\sum\limits_{k=-\infty}^{\infty} \delta(t - nT)$	$\dfrac{2\pi}{T} \sum\limits_{k=-\infty}^{\infty} \delta\left(\omega - \dfrac{2\pi k}{T}\right)$
8	门函数	$G_{T_1}(t) = \begin{cases} 1, \lvert t \rvert < \dfrac{T_1}{2} \\ 0, \lvert t \rvert > \dfrac{T_1}{2} \end{cases}$	$T_1 \mathrm{sinc}\left(\dfrac{\omega T_1}{2}\right)$
9	抽样函数	$\dfrac{\omega_c}{\pi} \mathrm{sinc}(\omega_c t)$	$G_{2\omega_c}(\omega) = \begin{cases} 1, \lvert \omega \rvert < \omega_c \\ 0, \lvert \omega \rvert > \omega_c \end{cases}$
10	单位冲激	$\delta(t)$	1
11	延迟冲激	$\delta(t - t_0)$	$\mathrm{e}^{-\mathrm{j}\omega t_0}$
12	正负号函数	$\mathrm{sgn}(t)$	$\dfrac{2}{\mathrm{j}\omega}$
13	单位阶跃	$u(t)$	$\dfrac{1}{\mathrm{j}\omega} + \pi\delta(\omega)$

序号	时间函数 $x(t)$		傅里叶变换 $X(\omega)$
14	单位斜坡	$tu(t)$	$j\pi\delta'(\omega) - \dfrac{1}{\omega^2}$
15	单边指数脉冲	$e^{-at}u(t), \operatorname{Re}\{a\} > 0$	$\dfrac{1}{a + j\omega}$
16	双边指数脉冲	$e^{-a|t|}u(t), \operatorname{Re}\{a\} > 0$	$\dfrac{2a}{a^2 + \omega^2}$
17	高斯脉冲	$e^{-(at)^2}$	$\dfrac{\sqrt{\pi}}{a}e^{-\left(\frac{\omega}{2a}\right)^2}$
18	三角脉冲	$x(t) = \begin{cases} 1 - \dfrac{|t|}{T}, & |t| < T \\ 0, & \text{其他} \end{cases}$	$T_1\left[\operatorname{sinc}\left(\dfrac{\omega T_1}{2}\right)\right]^2$
19		$te^{-at}u(t), \operatorname{Re}\{a\} > 0$	$\dfrac{1}{(a + j\omega)^2}$
20		$\dfrac{t^{n-1}}{(n-1)!}e^{-at}u(t), \operatorname{Re}\{a\} > 0$	$\dfrac{1}{(a + j\omega)^n}$
21	减幅余弦	$e^{-at}\cos(\omega_0 t)u(t)$	$\dfrac{a + j\omega}{(a + j\omega)^2 + \omega_0^2}$
22	减幅正弦	$e^{-at}\sin(\omega_0 t)u(t)$	$\dfrac{\omega_0}{(a + j\omega)^2 + \omega_0^2}$
23		$\dfrac{1}{a^2 + t^2}$	$\dfrac{\pi}{a}e^{-a|\omega|}$
24	余弦脉冲	$G_{T_1}(t)\cos(\omega_0 t)$	$T_1\left\{\operatorname{sinc}\left[(\omega - \omega_0)\dfrac{T_1}{2}\right] + \operatorname{sinc}\left[(\omega - \omega_0)\dfrac{T_1}{2}\right]\right\}\Big/ 2$

4.7 LTI 连续时间系统的频域分析与频率响应

4.7.1 频率响应的概念

前面讨论的时域分析法求解系统的零状态响应，首先将激励信号分解为许多冲激函数；然后求解每一个冲激函数的系统响应；最后将所有的冲激函数响应相叠加，用卷积的方法求得系统的零状态响应，即

$$y(t) = h(t) * x(t) \tag{4-154}$$

频域分析法的基本思想与时域分析法是一致的，求解过程也类似。在频域分析法中，首先将激励信号分解为系统不同幅度、不同频率的正弦信号；然后求出每一正弦信号单独通过系统的响应，并将这些响应在频域叠加；最后再变换回时域表示，得到系统的零状态响应。

图 4 - 29 所示为线性系统频域分析法的原理图，其中 $X(\omega)$、$Y(\omega)$ 分别为 $x(t)$、$y(t)$ 的频谱函数。

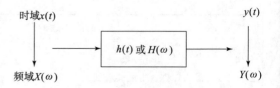

具体做法是，在系统的输入端，把系统的激励信号 $x(t)$ 通过傅里叶变换转换到频域 $X(\omega)$，在输出端，则将频域的输出响应

图 4 - 29 线性系统频域分析法

$Y(\omega)$ 转换回时域 $y(t)$，而中间所有运算都是在频域进行的。现在的问题就是它们在频域是如何计算的，为此设 $H(\omega)$ 表示系统冲激响应 $h(t)$ 的傅里叶变换，即

$$H(\omega) = F[h(t)]$$

或

$$h(t) = F^{-1}[H(\omega)]$$

根据傅里叶变换的时域卷积定理，可得

$$Y(\omega) = H(\omega)X(\omega) \tag{4-155}$$

式中：$H(\omega)$ 为系统的系统函数，它与系统的单位冲激响应是一对傅里叶变换对。

从物理概念来说，如果系统激励信号的频谱密度函数为 $X(\omega)$，则系统响应信号的频谱密度函数就为 $H(\omega)X(\omega)$。也就是说，通过系统 $H(\omega)$ 的作用改变了激励信号的频谱 $X(\omega)$，系统的功能就是对激励信号的各频率分量幅度进行加权，并对每个频率分量都产生各自的相位移，而加权的大小和相位移的多少完全取决于系统函数 $H(\omega)$。

例如，对于频率分量 ω_0，有

$$Y(\omega_0) = H_0(\omega)X_0(\omega) = |H(\omega_0)||e^{\varphi_h(\omega_0)}||X(\omega_0)|e^{\varphi_e(\omega_0)} = |Y(\omega_0)|e^{\varphi_r(\omega_0)}$$

其中，

$$|Y(\omega_0)| = |H(\omega_0)||X(\omega_0)|$$

$$\varphi_r(\omega_0) = \varphi_h(\omega_0) + \varphi_e(\omega_0)$$

4.7.2 频率响应的求解

对于如下 N 阶微分方程描述的系统：

$$\sum_{k=0}^{N} a_k y^{(k)}(t) = \sum_{k=0}^{M} b_k x^{(k)}(t) \tag{4-156}$$

在系统起始松弛条件下（以保证该系统是因果的、线性时不变的），对式（4 - 156）等号两边取傅里叶变换，可得

$$Y(\omega) \sum_{k=0}^{N} a_k(t)^k = X(\omega) \sum_{k=0}^{M} b_k(j\omega)^k$$

按频率响应的定义，得系统频率响应为

$$H(\omega) = Y(\omega)/X(\omega) = \sum_{k=0}^{M} b_k(j\omega)^k \bigg/ \sum_{k=0}^{N} a_k(j\omega)^k \tag{4-157}$$

式（4 - 157）表明了用微分方程描述系统的一个重要特性，它的频率响应是复变量 $j\omega$ 的有理函数。

用微分方程描述的频率响应还有一个重要特性，满足共轭对称性，即

$$H(\omega) = H^*(-\omega)$$

这个特性可以解释为以连续时间系统为例，其线性常系数微分方程的特征根是实数或共轭复数。从第 2 章知道，由这样的特征根决定的系统单位冲激响应 $h(t)$ 一定是时间常数的实函数，则实函数的傅里叶变换 $H(\omega)$ 必然满足共轭对称性。

4.7.3　利用频率响应求解零状态响应

这里主要研究两种类型的频率响应计算：一种是已知 LTI 系统的微分方程，采用傅里叶变换的微分性质，把微分方程变为代数方程，再由定义求出其频率响应；另一种是已知 LTI 系统的电路模型，采用类似正弦稳态电路分析的方法，首先把电路元件换成频率 $j\omega$ 为变量的等效阻抗，然后利用电路的定律求出输出和输入信号傅里叶变换的联系式，最后用定义求得其频率响应。

下面，通过具体实例说明 LTI 连续时间系统频率响应的求法。

例 4 - 23　已知某 LTI 连续时间系统由下列微分方程描述：

$$y''(t) + 3y'(t) + 2y(t) = x(t) \tag{4-158}$$

试求该系统对激励 $x(t) = e^{-3t}u(t)$ 的响应。

解：设 $x(t)$、$y(t)$ 的傅里叶变换分别为 $x(t) \leftrightarrow X(j\omega)$、$y(t) \leftrightarrow Y(j\omega)$，对微分方程 (4 - 158) 等号两边同时取傅里叶变换，可得

$$(j\omega)^2 Y(j\omega) + 3(j\omega)Y(j\omega) + 2Y(j\omega) = X(j\omega)$$

所以，频率响应为

$$H(j\omega) = Y(j\omega)/X(j\omega) = 1/[(j\omega)^2 + 3(j\omega) + 2]$$

而 $x(t) = e^{-3t}u(t)$，其频谱为

$$X(j\omega) = 1/(j\omega + 3)$$

则

$$Y(j\omega) = H(j\omega)X(j\omega) = 1/(j\omega + 1)(j\omega + 2)(j\omega + 3)$$
$$= 0.5/(j\omega + 1) - 1/(j\omega + 2) + 0.5/(j\omega + 3)$$

对上式求其傅里叶反变换，可得

$$y(t) = (0.5e^{-t} - e^{-2t} + 0.5e^{-3t})u(t)$$

例 4 - 24　已知如图 4 - 30 所示的电路，若激励电压源 $x(t) = u(t)$，试求电容两端电压 $y(t)$ 的零状态响应。

解：由于系统的频率响应函数为

$$H(j\omega) = Y(j\omega)/X(j\omega)$$
$$= \frac{1}{j\omega C} \Big/ \left(R + \frac{1}{j\omega C} \right) = \frac{1}{j\omega + 1}$$

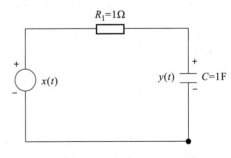

图 4 - 30　例 4 - 24 电路图

激励 $x(t) = u(t)$ 的傅里叶变换为

$$X(j\omega) = \pi\delta(\omega) + 1/j\omega$$

$$Y(j\omega) = H(j\omega)X(j\omega) = [\pi\delta(\omega) + 1/j\omega]/(j\omega + 1)$$
$$= \pi\delta(\omega) + 1/j\omega - 1/(j\omega + 1)$$

则

$$y(t) = 0.5 + 0.5\mathrm{sgn}(t) - e^{-t}u(t) = (1 - e^{-t})u(t)$$

4.8　信号无失真传输　波特图　滤波与滤波器

系统对于信号的作用大致分为两类：一类是传输；另一类是滤波。其中传输要求信号尽可能不失真，但滤波则要求滤除或削弱不希望有的频率分量，也就是有条件地产生失真。

4.8.1　无失真传输条件

一个给定的 LTI 系统，在激励 $x(t)$ 的驱动下，将会产生输出 $y(t)$。LTI 系统的这种功能在时域和频域中分别表示为

$$y(t) = h(t) * x(t)$$
$$Y(\omega) = H(\omega)X(\omega)$$

也就是说，信号通过系统之后，将会改变原来的形状，成为新的波形。从频率来讲，就是系统改变了原有信号的频谱结构，成为新的频谱。显然，波形的改变或者频谱的改变，取决于系统的单位冲激响应 $h(t)$ 或者系统函数 $H(\omega)$。

线性系统的失真有两种类型：一种是幅度失真，系统对信号中各频率分量的幅度产生不同程度的衰减，使各频率分量幅度的相对比例发生变化；另一种是相位失真，系统对各频率分量产生的相移不与频率成正比，使得各频率分量在时间轴上的相对位置产生变化。由于幅度失真和相位失真都不会产生新的频率分量，所以称之为线性失真。在非线性系统中，由于在传输过程中可能会产生新的频率分量，所以又称这种失真为非线性失真。

所谓信号无失真传输，指的是系统的输出信号和输入信号相比，只是幅度大小和出现的时间先后不同，而在波形上的变化。

设输入信号 $x(t)$，输出为 $y(t)$，则无失真传输的条件为

$$y(t) = Kx(t - t_d) \tag{4-159}$$

式中：K 和 t_d 均为常数。

当满足式（4-153）的条件时，$y(t)$ 的波形与 $x(t)$ 的波形形状相同，只是幅度有 K 倍的变化，并且在时间上滞后了 t_d。设 $y(t)$ 的频谱函数为 $Y(\omega)$，$x(t)$ 的频谱函数为 $X(\omega)$，对式（4-159）两边取傅里叶变换，则无失真传输时，系统的频率响应满足

$$Y(\omega) = Ke^{-j\omega t_d}X(\omega) \tag{4-160}$$

式中：ω 为满足条件 $|\omega| < \omega_c$，ω_c 为低通滤波器的截止频率。

其幅频特性和相频特性分别为

$$\begin{cases} |H(\omega)| = K \\ \varphi(\omega) = -\omega t_d \end{cases}$$

显然，要想使信号通过线性系统后不产生失真，则要求在整个频带内系统的幅频特性是一个常数，而相频特性是一条通过原点的直线。无失真传输的幅频和相频特性如图 4-31 所示。

由图 4-31 可以看出，信号通过系统的延迟时间 t_d 为相频特性 $\varphi(\omega)$ 的斜率，即

$$t_d = d\varphi(\omega)/d\omega \tag{4-161}$$

若 $t_d = 0$，即信号的延迟时间为零，则相频特性为一条斜率为零的直线，即横坐标轴，此时系统对任何频率的信号都不产生相移，这种系统称为即时系统。由纯电阻元件组成的系

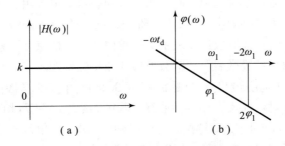

图 4 – 31　无失真传输的幅频特性和相频特性曲线

统就属于即时系统。

对式（4 – 160）求傅里叶逆变换，可得

$$h(t) = K\delta(t - t_d) \tag{4 – 162}$$

式（4 – 162）表明，无失真传输系统的冲激响应也是冲激函数，它只是输入冲激函数的 K 倍并延时了。

式（4 – 160）为信号无失真传输的理想条件，在实际中不可能实现。实际系统只要具有足够大的频宽，以保证含绝大多数能量的频率分量能通过，就可以获得比较满意的无失真传输。因此，只要系统的频率响应的相移特性在一定范围内为一条直线。无失真传输在通信技术中具有重要的意义。

例 4 – 25　如图 4 – 32 所示电路中，输出电压 $u_2(t)$ 对输入电流 $i_s(t)$ 的频率应为 $H(\omega) = U_2(\omega)/I(\omega)$，为了能无失真地传输，试确定 R_1 和 R_2 的值。

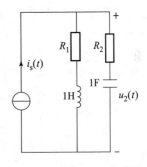

图 4 – 32　例 4 – 25 电路图

解：利用阻抗的串、并联关系，得到该系统的频率响应为

$$H(\omega) = \frac{U_2(\omega)}{I_s(\omega)} = \left[(R_1 + j\omega L)\left(R_2 + \frac{1}{j\omega C}\right) \right] \Big/ \left(R_1 + j\omega L + R_2 + \frac{1}{j\omega C} \right)$$

$$= \frac{R_2(j\omega)^2 + (1 + R_1 R_2)(j\omega) + R_1}{(j\omega)^2 + (R_1 + R_2)(j\omega) + 1}$$

若该电路为一个无失真系统，则 $H(\omega)$ 应满足

$$\begin{cases} |H(\omega)| = K \\ \varphi(\omega) = -\omega t_d \end{cases}$$

有

$$\frac{R_2}{1} = \frac{1 + R_1 R_2}{R_1 + R_2} = \frac{R_1}{1}$$

则

$$R_1 = R_2 = 1\Omega$$

4.8.2　波特图

在用傅里叶分析法研究 LTI 系统时会发现，用图解方法表示傅里叶变换是很方便的。本节讨论 $X(\omega)$ 分别绘制 $|X(\omega)|$ 和 $\arg X(\omega)$ 作为 ω 的函数曲线，称为信号 $x(t)$ 的幅频特

性和相频特性曲线，也就是常说的幅谱和相谱。这种表示法很有用、也很直观。对于连续时间系统的 $H(\omega)$，除了可直接画出 $|H(\omega)|$ 和 $\arg H(\omega)$ 作为 ω 函数的曲线外，还有一种应用更为广泛的图解表示法，即对数作图表示法。我们就可以把每个子系统的对数模特性和相位特性分别相加，从而得到级联后总的对数模特性和相位特性。

这种图解表示法中应用最广泛的是波特（Bode）图。在波特图中，把 $\arg H(\omega)$ 和 $20\lg|H(\omega)|$ 画成 ω（对数标尺）的函数曲线，其中 $\arg H(\omega)$ 表示相移，单位是度（°）或弧度（rad）；$20\lg|H(\omega)|$ 正比于对数模，是以分贝（dB）为单位的系统模特性。在波特图中记住几个临界数据很有用，它们是：1dB 近似为 $|H(\omega)|$ =1.12，3dB 近似为 $|H(\omega)|$ =1.41，6dB 近似为 $|H(\omega)|$ =2，以及 0 相应于 $|H(\omega)|$ =1，20dB 相应于 $|H(\omega)|$ =10，40B 相应于 $|H(\omega)|$ =100 等。如果上述等式中分贝数前加 "–" 号，则频响的模值取倒数，如 –20dB 相应于 $|H(\omega)|$ =0.1 等。

典型的波特图如图 4–33 所示，波特图中横坐标采用对数标尺，但标注的数值仍是 ω，而不是 $\lg\omega$。这种情况归纳起来就是"对数标尺，原值标注"。要指出的另一点是，如图 4–33 所示系统波特图中，都仅画出正轴的那一部分。这是因为系统冲激响应 $h(t)$ 是实函数，于是 $|H(\omega)|$ 一定是 ω 的偶函数，$\arg H(\omega)$ 是 ω 的奇函数。因此，当需要时很容易得到负 ω 轴的那部分特性。

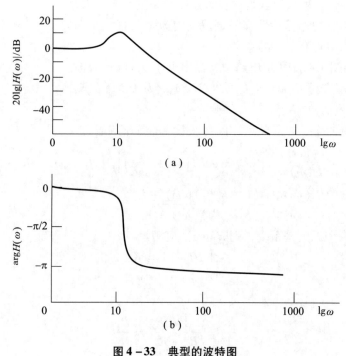

图 4–33 典型的波特图
（横坐标以 ω 的对数表示）

对于用微分方程描述系统，由于横坐标采用对数标尺，不仅可在比较大的频率范围内图示系统模和相位随 ω 的变化特性，而且还会大大方便系统特性曲线的绘制，因为这种对数模相对于对数频率标尺的图形可以容易地用线性渐近线来逼近。下面，以一阶和二阶连续时间系统为例说明分段线性逼近波特图的画法。

例 4 - 26　一阶 RC 低通电路如图 4 - 34 所示，联系输出 $v_C(t)$ 和输入 $e(t)$ 的微分方程为

$$RC\frac{\mathrm{d}v_C(t)}{\mathrm{d}t} + v_C(t) = e(t) \tag{4-163}$$

求出系统的频率响应 $H(\omega)$，并画出波特图。

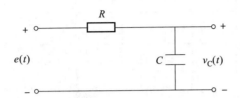

图 4 - 34　例 4 - 24 的 RC 电路 ($R = 9.2\mathrm{k}\Omega$, $C = 0.01\mu\mathrm{F}$)

解：系统频率响应为

$$H(\omega) = 1/(1 + \mathrm{j}\omega RC) = 1/(1 + \mathrm{j}\omega/\omega_c), \omega_c = 1/RC = 10.9 \times 10^4 \mathrm{rad/s} \tag{4-164}$$

或

$$f_c = \omega_c/2\pi = 17.4\mathrm{kHz}$$

根据式 (4 - 164) 写出系统模特性及其用分贝表示的对数模特性，即

$$|H(\omega)| = 1/[1 + (\omega/\omega_c)^2]^{1/2}$$

$$20\lg|H(\omega)| = -10\lg[1 + (\omega/\omega_c)^2]\ \mathrm{dB} \tag{4-165}$$

下面按低频段、高频段和转折频率表示式 (4 - 165)。

低频段：$\omega \ll \omega_c$，$20\lg|H(\omega)| \approx 0\ \mathrm{dB}$

高频段：$\omega \gg \omega_c$，$20\lg|H(\omega)| \approx -20\lg(\omega/\omega_c)\ \mathrm{dB}$

转折频率：$\omega = \omega_c$，$20\lg|H(\omega)| = -10\lg2 \approx -3\mathrm{dB}$

由以上分析可以看出，低频段特性曲线可用 0dB 水平线来近似，高频段可用斜率为 10 倍频程下降 20dB（-20dB/dec）的直线近似，这两条直线的相交频率 $\omega = \omega_c = 2\pi f_c$ 称为转折频率。至此，我们可以画出分贝对数模特性的渐近线图形，如图 4 - 35 (a) 所示，图中也画出实际曲线的走向。由此可见，二者最大误差出现在转折频率 $f_c = 17.4\mathrm{kHz}$ 处，误差约为 3dB。

由式 (4 - 165) 得出系统的相位特性为

$$\arg H(\omega) = -\arctan(\omega/\omega_c) \tag{4-166}$$

下面仍按低频段、高频段表示式 (4 - 166)。

对于 $\omega < 0.1\omega_c$，$\arg H(\omega) \approx 0\mathrm{rad}$

$$\omega > 10\omega_c，\arg H(\omega) \approx -\pi/2\ \mathrm{rad}$$

$$\omega = \omega_c，\arg H(\omega) = -\pi/4\ \mathrm{rad}$$

相位曲线可用三段直线来近似，如图 4 - 36 (b) 所示，即低频段的 0 水平线，高频段的 $-\pi/2\mathrm{rad}$ 的水平线，以及 $0.1 \sim 10\omega_c$ 区间的斜率为 $-\pi/4/\mathrm{dec}$ 的直线。最大误差发生在 $\omega = 0.1\omega_c$ 和 $\omega = 1\omega_c$ 处，误差约为 6°。

在工程应用中，多直接采用由渐近线构成的折线图来近似表示系统的幅频或相频特性，可以不画出实际曲线。另外，读者思考如下问题：假设式 (4 - 165) 的频率响应取倒数，

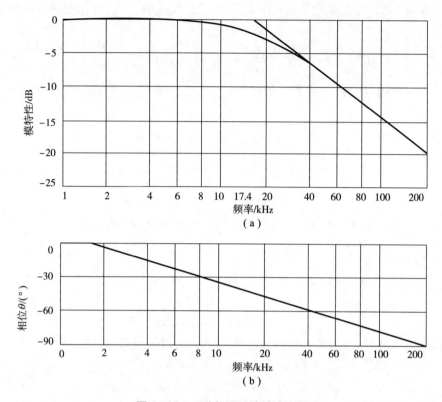

图 4 – 35 一阶低通系统的波特图

（a）模特性；（b）相位特性

即变成一个因子 $[1 + j(\omega/\omega_c)]$，它的波特图应如何画？

例 4 – 27 一阶 RC 高通电路如图 4 – 36 所示，输出 $v_R(t)$ 和输入 $e(t)$ 的微分方程为

$$v_R'(t) = v_R(t)/RC = e'(t)$$

试写出系统的频率响应，并画出波特图。

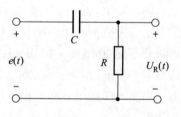

图 4 – 36 例 4 – 27 中的 RC 电路

解：系统频率响应为

$$H(\omega) = j\omega/(j\omega + 1/RC) = 1/[1 - j(\omega_c/\omega)],$$

$$\omega_c = 1/RC$$

其模及分贝表示的对数模分别为

$$|H(\omega)| = 1/[1 + (\omega_c/\omega)^2]^{1/2}$$

$$20 \lg|H(\omega)| = -10\lg[1 + (\omega_c/\omega)^2] \text{ dB} \qquad (4-167)$$

按高频率、低频率、转折频率表示式（4 – 167）。

高频段：对于 $\omega \gg \omega_c$，$20\lg|H(\omega)| \approx 0\text{dB}$

低频段：$\omega \ll \omega_c$，$20\lg|H(\omega)| \approx -20\lg(\omega_c/\omega)$ dB

转折频率：$\omega = \omega_c$，$20\lg|H(\omega)| = -3\text{dB}$

可以看出，在波特图中低频段一条斜率为 20dB/dec 的直线与高频段的 0 线相交于 $\omega = \omega_c$ 处，如图 4 – 37（a）所示。

由式（4 - 166）得到系统的相频特性为

$$\arg H(\omega) = \arctan(\omega_c/\omega)$$

通过 $\omega < 0.1\omega_c$、$\omega > 10\omega_c$、$\omega = \omega_c$ 三个频段近似，得到相频特性的三条渐近线，如图 4 - 37（b）所示。

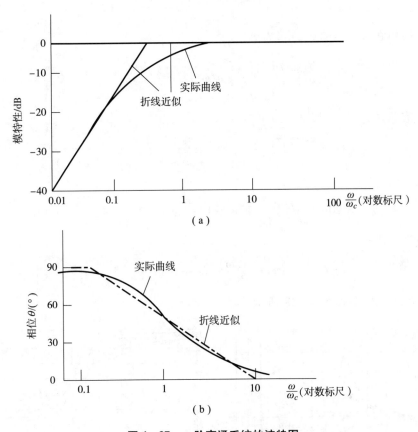

图 4 - 37　一阶高通系统的波特图

（a）模特性；（b）相位特性

读者掌握了类似这两个例题中因子 $[1 + j(\omega/\omega_c)]$ 和 $[1 - j(\omega/\omega_c)]$ 的波特图画法，就可以举一反三而应对更复杂的系统频率响应，因为采用级联分析的思路，可把复杂频率响应分解为上述两种因子之积，分别画出每个因子的波特图后再对其进行相加（减），便得出复杂系统的波特图。例如，一个系统的频率响应为

$$H(\omega) = 10 \frac{1 + (j\omega/10)}{(j\omega/10)[1 + (j\omega/10)]}$$

读者可以对式中各因子 $(1 + j\omega)$、$[1 + (j\omega/100)]$ 和 $[1 + (j\omega/10)]$ 作出渐近线波特图，并进行加或减。注意，加减时要计及 $H(\omega)$ 的系数 10 所引入的 20dB。

应当指出，具有单实根的二阶因子，应先把它分解为两个一阶因子的乘积后再画波特图。但是，对于具有共轭复根的二阶因子必须把它作为一个整体对待，这种情况下波特图的画法与前面讨论的一阶因子画法有所不同。

二阶系统的微分方程经过傅里叶变换后的表达式为

$$\left(\frac{1}{\omega_n^2}(j\omega)^2 + \frac{2\zeta}{\omega_n}j\omega + 1\right)Y(j\omega) = kX(j\omega) \tag{4-168}$$

频响函数表达式为

$$H(j\omega) = \frac{Y(j\omega)}{X(j\omega)} = \frac{k}{\frac{1}{\omega_n^2}\omega + \frac{2\zeta}{\omega_n}\omega + 1} \tag{4-169}$$

通常可以将式（4-169）改写为

$$H(j\omega) = \frac{k}{1 - (\omega/\omega_n)^2 + j2\zeta(\omega/\omega_n)}$$
$$= R(\omega) + jI(\omega) \tag{4-170}$$

其幅频特性表达式为

$$k(\omega = \sqrt{R^2 + I^2}) = \frac{k}{\sqrt{[1 - (\omega/\omega_n)^2]^2 + 4\zeta^2(\omega/\omega_n)^2}} \tag{4-171}$$

取对数后表达式为

$$G(\omega) = 20\lg\frac{k(\omega)}{k} = -10\lg\{[1 - (\omega/\omega_n)^2]^2 + 4\zeta^2(\omega/\omega_n)^2\} \tag{4-172}$$

相频特性表达式为

$$\arg(\omega) = \arctan\frac{I(\omega)}{R(\omega)} = \arctan\frac{2\zeta}{\omega/\omega_n - \omega_n/\omega} \tag{4-173}$$

二阶系统的波特图如图4-38所示。

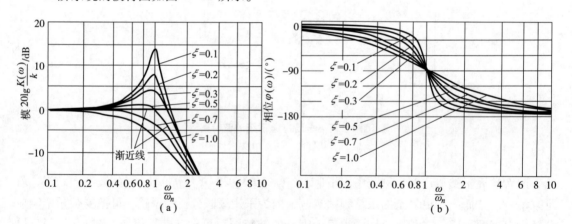

图4-38 二阶系统的波特图

（a）模特性；（b）相位特性

（1）当 $\omega/\omega_n \leqslant 1$（$\omega \ll \omega_n$）时，$k(\omega) = k$，$\varphi(\omega) = 0$，即近似于理想的系统（零阶系统）。要想使工作频带加宽，最关键的是提高无阻尼固有频率 ω_n。

（2）当 $\omega/\omega_n \to 1$（$\omega \to \omega_n$）时，幅频特性、相频特性都与阻尼比 ζ 有着明显的关系。可以分为三种情况：

当 $\zeta < 1$（欠阻尼）时，$K(\omega)$ 在 $\omega/\omega_n \approx 1$（$\omega \to \omega_n$）时，出现极大值，即出现共振现象。当 $\zeta = 0$ 时。共振频率就等于无阻尼固有频率 ω_n；当 $\zeta > 0$ 时，有阻尼的共振频率为 $\omega_d = \sqrt{1 - 2\zeta^2}\omega_n$。值得注意的是，这与有阻尼的固有频率 $\sqrt{1 - \zeta^2}\omega_n$ 是稍有不同的，不能

混为一谈。另外，$\varphi(\omega)$ 在 $\omega \to \omega_n$ 时趋近于 $-90°$。一般在 ζ 很小时，取 $\omega \ll \omega_n/10$ 的区域作为传感器的通频带。

当 $\zeta \approx 0.7$（最佳阻尼）时，幅频特性 $K(\omega)$ 的曲线平坦段最宽，而且相频特性 $\varphi(\omega)$ 接近于一条斜直线。这种条件下若取 $\omega = \omega_n/2$ 为通频带，其幅度失真不超过 2.5%，但输出曲线要比输入曲线延迟 $\Delta t = \pi/2\omega_n$。

当 $\zeta = 1$（临界阻尼）时，幅频特性曲线永远小于 1。相应地，其共振频率 $\omega_d = 0$，不会出现共振现象。但因为幅频特性曲线下降太快，平坦段反而变得小了。值得注意的是，临界阻尼并非最佳阻尼，不应混为一谈。

（3）$\omega/\omega_n \gg 1$（$\omega > \omega_n$）时，幅频特性曲线趋于零，几乎没有响应。

综上所述，用二阶系统描述的传感器动态特性的优劣主要取决于固有频率 ω_n 或共振频率 $\omega_d = \sqrt{1 - 2\zeta^2}\,\omega_n$。对于大部分传感器因为 $\omega \ll 1$，因而 ω_n 与 ω_d 相差无几就不再详细区分。另外，适当地选取 ζ 值也能改善动态响应特性，它可以减少过冲、加宽幅频特性的平直段，但相比之下不如增加固有频率的效果更直接更明显。

如果已经确认传感器是二阶系统，那么只要确定其固有频率 ω_n 与阻尼的比 ζ，整个传递函数就都定了。确定 ω_n 和 ζ 的方法可以通过阶跃响应实验也可以通过频率响应实验进行。二阶系统的阶跃响应和冲激响应曲线如图 4 – 39 所示。

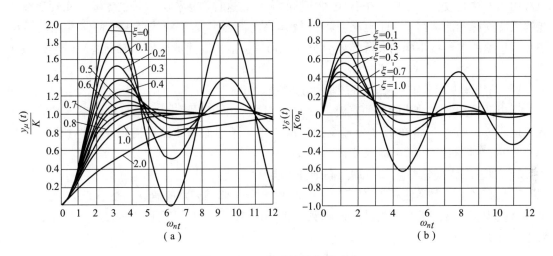

图 4 – 39　二阶系统的典型响应

（a）阶跃响应；（b）冲激响应

由频率特性求传递函数的方法有：传感器通过实验测取幅频和相频特性，特别是测取幅频特性比较多。若确认该传感器是二阶系统则其幅频特性应将其改写成归一化幅频特性，即

$$A(\omega) = K(\omega)/k = 1/\sqrt{\left[1 - (\omega/\omega_n)^2\right]^2 + 4\zeta^2\,(\omega/\omega_n)^2} \qquad (4-174)$$

只要在实测的幅频特性曲线上任选两个频率值 ω_1 和 ω_2 并测取相应的幅值 $A(\omega_1)$ 和 $A(\omega_2)$，代入式（4 – 174）得到方程。联立方程式就可以解出 ω_n 和 ζ 这两个未知数。然而，求解这个联立方程式的计算比较烦琐。若利用幅频特性的一些特征值则可以大大简化计算。

4.8.3 滤波与理想滤波器

1. 滤波器的分类

滤波器的种类很多，从不同的角度可以有不同的分类方法。根据滤波器所处理信号的性质，可将其划分为模拟滤波器和数字滤波器。滤波器作为一个系统来看，可以有线性和非线性的，本节将主要介绍下线性滤波器。按滤波器的通频带特点可以分为低通滤波器、高通滤波器、带通滤波器和带阻滤波器等；按滤波器传递函数的函数形式不同可以分为巴特沃斯（Butterworth）滤波器、切比雪夫（Chebyshev）滤波器、椭圆滤波器等；按滤波器设计时是否考虑到输出信号要满足某种最佳判据，可以分为一般滤波器和最佳滤波器；按最佳判据不同，又有最大后验准则、最大似然准则、贝叶斯（Bayes）准则、最小二乘准则等不同的最佳滤波器。为得到确定性信号的峰值最大信噪比而进行的最佳滤波称为匹配滤波；为得到随机信号的最小均方误差而进行的最佳滤波称为最小均方误差滤波。最小均方误差滤波在频域设计其传递函数的方法称为维纳（Wiener）滤波，而在时域设计其状态方程的方法称为卡尔曼（Kalman）滤波。

2. 理想滤波器的幅频特性

LTI 系统频率响应的另一个重要特性在于建立信号和滤波器的概念。在信号处理中，一个常用的方法是改变一个信号中各频率分量的大小，这种方法称为信号的滤波，实现滤波功能的系统就称为滤波器。"理想滤波器"就是将滤波器的某种特性理想化而定义的滤波网络。理想滤波器可按不同的实际需要，分为低通滤波器、高通滤波器、带通滤波器和带阻滤波器等。

1）理想滤波器分类 4-1：理想低通滤波器。

理想低通滤波器的功能是使直流（$\omega = 0$）到某一个指定频率 ω_1（截止频率）的分量无衰减地通过，而大于 ω_1 的频率分量全部衰减为零。理想低通滤波器的幅频特性如图 4-40（a）所示，其通带为（0，ω_1），阻带为（ω_1，∞）。

2）理想滤波器分类 4-2：理想高通滤波器。

理想高通滤波器是使高于某一个频率 ω_1 的分量全部无衰减地通过，而小于 ω_1 的各分量全部衰减为零。理想的高通滤波器的幅频特性如图 4-40（b）所示，其通带为（ω_1，∞），阻带为（0，ω_1）。

3）理想滤波器分类 4-3：理想带通滤波器。

理想带通滤波器的功能是使某一指定频带（ω_1，ω_2）内的所有频率分量全部无衰减地通过，而使此频带以外的频率分量全部衰减为零。理想带通滤波器的幅频特性如图 4-40（c）所示。其通带为（ω_1，ω_2），低端阻带为（0，ω_1），高端阻带为（ω_2，∞）。

4）理想滤波器分类 4-4：理想带阻滤波器。

理想带阻滤波器的功能是使在某一个指定频带内的所有频率分量全部衰减为零，不能通过此滤波器，而使此频带以外的频率分量全部无衰减地通过。理想带阻滤波器的幅频率特性如图 4-40（d）所示。其阻带为（ω_1，ω_2），低端通带为（0，ω_1），高端通带为（ω_2，∞）。

5）理想滤波器分类 4-5：理想全通滤波器

理想全通滤波器的功能是使（0，∞）间所有频率分量全部无衰减地通过。理想全通滤波器的幅频特性如图 4-40（e）所示。其通带为（0，∞），无阻带。

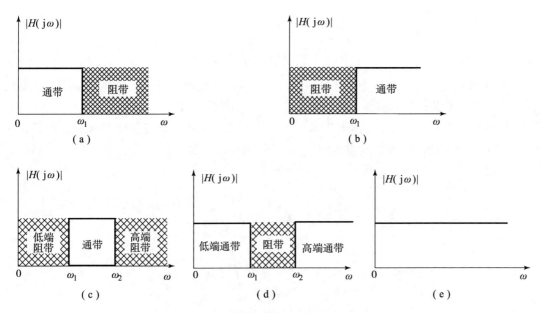

图 4 - 40　各类理想滤波器的幅频特性示意图

（a）理想低通滤波器；（b）理想高通滤波器；（c）理想带通滤波器；（d）理想带阻滤波器；（e）理想全通滤波器

3. 理想低通滤波器及其频率特性

具有如图 4 - 41 所示的幅频、相频特性的系统称为理想低通滤波器，即

$$H(\omega) = \begin{cases} e^{-j\omega t_0}, & |\omega| < \omega_c \\ 0, & |\omega| < \omega_c \end{cases} \tag{4-175}$$

式中：ω_c 为低通滤波器的截止频率：$|\omega| < \omega_c$ 的频率范围为滤波器的通带，$|\omega| > \omega_c$ 频率范围为阻带，只有在通带内理想低通滤波器才满足无失真传输条件。

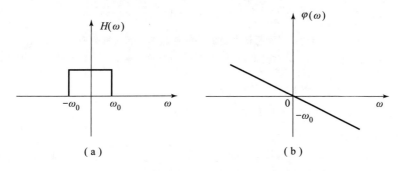

图 4 - 41　理想低通滤波器的幅频特性和相频特性曲线

可以看出，理想低通滤波器能对低于某一个角频率 ω_c 的信号无失真地进行传送，而阻止角频率高于 ω_c 的信号通过。它可看成是在频域中宽度为 $2\omega_c$ 的门函数，即

$$H(\omega) = e^{-j\omega t_0} \cdot g_{2\omega_c}(\omega) \tag{4-176}$$

4. 理想低通滤波器的冲激响应

对式（4 - 176）求傅里叶反变换，就可得到理想低通滤波器的冲激响应，即

$$h(t) = \frac{1}{2\pi} \int_{-\omega_c}^{\omega_c} e^{-j\omega t_0} \cdot e^{j\omega t} d\omega$$

$$= \frac{\omega_c}{\pi} \text{sinc}[\omega_c(t - t_0)] \tag{4-177}$$

低通滤波器的脉冲响应波形如图 4 - 42（b）所示。冲激响应是一个峰值位于 t_0 时刻的同样函数。对于理想低通滤波器，其冲激函数 $h(t)$ 的波形不同于激励信号 $\delta(t)$，如图 4 - 42（a）所示的波形，产生了严重的失真。这是因为理想低通滤波器是通频带有限系统，而冲激响应 $\delta(t)$ 的频带宽度是无限宽的，经过理想低通滤波器的处理，它必然会对信号波形产生影响。

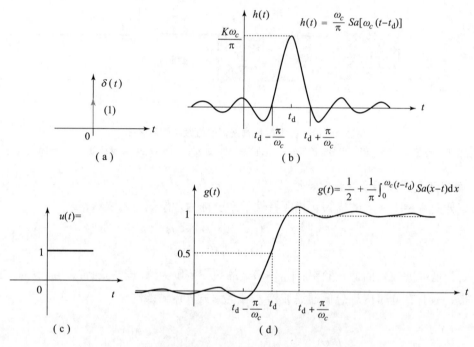

图 4 - 42　理想低通滤波器的冲激响应和阶跃响应
（a）冲激输入信号；（b）冲激响应输出信号；（c）阶跃输入信号；（d）阶跃响应输出信号

由图 4 - 42（a）（b）可以得出以下特性。

（1）$\delta(t)$ 在 $t = 0$ 时刻作用于系统，而系统响应 $h(t)$ 在 $t = t_0$ 时刻才达到最大峰值，这说明系统有延时作用。

（2）$h(t)$ 的波形比 $\delta(t)$ 的波形展宽了很多，这表示 $\delta(t)$ 的高频分量被滤波器衰减掉了。

（3）当 $t < 0$ 时，有 $h(t) \neq 0$，理想低通滤波器是非因果系统，是一个物理上不可实现的系统。实际上，只要滤波器特性能够接近理想滤波器特性即可。

读者可以结合图 4 - 42（c）（d）自己分析一下阶跃响应。

5. 实际滤波器的幅频特性

根据 Paley - Wiener 准则，理想滤波器所具有的矩形幅频特性不可能用实际元件实现，实际滤波器幅频特性的通带与阻带之间没有明显的界限，是逐渐过渡的，这个过渡频带称为过渡带。下面介绍实际滤波器幅频特性的通带、阻带及过渡带的定义。

通带是指对于单位输入信号，输出幅度不小于某一个规定的幅值 H_1 的频率范围；而输出幅度小于另一个规定幅值 H_2 的频率范围则称为阻带。图 4-43 所示为实际低通、高通、带通和带阻滤波器的幅频特性。图 4-43 中与幅值 H_1 相对应的频率称为通带截止频率 ω_c，与幅值 H_2 相对应的频率 ω_r 称为阻带截止频率，ω_c 与 ω_r 之间则为过渡带。低通和高通滤波器有一个通带截止频率 ω_c、一个阻带截止频率 ω_r、一个通带、一个阻带和一个过渡带；带通滤波器有两个通带截止频率 ω_{c1} 和 ω_{c2}、两个阻带截止频率 ω_{r1} 和 ω_{r2}、两个阻带（其中 $\omega \leqslant \omega_{r1}$ 为下阻带，$\omega \geqslant \omega_{r2}$ 为上阻带）、一个通带（$\omega_{c1} \leqslant \omega \leqslant \omega_{c2}$）和两个过渡带（$\omega_{r1} < \omega < \omega_{c1}$，$\omega_{c2} < \omega < \omega_{r2}$）；带阻滤波器有两个通带截止频率 ω_{c1} 和 ω_{c2}、两个阻带截止频率 ω_{r1} 和 ω_{r2}、一个阻带（$\omega_{r1} \leqslant \omega \leqslant \omega_{r2}$）、两个通带（其中 $\omega \leqslant \omega_{c1}$ 为下通带，$\omega \geqslant \omega_{c2}$ 为上通带）、两个过渡带（$\omega_{c1} < \omega < \omega_{r1}$，$\omega_{r2} < \omega < \omega_{c2}$）。

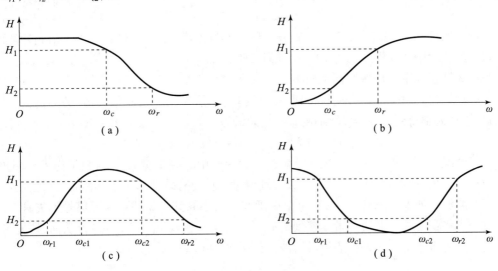

图 4-43　实际滤波器的幅频特性曲线
(a) 低通；(b) 高通；(c) 带通；(d) 带阻

6. 信号滤波的作用

在测试系统中经常要有意识地改变系统的通频带，以改善测试的效果。下面举例说明。

1）低通滤波器的应用

低通滤波器在测试系统中是应用最广的一种滤波器。其主要作用有两点：一是抑制噪声，提高信噪比；二是把模拟信号转换为数字信号（序列）之前用于防混叠。

一个任意的信号，其频谱在理论上往往要延续到频率趋向无穷。从这个角度看，测试系统的工作频带越宽，信号通过系统后的失真越小，也就是动态误差越小。然而由于信号的频谱是收敛的，随着频率增高，频谱的幅度减小，如果滤掉高于有效带宽外的高频成分所造成的波形失真已经在容许的范围之内，那么系统的工作带宽超过信号有效带宽，对于减小动态误差的效果甚微，但是通过系统的噪声功率却将与工作带宽成正比地增强。为此常选择适当的低通滤波器来限制整个测试系统的工作带宽。

另外，在将模拟信号通过采样而变成离散的时间序列时，为了防止混叠现象造成失真，在采样前要预先对模拟信号作低通滤波，将不必要保留的高频成分滤除，称为防混叠滤波。

2）带通滤波器的应用

带通滤波器的通频带为（ω_{c1}、ω_{c2}），下截止频率 $\omega_{c1} > 0$，上截止频率 $\omega_{c2} > \omega_{c1}$。通频带的宽度有三种常用的表示方法。

（1）绝对带宽：

$$\omega_{c2} - \omega_{c1} \tag{4-178}$$

（2）相对带宽：

$$b = (\omega_{c2} - \omega_{c1})/\omega_0 \tag{4-179}$$

式中：ω_0 为带通滤波器的中心频率，$\omega_0 = \sqrt{\omega_{c2} - \omega_{c1}}$。

（3）倍频程（比例带宽）：

$$E = b\omega_{c2}/\omega_{c1} \tag{4-180}$$

或写为

$$\omega_{c2}/\omega_{c1} = 2^E \tag{4-181}$$

例如，取 E 为 1、1/2、1/3 等，则分别称为 1 倍频程、1/2 倍频程和 1/3 倍频程滤波器等，对应的相对带宽 b 则分别为 70.7%、34.8% 和 23.1%。

带通滤波器的主要用途有两个。

第一种用途是对窄带信号通过带通滤波器提高其信噪比。设信号 $f(t)$ 的频谱为 $F(\omega)$，由 $f(t)$ 进行调幅得到 $f_1(t) = f(t)\cos\omega_0 t$，其频谱为

$$F_1(\omega) = [F(\omega_0 + \omega) + F(\omega_0 - \omega)]/2$$

一般情况下 $\omega_0 \gg F(\omega)$ 的有效带宽 B_f，用一个中心频率宽 ω_0、通频带为 $B = 2B_f$ 的带通滤波表示。可以令 $0.5F(\omega_0 \pm \omega)$ 无失真地通过，从而有效地抑制了其他频率段上的噪声，称为双边滤波；如果考虑到 $F(\omega)$ 是个偶函数，只要取其 1/2 即可保证信号不失真，因而可以进一步将带通滤波器通频带压缩到（ω_0，$\omega_0 + B_f$）或（$\omega_0 - B_f$，ω_0），从而进一步提高信噪比。这种带通滤波称为单边带通滤波，如图 4-44 所示。

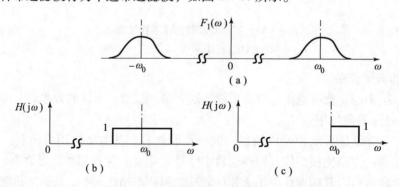

图 4-44　调幅信号的带通滤波
（a）调幅信号的频谱；（b）双边带通滤波；（c）单边带通滤波

第二种用途是构成信号的频谱分析系统。这种系统在声学信号和振动信号分析方面应用较多。常用的频谱分析滤波器有两类：一是恒带宽滤波器，其绝对带宽 B 为常数（对声学信号分析一般取 $B = 1\,Hz$ 或 $10\,Hz$），中心频率根据分析要求指定；二是恒倍频程（或恒百分比带宽）滤波器，最常用的是 1 倍频程滤波器和 1/3 倍频程滤波器。特殊情况下也有用更窄的通频带的，如 1/10 倍频程（6.9%）、1/12 倍频程（5.8%）、1/15 倍频程（4.6%）、

1/30 倍频程（2.3%）和 1% 窄带滤波器。不论用哪一种滤波器，用滤波器组成频谱分析系统的方框图如图 4 - 45 所示。

图 4 - 45（a）所示的系统框图，中心频率不同的一系列带通滤波器并联在输入放大器的输出端，滤波器的输出可以接电压测量或功率测量系统，如果是声学信号也可接声级计。可以顺序地接通，也可以同时接一系列的后续仪表作同步分析。如果是用恒倍频程滤波器，一般设计成邻接的通频带。例如，图 4 - 45（b）所示就是邻接 1/3 倍频程滤波器的幅频响应的示意图。如果将每三个相邻的滤波器并联就可以成为邻接的倍频程滤波器。

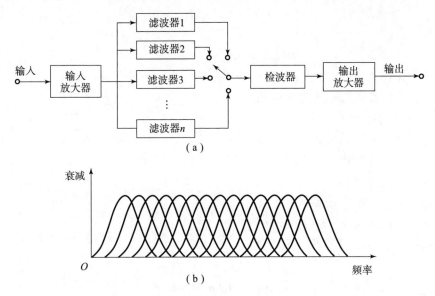

图 4 - 45　频谱分析系统框图

（a）频谱分析系统方框图；（b）邻接 1/3 倍频滤波器频率响应

3）高通滤波器的应用

在很多情况下，如果只对信号的交流分量感兴趣，就可以用高通滤波器将直流分量及不感兴趣的某些低频信号滤掉。这样做有两个好处：一是滤掉了直流分量，就可以单纯根据交流分量的幅度选择仪器的量程，有利于提高测量系统的灵敏度；二是抑制了低频噪声，特别是零点漂移的影响，有利于提高信噪比。

在测试系统中有意识地增加各种滤波器，除了在某些情况下是为了某种分析的目的，例如，作频谱分析等外，更多的是为了抑制噪声而提高信噪比。在选择滤波器时，一般首先要对有用信号的有效带宽或频带作出估计；然后选择滤波器的通带以保证有用信号通过滤波器后，其失真在容许的范围之内，而在必要的通带以外滤波器对各种干扰噪声有足够的抑制（衰减）作用。应当指出，这种简单地选择滤波器通带的方法，是一种比较简单实用的传统技术。随着计算机技术的发展，一些更有效地抑制噪声的方法不断产生并逐渐推广应用。这些方法往往都要借助于计算机进行运算，因而也可以看成是广义的数字滤波技术。

4.9　系统的结构及其模拟图

前面讨论卷积积分的性质时，曾得到级联和并联系统的单位冲激响应如下。

级联系统：

$$h(t) = h_1(t) * h_2(t) \tag{4-182}$$

并联系统：

$$h(t) = h_1(t) + h_2(t) \tag{4-183}$$

由傅里叶变换的线性性质及卷积定理，可得互联系统频率响应与子系统频率响应之间的关系如下。

级联系统：

$$H(\omega) = H_1(\omega)H_2(\omega) \tag{4-184}$$

并联系统：

$$H(\omega) = H_1(\omega) + H_2(\omega) \tag{4-185}$$

对于反馈连接系统，在时域分析中没有如级联、并联那样简单的规律可循，但若变换到频域情况就不一样了。考虑图4-46的示例，外界的输入为 $x(t)$，系统输出为 $y(t)$，输出经子系统 $h_2(t)$ 反馈至输入端，与外界输入相减（此为负反馈）得 $e(t)$，作为子系统 $h_1(t)$ 的输入。设 $x(t)$、$y(t)$、$z(t)$、$e(t)$ 的傅里叶变换均存在，可写出下面代数方程，即

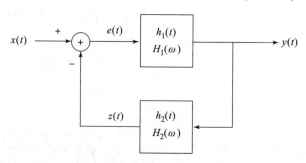

图4-46 反馈连接系统示例

$$Y(\omega) = H_1(\omega)E(\omega)$$
$$E(\omega) = X(\omega) - Z(\omega)$$
$$Z(\omega) = H_2(\omega)Y(\omega)$$

经过代运算和整理可得反馈系统的频率响应为

$$H(\omega) = Y(\omega)/X(\omega) = H_1(\omega)/[1 + H_1(\omega)H_2(\omega)] \tag{4-186}$$

式（4-186）是图4-45所示负反馈系统的频率响应，其分子是前向传输子系统 $h_1(t)$ 的频率响应，分母是前向及反馈子系统频率响应之积再加单位1。若图4-45中反馈子系统输出 $z(t)$ 以"+"号作用于加法器，则式（4-186）变为

$$H(\omega) = Y(\omega)/X(\omega) = H_1(\omega)/[1 - H_1(\omega)H_2(\omega)] \tag{4-187}$$

这是正反馈系统的频率响应。

由以上分析可知，包括反馈在内的三种互联方式，从时域变换到频域以后，不仅使原来的运算得以简化，分析过程也更有规律可循，尤其对于反馈连接。当问题从时域变换到变换域时，变换函数不是以 $j\omega$ 或 $e^{j\Omega}$ 为变量，而是以 s 或 z 为变量，运算同样得以简化。

可以把复杂系统分解成简单系统的级联或并联，每一个简单系统（或称子系统）一般都是用一阶或二阶微分方程描述的系统，而且在框图模拟时采用直接Ⅱ型结构。因此可以说，一阶系统和二阶系统是构成高阶系统的基本组成单元，掌握它们的有关特性是至关重要的。

如果对给定的系统频率响应的分子、分母多项式进行因式分解，可得

$$H(\omega) = b_M \cdot \left[\prod_{k=1}^{M} (j\omega + z_k) \right] \Big/ a_N \cdot \left[\prod_{k=1}^{N} (j\omega + p_k) \right] \qquad (4-188)$$

式中：z_k、p_k 可以是实数，也可以是复数。若为复数，必以共轭对形式出现，这时应把两个一阶因式合并为一个具有实系数的二次式。

式（4-188）若用子系统频率响应表示，则

$$H(\omega) = \frac{b_M}{a_N} \prod_{k=1}^{P} H_k(\omega) \qquad (4-189)$$

式中：$H_k(\omega)$ 是一阶或二阶子系统频率响应，这样一个 N 阶系统可用 P 个一阶或二阶子系统的级联来实现。

需要指出的是，在级联实现以及下面要讨论的并联实现时，尽量采用二阶子系统，两个实系数的一次式相乘就可得到二次式。为了得到并联结构实现，展开成部分分式形式，即

$$H(\omega) = \frac{b_M}{a_N} + \sum_{k=1}^{N} \frac{A_k}{j\omega + p_k} \qquad (4-190)$$

式中：p_k 可以是实数，也可以是复数。p_k 若为复数必以共轭对形式出现，这时应把两个复系数的一次分式相加而得到具有实系数的二次分式。

当然，两个实系数的一次分式相加也可得到实系数二次分式。在式（4-190）中，常数项 (b_M/a_N) 或 (b_0/a_0) 只有当分子多项式阶数 M 等于分母阶数 N 时才会出现。对于离散时间系统，常有 $M>N$ 的情况出现。这时，式（4-190）不是出现常数项，而是在分式和以外还存在一个以 $\mathrm{e}^{-j\Omega}$ 为变量的多项式。

例 4-28　已知一个四阶 LTI 系统的频率响应

$$H(\omega) = 1/[(j\omega)^2 + 0.7(j\omega) + 1][(j\omega)^2 + 2(j\omega) + 1] \qquad (4-191)$$

试画出它的级联结构和并联结构实现。

解：对于级联结构实现，可先写出两个二阶子系统的频率响应，即

$$\begin{cases} H_1(\omega) = 1/[(j\omega)^2 + 0.7(j\omega) + 1] \\ H_2(\omega) = 1/[(j\omega)^2 + 2(j\omega) + 1] \end{cases} \qquad (4-192)$$

对于式（4-192）的频率响应，它对应的微分方程为

$$\frac{\mathrm{d}^2 y(t)}{\mathrm{d}t^2} + a_{1k} \frac{\mathrm{d}y(t)}{\mathrm{d}t} + a_{0k} y(t) = x(t) \qquad (4-193)$$

式（4-193）表示的二阶方程用直接 Ⅱ 型实现。图 4-47（a）所示为 $H(\omega)$ 的级联结构。

为了实现并联结构，先把 $H(\omega)$ 展成部分分式形式，即

$$H(\omega) = \frac{A_1(j\omega) + A_0}{(j\omega)^2 + 0.7(j\omega) + 1} + \frac{B_1(j\omega) + B_0}{(j\omega)^2 + 2(j\omega) + 1} \qquad (4-194)$$

对式（4-194）等号两边通分，并令两边 $j\omega$ 的同幂次项系数相等，可得待定系数值为

$$A_1 = -B_1 = -10/13, \ A_0 = -7/13, \ B_0 = 20/13 \qquad (4-195)$$

于是，两个二阶子系统的频率响应为

$$H_1(\omega) = \left[-\frac{10}{13}(j\omega) - \frac{7}{13} \right] \Big/ [(j\omega)^2 + 0.7(j\omega) + 1] \qquad (4-196)$$

$$H_2(\omega) = \left[\frac{10}{13}(j\omega) + \frac{20}{13} \right] \Big/ [(j\omega)^2 + 2(j\omega) + 1]$$

写出这两个子系统 $H_k(\omega)$ 所对应的二阶微分方程并用直接 II 型实现。图 4 - 46（b）所示为 $H(\omega)$ 的并联结构图。

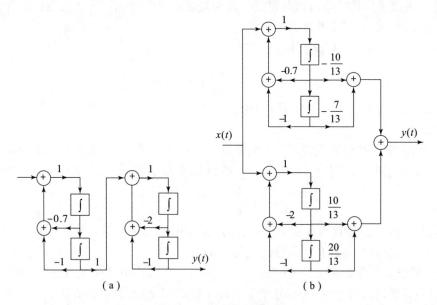

图 4 - 47　实现结构模拟图

从本节关于 LTI 连续时间系统的结构或实现的讨论，可以得到如下结论。

（1）对于一个由线性常微分方程表征的系统，可有很多不同的结构来模拟它、实现它。所有这些可供选择的结构，在理论上说，它们所实现的频率响应都是等效的。但在实际实现时，不同的结构要考虑的影响频率响应的实际因素并不完全一样。例如，在任何实际系统中都不可能把微分方程中各系数真正置于所要求的值上，而且这些系数还可能随时间、环境的改变而变化。这就提出了如何选择实现结构以使系统频率响应的特性尽可能少地随系数的变化而变化，这是一个关于某种实现对其参数变化的灵敏度问题。本书虽然不讨论这一问题，但是我们这里研究的分析方法提供了探讨这个问题及其他有关问题的基础，而这些问题对于如何选择一个 LTI 系统的实现结构具有十分重要的意义。

（2）一阶系统和二阶系统代表了一种最基本的结构，通过级联或并联实现可由它们组成具有高阶频率响应的复杂系统。因此一阶、二阶系统在线性系统的分析和设计中起着重要作用，透彻了解这些基本系统的各个方面，如冲激响应、阶跃响应、频率响应以及有关系统参数（时间常数、阻尼系数、无阻尼自然频率、Q 值）等，也就具有重要意义。

4.10　MATLAB 仿真设计与实现

例 4 - 29　实现连续时间周期信号（如方波信号）的傅里叶级数表示的程序，调整谐波阶次，观察信号的综合效果。

解：

MATLAB 仿真程序如下：

```
syms t x
```

```
%% 构造一个周期内的周期方波奇函数
ft = heaviside(t) - 2 * heaviside(t - 0.5) + heaviside(t - 1);
%% 计算 N 次谐波的系数 Cn 并显示
N = input('N = ');
Cn = int(ft * exp( - j * 2 * pi * N * t),t,0,1);
Cn
%% 计算 0 ~ N 次谐波叠加的综合效果
x = 0;
for n = - N:N
    x = x + int(ft * exp( - j * 2 * pi * n * t),t,0,1) * exp(j * n * 2 * pi * t);
end
ezplot(x,[ - 2,2])
```

输出结果波形如图 4 - 48 所示。

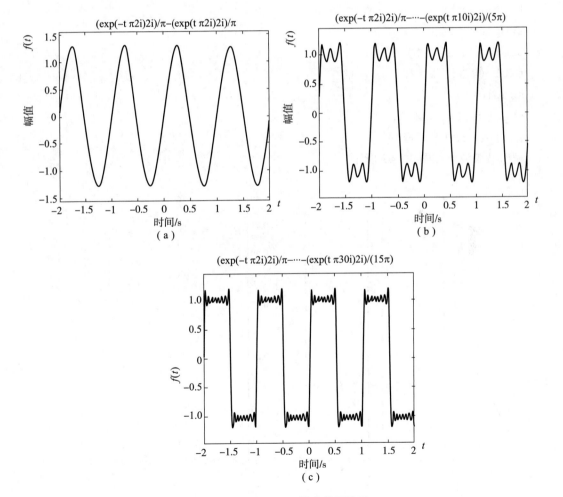

图 4 - 48　例 4 - 29 输出结果波形

例 4 – 30 实现连续时间周期信号（如方波信号，三角波信号）的频谱分析，调整信号的周期和宽度，观察信号谱线的特性。

解：

MATLAB 仿真程序如下：

```
syms t
T = input('T = ');
ft1 = heaviside(t) - 2 * heaviside(t - T/2) + heaviside(t - T);
ft2 = ( -2 * int(ft1,t,0,t) + T)/T;
N = 8
for n = -N:N
    Cn1(n + N + 1) = (1/T) * int(ft1 * exp( -j * 2 * pi/T. * n * t),t,0,T);
    Cn2(n + N + 1) = (1/T) * int(ft2 * exp( -j * 2 * pi/T. * n * t),t,0,T);
end
k = [ -N:N]
subplot(121)
stem(k,abs(Cn1));
title('方波频谱')
subplot(122)
stem(k,abs(Cn2));
title('三角波频谱')
```

输出结果波形如图 4 – 49 所示。

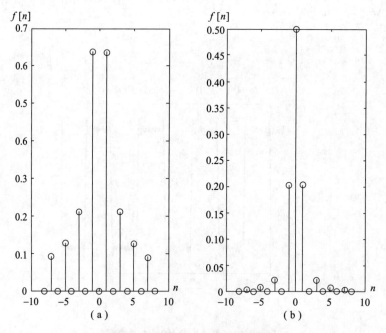

图 4 – 49　例 4 – 30 输出结果波形

（a）方波频谱；（b）三角波频谱

例 4 - 31 完成连续时间信号 $f(t) = te^{-2t}\varepsilon(t)$ 的傅里叶变换的程序，观察信号波形图和傅里叶变换幅频图。

解：

MATLAB 仿真程序如下：

```
clear all
syms t w
ft = t* exp( -2* t)* heaviside(t);
%%对 ft 进行傅里叶变换
X = fourier( ft)
%%绘制图像
ezplot( abs( X),[ -10,10]);
```

输出结果波形如图 4 - 50 所示。

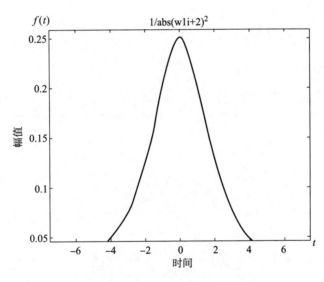

图 4 - 50 例 4 - 31 输出结果波形

例 4 - 32 设 $H(j\omega) = 2j\omega/[(j\omega + 1)^2 + 100^2]$，画出幅频 $|H(j\omega)|$ 及相频 $\varphi(\omega)$ 的波形，并分析 $H(j\omega)$ 具有什么样的滤波特性。

解：

MATLAB 仿真程序如下：

```
clear all
b =[ 0 0 2 0];
a =[ 0 1 2 10001];
[ H,w] = freqs( b,a);

subplot( 211)
plot( w,abs( H));
axis([ 90 120 -0.5 1.5])
```

```
set(gca,'xtick',[90:120]);
set(gca,'ytick',[0 0.4 0.707 1]);
xlabel('\omega(rad/s)');
ylabel('幅频');
title(' |H(j \omega) |');
grid on;

subplot(212)
plot(w,angle(H));
axis([90 120 -4 4])
set(gca,'xtick',[90:120]);
xlabel('\omega(rad/s)');
ylabel('相频');
title('\phi( \omega)');
grid on;
```

输出结果波形如图 4 -51 所示。

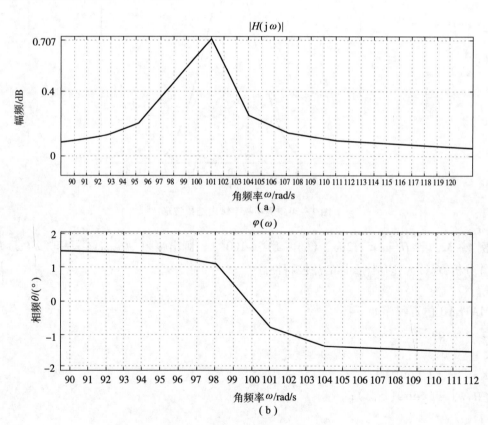

图 4 -51　例 4 -32 输出结果波形

本章习题及部分答案要点

4.1　试求图 4-52 所示的周期函数的傅里叶级数。

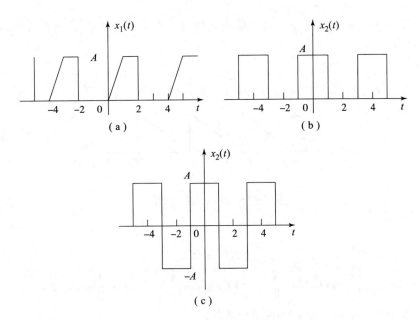

（a）

（b）

（c）

图 4-52　周期函数波形图

图 4-52（a）答案要点：

$$c_k = \frac{1}{4}\int_0^2 x(t)\,\mathrm{e}^{-\frac{k}{2}\pi t j}\mathrm{d}t = \frac{1}{4}\left[\int_0^1 A(t)\,\mathrm{e}^{-\frac{k}{2}\pi t j}\mathrm{d}t + A\int_1^2 \mathrm{e}^{-\frac{k}{2}\pi t j}\mathrm{d}t\right] = \frac{A}{4}\left[\int_0^1 t\mathrm{e}^{-\frac{k}{2}\pi t j}\mathrm{d}t + \int_1^2 \mathrm{e}^{-\frac{k\pi t}{2}j}\mathrm{d}t\right]$$

当 $k \neq 0$ 时，令 $-k\pi j/2 = a$，并代入上式

$$\Rightarrow 原式 = \frac{A}{4}\left[\frac{\mathrm{e}^{2a}}{a} - \frac{\mathrm{e}^a}{a^2} + \frac{1}{a^2}\right] = \frac{A}{4}\left[\frac{2(-1)^k}{-k\pi j} + \frac{4\mathrm{e}^{-\frac{k}{2}\pi j}}{k^2\pi^2} - \frac{4}{k^2\pi^2}\right]$$

$$= \frac{A}{k^2\pi^2}(\mathrm{e}^{-jk\pi/2} + j\frac{k\pi}{2}\mathrm{e}^{-jk\pi} - 1), k \neq 0$$

当 $k = 0$ 时，$c_0 = 3A/8$。

图 4-52（b）答案要点：

$$c_k = \left(\frac{1}{T}X(k\omega_0)\right) = 1A\frac{\sin\frac{k}{2}\pi}{k\pi} = \frac{A\sin\frac{k\pi}{2}}{k\pi}$$

当 $k = 0$ 时，$c_0 = 2A/4 = A/2$。

图 4-52（c）答案要点：

图 4-52（c）函数右移，此时 $X(0) = 0 \Rightarrow X'(\omega) = \frac{4A\sin\omega}{\omega}$，令 $k\omega_0 = k\pi/2$，并代入

$$\Rightarrow c_k = \frac{1}{T}X(k\omega_0) = \frac{2A\sin\frac{k\pi}{2}}{k\pi}$$

当 $k = 0$ 时，$c_0 = 0$。

$$c_k = \frac{1}{T} \int_0^T x(t) \mathrm{e}^{-\mathrm{j}k\omega_0 t} \mathrm{d}t = \frac{A}{T} \cdot \frac{1}{-k\omega_0 \mathrm{j}} \cdot T \cdot \frac{1}{T} = \frac{A}{-2k\omega_0 T\mathrm{j}} = \frac{A\mathrm{j}}{2k\pi}$$

当 $k = 0$ 时，$c_0 = \frac{1}{T} \cdot \frac{AT}{2} = \frac{A}{2}$。

4.2 试求图 4 – 53 所示波形的复指数形式的傅里叶级数，并把此级数变成三角函数形式的傅里叶级数。

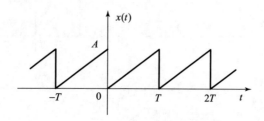

图 4 – 53　周期函数波形图

答案要点：

$$2B_k = 0$$

$$-2D_k = \frac{-A}{k\pi} \Rightarrow x(t) = \frac{A}{2} - \frac{A}{\pi}\left(\sin\omega_0 t + \frac{1}{2}\sin2\omega_0 t + \frac{1}{3}\sin3\omega_0 t + \cdots\right)$$

4.3 试求图 4 – 54 所示函数的傅里叶变换。

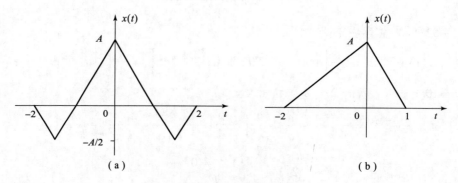

图 4 – 54　周期函数波形图

答案要点：

图 4 – 52（a）：$\dfrac{A}{\omega^2} - \dfrac{-2A}{\omega^2}\mathrm{e}^{\frac{3}{2}\omega\mathrm{j}} + \dfrac{1}{\omega^2}\mathrm{e}^{2\omega\mathrm{j}} + \dfrac{1}{\omega\mathrm{j}}$

图 4 – 52（b）：为对偶式 $\Rightarrow X(\omega_0) = \dfrac{2A}{\omega^2}\left(1 + \cos2\omega - 2\cos\dfrac{3}{2}\omega\right)$

令 $-\mathrm{j}\omega = a$，并代入

$\Rightarrow$ 图 4 – 52（a）：$-\dfrac{1}{2a^2} + \dfrac{1}{a} + \dfrac{1}{2a^2}\mathrm{e}^{-2a}$

图 4 - 52（b）：$\dfrac{e^a}{a^2} - \dfrac{1}{a^2} - \dfrac{1}{a}$

图 4 - 54（a）与图 4 - 54（b）所示函数和傅里叶变换

总：$-\dfrac{3}{2a^2} + \dfrac{e^a}{a^2} + \dfrac{e^{-2a}}{2a^2} \Rightarrow X(\omega) = \dfrac{3A}{2\omega^2}\Big(1 - \dfrac{1}{3}e^{j2\omega} - \dfrac{2}{3}e^{-j\omega}\Big)$

4.4 试求图 4 - 55 所示函数的傅里叶反变换。

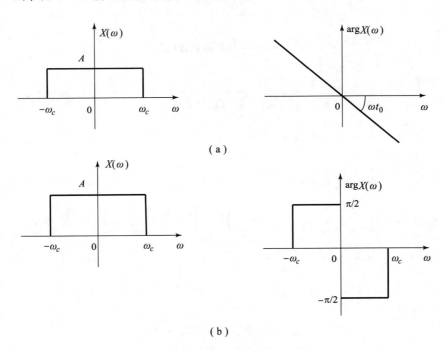

（a）

（b）

图 4 - 55 幅频特性与相频特性曲线

图 4 - 55（a）答案要点：

$$X(\omega) = G\omega_c(\omega)$$

$$F^{-1}X(\omega) = \frac{\sin\omega_c t}{\pi t}$$

$$X'(\omega) = G\omega_c(\omega) \cdot e^{-j\omega_0 t}$$

$$\Rightarrow F^{-1}(X'(\omega)) = \frac{\sin\omega_c(t - t_0)}{\pi t}$$

图 4 - 55（b）答案要点：

$$f(t) = \frac{1}{2\pi}\Big[\int_0^{\omega_c} -Aj \cdot e^{j\omega t}d\omega + \int_{-\omega_c}^0 Aje^{j\omega t}d\omega\Big]$$

$$= \Big[\frac{2A}{t} - \frac{2A}{t}\cos\omega_c t\Big]\Big/2\pi$$

$$= \frac{A}{\pi t}(1 - \cos\omega_c t)$$

4.5 试求下列信号的基波频率、周期及其傅里叶级数表示。

（1）$\cos 4t + \sin 8t$；

（2）$x(t)$ 是周期为 2 的周期信号，且 $x(t) = \begin{cases} (1-t) + \sin2\pi t, & 0 < t < 1 \\ 1 + \sin2\pi t, & 1 < t < 2 \end{cases}$

（3）$x(t)$ 如图 4-56 所示。

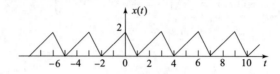

图 4-56　周期函数波形图

（1）答案要点：

$$\omega_0 = 4, \quad T_0 = \pi/2$$

$$c_k = \frac{1}{T}\int_{-\frac{\pi}{4}}^{\frac{\pi}{4}} (\cos4t + \sin8t)\,e^{-jk\omega_0 t}\,dt = \frac{1}{T}\int_{-\frac{\pi}{4}}^{\frac{\pi}{4}} \left(\frac{e^{4tj} + e^{-4tj}}{2} + \frac{e^{8tj} - e^{-8tj}}{2j}\right)e^{-4ktj}\,dt$$

当 $k \neq 1$ 或 ± 2 时，$\int_{-\frac{\pi}{4}}^{\frac{\pi}{4}} dt = 0$

当 $k = 1$ 时，$c_k = \frac{2}{\pi} \cdot \frac{1}{2} \cdot \left(\frac{\pi}{4} - \left(-\frac{\pi}{4}\right)\right) = \frac{1}{\pi} \cdot \frac{\pi}{2} = \frac{1}{2} \Rightarrow c_{-1} = c_k^* = \frac{1}{2}$

当 $k = 2$ 时，$c_k = \frac{1}{2j} = \frac{1}{2j} = \frac{-j}{2} \Rightarrow c_{-2} = c_k^* = \frac{j}{2}$

$$c_1 = 0.5, \quad c_{-1} = 0.5, \quad c_2 = -j/2, \quad c_{-2} = T/2, \quad \text{其余 } c_k = 0$$

（2）答案要点：

$$\omega_0 = 2\pi/2 = \pi, \quad T_0 = 2$$

$$c_k = \frac{1}{T}\int_0^2 x(t)\,e^{-jk\omega_0 t}\,dt = \frac{1}{T}\left[\int_0^1 (1 - t + \sin2\pi t)\,e^{-k\pi tj}\,dt + \int_1^2 (1 + \sin2\pi t)\,e^{-k\pi tj}\,dt\right]$$

$$k = 0 \Rightarrow c_0 = \frac{1}{2} \cdot \frac{3}{2} = \frac{3}{4}$$

$$k \neq 0 \text{ 时，原式 } c_k = \frac{1}{T}\left[\int_0^2 1\,e^{-k\pi tj}\,dt + \int_0^2 \frac{e^{2\pi tj} - e^{-2\pi tj}}{2j}\,e^{-k\pi tj}\,dt + \int_0^1 (-t\,e^{-k\pi tj})\,dt\right]$$

$$=$$

$$\frac{1}{T}\left[\frac{1}{-k\pi} \cdot (1 - 1) + \int_0^2 \frac{2\pi tj - e^{-2\pi tj}}{2j}\,e^{-k\pi tj}\,dt + \frac{1}{k\pi j}\left[t\,e^{-k\pi tj} + \frac{1}{k\pi j}\,e^{-k\pi tj}\right]\Big|_0^1\right]$$

$$= \frac{1}{2}\left[\int_0^2 \frac{e^{2\pi tj} - e^{-2\pi tj}}{2j} + \left[(-1)^k + \frac{1}{k\pi j}[(-1)^k - 1]\right]\frac{1}{k\pi j}\right]$$

若 $k = 2$，$c_k = \frac{1}{2j} + \frac{1}{4\pi j}$，$c_{-2} = c_k^* = -\frac{1}{2j} - \frac{1}{4\pi j}$

若 $k \neq 0, \pm 2 \Rightarrow k\begin{cases} \dfrac{-1}{2k\pi j} + \dfrac{1}{\pi^2 k^2}, & k \text{ 为奇数} \\[2mm] \dfrac{1}{2k\pi j}, & k \text{ 为偶数} \end{cases}$

（3）答案要点：

$$T_0 = 3, \ \omega_0 = 2\pi/3$$

$$c_k = \frac{1}{3}\int_{-2}^{1} x(t)\mathrm{e}^{-\frac{2k\pi}{3}t}\mathrm{d}t = \Big[\int_{-2}^{0}(t+2)\mathrm{e}^{-\frac{2k\pi}{3}t} + \int_{0}^{1}(-2t+2)\mathrm{e}^{-\frac{2k\pi}{3}t}\Big]\mathrm{d}t$$

令 $-\dfrac{2k\pi}{3} = a$ 代入 $\Rightarrow$ 原式 $= \dfrac{1}{3}\Big[-\dfrac{1}{a^2} + \dfrac{1}{a^2}\mathrm{e}^{-2a} + \dfrac{2\mathrm{e}^{a}}{a^2} - 2 - \dfrac{2}{a^2}\Big]$

$$= -\frac{3}{a^2} + \frac{-9}{4k^2\pi^2}\mathrm{e}^{-\frac{4}{3}k\pi\mathrm{j}} + \frac{-9}{2k^2\pi^2}\mathrm{e}^{-\frac{2}{3}k\pi\mathrm{j}}$$

$$= \frac{-9}{4k^2\pi^2}\mathrm{e}^{-\frac{2k\pi}{3}\mathrm{j}}\Big(2\sin\frac{2}{3}k\pi\mathrm{j}\Big) + \frac{-9}{2k^2\pi^2}\mathrm{e}^{-\frac{-k\pi}{3}\mathrm{j}}\Big(-2\sin\frac{1}{3}k\pi\mathrm{j}\Big)$$

$$= \frac{-3\mathrm{j}}{2k^2\pi^2}\Big[\mathrm{e}^{\frac{2}{3}k\pi\mathrm{j}}\sin\frac{2}{3}k\pi + 2\mathrm{e}^{\frac{2}{3}k\pi\mathrm{j}}\sin\frac{1}{3}k\pi\Big] = -\frac{3\mathrm{e}^{\frac{2}{3}k\pi\mathrm{j}}}{2k^2\pi^2}\mathrm{j}\Big[\sin\frac{2}{3}k\pi + 2\sin\frac{1}{3}k\pi\Big](k \neq 0)$$

当 $k = 0$ 时, $c_k = (2+1)/3 = 1$

4.6　若 $x(t) \leftrightarrow X(\omega)$, 求下列函数的傅里叶变换。

（1）$x(-t+3)$；（2）$x(2+3t)$；（3）$x(t/2-3)$；（4）$x(3t-2)$；

（5）$tx(2t)$；（6）$(t-2)x(t)$；（7）$tx'(t)$；（8）$(t-2)x(-2t)$。

答案要点：

（1）$X(-\omega)\mathrm{e}^{-3\mathrm{j}\omega}$；（2）$[X(\omega/3)\mathrm{e}^{2\mathrm{j}\omega/3}]/3$；（3）$2X(2\omega)\mathrm{e}^{-6\mathrm{j}\omega}$；（4）$[X(\omega/3)\mathrm{e}^{-2\mathrm{j}\omega/3}]/3$；

（5）$[\mathrm{j}X'(\omega/2)]/2$；（6）$\mathrm{j}X'(\omega) - 2X(\omega)$；（7）$[\omega X(\omega)]'$；

（8）$[\mathrm{j}X'(-\omega/2)]/2 - X(-\omega/2)$。

4.7　试用频率微分特性求下列频谱函数的傅里叶反变换。

（1）$X(\omega) = \dfrac{1}{(a+\mathrm{j}\omega)^2}$；（2）$X(\omega) = -\dfrac{2}{\omega^2}$。

（1）答案要点：

$$\mathrm{e}^{-\alpha t}u(t) \leftrightarrow \frac{1}{\alpha t \mathrm{j}\omega} \Rightarrow -\mathrm{j}t\mathrm{e}^{-\alpha t}u(t) \leftrightarrow \frac{-\mathrm{j}}{(\alpha+\mathrm{j}\omega)^2} \Rightarrow t\mathrm{e}^{-\alpha\lambda}u(t) \leftrightarrow \frac{1}{(\alpha+\mathrm{j}\omega)^2}$$

（2）答案要点：

$$\mathrm{sgn}(t) \leftrightarrow \frac{2}{\mathrm{j}\omega} \Rightarrow -\frac{1}{2}\mathrm{j}t\,\mathrm{sgn}(t) \leftrightarrow \frac{-1\cdot\mathrm{j}}{(\mathrm{j}\omega)^2} \Rightarrow -\frac{1}{2}t\,\mathrm{sgn}(t) \leftrightarrow \frac{1}{\omega^2}$$

$$\Rightarrow t\,\mathrm{sgn}(t) \leftrightarrow -2/\omega^2$$

4.8　通过计算 $X(\omega)$ 和 $H(\omega)$, 利用卷积定理并进行反变换, 试求下列每对信号的卷积 $x(t)*h(t)$。

（1）$x(t) = t\mathrm{e}^{-2t}u(t)$, $h(t) = \mathrm{e}^{-4t}u(t)$；

（2）$x(t) = t\mathrm{e}^{-2t}u(t)$, $h(t) = t\mathrm{e}^{-4t}u(t)$；

（3）$x(t) = \mathrm{e}^{-t}u(t)$, $h(t) = \mathrm{e}^{t}u(-t)$。

（1）答案要点：

$$\mathrm{e}^{-2t}u(t) \leftrightarrow \frac{1}{\mathrm{j}\omega+2}$$

$$t\mathrm{e}^{-2t}u(t) \leftrightarrow \Big(\frac{1}{\mathrm{j}\omega+2}\Big)'\mathrm{j} = \frac{1}{(\mathrm{j}\omega+2)^2} = X(\omega)$$

$$H(\omega) = \frac{1}{\mathrm{j}\omega+4}$$

$$\Rightarrow x(t) * h(t) = F^{-1}[X(\omega) \cdot H(\omega)] = F^{-1}\left[\frac{\frac{1}{2}}{(j\omega+2)^2} + \frac{-\frac{1}{4}}{j\omega+2} + \frac{\frac{1}{4}}{j\omega+4}\right]$$

$$= \left[\frac{1}{2}te^{-2t} + \left(-\frac{1}{4}\right)e^{-2t}\right]u(t) + \frac{1}{4}e^{-4t}u(t)$$

$$= \frac{1}{4}\left[e^{-4t} + (2t-1)e^{-2t}\right]u(t)$$

（2）答案要点：

$$X(\omega) = \frac{1}{(j\omega+2)^2}, H(\omega) = \frac{1}{(j\omega+4)^2}$$

$$\Rightarrow Y(\omega) = \frac{1}{(j\omega+2)^2} \cdot \frac{1}{(j\omega+4)^2} = \frac{\frac{1}{4}}{(j\omega+2)^2} + \frac{-\frac{1}{4}}{j\omega+2} + \frac{\frac{1}{4}}{(j\omega+4)^2} + \frac{\frac{1}{4}}{j\omega+4}$$

$$\Rightarrow Y(t) = \left(\frac{1}{4}te^{-2t} - \frac{1}{4}e^{-2t} + \frac{1}{4}te^{-4t} + \frac{1}{4}e^{-4t}\right)u(t)$$

$$= \left[te^{-2t} - e^{-2t} + te^{-4t} + e^{-4t}\right]/4$$

（3）答案要点：

$$\left.\begin{array}{l} X(\omega) = \dfrac{1}{j\omega+1} \\[2mm] H(\omega) = \dfrac{1}{-j\omega+1} \end{array}\right\} \Rightarrow Y(\omega) = \frac{1}{2}\left[\frac{1}{1-j\omega} + \frac{1}{1+j\omega}\right]$$

$$\Rightarrow y(t) = \left[e^{-t}u(t) + e^t u(t)\right]/2$$

4.9　一个 LTI 系统，它对输入 $x(t) = [e^{-t} + e^{-3t}]u(t)$ 的响应为 $y(t) = [2e^{-t} - 2e^{-4t}]u(t)$。（1）试求该系统的频率响应；（2）确定该系统的冲激响应；（3）试求出系统的输入和输出的微分方程，并用积分器、相加器和系数相乘器实现该系统。

（1）答案要点：

$$X(\omega) = \frac{1}{j\omega+1} + \frac{1}{j\omega+3}, Y(\omega) = \frac{2}{j\omega+1} - \frac{2}{j\omega+4}$$

$$\Rightarrow H(\omega) = \frac{Y(\omega)}{X(\omega)} = \frac{6}{(j\omega+1)(j\omega+4)} \Big/ \frac{2j\omega+4}{(j\omega+1)(j\omega+3)}$$

$$= \frac{3(j+1)(j\omega+3)}{(j+1)(j\omega+4)} = \frac{3(j\omega+3)}{(j\omega+4)(j\omega+2)}$$

（2）答案要点：

$$[3/(j\omega+4)]/2 + [3/(j\omega+2)]/2 \Rightarrow h(t) = [3(e^{-4t} + e^{-2t})u(t)]/2$$

（3）答案要点：

$$\frac{d^2y}{dt^2} + 6\frac{dy}{dt} + 8y = 3\frac{dx}{dt} + 9x$$

系统模拟图如图 4-57 所示。

4.10　一个因果系统的微分方程为 $\dfrac{d^2y(t)}{dt^2} + 6\dfrac{dy(t)}{dt} + 8y(t) = 2x(t)$。

（1）试求该系统的冲激响应；

（2）试求该系统的阶跃响应；

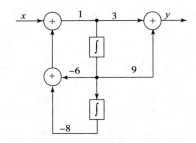

图 4 – 57 系统模拟图

（3）若输入信号为 $x(t) = te^{-2t}u(t)$ ，试求该系统的响应。

（1）答案要点：

$$H(j\omega) = \frac{2}{(j\omega)^2 + 6(j\omega) + 8} = \frac{1}{j\omega + 2} - \frac{1}{j\omega + 4}$$

$$\Rightarrow h(t) = (e^{-2t} - e^{-4t})u(t)$$

（2）答案要点：

$$u(t) \leftrightarrow U(\omega) = \frac{1}{j\omega} + \pi\delta(\omega) \Rightarrow H_u(\omega) = \frac{1}{2}\left(\frac{1}{j\omega} - \frac{1}{j\omega + 2}\right) - \frac{1}{4}\left(\frac{1}{j\omega} - \frac{1}{j\omega + 4}\right) + \frac{\pi}{4}\delta(\omega)$$

$$\Rightarrow s(t) = \frac{1}{4}\text{sgn}(t) - \frac{1}{8}\text{sgn}(t) - \frac{1}{2}e^{-2t}u(t) - \frac{1}{4}e^{-4t}u(t) + \frac{1}{8}$$

$$= \frac{1}{4}(1 - 2e^{-2t} - e^{-4t})u(t)$$

（3）答案要点：

$$x(t) = te^{-2t}u(t) \leftrightarrow X(\omega) = \frac{1}{(j\omega + 2)^2}$$

$$Y(\omega) = \frac{1}{(j\omega + 2)^2}\left[\frac{1}{j\omega + 2} - \frac{1}{j\omega + 4}\right] = \frac{1}{(j\omega + 2)^3} - \frac{\frac{1}{2}}{(j\omega + 2)^2} - \frac{-\frac{1}{4}}{j\omega + 2} - \frac{\frac{1}{4}}{j\omega + 4}$$

$$\Rightarrow Y(t) = \frac{1}{2}t^2e^{-2t}u(t) - \frac{1}{2}te^{-2t}u(t) + \frac{1}{4}e^{-2t}u(t) - \frac{1}{4}e^{-4t}u(t)$$

$$= \frac{1}{4}\left[2t^2e^{-2t} - 2te^{-2t} + e^{-2t} - e^{-4t}\right]u(t)$$

4.11 一个因果 LTI 系统的频率响应为 $H(\omega) = \dfrac{5(j\omega) + 7}{(j\omega + 4)\left[(j\omega)^2 + (j\omega) + 1\right]}$。

（1）试求该系统的冲激响应；

（2）试确定由一个一阶系统和一个二阶系统构成的级联型结构（用相加器、积分器、倍乘器实现）；

（3）试确定由一个一阶系统和一个二阶系统构成的并联结构。

（1）答案要点：

$$H(\omega) = \frac{-1}{j\omega + 4} + \frac{j\omega + 2}{\left(j\omega + \frac{1}{2}\right)^2 + \frac{3}{4}} = \frac{-1}{j\omega + 4} + \frac{j\omega + \frac{1}{2}}{\left(j\omega + \frac{1}{2}\right)^2 + \frac{3}{4}} + \frac{\frac{\sqrt{3}}{2} \cdot \sqrt{3}}{\left(j\omega + \frac{1}{2}\right)^2 + \frac{3}{4}}$$

$$h(t) = -e^{-4t}u(t) + e^{-\frac{1}{2}t}\cos\frac{\sqrt{3}}{2}tu(t) + \sqrt{3}e^{-\frac{1}{2}t}\sin\frac{\sqrt{3}}{2}$$

（2）答案要点：

级联：$H(\omega) = [1/(j\omega + 4)] \cdot \{(5j\omega + 7)/[(j\omega)^2 + j\omega + 1]\}$

（3）答案要点：

并联：$H(\omega) = [-1/(j\omega + 4)] \cdot \{(j\omega + 2)/[(j\omega)^2 + j\omega + 1]\}$

4.12 已知频谱函数 $X(j\omega) = 2\pi\delta(\omega) + \pi\delta(\omega - 4\pi) + \pi\delta(\omega + 4\pi)$，试求其对应的时间函数 $x(t)$。

答案要点：

基于傅里叶变换定定义，或者常用傅里叶变换对，可得 $x(t) = 1 + \cos 4\pi t$。

4.13 已知 $x(t) = \cos 4t + \sin 8t$，试求其傅里叶级数的系数。

答案要点：

因为 $\omega_0 = 4$，所以 $x(t) = \cos 4t + \cos\left(2 \times 4t - \frac{\pi}{2}\right)$

又因为 $c_k = c_{-k}^*$，所以：$c_1 = \frac{1}{2}, c_2 = \frac{1}{2}e^{j\left(-\frac{\pi}{2}\right)} = \frac{-j}{2}$，其他系数为 0；$c_{-1} = \frac{1}{2}, c_{-2} = \frac{j}{2}$

4.14 已知滤波器的单位冲激响应 $h(t) = 1/\pi t$，外加激励 $x(t) = \cos(\omega_0 t)$，$-\infty < t < \infty$，试求零状态响应 $y(t)$。

答案要点：

$$H(j\omega) = F[h(t)] = -j\,\mathrm{sgn}(\omega)$$
$$X(j\omega) = F[x(t)] = \pi[\delta(\omega + \omega_0) + \delta(\omega - \omega_0)]$$

故　　　　$Y(j\omega) = H(j\omega)X(j\omega) = j\pi[\delta(\omega + \omega_0) - \delta(\omega - \omega_0)]$

则　　$y(t) = F^{-1}[Y(j\omega)] = \sin(\omega_0 t) = \cos(\omega_0 t - 90^\circ)$，$-\infty < t < +\infty$

4.15 已知函数

$$x_1(t) = \begin{cases} \dfrac{1}{2}\left(1 + \cos\dfrac{\pi t}{T_1}\right), & |t| \leq T_1 \\ 0, & \text{其他} \end{cases}$$

$$x_2(t) = \sum_{n=-\infty}^{\infty} \delta(t - nT), T = 4T_1, n = 0, \pm 1, \pm 2, \cdots, \pm\infty。$$

（1）画出 $x_1(t)$ 的波形，试求 $x_1(t)$ 的傅里叶变换；

（2）画出 $x_1(t) * x_2(t)$ 的波形，试求 $x_1(t) * x_2(t)$ 的傅里叶变换。

（1）答案要点：

$$x_1(t) = \frac{1}{2} + \frac{1}{4}e^{-\frac{\pi}{T_1}tj} + \frac{1}{4}e^{\frac{\pi}{T_1}tj}$$

$$\Rightarrow X_1(\omega) = \int_{-\infty}^{+\infty} x_1(t)e^{-j\omega t}, \ \diamondsuit\ a = \frac{\pi}{T_1}j, \ b = -j\omega$$

$$\Rightarrow X_1(\omega) = \frac{1}{2}\left.\frac{e^{bt}}{b}\right|_{-T_1}^{T_1} + \frac{1}{4} \cdot \left.\frac{e^{-a+b}}{-a+b}\right|_{-T_1}^{T_1} + \frac{1}{4}\left.\frac{e^{a+b}}{a+b}\right|_{-T_1}^{T_1}$$

$$= 1\frac{\sin\omega T_1}{-\omega} + \frac{1}{4} \cdot \frac{\mathrm{e}^{-\pi j - j\omega T_1} - \mathrm{e}^{\pi j t j\omega T_1}}{-\dfrac{\pi}{T_1}\mathrm{j} - \mathrm{j}\omega} + \frac{1}{4} \cdot \frac{\mathrm{e}^{\pi j - j\omega T_1} - \mathrm{e}^{-\pi j + j\omega T_1}}{\dfrac{\pi}{T_1}\mathrm{j} - \mathrm{j}\omega}$$

$$= \frac{\sin\omega T_1}{\omega} + \frac{1}{4}\cdots\left[\frac{-2\sin\omega T_1 \mathrm{j}}{-a+b} + \frac{-2\sin\omega T_1 \mathrm{j}}{a+b}\right]$$

$$= \frac{\sin\omega T_1}{\omega} + 1 \cdot \frac{+\sin\omega T_1 \times b\mathrm{j}}{b^2 - a^2} = \frac{\sin\omega T_1}{\omega} + \frac{+\omega\sin\omega T_1}{-\omega^2 + \dfrac{\pi^2}{T_1}} = \frac{-\dfrac{\pi^2}{T_1}\sin\omega T_1}{\omega\left(\omega^2 - \dfrac{\pi^2}{T_1}\right)}$$

（2）答案要点：

$$F\big[x(t) * x_2(t)\big] = 2\pi \cdot \frac{1}{4T_1}\sum_{k=-\infty}^{+\infty}\left(\omega - k - \frac{\pi}{2T_1}\right) = \frac{-\pi}{T_1} \cdot k = \frac{-\pi^2}{kT_1^2}\frac{\sin k\dfrac{\pi}{2}}{\left(k^2\dfrac{\pi^2}{4\pi} - \left(\dfrac{\pi}{T_1}\right)^2\right)}\delta\left(\omega - k\frac{\pi}{2T_1}\right)$$

以下习题，请读者自己选择练习解答。

4.16　已知 $f(t)$ 的傅里叶变换 $F(\mathrm{j}\omega) = (\sin 5\omega)/\omega$，试求 $f(t)$；

4.17　已知频谱函数 $X(\mathrm{j}\omega) = 3\pi\delta(\omega) + \pi\delta(\omega - 5\pi) + \pi\delta(\omega + 5\pi)$，试求其对应的间函数 $x(t)$。

4.18　已知 $f(t)$ 的频谱函数 $F(\mathrm{j}\omega) = \delta(\omega - 2)$，试求 $f(t)$ 的表达式。

4.19　计算卷积 $u(t) * \mathrm{e}^{at}u(t)$。

4.20　已知系统函数 $H(\mathrm{j}\omega) = (1 - \mathrm{j}\omega)/(1 + \mathrm{j}\omega)$，输入 $x(t) = \sin t$，试求系统零状态响应 $y(t)$，并画出 $H(\mathrm{j}\omega)$ 的幅频特性曲线。

4.21　已知系统的单位冲激响应 $h(t) = (\sin 2\pi t)/\pi t$，输入信号 $x(t) = \sin\pi t + \cos 3\pi t$。

（1）试求系统的频率响应，并画出频率响应的幅频特性曲线；

（2）试求系统的零状态响应。

4.22　已知系统频率响应 $H(\mathrm{j}\omega) = (-\omega^2 + 4\mathrm{j}\omega + 5)/(-\omega^2 + 3\mathrm{j}\omega + 2)$，输入 $x(t) = \mathrm{e}^{-3t}u(t)$，试求系统零状态响应 $y(t)$。

4.23　已经时间函数 $f(t)$ 如图 4-58 所示，$f(t)$ 可以分解成哪两个函数的线性叠加，利用傅里叶变换对，试求 $f(t)$ 对应的频谱函数 $F(\mathrm{j}\omega)$。

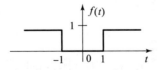

图 4-58　时间函数 $f(t)$

4.24　已知连续系统的微分方程 $\dfrac{\mathrm{d}y^2(t)}{\mathrm{d}t} + 4\dfrac{\mathrm{d}y(t)}{\mathrm{d}t} + 3y(t) = \dfrac{\mathrm{d}x(t)}{\mathrm{d}t} + 2x(t)$，试求该系统的频率响应 $H(\mathrm{j}\omega)$ 和单位冲激响应 $h(t)$。

第 5 章
离散时间信号与系统的频域分析　离散时间傅里叶变换

5.1　引　言

前面已经讨论了 LTI 连续时间系统的时域分析，本章将讨论 LTI 离散时间系统的时域分析。离散时间系统是离散时间输入信号 $x[n]$ 变换为离散时间输出信号 $y[n]$，工程实现可通过设计硬件或软件对离散信号进行预定的加工或处理。

描述 LTI 连续时间系统的数学模型是微分方程，而描述 LTI 离散时间系统的数学模型为差分方程，与连续系统相对应，离散系统也有其频域分析方法。本章首先讨论抽样定理，研究信号抽样后的频谱变化规律；然后重点讨论离散信号的傅里叶分方法，包括傅里叶级数、离散时间信号的傅里叶变换以及快速傅里叶变换等内容。利用这些变换方法，计算机可以快速对离散信号进行分析和处理。

5.2　抽样定理

如果一个离散时间信号包含了连续时间信号的所有信息，在进行信号传输和处理时，就可以用这个离散时间信号代替连续时间信号了。抽样定理就是用于解决连续时间信号和离散时间信号传输之间的等效问题的。

由于离散时间信号的处理更为灵活、方便，在许多实际应用中（如数字通信系统等），首先可将连续时间信号转换为相应的离散时间信号，并经过加工处理；然后再把处理后的离散时间信号恢复成连续时间信号。

5.2.1　基本概念

1. 带限信号

信号 $x(t)$ 频谱只在区间 $(-\omega_m, \omega_m)$ 为有限值，而在此区间外为零，这样的信号称为频带有限信号，简称带限信号。频谱密度函数 $X(\omega)$ 满足

$$X(\omega) = 0, |\omega| > \omega_m \tag{5-1}$$

式中：ω_m 为信号 $x(t)$ 的最高频率。

2. 抽样信号

抽样信号是指利用抽样序列 $s(t)$，从连续时间信号 $x(t)$ 中"抽取"一系列离散样本值而得到的离散信号，用 $x_s(t)$ 表示。如图 5-1 所示为抽样的模型，$x_s(t)$ 可以表示为

$$x_s(t) = x(t) \cdot s(t) \tag{5-2}$$

式中：$s(t)$ 称为开关函数，若其各脉冲间隔时间相同，均为 T_s ，则称为均匀抽样，T_s 称为抽样周期，$f_s = 1/T_s$ 称为抽样频率，$\omega_s = 2\pi f_s$ 称为抽样角频率。

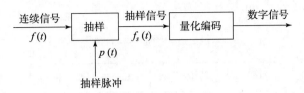

图 5 - 1　抽样模型

5.2.2　抽样信号的频谱

如果 $x(t) \leftrightarrow X(\omega)$ ，$s(t) \leftrightarrow S(\omega)$ ，则由频域卷积定理可得抽样信号 $x_s(t)$ 的频谱密度函数为

$$X_s(\omega) = [X(\mathrm{j}\omega) \cdot S(\mathrm{j}\omega)]/2\pi \tag{5-3}$$

由式（5 - 3）可以看出，抽样信号的频谱与抽样脉冲 $s(t)$ 有着密切关系。

1. 矩形脉冲抽样

如果抽样脉冲序列 $s(t)$ 是幅度为 1，脉宽为 τ 的矩形脉冲序列 $P_{T_s}(t)$，则称为矩形脉冲抽样。由表 4 - 3 可知，$s(t)$ 的频谱密度函数为

$$S(\omega) = X[P_{T_s}(t)] = \frac{2\pi\tau}{T_s} \sum_{n=-\infty}^{\infty} \mathrm{sinc}\left(\frac{n\omega_s\tau}{T_s}\right)\delta(\omega - n\omega_s) \tag{5-4}$$

将式（5 - 4）代入式（5 - 3），得到的频谱密度函数为

$$X_s(\omega) = \frac{1}{2\pi}X(\omega) * \frac{2\pi\tau}{T_s} \sum_{n=-\infty}^{\infty} \mathrm{sinc}\left(\frac{n\omega_s\tau}{T_s}\right)\delta(\omega - n\omega_s)$$

$$= \frac{\tau}{T_s}\sum_{n=-\infty}^{\infty} \mathrm{sinc}\left(\frac{n\omega_s\tau}{T_s}\right)\delta(\omega - n\omega_s) \tag{5-5}$$

矩形抽样过程示意图如图 5 - 2 所示。由图可以看出，$\omega_s < 2\omega_m$ 时，抽样信号频谱是由

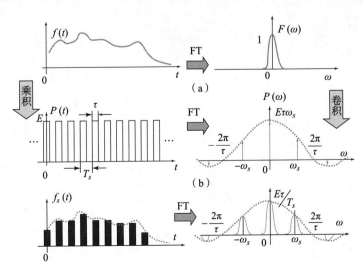

图 5 - 2　矩形抽样的过程及频谱示意图（附彩插）

原信号频谱的无限个频移构成的，因此可以利用低通滤波器从中恢复出原信号。当 $\omega_s <$ $2\omega_m$ 时，$x_s(t)$ 的频谱 $X_s(j\omega)$ 将发生混叠，无法恢复出原信号。为便于读者理解与记忆，矩形抽样过程的理论推导公式如图 5-3 所示。

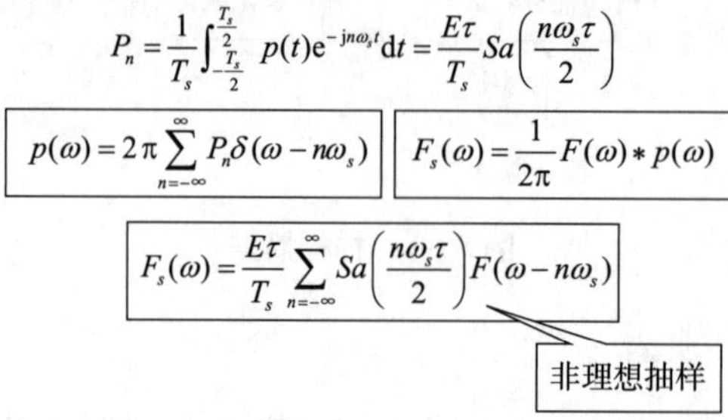

$$P_n = \frac{1}{T_s} \int_{-\frac{T_s}{2}}^{\frac{T_s}{2}} p(t) e^{-jn\omega_s t} dt = \frac{E\tau}{T_s} Sa\left(\frac{n\omega_s \tau}{2}\right)$$

$$p(\omega) = 2\pi \sum_{n=-\infty}^{\infty} P_n \delta(\omega - n\omega_s) \qquad F_s(\omega) = \frac{1}{2\pi} F(\omega) * p(\omega)$$

$$F_s(\omega) = \frac{E\tau}{T_s} \sum_{n=-\infty}^{\infty} Sa\left(\frac{n\omega_s \tau}{2}\right) F(\omega - n\omega_s)$$

非理想抽样

图 5-3　矩形抽样过程的理论推导公式关系图

2. 冲激抽样

如果抽样脉冲序列 $s(t)$ 是周期 T_s 的冲激函数序列 $\delta_{T_s}(t)$，则称为均匀冲激抽样，即

$$s(t) = \delta_{T_s}(t) = \sum_{n=-\infty}^{\infty} \delta(t - nT_s) \tag{5-6}$$

由式（5-6）可知，$\delta_{T_s}(t)$ 的频谱密度函数也是周期冲激序列，则

$$S(j\omega) = F[\delta_{T_s}(t)] = F\left[\sum_{n=-\infty}^{\infty} \delta(t - nT_s)\right] = \omega_s \sum_{n=-\infty}^{\infty} \delta(\omega - n\omega_s) \tag{5-7}$$

式中：$\omega_s = 2\pi/T_s$。

将式（5-7）代入式（5-3），可得

$$X_s(\omega) = \frac{1}{2\pi} X(\omega) * \omega_s \sum_{n=-\infty}^{\infty} \delta(\omega - n\omega_s) = \frac{1}{T_s} \sum_{n=-\infty}^{\infty} X(\omega - n\omega_s) \tag{5-8}$$

冲激抽样过程及频谱示意图如图 5-4 所示。

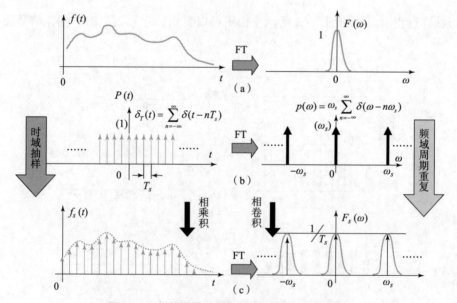

图 5-4　冲激抽样过程及频谱示意图（附彩插）

由抽样信号 $x_s(t)$ 的频谱 $X_s(\mathrm{j}\omega)$ 可以看出以下两点。

（1）如果 $\omega_s > 2\omega_m$，则各组相邻频移后的频谱不会发生重叠，如图 5-4 所示。利用低通滤波器，就能设法从抽样信号频谱 $X_s(\mathrm{j}\omega)$ 中得到原信号的频谱，可从抽样信号 $x_s(t)$ 中恢复出原信号 $x(t)$。

（2）如果 $\omega_s < 2\omega_m$，则频移后各相邻频谱将相互重叠，如图 5-5 所示。这样就无法将它们分开，因而也不再能恢复出原信号，称频谱重叠现象为混叠。

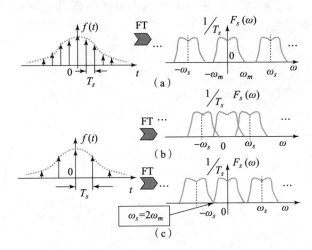

图 5-5 混叠现象示意图（附彩插）

为了不发生混叠现象，必须满足 $\omega_s > 2\omega_m$。抽样过程及恢复示意图如图 5-6 所示。

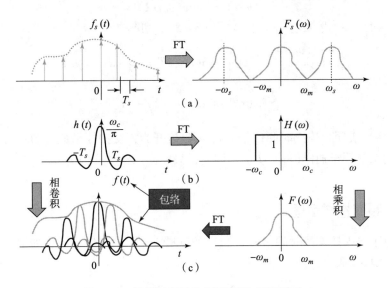

图 5-6 抽样过程及恢复示意图（附彩插）

5.2.3 时域抽样定理

定理 5-1 一个最高频率为 ω_m 的带限信号 $x(t)$，可以由均匀等间隔 $T_s(T_s \leqslant 1/2f_m)$ 上

的样点值 $x(nT_s)$ 唯一确定。为了能从抽样信号 $x_s(t)$ 中恢复原信号 $x(t)$ ，需要满足以下两个条件。

（1） $x(t)$ 必须是带限信号，其频谱函数在 $|\omega| > \omega_m$ 各处为零。

（2）抽样频率不能过低，必须满足 $\omega_s \geq 2\omega_m$ （或者 $x_s \geq 2x_m$ ， $T_s \leq 1/2x_m$ ），否则将会发生混叠。通常最低允许抽样频率 $x_s = 2x_m$ 称为奈奎斯特（Nyquist）频率，最低允许抽样间隔 $T_s = 1/2x_m$ 称为奈奎斯特间隔。

如果让频谱图 $X_s(j\omega)$ 通过一个低通滤波器，设滤波器的截止频率为 $\omega_c(\omega_m < \omega_c \leq \omega_s/2)$ ，只要滤波器的系统函数满足

$$H(\omega) = \begin{cases} T_s, & |\omega| < \omega_c \\ 0, & |\omega| > \omega_c \end{cases}$$

则可以无失真地恢复出原信号 $x(t)$ ，因为

$$X_s(\omega) \cdot H(\omega) = X(\omega) \qquad (5-9)$$

根据时域卷积定理，可知式（5-9）对应于

$$x(t) = x_s(t) * h(t) \qquad (5-10)$$

则

$$x_s(t) = x(t)s(t) = x(t)\sum_{n=-\infty}^{\infty}\delta(t-nT_s) = \sum_{n=-\infty}^{\infty}x(nT_s)\delta(t-nT_s) \qquad (5-11)$$

而

$$h(t) = F^{-1}[H(\omega)] = T_s\frac{\omega_c}{\pi}\text{sinc}(\omega_c t) \qquad (5-12)$$

为了简便，选 $\omega_c = \omega_s/2$ ， $T_s = 2\pi/\omega_s = \pi/\omega_c$ ，则

$$h(t) = \text{sinc}(\omega_s t/2) \qquad (5-13)$$

将式（5-11）和式（5-12）代入式（5-3），可得

$$x(t) = \left[\sum_{n=-\infty}^{\infty}x(nT_s)\delta(t-nT_s)\right] * \text{sinc}(\omega_s t/2)$$

$$= \sum_{n=-\infty}^{\infty}x(nT_s)\text{sinc}[(\omega_s/2) \cdot (t-nT_s)] \qquad (5-14)$$

式（5-14）表明，连续时间信号 $x(t)$ 可以展开为正交抽样函数（sinc 函数）的无穷级数，该级数的系数等于抽样值 $x(nT_s)$ 。因此，只要已知各抽样值 $x(nT_s)$ ，就能唯一地确定原信号。

5.2.4　频域抽样定理

前面讨论了非周期连续时间信号 $x(t)$ 的频谱 $X(\omega)$ 为连续频谱，如果 $X(\omega)$ 在频域按一定的频率间隔 ω_0 取值，则

$$\widetilde{X}(\omega) = X(\omega) \cdot \sum_{k=-\infty}^{\infty}\delta(\omega-k\omega_0) \qquad (5-15)$$

如图 5-7 所示，显然这就是时域冲激串抽样的频域对偶，根据时域卷积定理，式（5-15）可写为

$$F^{-1}[\widetilde{X}(\omega)] = F^{-1}[X(\omega)] * F^{-1}\left[\sum_{k=-\infty}^{\infty}\delta(\omega-k\omega_0)\right] \qquad (5-16)$$

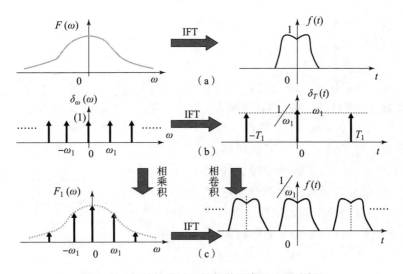

图 5 – 7 频域抽样过程及频谱示意图（附彩插）

为便于理解和记忆，频域抽样过程的理论推导公式如图 5 – 8 所示。

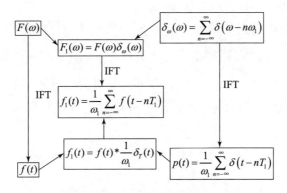

图 5 – 8 频域抽样过程的理论推导公式关系图

由此可见，以 ω_0 为周期的频域冲激串，其傅里叶反变换也是一个周期冲激串，该冲激串的周期 $T_0 = 2\pi/\omega_0$，即

$$F^{-1}\left[\sum_{k=-\infty}^{\infty}\delta(\omega - k\omega_0)\right] = \frac{1}{\omega_0}\sum_{k=-\infty}^{\infty}\delta(t - kT_0) \tag{5-17}$$

由于 $\tilde{x}(t) \leftrightarrow \tilde{X}(\omega), x(t) \leftrightarrow X(\omega)$，所以式（5 – 14）可以写为

$$\tilde{x}(t) = x(t) * \frac{1}{\omega_0}\sum_{k=-\infty}^{\infty}\delta(t - kT_0) \tag{5-18}$$

于是，便可得到 $X(\omega)$ 被抽样后 $\tilde{X}(\omega)$ 所对应的时间函数，即

$$\tilde{x}(t) = \sum_{k=-\infty}^{\infty}x(t - kT_0)/\omega_0 \tag{5-19}$$

式（5 – 19）表明，$x(t)$ 的频谱 $X(\omega)$ 在频域中以 ω_0 间隔抽样，等效于在时域中 $x(t)$ 以 $T_0 = 2\pi/\omega_0$ 为周期进行重复，如图 5 – 9 所示。显然，若 $x(t)$ 是时宽有限的，即

$$x(t) = 0, |t| > t_m \qquad (5-20)$$

如图 5-9 所示，如果

$$T_0 > 2t_m \ 或 \ f_0 < 1/2t_m \qquad (5-21)$$

则由式（5-19）给出的 $x(t)$ 就由互不重叠的、周期重复的 $x(t)$ 所组成，其周期为

$$T_0 = 2\pi/\omega_0 \qquad (5-22)$$

在此情况下，原始信号 $x(t)$ 就可通过门函数 $G_{T_1}(t)$ 与 $x(t)$ 相乘进行重建，如图 5-9 所示。根据时域与频域的对称性，可以从时域抽样定理直接推导出频域抽样定理。

定理 5-2 设 $x(t)$ 是一个有限时宽信号，即在 $|t| > t_m$ 时 $x(t) = 0$，若 $T_0 > 2t_m$ 或 $f_0 < 1/2t_m$，则 $x(t)$ 可以唯一地由其频谱样本 $X(k\omega_0)$（$k = 0, \pm 1, \pm 2, \cdots$）确定。

据此，若已知时限信号 $x(t)$ 的频谱 $X(\omega)$，可以用如下方法得到 $X(\omega)$ 的样本

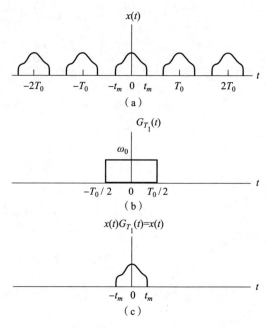

图 5-9　频域样本通过门函数恢复出原始信号

$X(k\omega_0)$ 并重建 $x(t)$。通过周期冲激串 $\sum\limits_{k=-\infty}^{\infty} \delta(\omega - k\omega_0)$ 与 $X(\omega)$ 相乘就可得频域冲激串 $\tilde{X}(\omega)$，在满足 $T_0 > 2t_m$ 或 $\omega_0 < \pi/t_m$ 条件下，其对应的时间函数 $x(t)$ 就是 $x(t)$ 以 $T_0 = 2\pi/\omega_0$ 为周期互不重叠的周期重复，然后将 $x(t)$ 与高度为 ω_0、宽度为 T_0 的门函数 $G_{T_0}(t)$ 相乘，即

$$x(t) = \tilde{x}(t) G_{T_0}(t) \qquad (5-23)$$

其中，

$$G_{T_0}(t) = \begin{cases} \omega_0, & |t| \leqslant T_0/2 \\ 0, & 其他 \end{cases} \qquad (5-24)$$

这样就可以选出原始信号 $x(t)$。但是要注意，如果不等式（5-21）不满足，则式（5-19）中 $x(t)$ 的周期重复就叠定重叠，这时 $x(t)$ 就无法从 $\tilde{x}(t)$ 恢复出来，这就是与"频域混叠"呈对偶的"时域混叠"。

由以上讨论可知，离散信号（抽样信号）的频谱是周期的；而周期信号的频谱是离散的。不难推得周期离散信号的频谱既是离散的又是周期的。

5.3　周期序列的频谱分析　离散时间傅里叶级数

5.3.1　用复指数序列表示周期的离散时间信号

前面已经讨论过，一个周期的离散时间信号必须满足

$$x[n] = x[n+N] \qquad (5-25)$$

式中：N 为某一正整数，是 $x[n]$ 的周期。

例如，复指数序列 $e^{j(2\pi/N)n}$ 是周期序列，其周期为 N，基波频率为

$$\Omega_0 = 2\pi/N \tag{5-26}$$

呈谐波关系的复指数序列集

$$\phi_k[n] = e^{jk2\pi n/N}, k = 0, \pm 1, \pm 2, \cdots \tag{5-27}$$

也是周期序列，其中每个分量的频率是 Ω_0 的整数倍。

值得注意的是，在一个周期为 N 的复指数序列中，只有 $\phi_0[n]$，$\phi_1[n]$，$\cdots$，$\phi_{N-1}[n]$ 等 N 个是互不相同的，这是因为 $\phi_N[n] = \phi_0[n]$，$\phi_{N+1}[n] = \phi_1[n]$，$\cdots$。这与连续时间复指数函数集 $\{e^{jk\omega_0 t}, k = 0, \pm 1, \pm 2, \cdots, \pm\infty\}$ 中有无限多个互不相同的复指数函数是不同的。

因为

$$\phi_k[n] = \phi_{k+N}[n] = \phi_{k+rN}[n]，r \text{ 为整数} \tag{5-28}$$

即当 k 变化一个 N 的整数倍时，可以得到一个完全一样的序列，所以基波周期为 N 的周期序列 $x[n]$ 可以用 N 个呈谐波关系的复指数序列的加权和表示，即

$$x[n] = \sum_{k=\langle N\rangle} c_k \phi_k[n] = \sum_{k=\langle N\rangle} c_k e^{jk2\pi n/N} \tag{5-29}$$

式中：求和限 $k = \langle N \rangle$ 表示求和仅需包括 N 项，k 既可取 $k = 0, 1, 2, \cdots, N-1$，也可以取 $k = 3, 4, \cdots, N+1, N+2$ 等，无论哪种取法，由于式（5-28）关系存在，式（5-29）等号右边求和结果都是相同的。

将周期序列表示成式（5-29）的形式，即一组呈谐波关系的复指数序列的加权和，称为离散时间傅里叶级数（Discrete Time Fourier Series，DTFS），而系数 c_k 则称为离散傅里叶系数。正如前面所讨论的，在离散时间情况下这个级数是一个有限项级数，这与连续时间情况下是一个无限项级数是不同的。

例 5-1　周期方波信号的抽样过程如图 5-10 所示，试求其频谱，理论推导分析其过程。

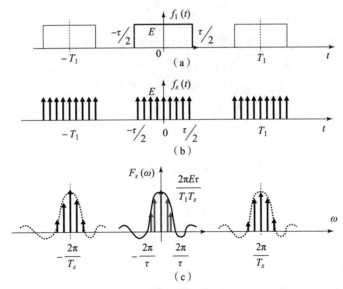

图 5-10　周期方波抽样过程及频谱示意图（附彩插）

解：单脉冲

$$F_0(\omega) = E\tau\mathrm{sinc}(\omega\tau/2)$$

若

$$f_1(t) = \sum_{n=-\infty}^{\infty} f_0(t - nT_1)$$

则

$$F_1(\omega) = \omega_1 F_0(\omega)\delta_\omega(\omega)$$

$$= \omega_1 E\tau\mathrm{sinc}(\omega\tau/2) \sum_{n=-\infty}^{\infty} \delta(\omega - n\omega_1)$$

$$= \omega_1 E\tau \sum_{n=-\infty}^{\infty} \mathrm{sinc}(n\omega_1\tau/2)\delta(\omega - n\omega_1)$$

$$f_s(t) = f_1(t)\delta_T(t)$$

$$F_s(\omega) = \frac{1}{T_s}\sum_{n=-\infty}^{\infty} F_1(\omega - m\omega_s)$$

$$= \frac{\omega_1 E\tau}{T_s}\sum_{n=-\infty}^{\infty} \mathrm{sinc}(n\omega_1\tau/2)\delta(\omega - m\omega_s - n\omega_1)$$

5.3.2 离散傅里叶系数的确定

正交函数系数法：与连续傅里叶系数求法类似，将式（5-29）等号两边乘以 $\mathrm{e}^{-\mathrm{j}r(2\pi/N)n}$ 并在周期 N 内求和，即

$$\sum_{n=\langle N\rangle} x[n]\mathrm{e}^{-\mathrm{j}r(2\pi/N)n} = \sum_{n=\langle N\rangle}\sum_{k=\langle N\rangle} c_k\mathrm{e}^{\mathrm{j}(k-r)(2\pi/N)n}$$

$$= \sum_{n=\langle N\rangle}\sum_{k=\langle N\rangle} \mathrm{e}^{\mathrm{j}(k-r)(2\pi/N)n} \qquad (5-30)$$

因为

$$\sum_{n=\langle N\rangle} \mathrm{e}^{\mathrm{j}(k-r)(2\pi/N)n} = \begin{cases} N, k-r = 0,\ \pm N,\ \pm 2N \\ 0, 其他 \end{cases} \qquad (5-31)$$

所以式（5-30）等号右边内层对 n 求和当且仅当 $k-r=0$ 或 N 的整倍数时不为零。如果把 r 值的变化范围选成与外层求和 k 值的变化范围一样，而在该范围内选择 r 值，则式（5-30）等号右边在 $k=r$ 时就等于 Nc_k，在 $k\neq r$ 时就等于零，即

$$\sum_{n=\langle N\rangle} x[n]\mathrm{e}^{-\mathrm{j}k(2\pi/N)n} = c_k N \qquad (5-32)$$

则

$$x[n] = \sum_{n=\langle N\rangle} c_k\mathrm{e}^{\mathrm{j}k(2\pi/N)n} \qquad (5-33)$$

$$c_k = \frac{1}{N}\sum_{n=\langle N\rangle} x[n]\mathrm{e}^{-\mathrm{j}k(2\pi/N)n} \qquad (5-34)$$

式（5-33）和式（5-34）确立了周期离散时间信号 $x[n]$ 和其傅里叶系数 c_k 之间的关系，即

$$x[n] \leftrightarrow c_k \qquad (5-35)$$

式（5-33）称为反变换式，它说明当根据式（5-34）计算出 c_k 值并将其结果代入式（5-33）时所得的和就等于 $x[n]$。式（5-34）称为正变换式，它说明当已知 $x[n]$ 时可以根据该式分析出它所含的频谱。

傅里叶系数 c_k 也称为 $x[n]$ 的频谱系数，这些系数说明了 $x[n]$ 可分解成 N 个谐波关系的复指数序列的和。由式 (5-28) 可知，若在 $0 \sim N-1$ 范围内取 k，则

$$x[n] = c_0 \phi_0[n] + c_1 \phi_1[n] + \cdots + c_{N-1} \phi_{N-1}[n] \tag{5-36}$$

类似地，若在 $1 \sim N$ 范围内取 k，则

$$x[n] = c_1 \phi_1[n] + c_2 \phi_2[n] + \cdots + c_N \phi_N[n] \tag{5-37}$$

由式 (5-27) 可知，$\phi_0[n] = \phi_N[n]$，因此只要把式 (5-36) 和式 (5-37) 比较，就可以得出 $c_0 = c_N$。

同理，可得

$$c_k = c_{k+N} \tag{5-38}$$

式 (5-38) 是以 N 为周期的离散频率序列，说明周期的离散时间函数对应于频域为周期的离散频率函数。

例 5-2　已知 $x[n] = \sin(\Omega_0 n)$，试求其频谱系数。

解：根据 $2\pi/\Omega_0$ 比值是一个整数、两个整数的比或一个无理数，可能出现三种不同的情况。由前面分析可知，在前两种情况下，$x[n]$ 是周期性的，但在第三种情况下就不是周期性的。因此，这一信号的离散傅里叶级数仅适用于前两种情况。

（1）当 $2\pi/\Omega_0$ 是一个整数 N，即 $\Omega_0 = 2\pi/N$ 时，$x[n]$ 是周期性的，其基波周期为 N，所得结果与在连续时间情况下类似，则

$$x[n] = e^{j(2\pi/N)n}/2j - e^{-j(2\pi/N)n}/2j \tag{5-39}$$

将式 (5-39) 与式 (5-33) 比较，可得

$$c_1 = 1/2j, c_{-1} = -1/2j$$

$\sin[(2\pi/5)n]$ 的离散傅里叶系数如图 5-11 所示，其余系数均为零。

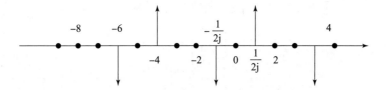

图 5-11　$x[n] = \sin[(2\pi/5)n]$ 的离散傅里叶系数

正如前面所说的，与连续时间情况不同，这些系数以 N 为周期重复，所以在频率轴上还会出现 $c_{N+1} = 1/2j$，$c_{N-1} = -1/2j$ 等。当 $N=5$ 时，其离散傅里叶系数如图 5-11 所示，由图可知，这些系数是以 $N=5$ 为周期无限重复的，但在反变换式 (5-33) 中仅用到其中的一个周期。

（2）当 $2\pi/\Omega_0$ 是两个整数的比 N/m，即 $\Omega_0 = 2\pi/N$ 时，假设 m 和 N 没有公因子，这时 $x[n]$ 的基波周期也是 N，则

$$x[n] = [e^{jm(2\pi/N)n} - e^{-jm(2\pi/N)n}]/2j \tag{5-40}$$

式 (5-40) 与式 (5-33) 比较，可得

$$c_m = 1/2j, c_{-m} = -1/2j$$

而在一个长度为 N 的周期内，其余系数均为 0。当 $m=3$，$N=5$ 时，其离散傅里叶系数如图 5-12 所示。这些数的周期性，即除了 $c_3 = 1/2j$ 和 $c_{-3} = -1/2j$ 外，还有 $c_{-2} = c_8 = 1/2j$

和 $c_2 = c_7 = -1/2j$ 等。但应注意，在长度为 $N = 5$ 的任意周期内，仅有两个非 0 的离散傅里叶系数，所以在傅里叶反变换式中仅有两个非 0 项。

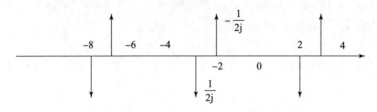

图 5 - 12　$x[n] = \sin[3(2\pi/5)n]$ 的离散傅里叶系数

5.4　非周期序列的频谱分析　离散时间傅里叶变换

5.4.1　非周期序列的表示

下面讨论图 5 - 13（a）所示的非周期序列 $x[n]$，该序列具有有限持续其 $2N_1$，N_1 是一个正整数，即在 $|n| > N_1$ 时 $x[n] = 0$。希望在整个区间 $(-\infty, \infty)$ 内，将此序列表示为复指数序列之和。为此目的，可以构成一个新的周期序列 $\hat{x}[n]$，其周期为 N，如图 5 - 13（b）所示。周期 N 必须选得足够大，使得相邻的 $x[n]$ 间不产生重叠。这个新序列 $\hat{x}[n]$ 是一个周期的离散时间函数，因此可用离散傅里叶级数表示。在极限的情况下，令 $N \to \infty$，则周期序列 $\hat{x}[n]$ 中的序列将在无穷远处重复出现。因此，在 $N \to \infty$ 的极限情况下，$\hat{x}[n]$ 与 $x[n]$ 相同，即对任何 n 值，有

$$\hat{x}[n] = x[n], N \to \infty \tag{5-41}$$

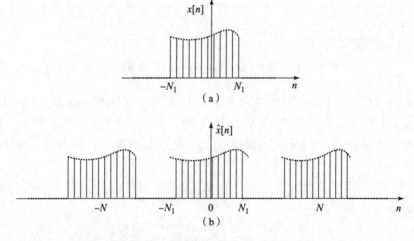

图 5 - 13　非周期序列 $x[n]$ 及其开拓

这样，若在 $\hat{x}[n]$ 的离散傅里叶级数中令 $N \to \infty$，则此级数的极限也就是 $x[n]$。$\hat{x}[n]$ 的离散傅里叶级数对为

$$\hat{x}[n] = \sum_{k=-N/2}^{N/2} c_k e^{jk(2\pi/N)n} \qquad (5-42)$$

$$c_k = \frac{1}{N} \sum_{k=-N/2}^{N/2} \hat{x}[n] e^{-jk(2\pi/N)n} \qquad (5-43)$$

因为在区间 $(-N/2, N/2)$ 内，$\hat{x}[n] = x[n]$，在极限的情况下，$N \to \infty$，则

$$\Omega_0 = 2\pi/N \to d\Omega, k\Omega_0 \to \Omega \qquad (5-44)$$

$$Nc_k = \sum_{n=-\infty}^{\infty} \hat{x}[n] e^{-j\Omega n} \qquad (5-45)$$

与连续时间情况一样，定义 Nc_k 的包络为

$$X(e^{j\Omega}) = \sum_{n=-\infty}^{\infty} \hat{x}[n] e^{-j\Omega n} \qquad (5-45)$$

式（5-45）称为非周期序列 $x[n]$ 的离散时间傅里叶变换，而周期序列的离散傅里叶系数 c_k 等于包络函数 $X(e^{jk\Omega_0})$ 的抽样值，即

$$c_k = [X(e^{jk\Omega_0})]/N \qquad (5-46)$$

将式（5-46）代入式（5-42），可得

$$\hat{x}[n] = \sum_{k=\langle N \rangle} \frac{1}{N} X(e^{jk\Omega_0}) e^{-jk\Omega_0 n} \Omega_0 \qquad (5-47)$$

因为 $\Omega_0 = 2\pi/N$ 或 $1/N = \Omega_0/2\pi$，所以式（5-47）可以重写为

$$\hat{x}[n] = \frac{1}{2\pi} \sum_{k=\langle N \rangle} X(e^{jk\Omega_0}) e^{jk\Omega_0 n} \Omega_0 \qquad (5-48)$$

随着 $N \to \infty$，对任何有限 n 值，$\hat{x}[n] = x[n]$，有

$$\Omega_0 = 2\pi/N \to d\Omega, k\Omega_0 \to \Omega$$

式（5-48）就过渡为一个积分，其积分限为 $N\Omega_0 = 2\pi$，即

$$x[n] = \frac{1}{2\pi} \int_{2\pi} X(e^{j\Omega}) e^{j\Omega n} d\Omega \qquad (5-49)$$

式（5-49）的积分是由 $\hat{x}[n]$ 取极限得到的，$X(e^{j\Omega})$ 称为离散时间傅里叶积分，它使我们成功地把非周期序列 $x[n]$ 表示为一组复指数序列的连续和。由上式可见，$x[n]$ 可分解为无穷多个复指数序列分量 $X(e^{j\Omega}) d\Omega/2\pi$ 的和，每一个复指数序列的振幅是无穷小，但正比于所以用 $X(e^{j\Omega})$ 表示 $x[n]$ 的频谱。不过要注意的是，此频谱是连续、周期性的，其频谱周期为 $N\Omega_0 = 2\pi$。

式（5-49）和式（5-45）是在离散时间情况下一对重要的变换式，称为离散时间傅里叶变换对，重写为

$$x[n] = \frac{1}{2\pi} \int_{2\pi} X(e^{j\Omega}) e^{j\Omega n} d\Omega \qquad (5-50)$$

$$X(e^{j\Omega}) = \sum_{N=-\infty}^{\infty} x[n] e^{-j\Omega n} \qquad (5-51)$$

式（5-50）和式（5-51）确立了非周期离散时间信号 $x[n]$ 及其离散时间傅里叶变换 $X(e^{j\Omega})$ 之间的关系，即

$$x[n] \leftrightarrow X(e^{j\Omega}) \tag{5-52}$$

式（5-50）称为离散时间傅里叶反变换式，它说明当根据式（5-51）计算出 $X(e^{j\Omega})$ 并将其结果代入式（5-52）时所得的积分就等于 $x[n]$。式（5-51）称为正变换式，它说明当已知 $x[n]$ 时可以根据该式分析出它所含的频谱。$X(e^{j\Omega})$ 是连续频率 Ω 的函数，又称为频谱函数。由此可见，非周期的离散时间函数对应于频域中是一个连续的、周期性的频率函数。

5.4.2　离散时间傅里叶变换的收敛性

周期序列在一个周期内仅有有限个序列和，$\sum_{n=\langle N \rangle} |\hat{x}[n]| < \infty$，所以离散傅里叶级数不存在任何收敛问题。现在讨论离散时间傅里叶变换的收敛问题。正如前面所述，非周期序列 $x[n]$ 可以看作周期为无限长的周期序列，如果序列的长度（持续期）有限，则因在有限持续期内序列绝对可和，因此也不存在任何收敛问题。但若序列长度（持续期）为无限长，那么就必须考虑无限项求和的收敛问题了。显然，如果 $x[n]$ 绝对可和，即

$$\sum_{n=-\infty}^{\infty} |x[n]| < \infty \tag{5-53}$$

则式（5-51）一定收敛。所以，离散时间傅里叶变换的收敛条件为序列绝对可和，这与连续时间傅里叶变换要求函数绝对可积是相似的。

5.4.3　离散时间与连续时间傅里叶变换的差异

离散时间傅里叶变换与连续时间傅里叶变换相比，除了有很多相似外，还有很大差异。其主要差异如下。

（1）离散时间傅里叶反变换式中频率积分区间为 $N\Omega_0 = 2\pi$，而不是无穷。

（2）离散时间傅里叶变换 $X(e^{j\Omega})$ 是周期的连续频率函数，其周期为 2π，即频率相差 2π，$X(e^{j\Omega})$ 相同。

上述两个主要差异是因为周期为 N 的复指数序列中只有 N 个复指数序列是独立的，其频率区间为 $N\Omega_0 = 2\pi$，即在频率上相差 2π 的复指数序列是完全相同的。对周期序列而言，这就意味着傅里叶系数是周期的，而离散傅里叶级数是有限项级据的和。对非周期序列而言，这就意味着 $X(e^{j\Omega})$ 的周期性，则离散时间傅里叶反变换式只是在一个频率区间内积分，这个频率区间就是 $N\Omega_0 = 2\pi$。在前面已经指出过复指数序列 $e^{j\Omega n}$ 的周期性性质，即 $\Omega = 0$ 和 $\Omega_0 = 2\pi$ 都是同一个信号。因此，位于 Ω 为 0 和 $\pm 2\pi$ 或其他 π 的偶数倍附近都相应于低频；而 Ω 为 $\pm\pi$ 和 $\pm 3\pi$ 或其他 π 的奇数倍附近都相应于高频。例如，图 5-14（a）中的序列 $x_1[n]$，其序列值变化较慢，所以其频谱 $X_1(e^{j\Omega})$ 集中在 Ω 为 0，$\pm 2\pi$，…附近；对于图 5-14（b）中序列 $x_2[n]$，其序列值正负交替，变化较快，所以其频谱 $X_2(e^{j\Omega})$ 集中在 Ω 为 $\pm\pi$，$\pm 3\pi$，…附近。

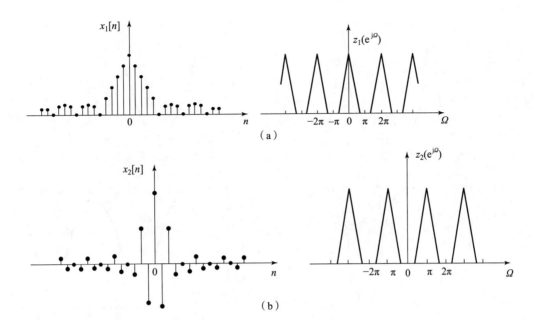

（a）

（b）

图5－14　非周期序列及其频谱

5.4.4　离散时间傅里叶变换的求解

例5－3　已知非周期序列为

$$x[n] = \alpha^n u[n], \ |\alpha| < 1 \tag{5-54}$$

试求其频谱。

解：由式（5－51）可得

$$X(e^{j\Omega}) = \sum_{n=-\infty}^{\infty} \alpha^n u[n] e^{-j\Omega n} = \sum_{n=-\infty}^{\infty} (\alpha e^{-j\Omega})^n$$

$$= \frac{1}{1 - \alpha e^{-j\Omega}} = \frac{1}{1 - \alpha(\cos\Omega - j\sin\Omega)}$$

$$= \frac{1}{1 - \alpha\cos\Omega + j\alpha\sin\Omega} \tag{5-55}$$

$$|X(e^{j\Omega})| = \frac{1}{\sqrt{1 + \alpha^2 - 2\alpha\cos\Omega}} \tag{5-56}$$

$$\arg X(e^{j\Omega}) = -\arctan\left(\frac{\alpha\sin\Omega}{1 - \alpha\sin\Omega}\right) \tag{5-57}$$

（1）$a > 0$，即 $0 < a < 1$，这时 $x[n]$ 的频谱的模和相位如图5－15（a）所示；

（2）$a < 0$，即 $-1 < a < 0$，这时 $x[n]$ 的频谱的模和相位如图5－15（b）所示。

例5－4　一矩形脉冲序列为

$$x[n] = \begin{cases} 1, & |n| \leqslant N_1 \\ 0, & |n| \geqslant N_1 \end{cases} \tag{5-58}$$

如图5－16（a）所示，$N_1 = 2$，试求其频谱。

解：由式（5－51）可得

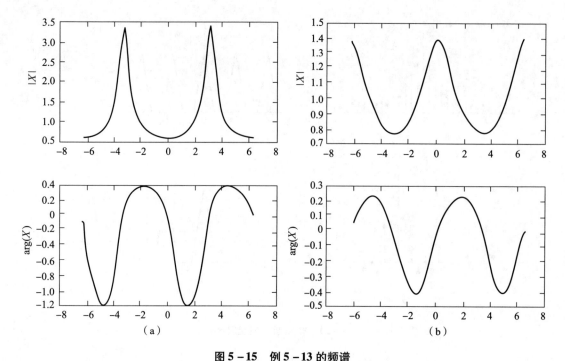

图 5−15　例 5−13 的频谱

（a）$0 < a < 1$；（b）$-1 < a < 0$

$$X(e^{j\Omega}) = \sum_{n=-N_1}^{N_1} e^{-j\Omega n} \qquad (5-59)$$

$$X(e^{j\Omega}) = \frac{\sin\left[\Omega\left(N_1 + \dfrac{1}{2}\right)\right]}{\sin(\Omega/2)} \qquad (5-60)$$

　　当 $N_1 = 2$ 时，由式（5−60）作图得其频谱 $X(e^{j\Omega})$，如图 5−16（b）所示。由图可知，矩形脉冲序列的频谱 $X(e^{j\Omega})$ 与由它开拓的周期方波序列的频谱 Nc_k 包络线的形状完全相同，两者都是周期性的且周期为 2π。这是因为两者都是离散序列，正如前面所指出的，时域的离散性对应于频域中的周期性，即两者频谱都是周期性的。不同的是周期方波序列的频谱 Nc_k 是离散的，而非周期的矩形脉冲序列的频谱 $X(e^{j\Omega})$ 是连续的。这是因为在时域中前者是周期性的，后者是非周期性的。正如前面指出的，时域

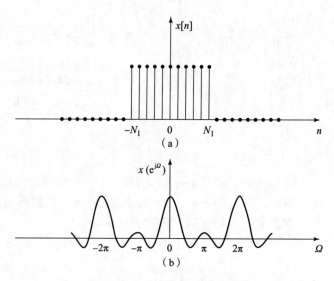

图 5−16　矩形脉冲序列及频谱

的周期性对应于频域的离散性，时域的非周期性对应于频域的连续性，即周期信号的频谱是离散的，非周期信号的频谱是连续的。

前面指出，由于离散时间傅里叶反变换式（5-50）是一个有限项的和，因此周期序列的离散时间傅里叶级数不存在任何收敛问题。类似地，对离散时间傅里叶变换来说，由于其反变换式（5-47）中积分区间是有限的，因此非周期序列的离散时间傅里叶积分也不存在任何收敛问题。另外，如果取频率区间 $|\Omega| \leq \omega$ 内复指数序列的积分来近似表示一个非周期序列，即

$$\hat{x}[n] = \frac{1}{2\pi} \int_{-\omega}^{\omega} X(e^{j\Omega}) e^{j\Omega n} d\Omega \qquad (5-61)$$

如果 $\omega = \pi$，则 $\hat{x}[n] = x[n]$，说明非周期序列不会出现任何吉布斯现象，这一点还可用例 5-4 说明。

例 5-5　单位抽样序列 $x[n] = \delta[n]$，试求其频谱。

解：由式（5-51）可得

$$X(e^{j\Omega}) = 1 \qquad (5-62)$$

即在所有频率上都是相等的。这与连续时间情况一样。

将式（5-62）代入式（5-61），可得

$$\hat{x}[n] = \frac{1}{2\pi} \int_{-\omega}^{\omega} e^{j\Omega n} d\Omega = \frac{\sin(\omega n)}{\pi n} \qquad (5-63)$$

当 $\omega = \pi/4$、$3\pi/8$、$\pi/2$、$3\pi/4$、$7\pi/8$ 和 π 时，$\hat{x}[n]$ 的波形如图 5-17（a）~（f）所示。从图中可见，随着 ω 的增大，其振荡幅度相对于 $x[0]$ 减小。当 $\omega = \pi$ 时，振荡消失，$\hat{x}[n] = x[n]$。

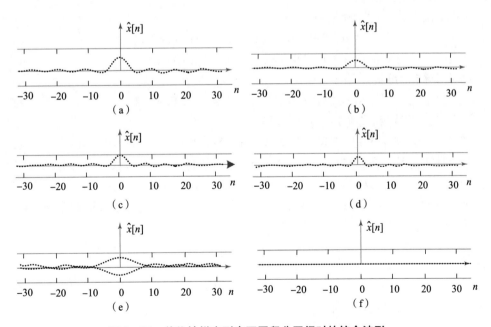

图 5-17　单位抽样序列在不同积分区间时的综合波形

5.5 离散时间傅里叶变换的性质

离散时间傅里叶变换揭示了离散时间序列时域特性和频域特性之间的内在联系。掌握离散时间傅里叶变换的性质，一方面可以进一步了解变换的本质；另一方面可以简化序列傅里叶变换和傅里叶反变换的运算。由于离散时间傅里叶变换与离散时间傅里叶级数以及离散傅里叶变换之间的紧密联系，离散时间傅里叶变换的很多性质在离散时间傅里叶级数和离散时间傅里叶变换中都能找到对应的性质。

1. 性质 5 – 1：周期性

在前面几节中已经多次提到，时域的离散性对应于频域的周期性。所以，序列的离散时间傅里叶变换 $X(\mathrm{e}^{\mathrm{j}\Omega})$ 对 Ω 总是周期的，其周期为 2π。同理，周期序列的离散时间傅里叶系数 c_k 也是周期的，其频率周期也是 2π。这一点与连续时间傅里叶变换和连续时间傅里叶级数都是不同的，必须特别注意。

2. 性质 5 – 2：线性

$x_1[n] \leftrightarrow (X_1\mathrm{e}^{\mathrm{j}\Omega}), x_2[n] \leftrightarrow (X_2\mathrm{e}^{\mathrm{j}\Omega})$ ，a_1 和 a_2 为两个常数，则

$$a_1 x_1[n] + a_2 x_2[n] \leftrightarrow a_1 X_1\mathrm{e}^{\mathrm{j}\Omega} + a_2 X_2\mathrm{e}^{\mathrm{j}\Omega} \tag{5 – 64}$$

即 n 个序列的频谱等于各个序列频谱的和，这个性质对离散时间傅里叶级数（DFS）和离散时间傅里叶变换（DFT）同样成立。

3. 性质 5 – 3：共轭对称性

若 $x[n]$ 是一个实数序列，有

$$X(\mathrm{e}^{\mathrm{j}\Omega}) = X^*(\mathrm{e}^{\mathrm{j}\Omega}) \tag{5 – 65}$$

则 $X(\mathrm{e}^{\mathrm{j}\Omega})$ 具有共轭对称性。

在一般情况下，$X(\mathrm{e}^{\mathrm{j}\Omega})$ 是复数，即

$$X(\mathrm{e}^{\mathrm{j}\Omega}) = \mathrm{Re}\{X(\mathrm{e}^{\mathrm{j}\Omega})\} + \mathrm{jIm}\{X(\mathrm{e}^{\mathrm{j}\Omega})\} \tag{5 – 66}$$

$$X(\mathrm{e}^{-\mathrm{j}\Omega}) = \mathrm{Re}\{X(\mathrm{e}^{-\mathrm{j}\Omega})\} + \mathrm{jIm}\{X(\mathrm{e}^{-\mathrm{j}\Omega})\} \tag{5 – 67}$$

由式（5 – 65）可得

$$X(\mathrm{e}^{-\mathrm{j}\Omega}) = \mathrm{Re}\{X(\mathrm{e}^{\mathrm{j}\Omega})\} - \mathrm{jIm}\{X(\mathrm{e}^{\mathrm{j}\Omega})\} \tag{5 – 68}$$

比较式（5 – 67）和式（5 – 68），可得

$$\mathrm{Re}\{X(\mathrm{e}^{-\mathrm{j}\Omega})\} = \mathrm{Re}\{X(\mathrm{e}^{\mathrm{j}\Omega})\}, \mathrm{Im}\{X(\mathrm{e}^{-\mathrm{j}\Omega})\} = -\mathrm{Im}\{X(\mathrm{e}^{\mathrm{j}\Omega})\} \tag{5 – 69}$$

与连续时间情况一样，离散时间信号频谱的实部是 Ω 的偶函数，虚部是 Ω 的奇函数。类似地，$X(\mathrm{e}^{\mathrm{j}\Omega})$ 的模是 Ω 的偶函数，而 $X(\mathrm{e}^{\mathrm{j}\Omega})$ 的相位是 Ω 的奇函数。在离散傅里叶级数（DFS）和离散傅里叶变换（DFT）中也有类似的性质，即若 $\hat{x}[n]$ 是实周期序列，则 c_k 也具有共轭对称的性质，即

$$c_{-k} = c_k^* \tag{5 – 70}$$

同理，有

$$X[-k] = X^*[k] \tag{5 – 71}$$

若将 $x[n]$ 分解为偶、奇两部分，即

$$x[n] = Ev\{x[n]\} + Od\{x[n]\} \tag{5 – 72}$$

则

$$Ev\{x[n]\} \leftrightarrow \mathrm{Re}\{X(\mathrm{e}^{\mathrm{j}\Omega})\}, Od\{x[n]\} \leftrightarrow \mathrm{jIm}\{X(\mathrm{e}^{\mathrm{j}\Omega})\} \tag{5 – 73}$$

式中：$x[n]$ 偶部的频谱是 Ω 的实偶函数；$x[n]$ 奇部的频谱是 Ω 的虚奇函数。

若 $x[n]$ 为实偶函数，则其 $X(e^{j\Omega})$ 也是实偶函数。

4. 性质 5 - 4：位移

若 $x[n] \leftrightarrow X(e^{j\Omega})$，则

$$x[n-m] \leftrightarrow X(e^{j\Omega})e^{-jm} \tag{5-74}$$

在 DFS 和 DFT 中也有类似的性质，即若 $\hat{x}[n] \leftrightarrow c_k$，有

$$\hat{x}[n-m] \leftrightarrow c_k e^{-\frac{jk2\pi m}{N}} \tag{5-75}$$

同理，有

$$x[n-m] \leftrightarrow X[k]W^{kM} \tag{5-76}$$

5. 性质 5 - 5：频移

若 $x[n] \leftrightarrow X(e^{j\Omega})$，则

$$x[n]e^{j\Omega_0 n} \leftrightarrow X(e^{j(\Omega-\Omega_0)}) \tag{5-77}$$

在 DFS 中也有类似的性质，即若 $\hat{x}[n] \leftrightarrow c_k$，则

$$\hat{x}[n]e^{jm\Omega_0 n} \leftrightarrow c_{k-m} \tag{5-78}$$

6. 性质 5 - 6：时域差分

若 $x[n] \leftrightarrow X(e^{j\Omega})$，则

$$x[n] - x[n-1] \leftrightarrow X(e^{j\Omega}) - X(e^{j\Omega})e^{-j\Omega} = (1 - e^{-j\Omega})X(e^{j\Omega}) \tag{5-79}$$

说明序列在时域求一次差分，等效于在频域中用 $1 - e^{-j\Omega}$ 去乘它的频谱。

7. 性质 5 - 7：时域求和

若 $x[n] \leftrightarrow X(e^{j\Omega})$，且 $X(e^{j0}) = 0$，则

$$y[n] = \sum_{m=-\infty}^{n} x[m] \leftrightarrow Y(e^{j\Omega}) = \frac{X(e^{j\Omega})}{1 - e^{-j\Omega}} \tag{5-80}$$

对式（5-80）等号两边取傅里叶变换，可得

$$Y(e^{j\Omega}) - Y(e^{j\Omega})e^{-j\Omega} = X(e^{j\Omega})$$

则

$$Y(e^{j\Omega}) = \frac{X(e^{j\Omega})}{1 - e^{-j\Omega}}$$

与连续时间积分性质类似，当 $X(e^{j\Omega}) \neq 0$ 时，有

$$\sum_{m=-\infty}^{n} x[m] \leftrightarrow \frac{X(e^{j\Omega})}{1 - e^{-j\Omega}} + \pi X(e^{j\Omega}) \sum_{k=-\infty}^{\infty} \delta(\Omega - 2\pi k) \tag{5-81}$$

式中：等号右边出现冲激串，反映求和中可能出现的直流或平均值。

例 5 - 6　试求单位阶跃序列 $y[n] = u[n]$ 的频谱。

解：前面已经证明

$$u[n] = \sum_{m=-\infty}^{n} \delta[m]$$

根据时域和性质 $\delta[n] \leftrightarrow 1$ 和 $X(e^{j\Omega}) = \delta[0] = 1$，可得

$$u[n] \leftrightarrow \frac{1}{1 - e^{-j\Omega}} + \pi \sum_{k=-\infty}^{n} \delta[\Omega - 2\pi k] \tag{5-82}$$

8. 性质 5 - 8：反转

若 $x[n] \leftrightarrow X(e^{j\Omega})$，则

$$x[-n] \leftrightarrow X(\mathrm{e}^{-\mathrm{j}\Omega}) \tag{5-83}$$

在 DFS 和 DFT 中也有类似的性质，即若 $\hat{x}[n] \leftrightarrow c_k$，则

$$\hat{x}[-n] \leftrightarrow c_{-k} \tag{5-84}$$

同理，若 $x[n] \leftrightarrow X[k]$，则

$$x[-n] \leftrightarrow X(-k) \tag{5-85}$$

9. 性质 5-9：尺度变换

若 $x[n] \leftrightarrow X(\mathrm{e}^{\mathrm{j}\Omega})$，且定义

$$x_k[n] = \begin{cases} x[n/k], & n \text{ 为 } k \text{ 的倍数} \\ 0, & n \text{ 不为 } k \text{ 的倍数} \end{cases} \tag{5-86}$$

则

$$x_{(k)}[n] \leftrightarrow X(\mathrm{e}^{\mathrm{j}k\Omega}) \tag{5-87}$$

根据式（5-86），$x_{(k)}[n]$ 是在 n 的连续整数值之间的插入 $k-1$ 个 0 而得到的序列。在图 5-18 左边画出了 $x_{(1)}[n]$、$x_{(2)}[n]$ 和 $x_{(3)}[n]$ 的波形。从图中可见，$x_{(k)}[n]$ 相当于 $x[n]$ 的扩展。由式（5-87）并令 $r = (n/k)$，可得 $x_{(k)}[n]$ 的傅里叶变换为

$$X_k(\mathrm{e}^{\mathrm{j}\Omega}) = \sum_{n=-\infty}^{\infty} x_{(k)}[n]\mathrm{e}^{-\mathrm{j}\Omega n} = \sum_{r=-\infty}^{\infty} x_{(k)}[rk]\mathrm{e}^{-\mathrm{j}\Omega rk}$$

$$= \sum_{r=-\infty}^{\infty} x[r]\mathrm{e}^{-\mathrm{j}(k\Omega)r} = X(\mathrm{e}^{\mathrm{j}K\Omega})$$

图 5-18 分别给出了序列 $x_{(1)}[n]$、$x_{(2)}[n]$ 和 $x_{(3)}[n]$ 及其频谱的图形。从式（5-87）和图 5-18 中，又一次看到时域和频域间的相反关系。若取 $k>1$ 时，信号在时域中拉开（扩展）了，而其傅里叶变换 $X(\mathrm{e}^{\mathrm{j}\Omega})$ 在频域中压缩了。例如，$x[n]$ 的频谱 $X(\mathrm{e}^{\mathrm{j}\Omega})$ 是周期

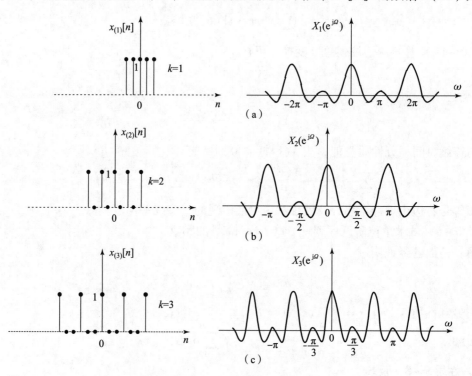

图 5-18 $x[n]$、$x_{(k)}[n]$ 及其频谱

的，其周期为 2π；而 $x[n/k]$ 的频谱 $X(e^{j\Omega})$ 也是周期的，但其周期为 $2\pi/|k|$。

在 DFS 和 DFT 中也有类似的性质，即

$$\tilde{x}[n] = \begin{cases} \tilde{x}[n/m], & n \text{ 为 } m \text{ 的倍数} \\ 0, & n \text{ 不为 } m \text{ 的倍数} \end{cases}$$

周期为 mN，则

$$\tilde{x}_{(m)}[n] \leftrightarrow (1/m)c_k，\text{频率周期为 } 2\pi/m$$

同理，有

$$x_{(m)}[n] \leftrightarrow (1/m)X_k \tag{5-88}$$

10. 性质 5 – 10：频域微分

若 $x[n] \leftrightarrow X(e^{j\Omega})$，则

$$nx[n] \leftrightarrow j dX(e^{j\Omega})/d\Omega \tag{5-89}$$

11. 性质 5 – 11：帕斯瓦尔定理

若 $x[n] \leftrightarrow X(e^{j\Omega})$，则

$$\sum_{n=-\infty}^{\infty} |x[n]|^2 = \frac{1}{2\pi} \int_{2\pi} |X(e^{j\Omega})|^2 d\Omega$$

$$
\begin{aligned}
\sum_{n=-\infty}^{\infty} |x[n]|^2 &= \sum_{n=-\infty}^{\infty} x(n)x^*(n) = \sum x[n] \left[\frac{1}{2\pi} \int_{-\pi}^{\pi} X(e^{j\Omega}) e^{j\Omega n} d\Omega \right] \\
&= \frac{1}{2\pi} \int_{-\pi}^{\pi} X^*(e^{j\Omega}) \sum x[n] e^{-j\Omega n} d\Omega \\
&= \frac{1}{2\pi} \int_{-\pi} X^*(e^{j\Omega}) X(e^{j\Omega}) d\Omega \\
&= \frac{1}{2\pi} \int_{2\pi} |X(e^{j\Omega})|^2 d\Omega
\end{aligned}
\tag{5-90}
$$

式（5-90）等号左边是在时域中求得信号能量，等号右边是在频域中求得信号能量。该定理说明：对于非周期序列，在时域中求得信号能量和在频域中求得信号能量相等。

至此我们已经讨论了离散时间傅里叶变换的主要性质，为了便于读者查用与比较，把主要性质汇总于表 5 – 1 中，离散傅里叶级数和离散傅里叶变换的主要性质分别汇总于表 5 – 2 和表 5 – 3 中。

表 5 – 1　离散时间傅里叶变换的性质

性质	时域 $x[n]$	频域 $X(e^{j\Omega})$
1. 周期性	非周期、离散	周期、连续，周期为 2π
2. 线性	$ax_1[n] + bx_2[n]$	$aX_1(e^{j\Omega}) + bX_2(e^{j\Omega})$
3. 共轭对称性	$x[n]$ 为实数序列	$X(e^{-j\Omega}) = X^*(e^{j\Omega})$
4. 位移性	$x[n-m]$	$X(e^{j\Omega}) e^{-j\Omega m}$
5. 频移性	$x[n] e^{j\Omega_0 n}$	$X(e^{j(\Omega-\Omega_0)})$
6. 尺度变换	$x_{(k)}[n]$ $\begin{cases} x(n/k), & n \text{ 是 } k \text{ 的倍数} \\ 0, & n \text{ 不是 } k \text{ 的倍数} \end{cases}$	$X(e^{jk\Omega})$

性质	时域 $x[n]$	频域 $X(e^{j\Omega})$
7. 反转性	$x[-n]$	$X(e^{-j\Omega})$
8. 时域差分	$x[n]-x[n-1]$	$(1-e^{-j\Omega})X(e^{j\Omega})$
9. 时域求和	$\displaystyle\sum_{m=-\infty}^{n} x[m]$	$\dfrac{X(e^{j\Omega})}{1-e^{-j\Omega}} + \pi X(e^{j0})\displaystyle\sum_{k=-\infty}^{\infty}\delta(\Omega-2\pi k)$
10. 频域微分	$nx[n]$	$j\dfrac{dX(e^{j\Omega})}{d\Omega}$
11. 时域卷积	$x_1[n]*x_2[n]$	$X_1(e^{j\Omega})X_2(e^{j\Omega})$
12. 频域卷积	$x_1[n]x_2[n]$	$\dfrac{1}{2\pi}[X_1(e^{j\Omega})*X_2(e^{j\Omega})]$
13. 时域相关	$x_1[n]\circ x_2[n]$	$X_1(e^{j\Omega})X_2^*(e^{j\Omega})$
14. 非周期序列帕色伐尔定理	$\displaystyle\sum_{n=\infty}^{\infty}[x[n]]^2 = \dfrac{1}{2\pi}\int_{2\pi}|X(e^{j\Omega})|^2 d\Omega$	

表 5 – 2　离散傅里叶级数的性质

性质	时域 $x[n]$	频域 $X[k](=Nc_k)$
1. 周期性	周期、离散,周期为 N	周期、离散,周期为 N
2. 线性	$a\tilde{x}_1[n]+b\tilde{x}_2[n]$	$a\tilde{X}_1[k]+b\tilde{X}_2[k]$
3. 共轭对称性	$\tilde{x}[n]$ 为实序列	$\tilde{X}[-k]=\tilde{X}^*[k]$
4. 位移性	$\tilde{x}[n-m]$	$\tilde{X}[k]e^{-jk(2\pi/N)m}$
5. 频移性	$\tilde{x}[n]e^{jm\Omega_0 n}$ $\tilde{x}_{(k)}[n]$	$\tilde{X}[k-m]$
6. 尺度变换	$\begin{cases}x[n/m], & n \text{ 为 } m \text{ 倍数}\\ 0, & n \text{ 不是 } m \text{ 倍数}\end{cases}$ （周期性,周期为 mN）	$\dfrac{1}{m}\tilde{X}[k]$ （周期性,周期为 $2\pi/m$）
7. 反转性	$\tilde{x}[-n]$	$\tilde{X}[-k]$
8. 时域差分	$\tilde{x}[n]-\tilde{x}[n-1]$	$(1-e^{-jk(2\pi/N)})\tilde{X}[k]$
9. 时域求和	$\displaystyle\sum_{m=-\infty}^{n}\tilde{x}[m]$ （仅当 $X[0]=0$ 时,才是有限值,且是周期的）	$\dfrac{\tilde{X}[k]}{1-e^{jk(2\pi/N)}}$
10. 时域周期卷积	$\tilde{x}_1[n]*\tilde{x}_2[n]$	$\tilde{X}_1[k]\tilde{X}_2[k]$

续表

性质	时域 $x[n]$	频域 $X[k]$ $(=Nc_k)$
11. 时域周期相关	$\tilde{x}_1[n] \circ \tilde{x}_2[n]$	$\tilde{X}_1[k]\tilde{X}_2^*[k]$
12. 频域周期卷积	$\tilde{x}_1[n]\tilde{x}_2[n]$	$\tilde{X}_1[k]*\tilde{X}_2[k]$
13. 周期序列的帕色伐尔定理	$\sum_{n=(N)}[\tilde{x}[n]]^2 = \dfrac{1}{N}\sum_{k=(N)}|\tilde{X}[k]|^2$

表 5－3 离散傅里叶变换的性质

性质	时域 $x[n]$	频域 $X[k]$
1. 线性	$ax_1[n]+bx_2[n]$	$aX_1[k]+bX_2[k]$
2. 共轭对称性	$x[n]$ 为实序列	$X[-k]=X^*[k]$ $\mathrm{Re}\{X[k]\}=\mathrm{Re}\{X[-k]\}$ $\mathrm{Im}\{X[k]\}=-\mathrm{Im}\{X[-k]\}$ $|X[k]|=|X[-k]|$ $\arg X[k]=-\arg X[-k]$
	$x[n]$ 为实偶序列	$X[k]$ 为实偶序列
	$x[n]$ 为实奇序列	$X[k]$ 为实奇序列
3. 位移性	$x[n-m]$	$X[k]W^{km}$
4. 频移性	$x[n]W^{ln}$	$X[k-l]$
5. 反转性	$x[-n]$	$X[-k]$
6. 时域差分	$x[n]-x[n-1]$	$(1-W^k)X[k]$
7. 时域求和	$\sum_{m=-\infty}^{n}x[m],$ $X[0]=0$	$\dfrac{X[k]}{1-W^k}$
8. 时域卷积	$\sum_{m=0}^{N-1}x_1[m]x_2[n-m]$ $n=0,1,\cdots,N-1$ $N \geqslant N_1+N_2-1$	$X_1[k]X_2[k]$
9. 时域相关	$\sum_{m=\langle N \rangle}x_1[m]x_2[n-m]$ $n=-N_2+1,\cdots,0,1,\cdots,N_1-1$ $N=N_1+N_2-1$	$X_1[k]X_2^*[k]$
10. 频域卷积	$x_1[n]x_2[n]$	$\sum_{l=0}^{N-1}X_1[l]X_2[k-l],k=0,1,\cdots,N-1$
11. 帕色伐尔定理	$\sum_{n=0}^{N-1}\{x[n]\}^2 = \dfrac{1}{N}\sum_{k=0}^{N-1}|X[k]|^2$

5.6 利用频率响应求解零状态响应

在 LTI 连续时间系统的分析中，傅里叶变换占有重要的地位。它不仅可以用来分析系统的频谱，为信号的进一步加工处理提供理论根据，还可以用来求解系统的响应，在频域里对系统的特性进行分析。同样，在 LTI 离散时间系统中，利用离散信号的傅里叶变换也可以使系统的分析变得比较简便。

设某 LTI 离散时间系统，其单位抽样响应为 $h[k]$，则其零状态响应 $y_x[k]$ 可表示为

$$y_x[k] = x[k] * h[k] \tag{5-91}$$

设 $x[n] \leftrightarrow X(e^{j\Omega})$，$h[k] \leftrightarrow H(e^{j\Omega})$，$y_x[n] \leftrightarrow Y_X(e^{j\Omega})$，则根据离散时间傅里叶变换的卷积性质，有

$$Y_x(e^{j\Omega}) = X(e^{j\Omega})H(e^{j\Omega}) \tag{5-92}$$

所以，有

$$H(e^{j\Omega}) = Y_x(e^{j\Omega})/X(e^{j\Omega}) \tag{5-93}$$

式（5-92）与式（5-93）之间的关系如图 5-19 所示。

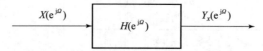

图 5-19　LTI 离散时间系统的频域响应

图中，$H(e^{j\Omega})$ 称为离散时间系统的频率响应。式（5-92）表明，离散时间系统的作用可以理解为按其频率响应 $H(e^{j\Omega})$ 的特性，改变输入信号中各频率分量的幅度大小和相位。在离散时间系统中，$H(e^{j\Omega})$ 可以完全表征系统的特性，即

$$H(e^{j\Omega}) = |H(e^{j\Omega})|e^{j\phi(\Omega)} \tag{5-94}$$

式中：$|H(e^{j\Omega})|$ 称为系统的幅频特性，用于表征系统对输入信号的放大特性；$\phi(\Omega)$ 称为系统的相频特性，用于表征系统对输入信号的延时特性。

例 5-7　某 LTI 离散时间系统，初始状态为零，其差分方程如下所示，试求系统的频率响应和单位序列响应。

$$y[k] - \frac{3}{4}y[k-1] + \frac{1}{8}y[k-2] = 2x[k]$$

解：将方程两边取离散时间傅里叶系统，可得

$$Y(e^{j\Omega}) - \frac{3}{4}e^{-j\Omega}Y(e^{j\Omega}) + \frac{1}{8}e^{-2j\Omega}Y(e^{j\Omega}) = 2X(e^{j\Omega})$$

整理得系统的频率响应为

$$H(e^{j\Omega}) = \frac{Y(e^{j\Omega})}{X(e^{j\Omega})} = \frac{2}{1 - \frac{3}{4}e^{-j\Omega} + \frac{1}{8}e^{-2j\Omega}}$$

将 $H(e^{j\Omega})$ 部分分式展开，可得

$$H(e^{j\Omega}) = \frac{2}{1 - \frac{3}{4}e^{-j\Omega} + \frac{1}{8}e^{-2j\Omega}} = \frac{4}{1 - \frac{1}{2}e^{-j\Omega}} - \frac{2}{1 - \frac{1}{4}e^{-j\Omega}}$$

对上式求离散时间傅里叶变换，可得

$$h[k] = 4(1/2)^k x[k] - 2(1/4)^k x[k]$$

5.7　有限长序列的离散时间傅里叶变换

5.7.1　从离散时间傅里叶级数到离散时间傅里叶变换

离散时间信号的处理与分析主要是利用计算机来实现的，然而由于序列 $x[k]$ 的离散时间傅里叶变换 $H(e^{j\Omega})$ 是 Ω 的连续周期函数，而其逆变换为积分变换，所以无法用计算机直接实现。

借助于离散时间傅里叶级数的概念，把有限长序列作为周期离散信号的一个周期来处理，从而定义了离散时间傅里叶变换。这样，在允许一定近似的条件下，有限长序列的离散时间傅里叶变换可以用计算机来实现。

到现在为止，讨论了四种信号的傅里叶变换（图 5 - 20）：周期连续时间信号的傅里叶

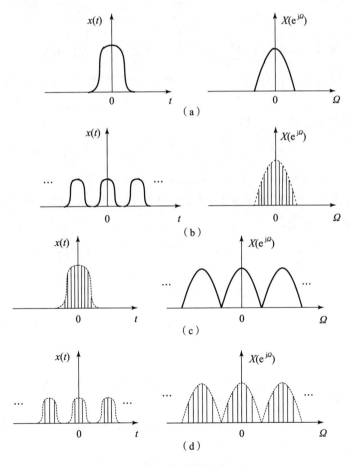

图 5 - 20　傅里叶变换的各种形式

（a）非周期连续信号及其傅里叶变换；（b）周期连续信号及其傅里叶级数；（c）非周期
离散信号及其离散时间傅里叶变换；（d）周期离散信号及其离散时间傅里叶级数

级数，其傅里叶系数在频域是离散的、非周期的；非周期连续时间信号的傅里叶变换在频域内是连续的、非周期的；非周期离散时间信号的离散时间傅里叶变换在频域是连续的、周期的；周期离散时间信号的离散时间傅里叶级数，其离散时间傅里叶系数在频域是离散的、周期的。

在实际中经常遇到的是有限长的非周期序列。例如，在生物医学工程中经常通过人体不同部位施加一个电刺激产生诱发响应来观测病变或穴位，这种诱发响应是逐渐衰减到零的，整个过程是一个短暂的过渡过程，因此它是一个非周期的有限持续时间函数。如果对它进行抽样，则得一个有限长的非周期序列 $x[n]$，对这个序列进行计算机处理时，由于它的傅里叶变换是个连续的频率函数 $H(e^{j\Omega})$，它在频域不能直接进行数字处理，需要设法将 $H(e^{j\Omega})$ 变为一个频域中的有限长序列。从离散时间傅里叶级数变换对中可以得到一个新的想法，即若把给定的有限长序列 $x[n]$，$0 \leqslant n \leqslant N-1$ 作周期开拓得 $\hat{x}[n]$，则 $\hat{x}[n]$ 就是一个以 N 为周期的离散时间序列，其傅里叶系数为

$$c_k = \frac{1}{N} \sum_{n=\langle N \rangle} \hat{x}[n] e^{-jk(2\pi/N)n}$$

$$= \frac{1}{N} \sum_{n=0}^{N-1} x[n] e^{-jk(2\pi/N)n} = \frac{1}{N} X(k\Omega_0) \qquad (5-95)$$

取 $N_{ck} = X(k\Omega_0)$ 中的一个周期，记为 $X[k]$，则得 N 和 $X[k]$ 序列为

$$X[k] = Nc_k = \sum_{n=0}^{N-1} x[n] e^{-jk(2\pi/N)n}, k = 0,1,2,\cdots,N-1 \qquad (5-96)$$

式（5-96）称为有限长序列 $x[n]$ 的离散傅里叶变换（Discrete Fourier Transform，DFT）。

取 $\hat{x}[n]$ 的一个周期 $x[n]$，即

$$x[n] = \hat{x}[n] = \frac{1}{N} \sum_{k=0}^{N-1} X[k] e^{jk(2\pi/N)n}, n = 0,1,2,\cdots,N-1 \qquad (5-97)$$

称为离散傅里叶反变换（Inverse Discrete Fourier Transform，IDFT）。

式（5-96）和式（5-97）在离散时间情况下是一对非常重要的变换式，称为离散傅里叶变换对，把它重写如下：

$$\begin{cases} x[n] = \dfrac{1}{N} \sum_{k=0}^{N-1} X[k] e^{jk(2\pi/N)n}, n = 0,1,2,\cdots,N-1 & (5-98) \\ X[k] = \sum_{n=0}^{N-1} x[n] e^{-jk(2\pi/N)n}, n = 0,1,2,\cdots,N-1 & (5-99) \end{cases}$$

式（5-98）和式（5-99）确立了有限长非周期序列 $x[n]$ 和其离散傅里叶变换 $X[k]$ 之间的关系，即

$$x[n] = \leftrightarrow X[k] \qquad (5-100)$$

式（5-98）称为离散傅里叶反变换式，它说明当根据式（5-99）计算出 $X[k]$ 值并将其结果代入式（5-98）时所得的和就是 $\hat{x}[n]$ 的第一周期 $x[n]$。式（5-99）称为正变换式，它说明当已知 $x[n]$ 时，可以根据该式分析出该序列 $x[n]$ 的频谱 $X(e^{j\Omega})$ 的傅里叶 N 个样点值，即 $X[k]$ 和 $x[n]$ 的离散近似谱。

从离散傅里叶变换可以看出，离散傅里叶变换是首先将有限长非周期序列作周期开拓，再作离散傅里叶级数变换；然后在离散傅里叶级数中截取一个周期定义的。因此，离散傅里叶变换和离散傅里叶级数、离散时间傅里叶变换之间有着紧密的联系。

5.7.2 离散傅里叶变换与离散时间傅里叶变换的关系

下面讨论有限长序列 $x[n]$ 的离散傅里叶变换 $X[k]$ 与其离散时间傅里叶变换 $X(e^{j\Omega})$ 的关系。

已知长度为 N（$0 \le n \le N-1$）的有限长序列 $x[n]$，其离散傅里叶变换为

$$X[k] = \sum_{n=0}^{N-1} x[n] e^{-j\frac{2\pi}{N}nk} \tag{5-101}$$

而其离散时间傅里叶变换为

$$X(e^{j\Omega}) = \sum_{n=-\infty}^{\infty} x[n] e^{-j\Omega n} \tag{5-102}$$

由于当 $n < 0$ 和 $n \ge N$ 时，$x[n] = 0$，所以式（5-102）可以简化为

$$X(e^{j\Omega}) = \sum_{n=0}^{N-1} x[n] e^{-j\Omega n} \tag{5-103}$$

比较式（5-101）和式（5-103），可得

$$X[k] = X(e^{j\Omega})\big|_{\Omega=\frac{2\pi k}{N}} \tag{5-104}$$

这样离散傅里叶变换 $X(e^{j\Omega})$ 可以看作是离散时间傅里叶变换 $X(e^{j\Omega})$ 的频率抽样，更准确地说，$X[k]$ 等于频率点 $\Omega = 2\pi k/N (k = 0,1,2,\cdots,N-1)$ 处 $X(e^{j\Omega})$ 的离散值。

例 5-8 试求矩形脉冲序列 $x[n] = G_N[n]$ 的 DTFT 和 DFT。

解：由 DFT 定义式可写出

$$X(e^{j\Omega}) = \sum_{n=-\infty}^{\infty} x[n] e^{-j\Omega n} = \sum_{n=0}^{N-1} e^{-j\Omega n} = \frac{1-(e^{-j\Omega})^N}{1-e^{-j\Omega}} = \frac{1-e^{-j\Omega N}}{1-e^{-j\Omega}}$$

$$= \left[\sin\left(\frac{N\Omega}{2}\right) \Big/ \sin\left(\frac{\Omega}{2}\right) \right] e^{-j\Omega\left(\frac{N-1}{2}\right)} \tag{5-105}$$

注意，幅度频谱 $|X(e^{j\Omega})|$ 是以 2π 为周期的连续函数，令 $W = e^{-j\frac{2\pi}{N}}$ 再由 DFT 定义式可写出

$$X[k] = \sum_{n=0}^{N-1} x[n] e^{-j\frac{2\pi}{N}nk} = \sum_{n=0}^{N-1} x[n] W^{nk} = \sum_{n=0}^{N-1} x[n] (e^{-j\frac{2\pi}{N}k})^n$$

$$= \frac{1-(e^{-j\frac{2\pi}{N}})^N}{1-e^{-j\frac{2\pi}{N}}} = \begin{cases} N, & k=0 \\ 0, & k \ne 0 \end{cases} = N\delta(k) \tag{5-106}$$

由式（5-106）可知，矩形脉冲序列的离散频谱 $X[k]$ 是一个幅度为 N 的单位抽样函数。当然，$X[k]$ 的计算也可以根据式（5-104）的关系，由 $X(e^{j\Omega})$ 在抽样点 $\Omega = 2\pi k/N (k = 0,1,2,\cdots,N-1)$ 的值得到。

当 $k = 0,1,2,\cdots,N-1$ 时，$X[k] = 0$，对应的 k 等于这些值时 $X(e^{j\Omega})$ 的抽样值 $X[2\pi k/N]$ 也都等于零，这是由于在 $X(e^{j\Omega})$ 的旁瓣之间的零点对 $X(e^{j\Omega})$ 进行抽样的结果。只有在 $k=0$ 时，$X[k]$ 不等于零。所以，$X[k]$ 与矩形脉冲的频谱 $X(e^{j\Omega})$ 有较大差异。只有增大 N，使抽样频率 $2\pi k/N$ 更加靠近，$X[k]$ 才能更好地表达 $X(e^{j\Omega})$。

对于测试信号来讲，运用傅里叶分析方法，从连续信号的分析讲到离散信号分析，从周期信号的分析讲到了非周期信号的分析。傅里叶分析的理论公式如图 5-21 所示，希望对读者的理解与记忆有所帮助。

$$\begin{cases} x(t) = \sum_{n=-\infty}^{\infty} c_n e^{jn\omega_0 t} \\ c_n = \frac{1}{T_0} x_T(t) e^{-jn\omega_0 t} \end{cases} \quad \begin{array}{c} \text{离散线谱} \\ \downarrow \\ \text{连续线谱} \end{array} \quad \begin{cases} x(t) = \frac{1}{2\pi} \int_{-\infty}^{\infty} X(\omega) e^{j\omega t} d\omega \\ X(\omega) = \int_{-\infty}^{\infty} x(t) e^{-j\omega t} dt \end{cases}$$

$$\begin{cases} x[n] = \sum_{k=\langle N \rangle} c_k e^{jk\Omega_0 n} \\ c_k = \frac{1}{N} \sum_{n=\langle N \rangle} x[n] e^{-jk\Omega_0 n} \end{cases} \quad \begin{array}{c} N \to \infty \\ \text{离散} \to \text{连续} \end{array} \quad \begin{cases} x[n] = \frac{1}{2\pi} \int_{2\pi} (X) \Omega\ e^{j\Omega n} \\ X(\Omega) = \sum_{n=-\infty}^{\infty} x[n] e^{-jn\Omega} \end{cases}$$

连续 —— (左上), 离散 —— (左下), 周期信号, $T_0 \to \infty$, 非周期信号

图 5 – 21 测试信号傅里叶分析的理论公式

5.8 快速傅里叶变换

快速傅里叶变换（Fast Fourier Transformation，FFT）是计算 DFT 的快速算法。它的出现和发展对推动信号的数字处理技术起着关键作用。本节重点阐明 DFT 运算的内在规律，在此基础上提出 FFT 的基本思路，同时介绍一种常见的 FFT 算法——基 2FFT 算法，也称 Cooley—Tukey（库利—图基）算法。

5.8.1 快速傅里叶变换的基本思路

已知 N 点有限长序列 $x[n]$ 的 DFT 为

$$X[k] = \sum_{n=0}^{N-1} x[n] e^{-j\frac{2\pi}{N}nk}, k = 0,1,2,\cdots,N-1 \tag{5-107}$$

通常 $X[k]$ 为复数，给定的数据 $x[n]$ 可以是实数也可以是复数。为了简化，令指数因子（也称为旋转因子或加权因子的）为

$$W_N = e^{-j2\pi/N} \tag{5-108}$$

当 N 给定时，W_N 是一个常数，则 $X[k]$ 可写为

$$X[k] = \sum_{n=0}^{N-1} x[n] W_N^{nk}, k = 0,1,2,\cdots,N-1 \tag{5-109}$$

因此，DFT 可以看作 W_N^{nk} 为加权系数的一组样点 $x[n]$ 的线性组合，是一种线性变换。其中 W_N^{nk} 的上标为 n，k 的乘积。

将式（5-109）展开，可得

$$\begin{cases} X(0) = W_N^{0\cdot0} x(0) + W_N^{1\cdot0} x(1) + \cdots + W_N^{(N-1)0} x(N-1) \\ X(1) = W_N^{0\cdot1} x(0) + W_N^{1\cdot1} x(1) + \cdots + W_N^{(N-1)1} x(N-1) \\ X(2) = W_N^{0\cdot2} x(0) + W_N^{1\cdot2} x(1) + \cdots + W_N^{(N-1)2} x(N-1) \\ \quad\quad\quad\quad\quad\quad \vdots \\ X(N-1) = W_N^{0\cdot(N-1)} x(0) + W_N^{1\cdot(N-1)} x(1) + \cdots + W_N^{(N-1)\cdot(N-1)} x(N-1) \end{cases}$$

或写成矩阵形式（为便于讨论，写出 $N=4$ 的情况），即

$$\begin{pmatrix} X(0) \\ X(1) \\ X(2) \\ X(3) \end{pmatrix} = \begin{pmatrix} W_4^0 & W_4^0 & W_4^0 & W_4^0 \\ W_4^0 & W_4^1 & W_4^2 & W_4^3 \\ W_4^0 & W_4^2 & W_4^4 & W_4^6 \\ W_4^0 & W_4^3 & W_4^6 & W_4^9 \end{pmatrix} \begin{pmatrix} x(0) \\ x(1) \\ x(2) \\ x(3) \end{pmatrix} \tag{5-110}$$

由此可见，每完成一个频谱样点的计算，需要做 N 次复数乘法和 $N-1$ 次复数加法。每个 $X[k]$ 序列的 N 个频谱样点的计算，就得做 N^2 次复数乘法和 $N(N-1)$ 次复数加法。而且每一次复数乘法又含有四次实数乘法和两次实数加法，每一次复数加法包含两次实数加法。这样的运算过程对于一个实际的信号，当样点数较多时，势必占用很长的计算时间。即使是目前运算速度较快的计算机，往往也难免会失去信号处理的实时性。例如，$N=1024$，$N^2 \approx 10^6$，设进行一次复数乘法运算为 $1\mu s$，则仅仅乘法运算就得花 $1s$，况且复数加法和运算控制的时间都是不能忽略的。由此可见，DFT 虽然给出了利用计算机进行信号分析的基本原理，但由于 DFT 计算量大，计算费时多，在实际应用中有其局限性。要解决这个问题就要寻找实现 DFT 的高效、快速的算法。

DFT 运算时间能否减少，关键在于实现 DFT 运算是否存在规律性以及如何去利用这些规律。由于在计算 $X[k]$ 时，需要大量地计算 W_N^{nk}，首先来分析 W_N^{nk} 所具有的一些有用的特点。由 $W_N = e^{-2\pi j/N}$，有

$$W_N^0 = 1, W_N^N = 1, W_N^{N/2} = 1, W_N^{N/4} = -j, W_{2N}^k = W_N^{k/2} \tag{5-111}$$

此外，式（5-111）具有如下特点。

（1）W_N^{nk} 具有周期性，其周期为 N。容易证明：

$$W_N^k = W_N^{k+iN}，i \text{ 为整数} \tag{5-112}$$

和

$$W_N^{nk} = W_N^{(n+mN)(k-iN)}，i, m \text{ 为整数} \tag{5-113}$$

则

$$W_N^{iN} = 1$$

例如，对于 $N=4$，有 $W_4^6 = W_4^2, W_4^9 = W_4^1$ 等。于是式（5-113）可写为

$$\begin{pmatrix} X(0) \\ X(1) \\ X(2) \\ X(3) \end{pmatrix} = \begin{pmatrix} W_4^0 & W_4^0 & W_4^0 & W_4^0 \\ W_4^0 & W_4^1 & W_4^2 & W_4^3 \\ W_4^0 & W_4^2 & W_4^0 & W_4^2 \\ W_4^0 & W_4^3 & W_4^2 & W_4^1 \end{pmatrix} \begin{pmatrix} x(0) \\ x(1) \\ x(2) \\ x(3) \end{pmatrix} \tag{5-114}$$

上述计算利用 W_N^{nk} 的周期性，原来需要求 7 个 W_N^{nk} 的值，现减少为求 4 个 W_N^{nk} 的值。

（2）W_N^{nk} 具有对称性。由于 $W_N^{N/2} = -1$，可得

$$W_N^{(nK+N/2)} = -W_N^{nk}$$

结合 $W_N^{N/4} = -j$，有

$$W_N^{3N/4} = j$$

仍以 $N=4$ 为例，利用对称性，有 $W_4^3 = -W_4^1$，$W_4^2 = -W_4^0$ 等，于是式（5-114）可进一步写为

$$\begin{pmatrix} X(0) \\ X(1) \\ X(2) \\ X(3) \end{pmatrix} = \begin{pmatrix} W_4^0 & W_4^0 & W_4^0 & W_4^0 \\ W_4^0 & W_4^1 & -W_4^0 & -W_4^1 \\ W_4^0 & -W_4^0 & W_4^0 & -W_4^0 \\ W_4^0 & -W_4^1 & -W_4^0 & W_4^1 \end{pmatrix} \begin{pmatrix} x(0) \\ x(1) \\ x(2) \\ x(3) \end{pmatrix} \qquad (5-115)$$

因此，求 W_N^{nk} 的个数更是减少到了 2 个。

（3）由于求 DFT 时所做的复数乘法和复数加法次数都与 N^2 成正比，若把长序列分解为短序列。例如，把 N 点的 DFT 分解为 2 个 $N/2$ 点 DFT 之和时，其结果使复数乘法次数减少到 $2 \times (N/2)^2 = N^2/2$，即分解前的 1/2。

一种高效、快速实现 DFT 的算法是把原始的 N 点序列，依次分解成一系列短序列，并充分利用 W_N^{nk} 所具有的对称性质和周期性质，求出这些短序列相应的 DFT，然后进行适当组合，最终达到删除重复运算、减少乘法运算、提高速度的目的。这就是 FFT 的基本思想。

例 5 – 9 试求序列 $x[n] = \{1, 1, 1, 1\}$ 的 DFT。

解：这是求 $N = 4$ 点的 DFT，$W = e^{-j2\pi/4} = -j$，可得

$$X[k] = \sum_{n=0}^{N-1} x[n] W^{kn} = 1 + (-j)^k + (-j)^{2k} + (-j)^{3k}$$

令 $k = 0, 1, 2, 3$，依次代入上式，可得

$$\begin{cases} X[0] = 1 + 1 + 1 + 1 = 4 \\ X[1] = 1 - j - 1 + j = 0 \\ X[2] = 1 - 1 + 1 - 1 = 0 \\ X[3] = 1 + j - 1 - j = 0 \end{cases}$$

序列 $x[n] = \{1, 1, 1, 1\}$ DFT 仅在 $k = 0$ 样点取值为 4，而在其余样点都是零，则

$$X[k] = 4\delta[k]$$

不难看到，若将 $x[n]$ 进行周期开拓（周期 $N = 4$），则

$$\hat{x}[n] = 1$$

其离散傅里叶系数

$$c_k = \sum_{l=-\infty}^{\infty} \delta[k - lN]$$

为周期抽样序列串，取其第一周期，即

$$X[k] = Nc_k = 4\delta[k]$$

例 5 – 10 试求频域序列 $X[k] = \{4, 0, 0, 0\}$ 的时间序列。

解：这是求 $N = 4$ 点的 DFT，$W_4 = e^{-j(2\pi/4)} = -j$，可得

$$\begin{bmatrix} x[0] \\ x[1] \\ x[2] \\ x[3] \end{bmatrix} = \frac{1}{4} \begin{bmatrix} W^0 & W^0 & W^0 & W^0 \\ W^0 & W^{-1} & W^{-2} & W^{-3} \\ W^0 & W^{-2} & W^{-4} & W^{-6} \\ W^0 & W^{-3} & W^{-6} & W^{-9} \end{bmatrix} = \frac{1}{4} \begin{bmatrix} 1 & 1 & 1 & 1 \\ 1 & j & -1 & -j \\ 1 & -1 & 1 & -1 \\ 1 & -j & -1 & j \end{bmatrix} \begin{bmatrix} 4 \\ 0 \\ 0 \\ 0 \end{bmatrix} = \begin{bmatrix} 1 \\ 1 \\ 1 \\ 1 \end{bmatrix}$$

这正是例 5 – 9 中的 $x[n]$，表明例 5 – 9 所求的 DFT 正确。

例 5 – 11 求有限长序列 $x[n] = \{1, 2, 1, 0\}$ 的 DFT。

解：$N = 4$，$W_4 = e^{-j2\pi/4} = -j$，可得

$$\begin{bmatrix} X[0] \\ X[1] \\ X[2] \\ X[3] \end{bmatrix} = \begin{bmatrix} W^0 & W^0 & W^0 & W^0 \\ W^0 & W^1 & W^2 & W^3 \\ W^0 & W^2 & W^4 & W^6 \\ W^0 & W^3 & W^6 & W^9 \end{bmatrix} \begin{bmatrix} X[0] \\ X[1] \\ X[2] \\ X[3] \end{bmatrix} = \begin{bmatrix} 1 & 1 & 1 & 1 \\ 1 & -j & -1 & j \\ 1 & -1 & 1 & -1 \\ 1 & j & -1 & -j \end{bmatrix} \begin{bmatrix} 1 \\ 2 \\ 1 \\ 0 \end{bmatrix} = \begin{bmatrix} 4 \\ -2j \\ 0 \\ 2j \end{bmatrix}$$

5.8.2　Cooley – Tukey 快速傅里叶变换算法

最基本的 FFT 算法是首先将 $x[n]$ 按时间分解（抽取）成较短的序列；然后从这些短序列的 DFT 中求得 $X[k]$。

设序列 $x[n]$ 的长度为 $N = 2^v$（v 为整数），先按 n 的奇、偶将序列分成两部分，则可写出序列 $x[n]$ 的 DFT 为

$$X[k] = \sum_{n=0}^{N-1} x[n] W_N^{nk} = \sum_{n偶} x[n] W_N^{nk} + \sum_{n奇} x[n] W_N^{nk} \tag{5-116}$$

当 n 为偶数时，令 $n = 2l$；当 n 为奇数时，令 $n = 2l + 1$，其中 l 为整数，则式（5-116）可改写为

$$X(k) = \sum_{l=0}^{N/2-1} x[2l] W_N^{2lk} + \sum_{l=0}^{N/2-1} x[2l+1] W_N^{2(l+1)k} \tag{5-117}$$

由此可见，这时序列 $x[n]$ 先被分解（抽取）成两个子序列，每个子序列长度为 $N/2$，如图 5-22 所示，第一个序列 $x[2l]$ 由 $x[n]$ 的偶数项组成，第二个序列 $x[2l+1]$ 由 $x[n]$ 的奇数项组成。

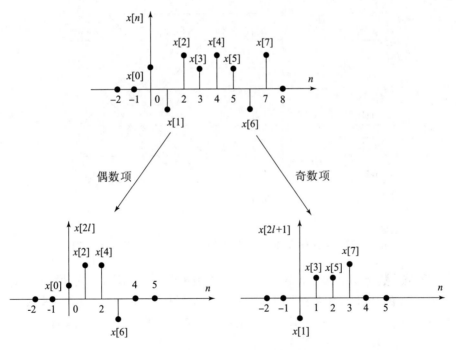

图 5-22　以因子 2 分解长度为 8 的序列

由于 $W_N^2 = e^{-2j \cdot 2\pi/N} = e^{-j \cdot 2\pi/(N/2)} = W_{N/2}^1$ ，式 （5 – 117） 可以表示为

$$X(k) = \sum_{l=0}^{N/2-1} x[2l] W_{N/2}^{lk} + W_N^k \sum_{l=0}^{N/2-1} x[2l+1] W_{N/2}^{lk}$$

注意，上式第一项是 $x[2l]$ 的 $N/2$ 点 DFT，第二项是 $x[2l+1]$ 的 $N/2$ 点 DFT，若分别记为

$$G(k) = \sum_{l=0}^{N/2-1} x[2l] W_{N/2}^{lk}, H(k) = \sum_{l=0}^{N/2-1} x[2l+1] W_{N/2}^{lk}$$

则

$$X(k) = G(k) + W_N^k H(k), k = 0,1,2,\cdots,N-1 \qquad (5-118)$$

显然，$G(k)$、$H(k)$ 是长度为 $N/2$ 点的 DFT，它们的周期都应是 $N/2$，即

$$G\left(k + \frac{N}{2}\right) = G(k), H\left(k + \frac{N}{2}\right) = H(k)$$

再利用 $W_N^{k+N/2} = -W_N^k$ 的对称性，式 （5 – 118） 又可写为

$$X(k) = G(k) + W_N^k H(k), k = 0,1,2,\cdots,N/2-1 \qquad (5-119)$$

$$X(k+N/2) = G(k) - W_N^k H(k), k = 0,1,2,\cdots,N/2-1 \qquad (5-120)$$

前 $N/2$ 个 $X[k]$ 由式 （5 – 119） 求得；后 $N/2$ 个 $X[k]$ 由式 （5 – 120） 求得，而二者只差一个符号。

一个 8 点序列按时间抽取 FFT，第一次分解进行运算的框图如图 5 – 23 所示。

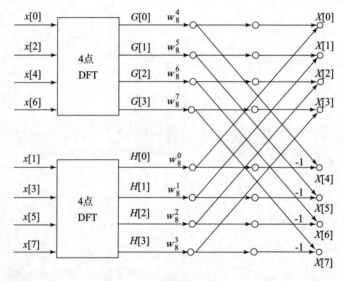

图 5 – 23　4 点 DFT 求 $G(k)$ 分解为两个 2 点 DFT 求 $G(k)$

如果 $N/2$ 是偶数 $x[2l]$ 和 $x[2l+1]$，还可以被再分解（抽取）。在计算 $G[k]$ 时可以将序列 $x[2l]$ 按 l 的奇偶分为两个子序列，每个子序列长度为 $N/4$。当 l 为偶数时，令 $l = 2r$；当 l 为奇数时，令 $l = 2r+1$，其中 r 为整数。于是，可将 $G[k]$ 表示为

$$G(k) = \sum_{l=0}^{\frac{N}{2}-1} x(2l) W_{N/2}^{lk} = \sum_{l偶} x(2l) W_{N/2}^{lk} + \sum_{l奇} x(2l) W_{N/2}^{lk}$$

$$= \sum_{l=0}^{\frac{N}{4}-1} x(4r) W_{N/2}^{2rk} + \sum_{l=0}^{\frac{N}{4}-1} x(4r) W_{N/2}^{(2r+1)k}$$

$$= \sum_{l=0}^{\frac{N}{4}-1} x(4r) W_{N/4}^{rk} + W_{N/2}^{k} \sum_{l=0}^{\frac{N}{4}-1} x(4r+2) W_{N/4}^{rk}$$

$$= A(k) + W_N^{2k} B(k), k = 0,1,2,\cdots,\frac{N}{2}-1 \qquad (5-121)$$

式（5-121）的推导过程中应用了 $W_{N/2}^{k} = W_N^{2k}$ 等式。显然 $A[k]$、$B[k]$ 是长度为 $N/4$ 点的 DFT，它们的周期都应是 $N/4$，若再利用等式 $W_{N/2}^{2(k+N/4)} = W_N^{2k+N/2} = W_N^{2k}$，可得

$$G(k) = A(k) + W_N^{2k} B(k), k = 0,1,2,\cdots,N/4-1 \qquad (5-122)$$

$$G(k+N/4) = A(k) + W_N^{2k} B(k), k = 0,1,2,\cdots,N/4-1 \qquad (5-123)$$

式中：$A(k) = \sum_{r=0}^{\frac{N}{4}-1} x(4r) W_{N/4}^{rk}, B(k) = \sum_{r=0}^{\frac{N}{4}-1} x(4r+2) W_{N/4}^{rk} \left(k = 0,1,2,\cdots,\frac{N}{4}-1 \right)$，前 $N/4$ 点。

$G[k]$ 由式（5-122）求得，后 $N/4$ 点 $G[k]$ 由式（5-123）求得，而二者也只差一个符号。这是第二次按时间抽取的 FFT，图 5-24 所示为这次分解的 $G[k]$ 的运算框图。

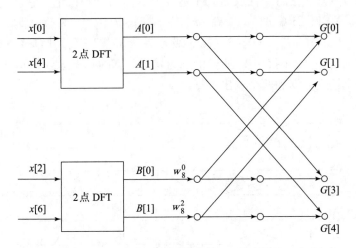

图 5-24　一个 8 点序列按时间抽取 FFT 算法的第一次分解

同样的处理方法也应用于计算 $H[k]$，得到计算 $H[k]$ 的公式为

$$H(k) = C(k) + W_N^{2k} D(k), k = 0,1,2,\cdots,N/4-1 \qquad (5-124)$$

$$H(k+N/4) = C(k) - W_N^{2k} D(k), k = 0,1,2,\cdots,N/4-1 \qquad (5-125)$$

式中：$C(k) = \sum_{r=0}^{\frac{N}{4}-1} x[4r+1] W_{N/4}^{rk}$ ；$D(k) = \sum_{r=0}^{\frac{N}{4}-1} x[4r+3] W_{N/4}^{rk} (k = 0,1,2,\cdots,N/4-1)$。

于是，对于一个 8 点序列 $x[n]$，根据式（5-124）与式（5-125），可计算得到

$$\begin{cases} A[0] = x[0] + W_8^0 x[4], A[1] = x[0] - W_8^0 x[4] \\ B[0] = x[2] + W_8^0 x[6], B[1] = x[2] - W_8^0 x[6] \\ C[0] = x[1] + W_8^0 x[5], C[1] = x[1] - W_8^0 x[5] \\ D[0] = x[3] + W_8^0 x[7], D[1] = x[3] - W_8^0 x[7] \end{cases}$$

进一步可得

$$\begin{cases} G[0] = A[0] + W_8^0 B[0], G[1] = A[1] + W_8^2 B[1] \\ G[2] = A[0] - W_8^0 B[0], G[3] = A[1] - W_8^2 B[1] \\ H[0] = C[0] + W_8^0 D[0], H[1] = C[1] + W_8^2 D[1] \\ H[2] = C[0] - W_8^0 D[0], H[3] = C[1] - W_8^2 D[1] \end{cases}$$

由式（5-120）和式（5-121），可得

$$\begin{cases} X[0] = G[0] + W_8^0 H[0], X[1] = G[1] + W_8^1 H[1] \\ X[2] = G[2] + W_8^2 H[2], X[3] = G[3] + W_8^3 H[3] \\ X[4] = G[0] - W_8^0 H[0], X[5] = G[1] - W_8^1 H[1] \\ X[6] = G[2] - W_8^2 H[2], X[7] = G[3] - W_8^3 H[3] \end{cases}$$

一个完整的 8 点基 2 按时间抽取的 FFT 运算流程前面已经讨论，它从左至右分为三级：第 1 级是四个 2 点 DFT，计算 $A[k]$、$B[k]$、$C[k]$、$D[k]$（$k=0,1$）；第 2 级是两个 4 点 DFT，计算 $G[k]$、$H[k] = 0 \sim 3$；第 3 级是一个 8 点 DFT，计算 $X[k]$（$k = 0 \sim 7$）。而每一级的运算都由四个如图 5-25 所示的称为蝶形运算的基本运算单元组合而成，每一蝶形运算单元有两个输入数据和两个输出数据。

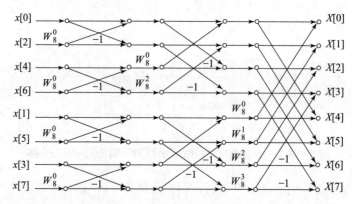

图 5-25　一个完整的 8 点基 2 按时间抽取的 FFT 算法流程

基 2FFT 算法是一种不断将数据序列进行抽取，每抽取一次就把 DFT 的计算宽度降为原来的 1/2，最后成为 2 点 DFT 运算的算法。因此，一个长度为 $N = 2^v$（v 为整数）的序列 $x[n]$，通过基 2 按时间抽取可以分解为 $\log_2 N = v$ 级运算，每级运算由 $N/2$ 个蝶形运算单元完成。每一蝶形运算单元只需进行一次与指数因子 W_N 的复数乘法和两次复数加法，所以整个运算过程共有 $\frac{1}{2} N \log_2 N$ 次复数乘法和 $N\log_2 N$ 次复数加法，极大地提高了计算的效率。例如，对于 $N = 1024$ 的序列，采用 FFT 比直接计算 DFT 提高运算速度 200 倍以上，而且随着

N 的增加，运算效率的提高更加显著。

由按时间抽取 FFT 算法的结构可以看出，一旦进行完一个蝶形运算，一对输入数据就不需要再保留。这样，输出数据对可以放至对应输入数据对的一组存储单元中，实现同址运算，大大减少了计算机的存储开支。但是，为了进行同址运算，输入序列不能按原来自然顺序排列（图 5 - 26），而要进行变址，变址的规律是：首先把原来按自然顺序表示

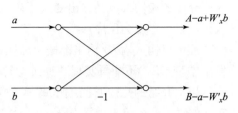

图 5 - 26　蝶形运算单元示意图

序列（正序）的十进制数先换成二进制数，然后把这些二进制数的首位至末位的顺序进行顺倒（码位倒置），再重新换成十进制，这样得到的序列称为反序。表 5 - 4 列出了 $N = 8$ 时的正序和反序序列。

表 5 - 4　自然顺序与相应的码位倒置

n	二进制	码位倒置二进制	n'
0	000	000	0
1	001	100	4
2	010	010	2
3	011	110	6
4	100	001	1
5	101	101	5
6	110	011	3
7	111	111	7

归纳上面的推导过程，对于 $N = 2^v$（v 为整数），输入反序、输出正序的 FFT 运算流程可表示如下。

（1）将运算过程分解为 v 级（也称 v 次选代）。

（2）把输入序列 $x[n]$ 进行码位倒置，按反序排列。

（3）每级都包含了 $N/2$ 个蝶形运算单元，但它们的几何图形各不相同。从左至右第 1 级的 $N/2$ 个蝶形运算单元组成 $N/2$ 个"群"（蝶形运算单元之间有交叉的称为"群"），第 2 级的 $N/2$ 个蝶形运算单元组成 $N/4$ 个"群"，……，第 i 级的 $N/2$ 个蝶形运算单元组成 $N/2^i$ 个"群"，最末级为 $N/2^v = 1$ 个"群"。

（4）每个蝶形运算单元完成如图 5 - 21 所示的一次与指数因子 W_N 的复数乘法和两次复数加（减）法。

（5）同级各"群"的指数因子 W_N 分布规律相同，各级每"群"的指数因子 W_N 可表示如下：

第 1 级：W_N^0

第 2 级：W_N^0，$W_N^{N/4}$

$\vdots$

第 i 级：W_N^0，$W_N^{N/2i}$，$W_N^{2N/2i}$，$\cdots$，$W_N^{(2^{i-1}-1)N/2i}$

$\vdots$

也可以把输入序列按自然顺序排列（正序）进行 FFT 运算，这时所执行的运算内容与前面介绍的相同，只是输出变成了码位倒置后的序列。因此，输入反序时，输出为正序；输入正序时，输出为反序。

还可以构成输入/输出都按自然顺序排列（正序）的 FFT 运算，但这时每级的蝶形运算发生"变形"，不能再实现"原址运算"而需要较多的存储单元，所以在实际中很少使用。

以上介绍的是按时间抽取的基 2FFT 算法，与此对应的另一种算法是在频域把 $X[k]$ 按 k 的奇、偶分组来计算 DFT，称为按频率抽取的 FFT 算法，也称 Sande—Tukey（桑德—图基）算法。

FFT 算法也可以用于离散傅里叶反变换，即由信号的频谱序列，求出信号的时间序列，通常称为 FFT 反变换。

如果序列长度 N 不是 2 的整数幂次，也可以排出 FFT 算法程序，称为任意因子的 FFT 算法。从基本的 FFT 算法诞生以来，各种改进的或派生的 FFT 算法层出不穷，它们都以快速、高效地计算数据序列的 DFT 为目的。本书只介绍关于 FFT 算法的初步概念，使大家认识到通过有效地利用指数因子 W_N^{nk} 的特性以及合理地分解数据序列 $x[n]$，就能极大地提高计算 DFT 的效率。有关 FFT 及 FFT 反变换的各种算法在《数字信号处理》及其相关教材或专著中都有详细的介绍，实际上，现在已有许多成熟的 FFT 计算机程序可以直接使用。

5.9　系统的结构及其模拟图

前面讨论卷积和的性质时，曾得到级联和并联系统的单位抽样响应如下。

级联系统：

$$h[n] = h_1[n] * h_2[n] \tag{5-126}$$

并联系统：

$$h[n] = h_1[n] + h_2[n] \tag{5-127}$$

由傅里叶变换的线性性质及卷积定理可得出互联系统频率响应与子系统频率响应之间的关系如下。

级联系统：
$$H(e^{j\Omega}) = H_1(e^{j\Omega})H_2(e^{j\Omega}) \tag{5-128}$$

并联系统：
$$H(e^{j\Omega}) = H_1(e^{j\Omega}) + H_2(e^{j\Omega}) \tag{5-129}$$

级联和并联结构

由上述公式可以看出，可以把复杂系统分解成简单系统的级联或并联，每一个简单系统（或称子系统）一般都是用一阶或二阶差分方程描述的系统，而且在框图模拟时采用直接 II 型结构。因此可以说，一阶系统和二阶系统是构成高阶系统的基本组成单元，弄清它们的有关特性是至关重要的。

如果给定的系统频率响应的分子、分母多项式进行因式分解，可得

$$H(e^{j\Omega}) = \frac{b_0}{a_0} \frac{\prod\limits_{k=1}^{M}(1 + z_k e^{-j\Omega})}{\prod\limits_{k=1}^{N}(1 + p_k e^{-j\Omega})} \tag{5-130}$$

式中：z_k、p_k 可以是实数，也可以是复数；若为复数，必以共轭对形式出现，这时应把两个

一阶因式合并为一个具有实系数的二次式。式（5－130）若用子系统频率响应表示，则

$$H(\mathrm{e}^{\mathrm{j}\Omega}) = \frac{b_0}{a_0}\prod_{k=1}^{P}H_k(\mathrm{e}^{\mathrm{j}\Omega}) \tag{5－131}$$

式中：$H_k(\mathrm{e}^{\mathrm{j}\Omega})$ 是一阶或二阶子系统的频率响应，这样一个 N 阶系统可用 P 个一阶或二阶子系统的级联来实现。

需要指出的是，在级联实现以及下面要讨论的并联实现时，尽量采用二阶子系统，两个实系数的一次式相乘就可得到二次式。

为了得到并联结构实现，展成部分分式，即

$$H(\mathrm{e}^{\mathrm{j}\Omega}) = \frac{b_0}{a_0} + \sum_{k=1}^{N}\frac{A_k}{1 - p_k\mathrm{e}^{-\mathrm{j}\Omega}} \tag{5－132}$$

式中：p_k 可以是实数，也可以是复数；若为复数必以共轭对形式出现，这时应把两个复系数的一次分式相加而得到具有实系数的二次分式。当然，两个实系数的一次分式相加也可得到实系数二次分式。

式（5－132）中，常数项（b_0/a_0）或（b_M/a_N）只有当分子多项式阶数 M 等于分母阶数 N 时才会出现。对于离散时间系统，常有 $M > N$ 的情况出现，这时不是出现常数项，而是在分式和以外还存在一个以 $\mathrm{e}^{-\mathrm{j}\Omega}$ 为变量的多项式。

例 5－12 某离散时间系统的频率响应为

$$H(\mathrm{e}^{\mathrm{j}\Omega}) = \frac{1}{\left(1 + \dfrac{1}{2}\mathrm{e}^{-\mathrm{j}\Omega}\right)\left(1 - \dfrac{1}{4}\mathrm{e}^{-\mathrm{j}\Omega}\right)} \tag{5－133}$$

试画出其直接型、级联型和并联型结构图。

解：将式（5－133）的分母展开为多项式，得

$$H(\mathrm{e}^{\mathrm{j}\Omega}) = \frac{1}{1 + \dfrac{1}{4}\mathrm{e}^{-\mathrm{j}\Omega} - \dfrac{1}{8}\mathrm{e}^{-\mathrm{j}2\Omega}}$$

它对应的差分方程为

$$y[n] + y[n-1]/4 - y[n-2]/8 = x[n]$$

画出直接型结构如图 5－27（a）所示。

将式（5－133）改写为

$$H(\mathrm{e}^{\mathrm{j}\Omega}) = \left[\frac{1}{1 + \dfrac{1}{2}\mathrm{e}^{-\mathrm{j}\Omega}}\right]\left[\frac{1}{1 - \dfrac{1}{4}\mathrm{e}^{-\mathrm{j}\Omega}}\right] \tag{5－134}$$

级联的两个子系统都是一阶的，写出它们的差分方程分别为

$$w[n] + 0.5w[n-1] = x[n]$$
$$y[n] - 0.25y[n-1] = w[n]$$

式中：$w[n]$ 为第一个子系统的输出，即第二个子系统的输入。

画出级联型结构如图 5－27（b）所示。

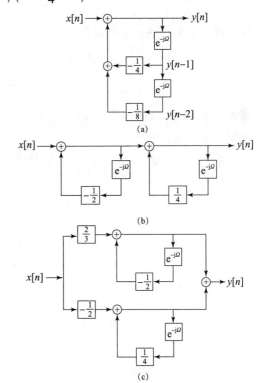

图 5－27 例 5－12 的系统方框图表示

（a）直接型；（b）级联型；（c）并联型

进行部分分式展开，有

$$H(e^{j\Omega}) = \left[\frac{2/3}{1 + \dfrac{1}{2}e^{-j\Omega}} \right]\left[\frac{1/3}{1 - \dfrac{1}{4}e^{-j\Omega}} \right]$$

两个并联的一阶系统的差分方程分别为

$$w_1[n] + w_1[n-1]/2 = 2x[n]/3$$
$$w_2[n] - w_2[n-1]/4 = x[n]/3$$
$$y[n] = w_1[n] + w_2[n]$$

其中：$w_1[n]$、$w_2[n]$ 为两个子系统的输出。

并联型结构如图 5-27（c）所示。

例 5-13 考虑系统函数

$$H(e^{j\Omega}) = \frac{1 - \dfrac{7}{4}e^{-j\Omega} - \dfrac{1}{2}e^{-j2\Omega}}{1 + \dfrac{1}{4}e^{-j\Omega} - \dfrac{1}{8}e^{-j2\Omega}} \qquad (5-135)$$

运用级联概念画出其直接型结构图。

解：将式（5-135）改写为

$$H(e^{j\Omega}) = \left[\frac{1}{1 + \dfrac{1}{4}e^{-j\Omega} - \dfrac{1}{8}e^{-j2\Omega}} \right]\left[1 - \frac{7}{4}e^{-j\Omega} - \frac{1}{2}e^{-j2\Omega} \right]$$

两个级联子系统的差分方程分别为

$$w[n] + w[n-1]/4 - w[n-2]/8 = x[n] \qquad (5-136)$$

$$y[n] = w[n] - 7w[n-1]/4 - w[n-2]/2 \qquad (5-137)$$

式中：$w[n]$ 为第一个子系统的输出，即第二个子系统的输入。

画出子系统 1 的直接型结构如图 5-28 所示，只是图中的输出 $y[n]$ 应改为 $w[n]$，且两个延迟器的输出端依次应改为 $w[n-1]$ 和 $w[n-2]$，再对 $w[n]$、$w[n-1]$、$w[n-2]$ 这三个信号分别乘以 1、$-7/4$、$-1/2$ 并求和。图 5-28 所示为直接 II 型结构。

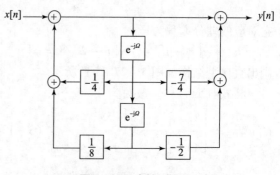

图 5-28 直接型结构

5.10 MATLAB 仿真设计与实现

例 5-14 设 $f(t) = e^{-t}$，试根据以下三种情况实现由 $f(t)$ 的抽样信号 $f_s(t)$ 重构 $f(t)$ 并求两者误差，分析以下三种情况下的结果。

（1）$\omega_m = \pi,\omega_c = \omega_m,T_s = \pi/\omega_m$;

（2）$\omega_m = 2\pi,\omega_c = 1.1\omega_m,T_s = \pi/\omega_m$;

（3）$\omega_m = 5\pi,\omega_c = 0.9\omega_m,T_s = \pi/\omega_m$。

解：

（1）MATLAB 仿真程序如下：

```
clear all
close all
dt =0.005;
t =0:dt:10;
%%设定采样频率
wm =pi;
f =exp( -t);
   %%绘制原信号
subplot(221)
plot(t,f,'k');
xlabel('t/s');
title('f(t)');
Ts =pi/wm;
ts =0:Ts:10;
fs =exp( -ts);
%%绘制采样
subplot(222)
plot(t,f,'k:');
hold on
stem(ts,fs);
xlabel('t(s)');
title('Sampling');

grid on

%%绘制重构
wc =wm;
fr =zeros(size(f));
subplot(223)
plot(ts,fs,'k-o');
axis([0 10 -0.2 1.2]);
hold on
for i =0:Ts:10
    sa =fs(i/Ts +1)* sinc(wc/pi* (t -i));
```

```
    fr = fr + sa;
    plot(t,sa,':')
    hold on
end
plot(t,fr,'r');
xlabel('t(s)');
title('Reconstruction');
err = abs(f - fr);

%% 绘制误差
subplot(224)
plot(t,err);
axis([0 10 0 1]);
xlabel('t(s)');
title('Error');
```

输出结果波形如图 5 - 29 所示。

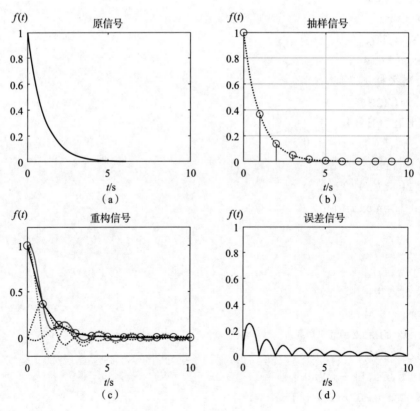

图 5 - 29　例 5 - 14 输出结果波形

（2）MATLAB 仿真程序如下：

```
clear all
close all
dt =0.005;
t =0:dt:10;

wm =2* pi;
f =exp( -t);

subplot(221)
plot(t,f,'k');
xlabel('t/s');
title('f(t)');
Ts =pi/wm;
ts =0:Ts:10;
fs =exp( -ts);

subplot(222)
plot(t,f,'k:');
hold on
stem(ts,fs);
xlabel('t(s)');
title('Sampling');

grid on

wc =1.1* wm;
fr =zeros(size(f));
subplot(223)
plot(ts,fs,'k -o');
axis([0 10 -0.2 1.2]);
hold on
for i =0:Ts:10
    sa =fs(i/Ts +1)* sinc(wc/pi* (t -i));
    fr =fr +sa;
    plot(t,sa,':')
    hold on
end
plot(t,fr,'r');
```

```
xlabel('t(s)');
title('Reconstruction');
err = abs(f-fr);

subplot(224)
plot(t,err);
axis([0 10 0 1]);
xlabel('t(s)');
title('Error');
```

输出结果波形如图 5 – 30 所示。

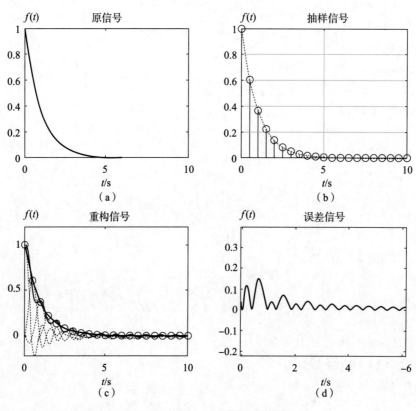

图 5 – 30　例 5 – 14 输出结果波形

（3）MATLAB 仿真程序如下：

```
clear all
close all
dt =0.005;
t =0:dt:10;

wm =5 * pi;
f =exp( -t);
```

```
subplot(221)
plot(t,f,'k');
xlabel('t/s');
title('f(t)');
Ts = pi/wm;
ts = 0:Ts:10;
fs = exp( - ts);

subplot(222)
plot(t,f,'k:');
hold on
stem(ts,fs);
xlabel('t(s)');
title('Sampling');

grid on

wc = 0.9* wm;
fr = zeros( size( f));
subplot(223)
plot(ts,fs,'k - o');
axis([0 10 - 0.2 1.2]);
hold on
for i = 0:Ts:10
    sa = fs(i/Ts +1)* sinc(wc/pi* (t - i));
    fr = fr + sa;
    plot(t,sa,':')
    hold on
end
plot(t,fr,'r');
xlabel('t(s)');
title('Reconstruction');
err = abs( f - fr);

subplot(224)
plot(t,err);
axis([0 10 0 1]);
xlabel('t(s)');
```

```
title('Error');
```

输出结果波形如图 5 – 31 所示。

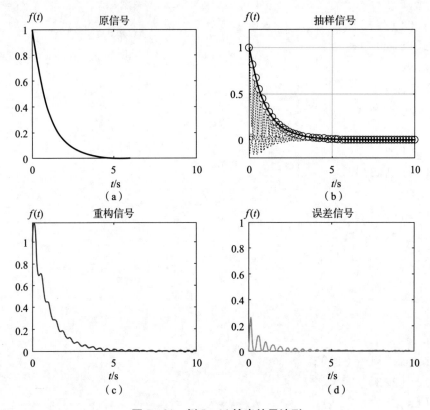

图 5 – 31　例 5 – 14 输出结果波形

例 5 – 15　具体信号形式为

$$x[n] = \begin{cases} 1, & 0 \leqslant n \leqslant 7 \\ 0, & 8 \leqslant n \leqslant 31 \end{cases}$$

信号周期 $N = 32$。

（1）画出在 $0 \leqslant n \leqslant 63$ 范围内信号的时域波形，并作适当标注；

（2）利用 FFT 计算周期离散时间信号 $x[n]$ 的离散时间傅里叶级数系数。利用 abs 和 stem 绘出级数序列的幅值图；

（3）利用（2）中得到的离散时间傅里叶级数系数和综合公式，综合 $x[n]$。每次用若干个系数，观察 $x[n]$ 的变化。

（1）MATLAB 仿真程序如下：

```
A1 = zeros(1,8);
A1 = A1 +1;
B = zeros(1,24);
A = [A1,B,A1,B];
stem(0:1:64,A);
```

输出结果波形如图 5 – 32 所示。

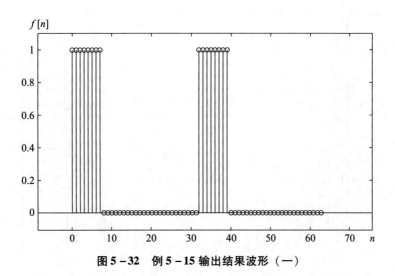

图 5 – 32　例 5 – 15 输出结果波形（一）

（2）MATLAB 仿真程序如下：

```
A1 = zeros(1,8);
A1 = A1 +1;
B = zeros(1,24);
A = [A1,B];
k = 0:1:63;
y = fft(A,64);
stem(k,abs(y));
```

输出结果波形如图 5 – 33 所示。

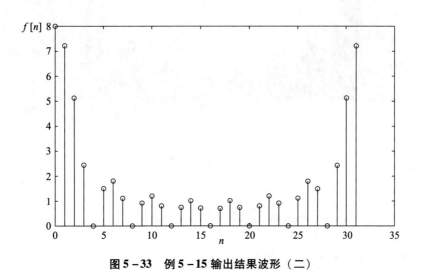

图 5 – 33　例 5 – 15 输出结果波形（二）

（3）MATLAB 仿真程序如下：

下面是 64 和 128 的结果，输出结果波如图 5 – 34 所示。

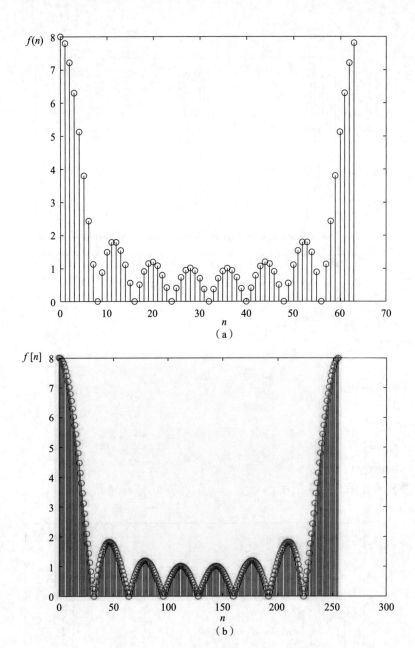

图 5 - 34　例 5 - 15 输出结果波形（三）

本章习题及部分答案要点

5.1　已知周期序列 $x[n]$ 的离散傅里叶系数 $c_k = \cos(k\pi/4) + \sin(3k\pi/4)$ ，且 $x[n]$ 的周期为 8，试求 $x[n]$。

答案要点：

$$C_k = \frac{1}{2}(\mathrm{e}^{-\frac{k}{4}\pi j} + \mathrm{e}^{\frac{k}{4}\pi j}) + \frac{1}{2\mathrm{j}}(\mathrm{e}^{\frac{3}{4}k\pi j} - \mathrm{e}^{-\frac{3}{4}k\pi j})$$

$x[n] = \sum_{k=\langle N \rangle} C_k \cdot e^{jk\frac{2\pi}{4}n}$, 只有 $n = \pm 1$ 时, $\sum \neq 0 \Rightarrow x[1] = 4, x[-1] = 4$

只有 $n = \pm 3$ 时, $\sum \neq 0 \Rightarrow x[3] = 4j, x[-3] = -4j$

$\Rightarrow x[n] = 4\delta[n-1] + 4\delta[n+1] + 4j\delta[n-3] - 4\delta[n+3]$

5.2 试确定下列信号的最小抽样率和最大抽样间隔。

(1) $\mathrm{sinc}(100t)$; (2) $[\mathrm{sinc}(100t)]^2$;

(3) $\mathrm{sinc}(100t) + \mathrm{sinc}(50t)$; (4) $\mathrm{sinc}(100t) + [\mathrm{sinc}(50t)]^2$。

答案要点：

(1) $\omega_s \geq 200\mathrm{rad/s}$, $T_s \leq \pi/100\mathrm{s}$

(2) $\omega_s \geq 400\mathrm{rad/s}$, $T_s \leq \pi/200\mathrm{s}$

(3) $\omega_s \geq 200\mathrm{rad/s}$, $T_s \leq \pi/100\mathrm{s}$

(4) $\omega_s \geq 200\mathrm{rad/s}$, $T_s \leq \pi/100\mathrm{s}$

5.3 离散时间信号的傅里叶变换如下，试求其相对应的原序列。

(1) $X(e^{j\Omega}) = \begin{cases} 0, & 0 \leq |\Omega| \leq \omega \\ 1, & \omega < |\Omega| \leq \pi \end{cases}$; (2) $X(e^{j\Omega}) = \sum_{k=-\infty}^{+\infty} (-1)^k \delta(\Omega - \pi k/2)$。

(1) 答案要点：

$$x[n] = \frac{1}{2\pi} \int_{-\pi}^{\pi} X(\Omega) e^{j\Omega n} d\Omega = \frac{1}{2\pi} \cdot \frac{1}{nj} [e^{jn\Omega}|_{\omega}^{\pi} + e^{jn\Omega}|_{-\pi}^{-\omega}]$$

$$= \frac{1}{2n\pi j} [e^{jn\pi} - e^{-jn\pi} + e^{-jn\omega} - e^{jn\omega}] = \frac{1}{2\pi nj} [2\sin n\pi - 2\sin n\omega j] = -\frac{\sin n\omega}{\pi n}$$

当 $n = 0$ 时, $x[n] = \delta[n]$

(2) 答案要点：

$$x[n] = \frac{1}{2\pi} [e^{-\pi jn} - e^{-\frac{\pi}{2}jn} + e^0 - e^{\frac{\pi}{2}jn}] = \left(\cos \pi n - 2\cos\left(-\frac{\pi}{2}n\right) + 1\right)\frac{1}{2\pi}$$

$$= \frac{1 - 1(-1)^n - 2\cos\frac{\pi}{2}n}{2\pi}$$

5.4 已知序列 $x_1[n] = \{1, 3, 5, 7\}$, $x_2[n] = \{8, 6, 4, 2\}$, 如图 5-35 所示。

(1) 用图解法求两个序列的卷积 $x_1[n] * x_2[n]$;

(2) 用周期卷积定理求两个序列的卷积 $x_1[n] * x_2[n]$。

(1) 答案要点：

可以采用滑动尺方法求解，也可以用图解法或者定义式求解。

$X_1(\Omega) = 1\omega^{1n} + 3\omega^{2n} + 5\omega^{3n} + 7\omega^{4n}$

$X_2(\Omega) = 8\omega^{1n} + 6\omega^{2n} + 4\omega^{3n} + 2\omega^{4n}$

$X_1(\Omega) \cdot X_2(\Omega) = 8\omega^{2n} + 30\omega^{3n} + 62\omega^{4n} + 100\omega^{5n} + 68\omega^{6n} + 38\omega^{7n} + 14\omega^{8n}$

$\Rightarrow \{\cdots, 8, 30, 62, 100, 68, 38, 14, \cdots\}$

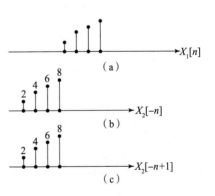

图 5-35　题 5.4 图

（2）答案要点：

$y[1] = 8 \times 1 = 8$；$y[2] = 6 + 3 \times 8 = 30$；$y[3] = 62$；$y[4] = 100$；

$y[5] = 68$；$y[6] = 38$；$y[7] = 14$。

5.5 已知周期序列的离散傅里叶系数 c_k 如图 5 − 36 所示，其周期为 8，试分别求其周期序列 $x[n]$。

（1）离散傅里叶系数 c_k 如图 5 − 36（a）所示；

（2）离散傅里叶系数 c_k 如图 5 − 36（b）所示。

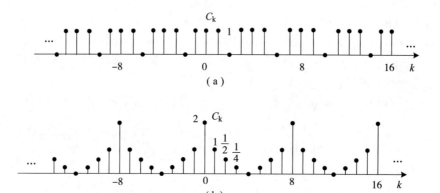

图 5 − 36 题 5.5 图周期序列

答案要点：

（1）$x[n] = 1 + (-1)^n + 2\cos(\pi n/4) + 2\cos(3\pi n/4)$

（2）$x[n] = 2 + 2\cos(\pi n/4) + \cos(\pi n/2) + \cos(3\pi n/4)/2$

5.6 一个 LTI 离散时间系统的单位抽样响应为 $h[n] = (1/2)^n u[n]$，试用傅里叶分析法求该系统对下列信号的响应。

（1）$x[n] = (3/4)^n u[n]$；（2）$x[n] = (n+1)(1/4)^n u[n]$；（3）$x[n] = (-1)^n$。

（1）答案要点：

$$h[n] = \left(\frac{1}{2}\right)^n u[n] \Rightarrow \frac{1}{1 - \left(\frac{1}{2}\right)e^{-j\Omega}} = H(\Omega)$$

$$x[n] = \left(\frac{3}{4}\right)^n u[n] \Rightarrow \frac{-2}{1 - \left(\frac{3}{4}\right)e^{-j\Omega}} = X(\Omega)$$

$$Y[\Omega] = X[\Omega] \cdot H[\Omega] = \frac{-2}{1 - \frac{1}{2}e^{-j\Omega}} + \frac{3}{1 - \frac{3}{4}e^{-j\Omega}}$$

$$\Rightarrow Y[n] = 3 \cdot \left(\frac{3}{4}\right)^n u[n] - 2 \cdot \left(\frac{1}{2}\right)^n u[n]$$

（2）答案要点：

$$X(\Omega) = \left(\frac{1}{1 - \frac{1}{4}e^{-j\Omega}}\right) + \frac{1}{1 - \frac{1}{4}e^{-j\Omega}} = \frac{-1 \cdot \left(\frac{1}{4}\right)(-j)e^{-j\Omega}}{\left(1 - \frac{1}{4}e^{-j\Omega}\right)^2} + \frac{1}{1 - \frac{1}{4}e^{-j\Omega}}$$

$$Y_1(\Omega) = X(\Omega) \cdot H(\Omega) = \frac{\frac{1}{4}e^{-j\Omega}}{\left(1 - \frac{1}{4}e^{-j\Omega}\right)^2} \cdot \frac{1}{\left(1 - \frac{1}{2}e^{-j\Omega}\right)} = \frac{-1}{\left(1 - \frac{1}{4}e^{-j\Omega}\right)^2} +$$

$$\frac{-1}{\left(1 - \frac{1}{4}e^{-j\Omega}\right)} + \frac{2}{1 - \frac{1}{2}e^{-j\Omega}}$$

$$Y_2(\Omega) = \frac{-1}{1 - \frac{1}{4}e^{-j\Omega}} + \frac{2}{1 - \frac{1}{2}e^{-j\Omega}}$$

（3）答案要点：

$$c_k = \frac{1}{2} \cdot \sum_{n=0}^{1} x[n]e^{-j\pi kn} = \frac{1}{2}(1 - e^{-jk\pi})$$

$$\Rightarrow X(\Omega) = \sum_{n=-\infty}^{+\infty} 2\pi c_k \delta(\Omega - \pi n) \ k \ \text{为常数}, c_k \neq 0 ; \ \text{此时} \ H(\Omega) = \frac{2}{3}$$

$$\Rightarrow Y(\Omega) = X(\Omega) \cdot \frac{2}{3}$$

$$\Rightarrow y[n] = (-1)^n \cdot 2/3$$

5.7　若信号 $x(t)$ 最高角频率为 ω_m ，试求对 $x(2t)$ 采样的最大时间间隔 $T_{\max}$ 。

答案要点：

$T_{\max} = \pi/\omega_m$ 。

5.8　试求周期序列 $x[n] = \sin[\pi(n-1)/4]$ 的数字频率、周期离散傅里叶系数，并画出其振幅频谱和相位频谱图。

答案要点：

$$f = \frac{1}{N} = \frac{1}{8}, \ T = N = 8, \ \Omega_0 = \frac{2\pi}{N} = \frac{\pi}{4}, \ c_k = \frac{1}{N}\sum_{n=0}^{7} x[n]e^{jk\left(\frac{2}{N}\right)n}$$

在基波周期 $N = 8$ 内，若取 $0 \leqslant k \leqslant 7$ ，则 $c_1 = e^{-j\pi/4}/2j$ ，$c_7 = c_{-1} = -e^{j\pi/4}/2j$ ，其余 $c_k = 0$ 。该系数以 N 为周期重复，在频率轴上还会出现 $c_{rN+1} = c_1$ ，$c_{rN-1} = c_{-1}(r = 0,1,2,3,$ $4,5,\cdots)$ 。振幅频谱和相位频谱图如图 5 - 37 所示。

5.9　试求下列周期序列的数字频率、周期离散傅里叶系数，并画出其振幅频谱和相位频谱图。

（1）$x_1[n]$ 如图 5 - 38（a）所示；

（2）$x_2[n]$ 如图 5 - 38（b）所示；

（3）$x_3[n]$ 如图 5 - 38（c）所示。

答案要点：

（1）$c_0 = 5/7, c_k = [e^{-4jk\pi/7}\sin(5k\pi/7)]/7\sin(k\pi/6), 1 \leqslant k \leqslant 6$

（2）$c_0 = 2/3, c_k = [e^{-jk\pi/2}\sin(2k\pi/3)]/6\sin(k\pi/6), 1 \leqslant k \leqslant 5$

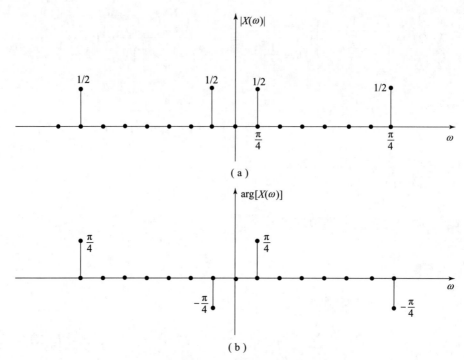

图 5 – 37   题 5.8 模频谱和相位频谱图

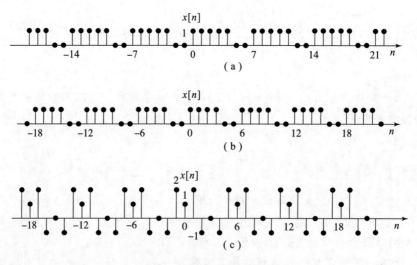

图 5 – 38   题 5.9 周期序列图

（3）$c_k = 1/6 + 2[\sin(k\pi/3)]/3 - [\cos(2k\pi/3)]/3$

5.10   已知系统的输入 $x[n] = \left(\dfrac{1}{2}\right)^{n-2} u[n-2]$，单位抽样响应 $h[n] = u[n+2]$，试用卷积法求系统的输出 $y[n]$。

答案要点：

$$y[n] = 2\left[1 - \left(\frac{1}{2}\right)^{n+1}\right]u[n]$$

5.11　若信号 $x(t)$ 最高角频率为 ω_m，试求对 $x(t/4)$ 采样的最大时间间隔 $T_{\max}$。

答案要点：

$x(t)$ 最高角频率为 ω_m，则 $x(t/4)$ 最高角频率为 $\omega_m/4$

则最小抽样率 $\omega_s \geqslant \dfrac{\omega_m}{4}$，$T \leqslant \dfrac{2\pi}{\omega_s}$，所以，$T_{\max} = 2\pi \left/ \left(\dfrac{2\pi}{\omega_m}\right)\right. = \dfrac{4\pi}{\omega_m}$

5.12　已知信号 $x(t) = (\sin 4\pi t)/\pi t$，$-\infty < t < +\infty$。当对该信号采样时，试求能恢复原信号的最大采样周期 $T_{\max}$。

答案要点：

$$X(\omega) = \begin{cases} 1 \, (|\omega| < 4\pi) \\ 0 \, (|\omega| > 4\pi) \end{cases}, \quad T_{\max} = \pi/4\pi = 1/4$$

5.13　已知 $f(t)$ 的傅里叶变换 $F(\omega) = \dfrac{\sin 5\omega}{\omega}$，试求 $f(t)$。

解：$f(t) = \dfrac{1}{2}[u(t+5) - u(t-5)]$

5.14　在采样定理中，采样频率必须要超过的那个频率称为奈奎斯特率，试确定信号 $x(t) = 1 + \cos(2000\pi t) + \sin(4000\pi t)$ 的奈奎斯特率。

解：8000π。

5.15　计算下列序列的离散时间傅里叶变换。

(1) $2^n u[-n]$；　　　(2) $(1/4)^n u[n+2]$；　　　(3) $[a^n \sin\Omega_0 n]u[n]$，$|a| \leqslant 1$；
(4) $a^{|n|}\sin\Omega_0 n$，$|a| < 1$；(5) $(1/2)^n\{u[n+3] - u[n-2]\}$；(6) $n\{u[n+N] - u[n - N-1]\}$；

(7) $\cos(18\pi n/7) + \sin(2n)$；(8) $\displaystyle\sum_{k=0}^{+\infty}(1/4)^n\delta[n-3k]$；(9) $\delta[4-2n]$；

(10) $n(1/2)^{|n|}$；

(11) $x[n] = \begin{cases} \cos(\pi n/3), & -4 \leqslant n \leqslant 4 \\ 0, & \text{其他} \end{cases}$

答案要点：

(1) $(1 - e^{j\Omega}/2)^{-1}$；

(2) $16e^{2j\Omega}/(1 - e^{-j\Omega}/4)$；

(3) $ae^{-j\Omega}\sin\Omega_0/[1 - (2a\cos\Omega_0)e^{-j\Omega} + a^2 e^{j(\Omega+\Omega_0)}]$；

(4) $\left[\dfrac{1}{1 - ae^{-j(\Omega-\Omega_0)}} - \dfrac{1}{1 - ae^{-j(\Omega+\Omega_0)}} + \dfrac{ae^{j(\Omega-\Omega_0)}}{1 - ae^{j(\Omega-\Omega_0)}} - \dfrac{ae^{j(\Omega+\Omega_0)}}{1 - ae^{j(\Omega+\Omega_0)}}\right] \left/ 2j\right.$；

(5) $8e^{3j\Omega}[1 - e^{-5j\Omega}(1/2)^5/1 - e^{-j\Omega}/2]$；

(6) $e^{jN\Omega}\{-N + (N+1)e^{-j\Omega} + [-(N+2) + (N+1)e^{-j\Omega}]e^{-j(2N+2)\Omega}\}/(1 - e^{-j\Omega})^2$；

(7) $\pi \displaystyle\sum_{k=-\infty}^{\infty}[\delta(\Omega - 4\pi/7 - 2k\pi) + \delta(\Omega + 4\pi/7 - 2k\pi) - j\delta(\Omega - 2 - 2k\pi) + j\delta(\Omega + 2 - 2k\pi)]$；

(8) $1/[1 - (e^{-j\Omega}/4)^3]$；(9) $e^{-2j\Omega}$；(10) $\dfrac{1}{2}e^{-j\Omega}/(1 - e^{-j\Omega})^2 - \dfrac{1}{2}e^{j\Omega}/(1 - e^{j\Omega})^2$；

(11) $\frac{1}{2}e^{4j(\Omega-\pi/3)}(1-e^{9j(-\Omega+\pi/3)})/[(1-e^{j(-\Omega+\pi/3)})]+\frac{1}{2}e^{4j(\Omega+\pi/3)}(1-e^{-9j(\Omega+\pi/3)})/[(1-e^{j(\Omega+\pi/3)})]$；

以下习题，请读者自己选择练习解答。

5.16　离散时间信号的傅里叶变换如图 5 – 39 所示，试求傅里叶变换相对应的原信号。

(1) $X(e^{j\Omega})$ 如图 5 – 39 （a） 所示；

(2) $X(e^{j\Omega})$ 如图 5 – 39 （b） 所示。

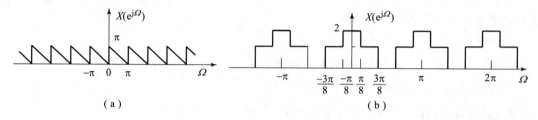

(a)　　　　　　　　　　　　　　　　　　　　(b)

图 5 – 39　题 5.16 傅里叶变换图

5.17　离散时间信号的傅里叶变换如下，试求傅里叶变换相对应的原信号。

(1) $X(e^{j\Omega})=1-2e^{j3\Omega}+4e^{j2\Omega}+3e^{-j6\Omega}$；　(2) $X(e^{j\Omega})=\cos^2\Omega$；

(3) $X(e^{j\Omega})=\cos(\Omega/2)+j\sin\Omega,\ -\pi\leqslant\Omega\leqslant\pi$；　(4) $X(e^{j\Omega})=\dfrac{e^{-j\Omega}}{1+(e^{-j\Omega}-e^{-j2\Omega})/6}$；

(5) $|X(e^{j\Omega})|=\begin{cases}0,&0\leqslant|\Omega|\leqslant\pi/3\\1,&\pi/3<|\Omega|\leqslant2\pi/3\ ;\ \arg X(e^{j\Omega})=2\Omega。\\0,&2\pi/3<|\Omega|\leqslant\pi\end{cases}$

5.18　已知周期序列 $x[n]$ 的离散傅里叶系数 $c_k=\cos(k\pi/5)+\sin(3k\pi/5)$，且 $x[n]$ 的周期为 10，试求 $x[n]$。

5.19　已知离散系统的单位抽样响应 $h[n]=(1/2)^{|n|}$，试求该系统在输入 $x[n]=(j)^n+(-j)^n$ 作用下的响应 $y[n]$。

5.20　已知系统的输入 $x[n]=\left(\dfrac{1}{2}\right)^{n-2}u[n-2]$，单位抽样响应 $h[n]=u[n+2]$，试用卷积法求系统的输出 $y[n]$。

5.21　试求序列 $x[n]=\{1,1,1,1\}$ 的离散傅里叶变换。

5.22　已知系统输入 $x[n]=2^nu[n]$，系统的零状态响应为

$$y[n]=\left[-\frac{1}{3}(-1)^n+(-2)^n+\frac{1}{3}(2)^n\right]u[n]$$

试求系统单位抽样响应 $h[n]$，并画出系统的直接 Ⅱ 型模拟框图。

5.23　已知离散时间系统的差分方程为 $y[n]+3y[n-1]+2y[n-2]=x[n]$，系统的初始状态 $y[-1]=0$ 和 $y[-2]=0.5$，输入信号 $x[n]=u[n]$，试求系统的完全响应 $y[n]$。

5.24　已知系统输入 $x[n]=\left(\dfrac{3}{5}\right)^nu[n]$ 时，输出 $y[n]=n\left(\dfrac{3}{5}\right)^nu[n]$，试求描述该系统的差分方程。

第6章
连续时间信号与系统的变换域分析 拉普拉斯变换

6.1 引　言

前面讨论了连续时间信号的频域分析，以虚指数信号 $e^{j\omega t}$（ω 为实角频率）为基本信号，将信号 $x(t)$ 分解成具有不同频率虚指数分量叠加。这种分析方法在信号与系统的分析处理领域占有重要地位，不过这种分析方法也有局限性，虽然大多数实际信号都存在傅里叶变换，但也有些重要信号（如指数增长信号）不存在傅里叶变换。另外，傅里叶变换只能分析初始状态为零时系统的响应。

本章引入复频率 $s = \sigma + j\omega$（σ、ω 均为实数），以复指数信号 e^{st} 为基本信号，将信号 $x(t)$ 分解成具有不同变换域的复指数分量之叠加。而 LTI 系统的零状态响应是输入信号各个复指数分量引起的响应之叠加。另外，若系统的初始状态不为零，用这种方法也可以求解全响应。这种在复频域空间的分析方法也称为变换域分析法，或者 s 域分析法。

6.2 拉普拉斯变换

6.2.1 从傅里叶变换到拉普拉斯变换

通过第 4 章的学习，可知信号 $x(t)$ 的傅里叶变换为

$$X(j\omega) = \int_{-\infty}^{\infty} x(t) e^{-j\omega t} dt \tag{6-1}$$

但是有些常用函数，如单位阶跃信号 $u(t)$、符号函数 $\text{sgn}(t)$ 等，虽然存在傅里叶变换，但不能用式（6-1）求解；而另外一些信号，如指数增长信号 $e^{at}u(t)$（$a > 0$）不存在傅里叶变换。究其原因，是因为当 $t \to \infty$ 时信号的幅度不衰减，甚至增长，导致式（6-1）的积分不收敛。

为了解决以上问题，将信号 $x(t)$ 乘以衰减因子 $e^{-\sigma t}$（σ 为实数），选择合适的 σ 值，使得 $t \to \infty$ 时信号 $x(t) e^{-\sigma t}$ 的幅度衰减为 0，即

$$\begin{cases} \lim\limits_{t \to \infty} x(t) e^{-\sigma t} = 0 \\ \lim\limits_{t \to -\infty} x(t) e^{-\sigma t} = 0 \end{cases}$$

这样，$x(t) e^{-\sigma t}$ 满足绝对可积的条件，即

$$\int_{-\infty}^{\infty} |x(t) e^{-j\omega t}| dt < \infty$$

从而使得 $x(t)e^{-\sigma t}$ 的傅里叶变换存在，即

$$F[x(t)e^{-\sigma t}] = \int_{-\infty}^{\infty} x(t)e^{-\sigma t}e^{-j\omega t}dt = \int_{-\infty}^{\infty} x(t)e^{-(\sigma+j\omega)t}dt \tag{6-2}$$

显然式（6-2）积分结果是关于 $\sigma+j\omega$ 的函数，记为 $X(\sigma+j\omega)$。这样，得到一对傅里叶变换对，即

$$x(t)e^{-\sigma} \leftrightarrow X(\sigma+j\omega)$$

$$X(\sigma+j\omega) = \int_{-\infty}^{\infty} x(t)e^{-(\sigma+j\omega)t}dt \tag{6-3}$$

$$x(t)e^{-\sigma t} = \frac{1}{2\pi}\int_{-\infty}^{\infty} X(\sigma+j\omega)e^{j\omega t}d\omega \tag{6-4}$$

式（6-4）两端同乘以 $e^{\sigma t}$，可得

$$x(t) = \frac{1}{2\pi}\int_{-\infty}^{\infty} X(\sigma+j\omega)e^{(\sigma+j\omega)t}d\omega \tag{6-5}$$

令 $\sigma+j\omega=s$，s 的实部 $\mathrm{Re}[s]=\sigma$，s 的虚部 $\mathrm{Im}[s]=\omega$，将 $d\omega=ds/j$ 代入式（6-3）和式（6-5），可得

$$X(s) = \int_{-\infty}^{\infty} x(t)e^{-st}dt \tag{6-6}$$

$$x(t) = \frac{1}{2\pi j}\int_{\sigma-j\infty}^{\sigma+j\infty} X(s)e^{st}ds \tag{6-7}$$

式（6-6）和式（6-7）称为拉普拉斯变换对，简称拉普拉斯变换对，记为 $x(t) \leftrightarrow X(s)$。$X(s)$ 称为 $x(t)$ 的拉普拉斯变换，又称为象函数，记为 $X(s)=L[x(t)]$。

由此可见，$x(t)$ 的拉普拉斯变换 $X(s)$ 是 $x(t)e^{-\sigma t}$ 的傅里叶变换。

6.2.2 拉普拉斯变换

由以上讨论可知，式（6-6）定义的拉普拉斯变换便于分析双边信号，但其收敛条件较为苛刻，这也限制了它的应用。另外，由式（6-4）和式（6-5）也可以看到，$e^{at}u(t)$ 和 $-e^{at}u(-t)$ 的拉普拉斯变换式完全相同，仅收敛域不同。换言之，$X(s)$ 必须与收敛域一起，才能与 $x(t)$ 一一对应，这样就增加了拉普拉斯变换的复杂性。显然这种复杂性是试图既要处理因果信号，又要处理非因果信号而造成的。

通常遇到的信号都有初始时刻，不妨设其初始时刻为 0 时刻。这时 $t<0$ 时，$x(t)=0$，从而其拉普拉斯变换可写为

$$X(s) = \int_{0}^{\infty} x(t)e^{-st}dt \tag{6-8}$$

式中：积分下限取 0，是考虑到 $x(t)$ 可能在 $t=0$ 时刻包含冲激函数或其各阶导数。

式（6-8）称为单边拉普拉斯变换（简称为拉普拉斯变换）。为了加以区分，式（6-6）称为双边拉普拉斯变，记为 $X_\beta(s)$。

显然，对于因果信号 $x(t)$，由于 $x(t)=0$（$t<0$），所以其双边、单边拉普拉斯变换相同。

与式（6-8）对应的拉普拉斯反变换可写为

$$x(t) = \frac{1}{2\pi j}\int_{\sigma-j\infty}^{\sigma+j\infty} X(s)e^{st}ds, t>0 \tag{6-9}$$

下面，求几个常用信号的单边拉普拉斯变换。

例 6 - 1　试求矩形脉冲信号 $x(t) = \begin{cases} 1, 0 < t < \tau \\ 0, \text{其他} \end{cases} = G_\tau\left(t - \dfrac{\pi}{2}\right)$ 的单边拉普拉斯变换。

解：

$$X(s) = \int_0^\infty x(t)\mathrm{e}^{-st}\mathrm{d}t = \int_{0-}^\tau \mathrm{e}^{-st}\mathrm{d}t = (1 - \mathrm{e}^{-st})/s$$

显然，由于该信号是时限信号，函数值非零的时间段为有限长，拉普拉斯变换定义式中的积分区间有限，故对所有的 s，$X(s)$ 都存在，称为 s 全平面收敛。

例 6 - 2　试求单位冲激信号 $\delta(t)$ 的单边拉普拉斯变换。

解：该单边拉普拉斯变换也是 s 全平面收敛，即

$$\delta(t) \leftrightarrow \int_{0-}^\infty x(t)\mathrm{e}^{-st}\mathrm{d}t = \int_0^\tau \delta(t)\mathrm{e}^{-st}\mathrm{d}t = 1$$

例 6 - 3　试求复指数信号 $x(t) = \mathrm{e}^{s_0 t}u(t)$（$s_0$ 为复常数）的单边拉普拉斯变换。

解：

$$X(s) = \int_0^\infty x(t)\mathrm{e}^{-st}\mathrm{d}t = \int_0^\tau \mathrm{e}^{s_0 t}\mathrm{e}^{-st}\mathrm{d}t = 1/(s - s_0), \mathrm{Re}[s] > \mathrm{Re}[s_0]$$

若 s_0 为实数，令 $s_0 = a$（a 为实常数），可得

$$\mathrm{e}^{at}u(t) \leftrightarrow 1/(s - a), \mathrm{Re}[s] > a \tag{6-10}$$

若 $s_0 = 0$，可得

$$u(t) \leftrightarrow 1/s, \mathrm{Re}[s] > 0 \tag{6-11}$$

若 s_0 为虚数，令 $s_0 = \pm\mathrm{j}\omega_0$，可得

$$\mathrm{e}^{\pm\mathrm{j}\omega_0 t}u(t) \leftrightarrow \frac{1}{s \mp \mathrm{j}\omega_0}, \mathrm{Re}[s] > 0 \tag{6-12}$$

利用欧拉公式，根据式（6 - 12）可得

$$\cos(\omega_0 t)u(t) \leftrightarrow \frac{s}{s^2 + \omega_0^2}, \mathrm{Re}[s] > 0$$

和

$$\sin(\omega_0 t)u(t) \leftrightarrow \frac{\omega_0}{s^2 + \omega_0^2}, \mathrm{Re}[s] > 0 \tag{6-13}$$

由此可见，大部分常用信号的单边拉普拉斯变换都存在，但也有些信号不存在拉普拉斯变换。例如，t^t、e^{t^2} 等增长过快的信号，无法找到合适的 σ 值使其收敛，所以不存在拉普拉斯变换，这类信号称为超指数信号。实际中遇到的一般都是指数阶信号，总能找到合适的 σ 值使其收敛，故常见信号的单边拉普拉斯变换总是存在的。

对比双边拉普拉斯变换定义式（6 - 6）、单边拉普拉斯变换定义式（6 - 10）及示例，双边拉普拉斯变换既可以分析因果信号，又可以分析非因果信号。但是，需要与收敛域一起才能与时域信号唯一对应，这种唯一性大大简化了分析。在实际应用中，遇到的连续时间信号大都是因果信号。所以，本书主要讨论单边拉普拉斯变换，如果不特别指明，拉普拉斯变换都是指单边拉普拉斯变换。

6.2.3　拉普拉斯变换的收敛域

如上所述，选择合适的 σ 值才能使式（6 - 6）的积分收敛，$X(s)$ 才存在。下面列举

几个例子。

例 6 - 4 试求信号 x_1 (t) $= \mathrm{e}^{\sigma t} u$ (t)（右边信号）的拉普拉斯变换。

解：

$$
\begin{aligned}
X_1(s) &= \int_{-\infty}^{\infty} x_1(t) \mathrm{e}^{-st} \mathrm{d}t \\
&= \int_{-\infty}^{\infty} \mathrm{e}^{at} u(t) \mathrm{e}^{-st} \mathrm{d}t = \int_{0}^{\infty} \mathrm{e}^{(a-s)t} \mathrm{d}t = \frac{1}{a-s} \mathrm{e}^{(a-s)t} \Big|_{0}^{\infty} \\
&= \frac{1}{s-a} \big[1 - \lim_{t \to \infty} \mathrm{e}^{(a-s)t} \big] = \frac{1}{s-a} \big[1 - \lim_{t \to \infty} \mathrm{e}^{(a-\sigma)t} \mathrm{e}^{-j\omega t} \big] \\
&= \begin{cases} 1/(s-a), \sigma = \mathrm{Re}[s] > a \\ \text{不定}, \mathrm{Re}[s] = a \\ \text{无界}, \mathrm{Re}[s] < a \end{cases}
\end{aligned}
$$

由此可见，只有当 $\sigma > a$ 时，$\mathrm{e}^{at} u$ (t) 的拉普拉斯变换才存在。

根据例 6 - 1 的分析结果，可以得到一个常用的拉普拉斯变换对，即

$$\mathrm{e}^{at} u(t) \leftrightarrow 1/(s-a), \mathrm{Re}[s] > a \tag{6-14}$$

例 6 - 5 试求信号 x_2 (t) $= -\mathrm{e}^{\sigma t} u$ $(-t)$（左边信号）的拉普拉斯变换。

解：

$$
\begin{aligned}
X_2(s) &= \int_{-\infty}^{\infty} x_2(t) \mathrm{e}^{-st} \mathrm{d}t = \int_{-\infty}^{\infty} -\mathrm{e}^{at} u(-t) \mathrm{e}^{-st} \mathrm{d}t = \int_{0}^{\infty} -\mathrm{e}^{(a-s)t} \mathrm{d}t \\
&= \frac{1}{s-a} \mathrm{e}^{(a-s)t} \Big|_{-\infty}^{0} = \frac{1}{s-a} \big[1 - \lim_{t \to \infty} \mathrm{e}^{(a-s)t} \big] = \frac{1}{s-a} \big[1 - \lim_{t \to \infty} \mathrm{e}^{(a-\sigma)t} \mathrm{e}^{-j\omega t} \big] \\
&= \begin{cases} 1/(s-a), \sigma = \mathrm{Re}[s] > a \\ \text{不定}, \mathrm{Re}[s] = a \\ \text{无界}, \mathrm{Re}[s] < a \end{cases}
\end{aligned}
$$

由此可见，只有当 $\sigma < a$ 时，$-\mathrm{e}^{\sigma t} u$ $(-t)$ 的拉普拉斯变换才存在。

根据例 6 - 4 的分析结果，可以得到一个常用的拉普拉斯变换对，即

$$-\mathrm{e}^{at} u(-t) \leftrightarrow 1/(s-a), \mathrm{Re}[s] < a \tag{6-15}$$

例 6 - 6 试求信号 $x(t) = \begin{cases} \mathrm{e}^{at}, & t > 0 \\ \mathrm{e}^{\beta t}, & t < 0 \end{cases} = \mathrm{e}^{at} u(t) + \mathrm{e}^{\beta t} u(-t)$（双边信号）拉普拉斯变换。

解： 按照类似的分析方法，可得

当 $a < \beta$ 时，有

$$X(s) = 1/(s-a) - 1/(s-\beta), a < \mathrm{Re}[s] < \beta$$

当 $a > \beta$ 时，$X(s)$ 不存在。

使 X (s) 存在的 s 的范围（ s 的实部 σ 的范围，因为 $\mathrm{e}^{-j\omega t}$ 不影响积分的收敛性）称为收敛域（Region of Convergence，RoC）。表示收敛域的一个方便直观的方法是，以 s 的实部 σ 为横轴，虚部 $j\omega$ 为纵轴建立平面，称为 s 平面，在 s 平面上把收敛域用阴影线表示出来。

下面分析以上例 6 - 4、例 6 - 5 和例 6 - 6，对于右边信号，拉普拉斯变换定义式中的积分上限为 ∞。所以，若对于某个 σ_1 该积分收敛，那么对于所有的 $\sigma > \sigma_1$，该积分一定也收敛。所以，右边信号的收敛域为右边收敛。同样，左边信号的收敛域为左边收敛，双边信号

的收敛为带状收敛。上面三个例子中拉普拉斯变换的收敛域如图 6-1 所示，其中虚线称为收敛轴。由此可以得到以下结论。

（1）当 $x(t)$ 是有限持续期时，它本身就满足绝对可积条件，其拉普拉斯变换一定存在，其收敛域为 s 全平面。

（2）如果 $x(t)$ 是一个右边信号，则其拉普拉斯变换的收敛域 Re $\{s\}$ $=\sigma>\sigma_0$，σ_0 为某一个实数，σ_0 称为左边界。

（3）如果 $x(t)$ 是一个左边信号，则其拉普拉斯变换的收敛域 Re $\{s\}$ $=\sigma<\sigma_0$，σ_0 为某一实数，σ_0 称为右边界。

（4）$X(s)$ 的收敛域内不含极点，收敛域的边界由极点决定。

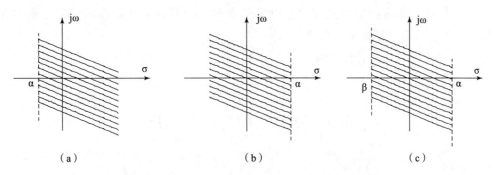

图 6-1　左边信号、右边信号和双边信号的收敛域

（a）左边信号收敛域；（b）右边信号收敛域；（c）双边信号收敛域

6.2.4　拉普拉斯变换与连续时间傅里叶变换的关系

本章首先采用求 $x(t)\,\mathrm{e}^{-\sigma t}$ 的傅里叶变换的方法，引入复变量 $s=\sigma+\mathrm{j}\omega$ 得出了拉普拉斯变换；然后将时域信号 $x(t)$ 限制为因果信号，从而得到单边拉普拉斯变换。拉普拉斯变换的定义式为

$$X(\mathrm{j}\omega)=\int_{-\infty}^{\infty}x(t)\mathrm{e}^{-\mathrm{j}\omega t}\mathrm{d}t \tag{6-16}$$

显然，$x(t)$ 的拉普拉斯变换 $X(s)$ 是 $x(t)\,\mathrm{e}^{-\sigma t}$ 的傅里叶变换，而傅里叶变换是 $\sigma=0$ 时（s 平面的虚轴上）的拉普拉斯变换。通过以下几个例子可以加深理解。

例 6-7　试求指数衰减信号 $x(t)=\mathrm{e}^{at}u(t)$，$a<0$ 的傅里叶变换和拉普拉斯变换。

解：根据前面学习过的变换对，可以直接得到

$$X(\mathrm{j}\omega)=1/(\mathrm{j}\omega-a)$$
$$X(s)=1/(s-a),\mathrm{Re}[s]>a$$

因为 $a<0$，收敛域包含虚轴，傅里叶变换和拉普拉斯变换都存在，则

$$X(\mathrm{j}\omega)=X(s)\big|_{s=\mathrm{j}\omega}$$

例 6-8　试求阶跃信号 $x(t)=u(t)$ 的傅里叶变换和拉普拉斯变换。

解：根据前面学习过的变换对，可以直接得到

$$X(\mathrm{j}\omega)=\pi\delta(\omega)+1/\mathrm{j}\omega$$
$$X(s)=1/s,\mathrm{Re}[s]>0$$

此时，收敛域以虚轴为边界，傅里叶变换和拉普拉斯变换都存在，则

$$X(j\omega) \neq X(s)\big|_{s=j\omega}$$

例 6-9 试求指数增长信号 $x(t) = e^{at}u(t)$，$a > 0$ 的傅里叶变换和拉普拉斯变换。

解：由于指数增长信号不满足绝对可积，傅里叶变换不存在，而拉普拉斯变换存在，即

$$X(s) = 1/(s-a), \text{Re}[s] > 0$$

因为 $a > 0$，所以收敛域不包含虚轴。

综合以上分析，可以得出以下结论。

（1）当拉普拉斯变换的收敛域包含虚轴时，拉普拉斯变换和傅里叶变换都存在，并且 $X(j\omega) = X(s)\big|_{s=j\omega}$。

（2）当拉普拉斯变换的收敛域以虚轴为边界时，拉普拉斯变换和傅里叶变换都存在，但傅里叶变换中含有冲激函数，故 $X(j\omega) \neq X(s)\big|_{s=j\omega}$。

（3）当拉普拉斯变换的收敛域不包含虚轴并且不以虚轴为边界时，拉普拉斯变换存在，但傅里叶变换不存在。

6.3 初值定理与终值定理

1. 初值定理

定理 6-1 若 $t < 0$ 时，$x(t) = 0$；而且在 $t = 0$ 时，$x(t)$ 不包含任何冲激，就可以直接从拉普拉斯变换计算 $x(0_+)$。此定理的数学描述为

$$x(0_+) = \lim_{s\to\infty} sX(s) \qquad (6-17)$$

式中：$x(0_+)$ 是指 t 从正值方向趋于零时的值，它始终是 $x(0_+)$，不可能是 $x(0_-)$。

2. 终值定理

定理 6-2 若 $t < 0$ 时，$x(t) = 0$；$t = 0$ 时 $x(t)$ 不包含任何冲激，便可以用象函数直接计算 $x(\infty)$ 值。终值定理的数学描述为

$$\lim_{t\to\infty} x(t) = x(\infty) = \lim_{s\to 0} sX(s) \qquad (6-18)$$

用式（6-18）求 $x(\infty)$ 的限制条件应该是 $x(\infty)$ 存在，这一条件映射到 s 域，应该是 $sX(s)$ 的收敛域为 $\text{Re}\{s\} \geq 0$，$sX(s)$ 在右半平面及虚轴上（包括原点）无极点。

例 6-10 已知某因果系统的微分方程模型

$$\frac{d^2}{dt^2}y(t) + 2\frac{d}{dt}y(t) + 5y(t) = 2\frac{d}{dt}x(t) + 3x(t),$$

及输入 $x(t) = u(t)$，试求零状态响应的初值 $y_x(0)$ 和终值 $y_x(\infty)$。

解：

$$G(s) = \frac{2s+3}{s^2+2s+5}, X(s) = \frac{1}{s} \Rightarrow Y(s) = \frac{2s+3}{s(s^2+2s+5)}$$

$$\Rightarrow y_x(0) = \lim_{s\to\infty} sF(s) = \frac{2s+3}{s^2+2s+5} = 0$$

$$\Rightarrow y_x(\infty) = \lim_{s\to 0} sF(s) = \frac{2s+3}{s^2+2s+5} = \frac{3}{5}$$

6.4　拉普拉斯变换性质与常用拉普拉斯变换对

拉普拉斯变换的性质，反映了时域与变换域的关系。掌握这些性质对于掌握变换域分析方法十分重要。在学习它们时，要注意与傅里叶变换的性质进行对比，比较相同点和不同点。

1. 性质 6 – 1：线性

拉普拉斯变换的线性性质：对于由多个函数组合的函数的拉普拉斯变换等于各函数拉普拉斯变换的线性组合。

若

$$x_1(t) \leftrightarrow X_1(s), \mathrm{RoC} = R_1$$
$$x_2(t) \leftrightarrow X_2(s), \mathrm{RoC} = R_2$$

则

$$ax_1(t) + bx_2(t) \leftrightarrow aX_1(s) + bX_2(s), \mathrm{RoC} = R_1 \cap R_2 \qquad (6-19)$$

式中：a 和 b 为常数；符号 $R_1 \cap R_2$ 表示 R_1 与 R_2 的交集。交集一般小于 R_1 和 R_2，但有时变可能扩大。

例 6 – 11　已知

$$x_1(t) \leftrightarrow X_1(s) = 1/(s+1), \mathrm{Re}\{s\} > -1$$
$$x_2(t) \leftrightarrow X_2(s) = 1/(s+1)(s+2), \mathrm{Re}\{s\} > -1$$

试求 $x_1(t) - x_2(t)$ 的拉普拉斯变换 $X(s)$ 并讨论其收敛域。

解：

$$X(s) = X_1(s) + X_2(s)$$
$$= \frac{1}{s+1} - \frac{1}{(s+1)(s+2)} = \frac{s+1}{(s+1)(s+2)} = \frac{1}{s+2}$$

所以，$X(s)$ 的收敛域为 $\mathrm{Re}\{s\} > -2$。

很明显收敛域扩大了，产生此现象的原因是计算过程中零点与极点相消，使 $X(s)$ 的收敛域扩大。

2. 性质 6 – 2：时域平移

若 $x(t) \leftrightarrow X(s)$，$\mathrm{Re}\{s\} > \sigma_c$，则

$$x(t-t_0)u(t-t_0) \leftrightarrow X(s)\mathrm{e}^{-st_0}, \mathrm{Re}\{s\} > \sigma_c \qquad (6-20)$$

式中：$t_0 > 0$。

证明：

$$x(t-t_0)u(t-t_0) \leftrightarrow \int_{0_-}^{\infty} x(t-t_0)u(t-t_0)\mathrm{e}^{-st}\mathrm{d}t$$

$$= \int_{t_{0-}}^{\infty} x(t-t_0)\mathrm{e}^{-st}\mathrm{d}t$$

令 $t - t_0$，有

$$t = u + t_0, \mathrm{d}t = \mathrm{d}u$$

则

$$x(t - t_0)u(t - t_0) \leftrightarrow \int_{0_-}^{\infty} x(u)\mathrm{e}^{-s(u+t_0)}\mathrm{d}u$$

$$= \mathrm{e}^{-st_0} \int_{0_-}^{\infty} x(u)\mathrm{e}^{-st}\mathrm{d}t$$

$$= \mathrm{e}^{-st_0}X(s)$$

需要指出的是，式（6-20）中的 $x(t - t_0)u(t - t_0)$ 并非 $x(t - t_0)u(t)$。显然，当 $x(t)$ 为因果信号时，只要 $t_0 > 0$，则 $x(t - t_0)u(t - t_0) = x(t - t_0)u(t) = x(t - t_0)$，但当 $x(t)$ 为非因果信号时，$x(t - t_0)u(t - t_0)$、$x(t - t_0)u(t)$ 和 $x(t - t_0)$ 不一定相等。

例6-12 试求矩形信号 $x(t) = \begin{cases} 1, & 0 < t \\ 0, & 其他 \end{cases} = G_T(t - \tau/2)$ 的拉普拉斯变换。

解：由于 $x(t) = G_T(t - \tau/2) = u(t) - u(t - \tau)$，利用变换对 $u(t) \leftrightarrow 1/s$，再根据时移性，得

$$u(t - \tau) \leftrightarrow \mathrm{e}^{s\tau}/s$$

则

$$G(t - \tau/2) = u(t) - u(t - \tau) \leftrightarrow (1 - \mathrm{e}^{-s\tau})/s$$

3. 性质6-3：s域平移

若 $x(t) \leftrightarrow X(s)$，$\mathrm{Re}[s] > \sigma_c$，则

$$x(t)\mathrm{e}^{-s_0 t} \leftrightarrow X(s - s_0), \mathrm{Re}[s] > \sigma_c + \sigma_0 \qquad (6-21)$$

式中：$s_0 = \sigma_0 + \mathrm{j}\omega_0$ 为常数。

例6-13 试求 $\mathrm{e}^{at}\sin(\omega_0 t)u(t)$ 的拉普拉斯变换。

解：基于傅里叶变 $\mathrm{e}^{at}\sin(\omega_0 t)u(t)$ 换对，可得

$$\sin(\omega_0 t)u(t) = \frac{\omega_0}{s^2 + \omega_0^2}, \mathrm{Re}[s] > 0$$

则

$$\mathrm{e}^{at}\sin(\omega_0 t)u(t) = \frac{\omega_0}{(s - a)^2 + \omega_0^2}, \mathrm{Re}[s] > a \qquad (6-22)$$

同理，可得

$$\mathrm{e}^{at}\cos(\omega_0 t)u(t) = \frac{s - a}{(s - a)^2 + \omega_0^2}, \mathrm{Re}[s] > a \qquad (6-23)$$

4. 性质6-4：尺度变换

若 $x(t) \leftrightarrow X(s)$，$\mathrm{Re}[s] > \sigma_c$，则

$$x(at) \leftrightarrow \frac{1}{a}X\left(\frac{s}{a}\right), \mathrm{Re}[s] > a\sigma_c \qquad (6-24)$$

式中：$a > 0$ 为实常数。

如果时域既时移又变换时间尺度，可得

$$x(at + b)u(at + b) \leftrightarrow \frac{1}{a}\mathrm{e}^{\frac{b}{a}s}X\left(\frac{s}{a}\right), \mathrm{Re}[s] > a\sigma_c \qquad (6-25)$$

5. 性质6-5：时域微分

若 $x(t) \leftrightarrow X(s)$，$\mathrm{RoC} = R$

则

$$\frac{\mathrm{d}x(t)}{\mathrm{d}t}\leftrightarrow sX(s)-X(0_-)，\text{RoC 包括 }R \qquad(6-26)$$

式（6-26）是针对 $x(t)$ 为双边信号的情况。而一般常用到的是单边信号，为此还需特别强调单边信号的微分和积分性质。描述 LTI 连续时间系统的是常系数线性微分方程，显然可以利用拉普拉斯变换的微分性质将微分性质转换到 s 域。在后续章节中将会看到，时域微分特性在连续时间系统的变换域分析中很重要。

当 $x(t)$ 为因果信号时，微分特性形式为 $x^{(n)}(t)\longleftrightarrow S^{(n)}X(s)$。

6. 性质 6-6：时域卷积

若 $x_1(t)$、$x_2(t)$ 为因果信号，且

$$x_1(t)\leftrightarrow X_1(s)，x_2(t)\leftrightarrow X_2(s)$$

则

$$x_1(t)*x_2(t)\leftrightarrow X_1(s)\cdot X_2(s) \qquad(6-27)$$

收敛域至少为二者的公共部分，请读者自行证明。

例 6-14　已知某 LTI 系统的单位冲激响应 $h(t)=\mathrm{e}^{-2t}u(t)$，试求输入 $x(t)=u(t)$ 时的零状态响应 $y_x(t)$。

解：由于系统的零状态响应为

$$y_x(t)=x(t)*h(t)$$

根据卷积定理，有

$$Y_x=X(s)H(s)$$

由于

$$x(t)=u(t)\leftrightarrow X(s)=1/s$$
$$h(t)=\mathrm{e}^{-2t}u(t)\leftrightarrow H(s)=1/(s+2)$$

有

$$Y_x(s)=X(s)H(s)=\frac{1}{s(s+2)}=\frac{1}{2s}-\frac{1}{2(s+2)}$$

则

$$y_x(t)=0.5u(t)-0.5\mathrm{e}^{-2t}u(t) \qquad(6-28)$$

7. 性质 6-7：时域积分

若 $x(t)\leftrightarrow X(s)，\mathrm{RoC}=R$，则

$$\int_{-\infty}^{t}x(\tau)\mathrm{d}\tau\leftrightarrow X(s)/s，\text{RoC 包括 }R\cap\{\mathrm{Re}\{s\}\}>0$$

此性质仍是双边信号的时域积分性质，而对单边拉普拉斯变换的时域积分性质有不同的形式。

8. 性质 6-8：单边拉普拉斯变换的时域积分

若 $x(t)\leftrightarrow X(s)$，则

$$\int_{-\infty}^{t}x(\tau)\mathrm{d}\tau\leftrightarrow X(s)/s+\left[\int_{-\infty}^{0}x(\tau)\mathrm{d}\tau\right]/s \qquad(6-29)$$

证明：

$$L\left[\int_{-\infty}^{t}x(\tau)\mathrm{d}\tau\right]=L\left[\int_{-\infty}^{0}x(\tau)\mathrm{d}\tau+\int_{0}^{t}x(\tau)\mathrm{d}\tau\right] \qquad(6-30)$$

式（6-30）的第一项为常量 $\int_{-\infty}^{0} x(\tau)\mathrm{d}\tau = x^{-1}(0)$，则

$$\left[\int_{-\infty}^{0} x(\tau)\mathrm{d}\tau\right] = \left[x^{-1}(0)\right]/s$$

式（6-30）的第二项可借助分部积分求得，即

$$\begin{aligned} L\left[\int_{0}^{t} x(\tau)\mathrm{d}\tau\right] &= \int_{0}^{\infty}\left[\int_{0}^{t} x(\tau)\mathrm{d}\tau\right]\mathrm{e}^{-st}\mathrm{d}t \\ &= \left[\frac{\mathrm{e}^{-st}}{s}\int_{0}^{t} x(\tau)\mathrm{d}\tau\right]\Bigg|_{0}^{\infty} + \frac{1}{s}\int_{0}^{t} x(\tau)\mathrm{e}^{-st}\mathrm{d}\tau \\ &= X(s)/s \end{aligned}$$

则

$$\int_{-\infty}^{t} x(\tau)\mathrm{d}\tau \leftrightarrow X(s)/s + \left[\int_{-\infty}^{0} x(\tau)\mathrm{d}\tau\right]\Big/s$$

$$= X(s)/s + \left[x^{-1}(0)\right]/s$$

式（6-29）说明对单边拉普拉斯变换的积分性质，其象函数除了 $X(s)/s$ 项以外，还包含了信号的初始条件项，说明双边和单边拉普拉斯变换的微分和积分性质确有不同。下面，将用实例说明它的重要性。

9. 性质 6-9：s 域微分

若 $x(t) \leftrightarrow X(s)$，$\mathrm{RoC} = R$，则

$$-tx \leftrightarrow \frac{\mathrm{d}X(s)}{\mathrm{d}s}, \quad \mathrm{RoC} = R \tag{6-31}$$

此性质不难用拉普拉斯变换的定义式两边对 s 微分求得。

例 6-15 试求 $x(t) = te^{-at}u(t)$ 的拉普拉斯变换。

解：已知 $\mathrm{e}^{-at}u(t) \leftrightarrow \dfrac{1}{s+a}$，$\mathrm{Re}\{s\} > -a$，根据式（6-31），可得

$$-t\mathrm{e}^{-at}u(t) \leftrightarrow \frac{\mathrm{d}}{\mathrm{d}s}\left[\frac{1}{s+a}\right] = \frac{-1}{(s+a)^2}$$

则

$$t\mathrm{e}^{-at}u(t) \leftrightarrow \frac{1}{(s+a)^2}, \mathrm{Re}\{s\} > -a$$

同理，可得

$$\frac{t^2}{2}\mathrm{e}^{-at}u(t) \leftrightarrow \frac{1}{(s+a)^3}, \mathrm{Re}\{s\} > -a$$

$$\frac{t^{(n-1)}}{(n-1)!}\mathrm{e}^{-at}u(t) \leftrightarrow \frac{1}{(s+a)^n}, \mathrm{Re}\{s\} > -a$$

当有理的拉普拉斯变换式有重极点时，利用上式求拉普拉斯反变换比较容易。

10. 性质 6-10：时域乘积

前面已经讨论过时域卷积定理 $x_1(t) * x_2(t) \leftrightarrow X_1(s) X_2(s)$。同理，又可得到 s 域卷积定理或称为时域乘积定理，即

$$x_1(t)x_2(t) \leftrightarrow \frac{1}{2\pi\mathrm{j}}\left[X_1(s) * X_2(s)\right] = \frac{1}{2\pi\mathrm{j}}\int_{\sigma-\mathrm{j}\infty}^{\sigma+\mathrm{j}\infty} X_1(p)X_2(s-p)\mathrm{d}p \tag{6-32}$$

上述的拉普拉斯变换性质如表 6-1 所示。

表 6-1　拉普拉斯变换的性质

性质名称	结论	RoC
线性	$ax_1(t) + bx_2(t) \leftrightarrow aX_1(s) + bX_2(s)$	包括 $R_1 \cap R_2$
时域平移	$x(t - t_0)u(t - t_0) \leftrightarrow X(s)e^{-st_0}$	R
尺度变换	$x(at) \leftrightarrow \dfrac{1}{a}X\left(\dfrac{s}{a}\right)$	aR
s 域平移	$x(t)e^{s_0 t} \leftrightarrow X(s - s_0)$	$R + \mathrm{Re}[s_0]$
时域微分	$x'(t) \leftrightarrow sX(s) - x(0_-)$ $x''(t) \leftrightarrow s^2 X(s) - sx(0_-) - x'(0_-)$ $x^{(n)}(t) \leftrightarrow s^n X(s) - s^{n-1}x(0_-) - s^{n-2}x'(0_-) - \cdots - x^{(n-1)}(0_-)$	包括 R
单边拉普拉斯变换的时域积分	$\displaystyle\int_{-\infty}^{t} x(t)\,\mathrm{d}t \leftrightarrow \frac{X(s)}{s} + x^{(-1)}(0_-), x^{(-1)}(0_-) = \int_{-\infty}^{0_-} x(t)\,\mathrm{d}t$	
时域积分	$\displaystyle\int_{-\infty}^{t} x(\tau)\,\mathrm{d}\tau \leftrightarrow X(s)/s$	包括 $R \cap \mathrm{Re}\{s\} > 0$
s 域微分	$-tx(t) \leftrightarrow \dfrac{\mathrm{d}}{\mathrm{d}s}X(s)$	R
s 域积分	$\dfrac{x(t)}{t} \leftrightarrow \displaystyle\int_{s}^{\infty} X(s)\,\mathrm{d}s$	
时域卷积	$x_1(t) * x_2(t) \leftrightarrow X_1(s) \cdot X_2(s)$	包括 $R_1 \cap R_2$
时域乘积	$x_1(t) \cdot x_2(t) \leftrightarrow \dfrac{1}{2\pi\mathrm{j}}X_1(s) * X_2(s)$	
初值定理	若 $x(t)$ 在 $t = 0$ 处不包含冲激信号及其各阶导数，则 $x(0_+) = \lim\limits_{t \to 0_+} x(t) = \lim\limits_{s \to \infty} sX(s)$	
终值定理	若 $x(t)$ 的收敛域包含虚轴，则 $\lim\limits_{t \to \infty} x(t) = \lim\limits_{s \to 0} sX(s)$	

利用拉普拉斯变换的性质，可以推导出更多的拉普拉斯变换对，如表 6-2 所示。

表 6-2　常用的单边拉普拉斯变换对

信号 $x(t)$	变换 $X(s)$	RoC
$\delta(t)$	1	全部 s
$\delta(t - t_0), t_0 > 0$	e^{-st_0}	全部 s
$\delta^{(n)}(t)$	s^n	全部 s
$u(t)$	$\dfrac{1}{s}$	$\mathrm{Re}[s] > 0$
$-u(-t)$	$\dfrac{1}{s}$	$\mathrm{Re}[s] < 0$

信号 $x(t)$	变换 $X(s)$	RoC
$u(t-t_0), t_0 > 0$	$\dfrac{1}{s}e^{-st_0}$	$\text{Re}[s] > 0$
$tu(t)$	$\dfrac{1}{s^2}$	$\text{Re}[s] > 0$
$t^n u(t)$	$\dfrac{n!}{s^{n+1}}$	$\text{Re}[s] > 0$
$e^{-at}u(t)$	$\dfrac{1}{s+a}$	$\text{Re}[s] > -a$
$-e^{-at}u(-t)$	$\dfrac{1}{s+a}$	$\text{Re}[s] < -a$
$te^{-at}u(t)$	$\dfrac{1}{(s+a)^2}$	$\text{Re}[s] > -a$
$\dfrac{1}{(n-1)!}t^{n-1}e^{-at}u(t)$	$\dfrac{1}{s^n}$	$\text{Re}[s] > 0$
$\dfrac{-1}{(n-1)!}t^{n-1}e^{-at}u(-t)$	$\dfrac{1}{s^n}$	$\text{Re}[s] < 0$
$\dfrac{1}{n!}t^n e^{-at}u(t)$	$\dfrac{1}{(s+a)^{n+1}}$	$\text{Re}[s] > -a$
$\sin(\omega_0 t)u(t)$	$\dfrac{\omega_0}{s^2 + \omega_0^2}$	$\text{Re}[s] > 0$
$\cos(\omega_0 t)u(t)$	$\dfrac{s}{s^2 + \omega_0^2}$	$\text{Re}[s] > 0$
$e^{-at}\sin(\omega_0 t)u(t)$	$\dfrac{\omega_0}{(s+a)^2 + \omega_0^2}$	$\text{Re}[s] > -a$
$e^{-at}\cos(\omega_0 t)u(t)$	$\dfrac{s+a}{(s+a)^2 + \omega_0^2}$	$\text{Re}[s] > -a$

6.5　拉普拉斯反变换的求解

对于单边拉普拉斯反变换，由式（6-29）可知，象函数 $X(s)$ 的拉普拉斯反变换为

$$x(t) = \frac{1}{2\pi j}\int_{\sigma-j\infty}^{\sigma+j\infty} X(s)e^{st}\mathrm{d}s, t > 0 \quad\quad (6-33)$$

上述积分可以用复变函数积分中的留数定理求得，在这里不详细介绍这种方法。下面介绍更为简便的求拉普拉斯反变换的方法。

6.5.1　利用拉普拉斯变换的性质求解

如果象函数 $X(s)$ 是一些比较简单的函数，可利用常用的拉普拉斯变换对，并借助拉普拉斯变换的若干性质，试求 $x(t)$。

例 6 – 16　已知 $X(s) = 2 + \dfrac{s+2}{(s+a)^2 + 4}$，试求其拉普拉斯反变换 $x(t)$。

解：由于 $\delta(t) \leftrightarrow 1$，则

$$\cos(2t)u(t) \leftrightarrow s/(s^2 + 2^2)$$

根据复频移特性，可得

$$e^{-2t}\cos(2t)u(t) \leftrightarrow \frac{s+2}{(s+2)^2 + 2^2}$$

则

$$x(t) = 2\delta(t) + e^{-2t}\cos(2t)u(t)$$

例 6 – 17　试求 $X(s) = \dfrac{1}{s^2}(1 - e^{-st_0})\ (t_0 > 0)$ 的拉普拉斯反变换。

解：

$$X(s) = \frac{1}{s^2}(1 - e^{-st_0}) = \frac{1}{s^2} - \frac{1}{s^2}e^{-st_0}$$

由于

$$t^2 u(t)/2 \leftrightarrow 1/s^2$$

利用复频移特性，可得

$$(t - t_0)^2 u(t - t_0)/2 \leftrightarrow e^{st_0}/s^2$$

则

$$x(t) = t^2 u(t)/2 - (t - t_0)^2 u(t - t_0)/2 \leftrightarrow e^{st_0}/s^2$$

6.5.2　利用部分分式展开法求解

如果象函数 $X(s)$ 是 s 的有理分式，则

$$X(s) = \frac{B(s)}{A(s)} = \frac{b_m s^m + b_{m-1}s^{m-1} + \cdots + b_1 s + b_0}{a_n s^n + a_{n-1}s^{n-1} + \cdots + a_1 s + a_0} \tag{6 – 34}$$

设 $m < n$，$X(s)$ 为有理真分式。式（6 – 34）的分母多项式 $A(s)$ 称为 $X(s)$ 的特征多项式，$A(s) = 0$ 称为特征方程，它的根 p_i（$i = 1, 2, \cdots, N$）称为特征根（或极点），也称为 $X(s)$ 的固有频率（或自然频率）。

对 $X(s)$ 进行部分分式展开：首先展开成若干项 $1/(s - p_i)$ 或者 $1/(s - p_i)^m$ 的线性组合；然后利用常用的拉普拉斯变换对，求出 $x(t)$。关于部分分式展开后的各项系数的求解方法，可以采用 Heaviside（海维赛德）展开定理，这里不详细介绍，下面介绍几个典型的例子。

例 6 – 18　试求 $X(s) = \dfrac{3s^3 + 8s^2 + 7s + 1}{s^2 + 3s + 2}$ 的拉普拉斯反变换。

解：因为 $X(s)$ 不是真分式，应先将其化为真分式 $\dfrac{1}{s - p_1}$ 或 $\dfrac{1}{(s - p_1)^m}$，有

$$X(s) = 3s - 1 + \frac{4s + 3}{s^2 + 3s + 2} = 3s - 1 + X_1(s)$$

$$X_1(s) = \frac{4s + 3}{s^2 + 3s + 2} = \frac{4s + 3}{(s + 1)(s + 2)} = \frac{K_1}{s + 1} + \frac{K_2}{s + 2}$$

$$K_1 = (s + 2)X_1(s)\big|_{s = -2} = 5$$

$$K_2 = (s + 1)X_2(s)\big|_{s = -1} = -1$$

则

$$X(s) = 3s - 1 + \frac{5}{s + 1} + \frac{1}{s + 2}$$

所以，有

$$x(t) = 3\delta'(t) - \delta(t) + 5e^{-t}u(t) - e^{-2t}u(t)$$

例 6 – 19　试求 $X(s) = \dfrac{2s^2 + 3s + 3}{(s + 1)(s + 3)^3}$ 的拉普拉斯反变换。

解：

$$X(s) = \frac{A}{s + 1} + \frac{B_1}{(s + 3)^3} + \frac{B_2}{(s + 3)^2} + \frac{B_3}{s + 3}$$

其中，

$$A = (s + 1)X(s)\big|_{s = -1} = 1/4$$

$$B_1 = (s + 3)^3 X(s)\big|_{s = -3} = -6$$

$$B_2 = \frac{\mathrm{d}}{\mathrm{d}s}[(s + 3)^3 X(s)]\big|_{s = -3} = 3/2$$

$$B_3 = \frac{1}{2!}\frac{\mathrm{d}^2}{\mathrm{d}s^2}[(s + 3)^3 X(s)]\big|_{s = -3} = -1/4$$

则

$$X(s) = \frac{1/4}{s + 1} + \frac{-6}{(s + 3)^3} + \frac{3/2}{(s + 3)^2} + \frac{-1/4}{s + 3}$$

对应时域的原函数为

$$x(t) = \frac{1}{4}e^{-t}u(t) + \left(-3t^2 + \frac{3}{2}t - \frac{1}{4}\right)e^{-3t}u(t)$$

例 6 – 20　试求 $X(s) = \dfrac{3s + 5}{s^2 + 2s + 2}$ 的拉普拉斯反变换。

解：

$$X(s) = \frac{3s + 5}{s^2 + 2s + 2} = \frac{3(s + 1) + 2}{(s + 1)^2 + 1} = \frac{3(s + 1)}{(s + 1)^2 + 1} = \frac{2}{(s + 1)^2 + 1}$$

利用表 6 – 2 最后两个正弦、余弦常用变换对，可得

$$x(t) = (3\cos t + 2\sin t)e^{-t}u(t)$$

6.6　LTI 连续时间系统的变换域（s 域）分析

6.6.1　微分方程的 s 域分析

拉普拉斯变换是分析 LTI 连续时间系统的有力数学工具。下面讨论运用拉普拉斯变换，求解系统响应的一些问题。如上所述，描述 LTI 连续时间系统的是常系数线性微分方程，其一般形式为

$$a_n \frac{\mathrm{d}^n}{\mathrm{d}t^n}y(t) + a_{n-1} \frac{\mathrm{d}^{n-1}}{\mathrm{d}t^{n-1}}y(t) + \cdots + a_1 \frac{\mathrm{d}}{\mathrm{d}t}y(t) + a_0 \frac{\mathrm{d}}{\mathrm{d}t}y(t)$$
$$= b_m \frac{\mathrm{d}^m}{\mathrm{d}t^m}x(t) + b_{m-1} \frac{\mathrm{d}^{m-1}}{\mathrm{d}t^{m-1}}x(t) + \cdots + b_1 \frac{\mathrm{d}}{\mathrm{d}t}x(t) + b_0 \frac{\mathrm{d}}{\mathrm{d}t}x(t) \tag{6-35}$$

式中：各系数均为实数，设系统的初始状态为 $y(0_-),y'(0_-),\cdots,y^{(n)}(0_-)$。

求解系统响应的计算过程就是求解此微分方程。第 2 章中讨论了微分方程的时域求解方法，求解过程较为烦琐。下面用拉普拉斯变换的方法求解微分方程。

令 $x(t) \leftrightarrow X(s)$，$y(t) \leftrightarrow Y(s)$，根据拉普拉斯变换的时域微分特性，有

$$\begin{cases} x^{(n)}(t) \leftrightarrow s^n X(s) - s^{n-1}x(0_-) - s^{n-2}x'(0_-) - \cdots - x^{n-1}(0_-) \\ y^{(n)}(t) \leftrightarrow s^n Y(s) - s^{n-1}y(0_-) - s^{n-2}y'(0_-) - \cdots - y^{n-1}(0_-) \end{cases} \tag{6-36}$$

若输入信号 $x(t)$ 为因果信号，$t = 0_-$ 时刻 $x(t)$ 及其各阶导数为零，则

$$x^{(n)}(t) \leftrightarrow s^n X(s) \tag{6-37}$$

将微分方程式（6-35）等号两边取拉普拉斯变换，就可以将描述 $y(t)$ 和 $x(t)$ 之间关系的微分方程变换为描述 $Y(s)$ 和 $X(s)$ 之间关系的代数方程，并且初始状态已自然地包含在其中，可直接得出系统全响应解，求解步骤简明且有规律。下面举例说明。

例 6-21　设某因果性 LTI 系统的微分方程为

$$y''(t) + 3y'(t) + 2y(t) = e^{-t}u(t) \tag{6-38}$$

初始状态 $y(0) = 0, y^{(1)}(0) = 0$，试求响应 $y(t)$。

解：对式（6-38）等号两边进行双边拉普拉斯变换，可得

$$s^2 Y(s) + 3s Y(s) + 2Y(s) = \frac{1}{s+1}, \mathrm{Re}\{s\} > -1$$

整理后，可得

$$Y(s) = \frac{1}{s+2} - \frac{1}{s+1} + \frac{1}{(s+1)^2}$$

求拉普拉斯反变换后，可得

$$y(t) = (e^{-2t} - e^{-t} + te^{-t})u(t)$$

例 6-22　设某 LTI 系统微分方程为

$$y''(t) + 3y'(t) + 2y(t) = 2x'(t) + x(t) \tag{6-39}$$

输入信号 $x(t) = e^{-3t}u(t)$，初始状态 $y(0_-) = 1, y'(0_-) = 1$，试求全响应。

解：对式（6-39）等号两边取拉普拉斯变换，可得

$$s^2 Y(s) - sy(0_-) - y(0_-) + 3[sY(s) - y(0_-)] + 3Y(s) = 2sX(s) + X(s)$$

将 $y(0_-) = 1, y'(0_-) = 1, X(s) = \dfrac{1}{s+3}$ 代入上式，可得

$$(s^2 + 3s + 2)Y(s) - s - 4 = \frac{2s+1}{s+3}$$

$$Y(s) = \frac{s^2 + 9s + 13}{(s+1)(s+2)(s+3)} = \frac{5/2}{s+1} + \frac{1}{s+2} + \frac{5/2}{s+3}$$

对上式求拉普拉斯反变换，可得

$$y(t) = 5e^{-t}u(t)/2 + e^{-2t}u(t) - 5e^{-3t}u(t)/2$$

在第 2 章中，曾经讨论了全响应中的零输入响应与零状态响应、固有响应与强迫响应的概念，这里从 s 域的角度来研究这一问题。

在如下所示的拉普拉斯变换式中，

$$
\begin{aligned}
Y(s) &= \frac{2s+1}{s^2+3s+2}X(s) + \frac{sy(0_-) + y'(0_-) + 3y(0_-)}{s^2+3s+2} \\
&= \frac{2s+1}{s^2+3s+2}\frac{1}{s+3} + \frac{s+4}{s^2+3s+2} \\
&= \underbrace{\frac{-1/2}{s+1} + \frac{3}{s+2} + \frac{-5/2}{s+3}}_{\text{零状态响应}Y_x(s)} + \underbrace{\frac{3}{s+1}\frac{-2}{s+2}}_{\text{零输入响应}Y_0(s)} = \underbrace{\frac{5/2}{s+1} + \frac{1}{s+2} +}_{\text{固有响应}Y_n(s)} \underbrace{\frac{-5/2}{s+3}}_{\text{强迫响应}Y_f(s)}
\end{aligned}
$$

相应地，有

$$
\begin{aligned}
y(t) &= \underbrace{-\frac{1}{2}e^{-t}u(t) + 3e^{-2t}u(t) - \frac{5}{2}e^{-3t}u(t)}_{\text{固有响应}y_x(t)} + \underbrace{3e^{-t}u(t) - 2e^{-2t}u(t)}_{\text{强迫响应}y_0(t)} \\
&= \underbrace{\frac{5}{2}e^{t}u(t) + e^{-2t}u(t)}_{\text{固有响应}y_n(t)} - \underbrace{\frac{5}{2}e^{-3t}u(t)}_{\text{强迫响应}y_f(t)}
\end{aligned}
$$

由此可知，$Y(s)$ 的极点由两部分组成，一部分是系统特征根形成的极点 -1，-2（称为自然频率或固有频率），构成系统固有响应 $y_n(t)$，另一部分是激励信号的象函数 $X(s)$ 的极点 -3，构成强迫响应 $y_f(t)$ 的函数形式由激励信号决定。

6.6.2　电路系统的 s 域分析

简单回顾一下电路分析课程的相关基本知识。

基尔霍夫电流定律（KCL）指出：对任意节点，在任意时刻流入（或流出）该节点电流的代数和恒等于零，即

$$\sum i(t) = 0 \tag{6-40}$$

基尔霍夫电压定律（KVL）指出：任意回路电压降（或电压升）之和恒等于零，即

$$\sum u(t) = 0 \tag{6-41}$$

观察式（6-40）和式（6-41），很容易得到 KCL 和 KVL 在 s 域的表现形式，即

$$\begin{cases} \sum I(s) = 0 \\ \sum U(s) = 0 \end{cases} \tag{6-42}$$

对于电阻 R、电容 C 和电感 L，假设其端电压 $u(t)$ 和电流 $i(t)$ 为关联参考方向。

1. 电阻 R

电阻 R 的端电压为

$$u_R(t) = Ri_R(t) \tag{6-43}$$

对式（6-43）两边取拉普拉斯变换，可得

$$U_R(s) = RI_R(s) \tag{6-44}$$

显然，电阻的 s 域模型与时域模型相同。

2. 电感 L

电感 L 的端电压为

$$u_L(t) = L\frac{\mathrm{d}}{\mathrm{d}t}i_L(t) \tag{6-45}$$

利用拉普拉斯变换的时域微分特性，对式（6-45）两边取拉普拉斯变换，可得

$$U_L(s) = LsI_L(s) - Li_L(0_-) \tag{6-46}$$

式中，$i_L(0_-)$ 为电感中的初始电流。

这样，电感端电压的象函数 $U_L(s)$（简称为象电压）可以看成两部分电压相的串联：第一部分为 s 域感抗 L 乘以电流的象函数（简称为象电流）$I_L(s)$；第二部分为内部电感源 $-Li_L(0_-)$。这样，电感 L 的 s 域模型如图 6-2 所示。

由式（6-46）可得

$$I_L(s) = \frac{U_L(s)}{Ls} + \frac{i_L(0_-)}{s} \tag{6-47}$$

流过电感的象电流 $I_L(s)$ 可以看作是两部分的并联，如图 6-2 所示。

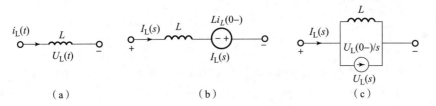

$$（a）\qquad\qquad（b）\qquad\qquad（c）$$

图 6-2　电感 L 及其 s 域模型

3. 电容 C

电容 C 的电流为

$$i_C(t) = C\frac{\mathrm{d}}{\mathrm{d}t}u_C(t) \tag{6-48}$$

对于含有初始值 $u_C(0_-)$ 电容 C，运用分析电感 s 域模型的方法，利用拉普拉斯变换的时域微分特性，对式（6-48）两边取拉普拉斯变换，可得电容 C 的 s 域的电流和电压模型分别为

$$I_C(s) = CsU_C(s) - CU_C(0_-)$$

$$U_C(s) = \frac{1}{Cs}I_C(s) + \frac{1}{s}u_C(0_-)$$

式中：$u_C(0_-)$ 为电容两端初始电压，建立电容 C 的 s 域模型，如图 6-3 所示。

由此可见，拉普拉斯变换可以将时域中元件端电压 $u(t)$ 与电流 $i(t)$ 之间的微积分关系转变为象电压 $U(s)$ 与象电流 $I(s)$ 之间的代数关系，并且包含了初始状态 $u_C(0_-)$

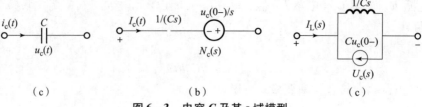

图 6-3 电容 C 及其 s 域模型

和 i_L（0_）。显然，当电感的初始电流 i_L（0_）或电容的初始电压 u_C（0_）为零时，其 s 域模型更为简单，如图 6-4 所示。

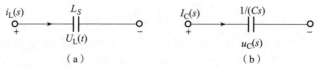

图 6-4 零状态条件下电感 L、电容 C 的 s 域模型

在分析电路时，首先将电路中的元件用其 s 域模型来代替；然后利用 KCL 和 KVL 的 s 域形式，直接列出 s 域的电路方程，求出响应的象函数，再进行反变换就得到全响应的时域形式。

三种元件（R、L、C）的时域和 s 域关系如表 6-3 所示。

表 6-3 电路元件的 s 域模型

		电阻	电感	电容
基本关系		$u(t) = Ri(t)$ $i(t) = \dfrac{1}{R}u(t)$	![电感] $u(t) = L\dfrac{\mathrm{d}i(t)}{\mathrm{d}t}$ $i(t) = \dfrac{1}{L}\displaystyle\int_{0_-}^{t} u(x)\,\mathrm{d}x + i_L(0_-)$	![电容] $u(t) = \dfrac{1}{C}\displaystyle\int_{0}^{t} i(x)\,\mathrm{d}x + u_C(0_-)$ $i(t) = C\dfrac{\mathrm{d}u(t)}{\mathrm{d}t}$
s 域模型	串联形式	$U(s) = RI(s)$	$U(s) = sLI(s) - Li_L(0_-)$	$U(s) = \dfrac{1}{sC}I(s) + \dfrac{u_C(0_-)}{s}$
	并联形式	$I(s) = \dfrac{1}{R}U(s)$	$I(s) = \dfrac{1}{sL}U(s) + \dfrac{i_L(0_-)}{s}$	$I(s) = sCU(s) - Cu_C(0_-)$

由以上讨论可见，经过拉普拉斯变换，可以将时域中用微分、积分形式描述的元件端电压 $u(t)$ 与电流 $i(t)$ 的关系，变换为 s 域中用代数方程描述的 $U(s)$ 与 $I(s)$ 的关系，而且在 s 域中 KCL、KVL 也成立。这样，在分析电路的各种问题时，将原电路中已知电压源、电流源都变换为相应的象函数；未知电压、电流也用其象函数表示；各电路元件都用其 s 域模型替代（初始状态变换为相应的内部象电源），则可画出原电路的 s 域电路模型。对该 s 域电路而言，用于分析计算正弦稳态电路的各种方法（如无源支路的串、并联，电压源与电流源的等效变换，等效电源定理以及回路法、节点法等）都适用。这样，可按 s 域的电路模型解出所需未知响应的象函数，取其逆变换就得到所需的时域响应。需要注意的是，在做电路的 s 域模型时，应画出其所有的内部象电源，并特别注意其参考方向。

例 6 – 23　如图 6 – 5 所示的 RLC 电路，$C = 1\mathrm{F}$，$L = 1\mathrm{H}$，$R = 5\Omega/2$，输入激励电压源 $x(t) = u(t)$，初始状态为 $i_\mathrm{L}(0_-) = 1\mathrm{A}$，$u_\mathrm{c}(0_-) = 2\mathrm{V}$，试求全响应电流 $i(t)$。

解：s 域等效电路如图 6 – 6 所示。

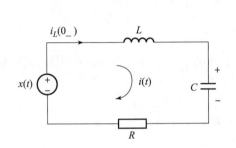

图 6 – 5　RLC 电路

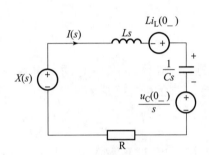

图 6 – 6　s 域等效电路图

根据 KVL，可得

$$Ls I(s) = L i_\mathrm{L}(0_-) + \frac{1}{Cs} I(s) + \frac{u_\mathrm{c}(0_-)}{s} R I(s) = X(s)$$

将 $C = 1\mathrm{F}$，$L = 1\mathrm{H}$，$R = 5\Omega/2$，$i_\mathrm{L}(0_-) = 1\mathrm{A}$，$u_\mathrm{c}(0_-) = 2\mathrm{V}$，$X(s) = 1/s$ 代入上式，可得

$$I(s) = \frac{X(s) + L i_\mathrm{L}(0_-) - \dfrac{u_\mathrm{c}(0_-)}{s}}{Ls + R + \dfrac{1}{Cs}}$$

$$= \frac{s\left[1 - \dfrac{1}{s}\right]}{s^2 + \dfrac{5}{2}s + 1} = \frac{2}{s + 2} + \frac{-1}{s + \dfrac{1}{2}}$$

所以，全响应电流为

$$i(t) = 2\mathrm{e}^{-2t} u(t) - \mathrm{e}^{-\frac{1}{2}t} u(t)$$

例 6 – 24　如图 6 – 7（a）所示的电路，已知 $u_\mathrm{s}(t) = 12\mathrm{V}$，$L = 1\mathrm{H}$，$C = 1\mathrm{F}$，$R_1 = 3\Omega$，$R_2 = 2\Omega$，$R_3 = 1\Omega$。图 6 – 7（a）所示的电路已处于稳定状态，当 $t = 0$ 时，开关 S 闭合，试求开关 S 闭合后 R_3 两端电压的零输入响应 $y_0(t)$ 和零状态响应 $y_x(t)$。

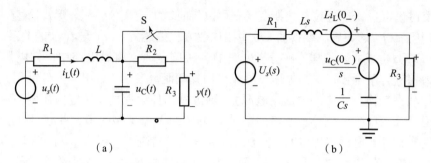

$$图 6-7 \quad 例 6-25 图$$

解：首先求出电容电压和电感电流的初始值 $u_C(0_-)$ 和 $i_L(0_-)$。在 $t = 0_-$ 时，开关 S 尚未闭合，由图 6-7（a）可得

$$u_C(0_-) = \frac{R_2 + R_3}{R_1 + R_2 + R_3} u_S = 6 \ (\text{V})$$

$$i_L(0_-) = \frac{1}{R_1 + R_2 + R_3} u_S = 2 \ (\text{A})$$

然后，画出图 6-7（a）所示电路的 s 域模型如图 6-7（b）所示，由图可见，选定参考点后，a 点的电位就是 $Y(s)$。列出 a 点的节点方程，有

$$\left(\frac{1}{sL + R_1} + sC + \frac{1}{R_3} \right) Y(s) = \frac{Li_L(0_-)}{Ls + R_1} + \frac{u_C(0_-)/s}{1/(Cs)} + \frac{U_s(s)}{Ls + R_1} \qquad (6-49)$$

将 L、C、R_1、R_2 的数据代入式（6-49），可得

$$\left(\frac{1}{s + 3} + s + 1 \right) Y(s) = \frac{i_L(0_-)}{s + 3} + u_C(0_-) + \frac{U_s(s)}{s + 3} \qquad (6-50)$$

由式（6-50）可得

$$Y(s) = \frac{i_L(0_-) + (s + 3)u_C(0_-)}{s^2 + 4s + 4} + \frac{U_s(s)}{s^2 + 4s + 4} \qquad (6-51)$$

由式（6-51）可知：第一项仅与各初始值有关，因而是零输入响应的象函数 $Y_0(s)$；第二项仅与输入的象函数 $U_0(s)$ 有关，因而是零状态响应的象函数 $Y_X(s)$，即

$$Y_0(s) = \frac{i_L(0_-) + (s + 3)u_C(0_-)}{s^2 + 4s + 4} \qquad (6-52)$$

$$Y_{zs}(s) = \frac{U_s(s)}{s^2 + 4s + 4} \qquad (6-53)$$

将 $i_L(0_-), u_C(0_-)$ 代入式（6-52），可得

$$Y_0(s) = \frac{2 + (s + 3) \times 6}{s^2 + 4s + 4} = \frac{6s + 20}{(s + 2)^2} = \frac{8}{(s + 2)^2} - \frac{6}{s + 2}$$

取逆变换，得图 6-7（a）中 R_2 两端电压的零输入响应为

$$y_0(t) = (8t - 6)\mathrm{e}^{-2t} \varepsilon(t)$$

由于 $L[u_s(t)] = 12/s = U_X(s)$，可得

$$Y_X(s) = \frac{12}{s(s + 2)^2} = \frac{3}{s} - \frac{6}{(s + 2)^2} - \frac{3}{s + 2}$$

对上式取逆变换，得图 6-7（a）中 R_3 两端电压的零状态响应为

$$y_x(t) = [3 - (6t + 3)e^{-2t}]\varepsilon(t)$$

例 6-25 图 6-8（a）所示为一种常用的分压电路，若以 $u_1(t)$ 为输入，$u_2(t)$ 为输出，试分析为使输出不失真，电路各元件应满足的条件。

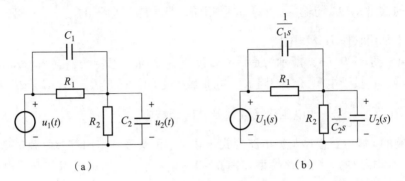

（a）　　　　　　　　　　　　　　（b）

图 6-8　例 6-25 图

解： 如果电路中各初始值 $u_C(0_-)$、$i_L(0_-)$ 等均为零，则其时域电路图与其 s 域电路模型具有相同的形式，只是各电流、电压变换为相应的象函数，各元件变换为相应的 s 域模型（零状态），如图 6-8（b）所示。

在图 6-8（b）中，令 R_1 与 $\dfrac{1}{C_1 s}$ 并联的阻抗为 $Z_1(s)$，导纳为 $Y_1(s)$；R_2 与 $\dfrac{1}{C_2 s}$ 并联的阻抗为 $Z_2(s)$，导纳为 $Y_2(s)$，则

$$Y_1(s) = \frac{1}{Z_1(s)} = \frac{1}{R_1} + C_1 s, \quad Y_2(s) = \frac{1}{Z_2(s)} = \frac{1}{R_2} + C_2 s$$

可求得系统函数（或称为网络函数）为

$$H(s) = \frac{U_2(s)}{U_1(s)} = \frac{Z_2(s)}{Z_1(s) + Z_2(s)} = \frac{Y_1(s)}{Y_1(s) + Y_2(s)} = \frac{C_1\left(s + \dfrac{1}{R_1 C_1}\right)}{(C_1 + C_2)s + \dfrac{1}{R_1} + \dfrac{1}{R_2}}$$

$$= \frac{C_1}{C_1 + C_2} + \frac{R_2 C_2 - R_1 C_1}{R_1 R_2 (C_1 + C_2)^2} \cdot \frac{1}{s + \alpha} \tag{6-54}$$

式中：$\alpha = \dfrac{R_1 + R_2}{R_1 R_2 (C_1 + C_2)}$。

不失真传输的条件是系统的冲激响应也是冲激函数，这就要求系统函数 $H(s)$ 是常数。由式（6-54）可知，仅当 $R_1 C_1 = R_2 C_2$ 时 $\left(\text{在此条件下有 } \dfrac{C_1}{C_1 + C_2} = \dfrac{R_2}{R_1 + R_2}\right)$，系统函数为常数，即

$$H(s) = \frac{U_2(s)}{U_1(s)} = \frac{C_1}{C_1 + C_2} = \frac{R_2}{R_1 + R_2}$$

这时，系统的冲激响应为

$$h(t) = \frac{R_2}{R_1 + R_2}\delta(t)$$

由卷积定理可知，在 $R_1 C_1 = R_2 C_2$ 的条件下，对任意输入信号 $u_1(t)$，图 6-8（a）所示电路的零状态响应为

$$u_2(t) = u_1(t) * h(t) = \frac{R_2}{R_1 + R_2} u_1(t)$$

该电路的输出 $u_2(t)$ 与输入 $u_1(t)$ 波形相同，且为输入信号的 $\dfrac{R_2}{R_1 + R_2}$ 倍，因此，许多设备、仪器中常用它作为分压电路。

例 6-26 图 6-9（a）所示为是最平幅度型［也称为巴特沃斯（Butterworth）型］三阶低通滤波器，它接于电源（含内阻 R）与负载 R 之间。已知 $L = 1\mathrm{H}, C = 2\mathrm{F}, R = 1\Omega$，试求系统函数 $H(s) = \dfrac{U_2(s)}{U_1(s)}$（电压比函数）及其阶跃响应。

解：本题的 s 域电路模型与原电路形式相同，不再重画。若用等效电源定理求解，可将负载 R 断开，其相应的 s 域电路模型如图 6-9（b）所示。不难求得其开路电压的象函数（将 R、L、C 的值代入）。

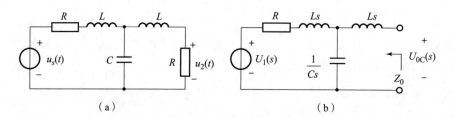

图 6-9 例 6-26 图

$$U_0(s) = \frac{\dfrac{1}{sC}}{Ls + R + \dfrac{1}{Cs}} U_1(s) = \frac{1}{2s^2 + 2s + 1} U_1(s)$$

等效阻抗为

$$Z_0(s) = Ls + \frac{(Ls + R)\dfrac{1}{Cs}}{Ls + R + \dfrac{1}{Cs}} = s + \frac{s + 1}{2s^2 + 2s + 1} = \frac{2s^3 + 2s^2 + 2s + 1}{2s^2 + 2s + 1}$$

于是，可求得输出电压 $u_2(t)$ 的象函数为

$$U_2(s) = \frac{R}{Z_0(s) + R} U_0(s) = \frac{1}{2(s^3 + 2s^2 + 2s + 1)} U_1(s)$$

该滤波器的系统函数为

$$H(s) = \frac{U_2(s)}{U_1(s)} = \frac{1}{2(s^3 + 2s^2 + 2s + 1)} = \frac{1}{2(s + 1)(s^2 + s + 1)}$$

再求该电路的阶跃响应。按阶跃响应的定义，当输入 $u_1(t) = \varepsilon(t)$ 时，其象函数 $U_1(s) = 1/s$，因此其零状态响应的象函数为

$$Y_0(s) = G(s) = H(s)\frac{1}{s} = \frac{1}{2s(s + 1)(s^2 + s + 1)}$$

$$= \frac{1}{2}\left(\frac{1}{s} - \frac{1}{s+1} - \frac{1}{s^2+s+1} \right)$$

$$= \frac{1}{2}\left[\frac{1}{s} - \frac{1}{s+1} - \frac{2}{\sqrt{3}} \cdot \frac{\frac{\sqrt{3}}{2}}{\left(s+\frac{1}{2}\right)^2 + \left(\frac{\sqrt{3}}{2}\right)^2} \right]$$

取上式的拉普拉斯反变换，得图 6-9（a）滤波器的阶跃响应为

$$g(t) = \frac{1}{2}\left[1 - e^{-t} - \frac{2}{\sqrt{3}} e^{-\frac{t}{2}} \sin\left(\frac{\sqrt{3}}{2}t\right) \right]\varepsilon(t)$$

6.7　系统函数的变换域分析

6.7.1　系统函数

如前所述，LTI 连续时间系统用常系数线性微分方程描述，其一般形式为

$$a_n \frac{d^n}{dt^n}y(t) + a_{n-1}\frac{d^{n-1}}{dt^{n-1}}y(t) + \cdots + a_1 \frac{d}{dt}y(t) + a_0 y(t)$$

$$= b_m \frac{d^m}{dt^m}x(t) + b_{m-1}\frac{d^{m-1}}{dt^{m-1}}x(t) + \cdots + b_1 \frac{d}{dt}x(t) + b_0 x(t) \tag{6-55}$$

设系统的初始状态为零，输入 $x(t)$ 的象函数为 $X(s)$，零状态响应 $y_x(t)$ 的象函数为 $Y_X(s)$，对式（6-55）取拉普拉斯变换，可得

$$Y_x(s) = \sum_{k=0}^{n} a_k s^k = X(s) \sum_{r=0}^{m} b_r s^r$$

令 $A(s) = \sum_{k=0}^{n} a_k s^k$，可得

$$Y_x(s) = X(s) \cdot B(s)/A(s)$$

令

$$H(s) = \frac{Y_x(s)}{X(s)} = \frac{B(s)}{A(s)} = \frac{b_m s^m + b_{m-1}s^{m-1} + \cdots + b_1 s + b_0}{a_n s^n + a_{n-1}s^{n-1} + \cdots + a_1 s + a_0}$$

式中，$H(s)$ 称为系统函数。

根据描述系统的微分方程容易写出系统函数 $H(s)$，反之亦然。系统函数只取决于系统本身而与激励无关，与系统内部的初始状态也无关。

因此，零状态响应的象函数为

$$Y_x(s) = X(s)H(s) \tag{6-56}$$

式中，$H(s)$ 是否就是单位冲激响应 $h(t)$ 的拉普拉斯变换呢？下面进行分析。

当输入为单位冲激信号时，$x(t) = \delta(t)$ 时，$X(s) = 1$，此时的零状态响应 $h(t)$，其象函数为

$$L[h(t)] = X(s)H(s) = H(s)$$

上式说明，单位冲激响应 $h(t)$ 与系统函数 $H(s)$ 是一对拉普拉斯变换对。

对式（6-56）取拉普拉斯反变换，并利用卷积定理，可得

$$y_x(t) = L^{-1}[X(s)H(s)] = L^{-1}[X(s)] * L^{-1}[H(s)] = x(t) * h(t)$$

这与时域分析中得到的结论是完全一致的。拉普拉斯变换把时域中的卷积运算转变为 s 域中的乘积运算。

因式分解后可得

$$H(s) = \frac{B(s)}{A(s)} = K\frac{\prod\limits_{r=1}^{m}(s - z_r)}{\prod\limits_{k=1}^{n}(s - p_k)} \tag{6-57}$$

式中：K 为常数；分母多项式 $A(s) = 0$ 的根为 p_k（$k = 1, 2, \cdots, n$），称为极点（特征根）；分子多项式 $B(s) = 0$ 的根为 z_r（$r = 1, 2, \cdots, m$），称为零点。极点和零点可能为实数或复数。只要 $H(s)$ 表示一个实系统，则 $A(s)$、$B(s)$ 的系数都为实数，那么其复数零点或极点必成对出现。显然，如果不考虑常数 K，由系统的零点和极点可以得到系统函数 $H(s)$。

在 s 平面上标出 $H(s)$ 的极、零点位置，极点用"×"表示，零点用"○"表示，若为 n 重零点或极点，可以旁注以"（n）"，就得到系统函数的极零点图。极零点图可以表示一个系统，常用来分析系统特性。

例 6 - 27   已知系统函数 $H(s) = (s - 2)^2 / \left[\left(s + \dfrac{3}{2}\right)^2\left(s^2 + s + \dfrac{5}{4}\right)\right]$，试求极点和零点，并画出零极点分布图。

解：$H(s)$ 有一个二阶零点：$z_1 = 2$；有一个二阶极点：$p_1 = -3/2$。

另外，有两个共轭极点：$p_2 = -1/2 + j$，$p_3 = -1/2 - j$。零极点分布图如图 6 - 10 所示。

下面，分析极点在 s 平面上的位置与单位冲激响应之间的关系。

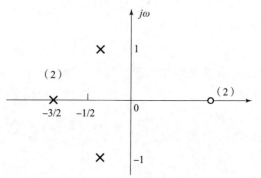

图 6 - 10   零极点分布图

常用信号的拉普拉斯变换及其极点如表 6 - 4 所示。

表 6 - 4   常用拉普拉斯变换对及其极点

$x(t)$	$X(s)$	极点
$u(t)$	$\dfrac{1}{s}$	$p_1 = 0$
$e^{at}u(t)$	$\dfrac{1}{s - \alpha}$	$p_1 = \alpha$
$\sin(\omega_0 t)u(t)$	$\dfrac{\omega_0}{s^2 + \omega_0^2}$	$p_{1,2} = \pm j\omega_0$
$\cos(\omega_0 t)u(t)$	$\dfrac{s}{s^2 + \omega_0^2}$	$p_{1,2} = \pm j\omega_0$
$e^{at}\sin(\omega_0 t)u(t)$	$\dfrac{\omega_0}{(s - \alpha)^2 + \omega_0^2}$	$p_{1,2} = \alpha \pm j\omega_0$
$e^{at}\cos(\omega_0 t)u(t)$	$\dfrac{s - \alpha}{(s - \alpha)^2 + \omega_0^2}$	$p_{1,2} = \alpha \pm j\omega_0$

已经知道，系统函数 $H(s)$ 一般是关于 s 的有理多项式，通过因式分解和部分分式展开，如果只含有一阶极点，可以将其分解成表 6-4 中各式的线性组合。也就是说，根据系统函数 $H(s)$ 的极点，可以得出时域 $h(t)$ 的函数形式。

下面，以一阶极点为例进行分析，不难得出如图 6-11 所示的对应关系。这样，根据 $H(s)$ 极点在 s 平面上的位置就可以得出单位冲激响应 $h(t)$ 的函数形式。

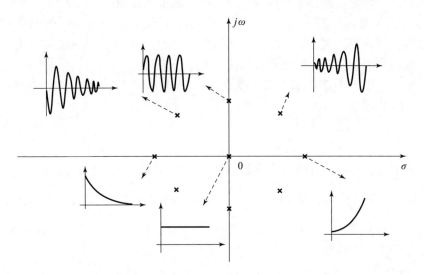

图 6-11　$H(s)$ 的极点分布与对应的波形关系

综合以上分析可以得出以下结论。

对于因果系统，$H(s)$ 在左半开平面的极点所对应的特征模式衰减（或振荡衰减），当 $t \to \infty$，这部分响应趋于零；在虚轴上的一阶极点对应的特征模式不随时间变化（或等幅振荡）；在右半开平面的极点对应的特征模式增长（或振荡增长）。

系统自由响应的特征模式由系统函数的极点决定。所以，系统自由响应的时域函数形式也可以用以上结论分析。

注意，这里的 $H(s)$ 是单边拉普拉斯变换，相应的单位冲激响应 $h(t)$ 为因果序列，仅针对因果系统给出的分析。

6.7.2　系统的因果性与稳定性分析

1. 系统因果性分析

前面已经学习过因果系统的概念。因果系统是指响应不出现在激励之前的系统。显然，因果系统的单位冲激响应 $h(t)$ 满足

$$h(t) = 0, t < 0 \tag{6-58}$$

对于因果系统，可以用单边拉普拉斯变换来分析。此时，其收敛域 $\mathrm{Re}\ \{s\} > \sigma_0$，$\sigma_0$ 是最右边极点的模值。为此，$H(s)$ 的收敛域应该是在最右边极点以右。

2. 系统稳定性分析

系统稳定性是系统一个极为重要的特性，也是大多数实际系统能够正常工作的基本条件。

前面已经证明，系统稳定的充分必要条件是单位冲激响应 $h(t)$ 绝对可积，即

$$\int_{-\infty}^{\infty} | h(t) | \, \mathrm{d}t \leqslant M，M \text{ 为有限正常数} \qquad (6-59)$$

傅里叶变换时指出，信号绝对可积，它的傅里叶变换就存在。也就是说，如果系统稳定，冲激响应 $h(t)$ 绝对可积，那么 $h(t)$ 的傅里叶变换存在。而傅里叶变换是虚轴上的拉普拉斯变换，所以稳定系统系统函数的收敛域必定包含虚轴。

对于因果系统来说，若 $H(s)$ 的所有极点都位于左半开平面，则其单位冲激响应 $h(t)$ 的幅度（或包络）是衰减的，式（6-57）的条件满足，从而系统为稳定系统。因此，因果系统稳定的条件是，所有极点都位于左半开平面。

例 6-28 已知一个系统的单位冲激响应 $h(t) = \mathrm{e}^{-t}u(t)$，试问此系统的因果稳定性。

解：

$$L[\mathrm{e}^{-t}u(t)] = 1/(s+1) + 1，\mathrm{Re}\{s\} > -1$$

收敛域位于最右极点以右，并且包含虚轴，该系统既是因果的，又是稳定的。

例 6-29 已知系统函数 $H(s) = \dfrac{\mathrm{e}^{s}}{s+1}(\mathrm{Re}\{s\} > -1)$，试问该系统是否为因果系统？

解： $H(s)$ 的极点为 $p_1 = -1$，其收敛域 $\mathrm{Re}\{s\} > -1$，它是在最右边的极点以右，因此 $h(t)$ 一定是一个右边信号。

已知 $\mathrm{e}^{-t}u(t) \leftrightarrow 1/(s+1)(\mathrm{Re}\{s\} > -1)$，根据时移性质

$$L^{-1}[\mathrm{e}^{s}/(s+1)] = \mathrm{e}^{-(t+1)}u(t+1)，\mathrm{Re}\{s\} > -1$$

可得

$$h(t) = \mathrm{e}^{-(t+1)}u(t+1)$$

该冲激响应在 $t < -1$ 时为 0，而不是 $t < 0$ 时为 0，所以该系统并非因果系统。此例说明，因果系统的冲激响应一定是右边的，收敛域位于最右边极点的右边；但冲激响应 $h(t)$ 为右边信号时系统不一定是因果系统，也可能是非因果的。

例 6-30 某因果 LTI 系统微分方程为 $y''(t) + 3y'(t) + 2y(t) = 2x'(t) + x(t)$，画出收敛域并判断系统稳定性。

解： 根据微分方程可直接写出系统函数，即

$$H(s) = \frac{Y(s)}{X(s)} = \frac{2s+1}{s^2+3s+2} = \frac{-1}{s+1} + \frac{3}{s+2}$$

两个一阶极点为

$$p_1 = -1，p_2 = -2$$

因为系统为因果系统，所以收敛域 $\mathrm{Re}\{s\} > -1$，如图 6-12 所示；因为收敛域包含虚轴，故系统为稳定系统。

例 6-31 如图 6-13 所示系统，子系统 $G(s)$ 系统函数为

$$G(s) = \frac{1}{(s+1)(s+2)}$$

当常数 K 满足什么条件时，系统是稳定的？

解： 设加法器输出端为 $Y_1(s)$，可得

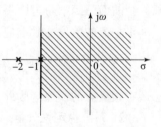

图 6-12　例 6-30 图

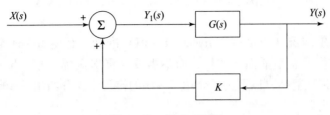

图 6 - 13　例 6 - 31 图

$$Y_1(s) = X(s) + KY(s)$$

则

$$Y(s) = Y_1(s)G(s) = [X(s) + KY(s)]G(s)$$

整理可得

$$Y(s) = X(s)G(s)/[1 - KG(s)]$$

所以，系统函数为

$$H(s) = \frac{G(s)}{1 - KG(s)} = \frac{1}{s^2 + 3s + 2 - K}$$

可以解出极点为

$$p_{1,2} = -3/2 \pm \sqrt{(3/2)^2 - 2 + K}$$

为使极点位于左半开平面，必须满足

$$(3/2)^2 - 2 + K < (3/2)^2$$

所以，$K < 2$ 时系统稳定。

6.7.3　系统的稳定性罗斯—霍尔维茨判据

1. 系统稳定性分类

输入有界、输出也有界的系统即为稳定系统，稳定系统充分必要条件为

$$\int_0^\infty |h(t)|\mathrm{d}t \leqslant M \tag{6-60}$$

对于因果系统，从稳定性考虑，可分为稳定系统、不稳定系统和临界稳定系统三种。

（1）稳定系统。$H(s)$ 的全部极点落于 s 左半平面（不包括虚轴），则满足

$$\lim_{t\to\infty}[h(t)] = 0 \tag{6-61}$$

的系统是稳定的。

（2）不稳定系统。$H(s)$ 的极点落于 s 的右半平面，或在虚轴上具有二阶以上的极点，则在足够长时间以后，$h(t)$ 仍继续增长，系统是不稳定的。

（3）临界稳定系统。如果 $H(s)$ 的极点落于 s 平面的虚轴上，且只有一阶，则在长时间以后，$h(t)$ 趋于一个非零的数值或形成一个等幅振荡，这属于临界稳定的情况，一般也划归不稳定状态。

2. 系统稳定性的判别方法

（1）简单检查法。系统函数 $H(s)$ 的分母多项式为

$$D(s) = a_0 + a_1 s + \cdots + a_n s^n \tag{6-62}$$

式（6-62）的所有的根于位左半平面的必要条件是所有的系数 $a_0, a_1, \cdots, a_n$ 都必须为

非零的实数且同号，多项式从最高幂次到最低幂次无缺项且同号。这个条件仅是必要条件，并非充分条件。

（2）罗斯–霍尔维茨（Routh–Hurwitz，R–H）准则。利用 R–H 准则可以精确地求出 $D(s)=0$ 的根位于右半平面的数目，而不需要计算出实际的根。R–H 准则的形式很多，而且其证明亦相当复杂，以下主要介绍 R–H 的排列法，并给出其步骤。

设给定的多项式为

$$D(s) = a_n s^n + a_{n-1} s^{n-1} + \cdots + a_1 s + a_0 \qquad (6-63)$$

第一步：将 $D(s)$ 的系数按下列方式排成两行：

$$\text{第一行} \quad a_n \quad a_{n-2} \quad a_{n-4} \quad a_{n-6}$$

$$\text{第二行} \quad a_{n-1} \quad a_{n-3} \quad a_{n-5} \qquad (6-64)$$

式中：虚线箭头表示排列顺序。

第二步：在第一行和第二行的基础上排出第三行：

$$c_{n-1} = \frac{-\begin{vmatrix} a_n & a_{n-2} \\ a_{n-1} & a_{n-3} \end{vmatrix}}{a_{n-1}}, c_{n-3} = \frac{-\begin{vmatrix} a_n & a_{n-4} \\ a_{n-1} & a_{n-5} \end{vmatrix}}{a_{n-1}} \qquad (6-65)$$

第三步：根据第二行、第三行的元素，排出第四行：

$$d_{n-1} = \frac{-\begin{vmatrix} a_{n-1} & a_{n-3} \\ c_{n-1} & c_{n-3} \end{vmatrix}}{c_{n-1}}, d_{n-3} = \frac{-\begin{vmatrix} a_{n-1} & a_{n-5} \\ c_{n-1} & c_{n-5} \end{vmatrix}}{c_{n-1}} \qquad (6-66)$$

依此类推，一直排到 $n+2$ 行为止，最后一行全为零，而且倒数第二、第三行元素只有一个非零元素。R–H 阵列为

$$\begin{vmatrix} a_n & a_{n-2} & a_{n-4} & \cdots \\ a_{n-1} & a_{n-3} & a_{n-5} & \cdots \\ c_{n-1} & c_{n-3} & c_{n-5} & \cdots \\ d_{n-1} & d_{n-3} & d_{n-5} & \cdots \\ \vdots & \vdots & \vdots & \vdots \end{vmatrix} \qquad (6-67)$$

在此阵列排完后，按如下稳定性准则进行判断：如果式（6-67）表示的阵列的第一列元素都具有相同的符号（"+"或"-"号），则 $D(s)=0$ 的根全部位于左半平面；如果第一列元素的符号有改变，则该列元素符号改变的次数就是位于右半平面的 $D(s)=0$ 的根的个数。

例 6-32 某 LTI 系统函数 $H(s)$ 的分母多项式为 $D(s) = s^3 + s^2 + 2s + 8$，用 R–H 准则判别系统的稳定性。

解：系统函数 $H(s)$ 的 R–H 阵列为

$$\begin{matrix} 1 & 2 & 0 \\ 1 & 8 & 0 \\ -6 & 8 & \\ 8 & 0 & \end{matrix}$$

显然，此 R-H 阵列有两次符号的变化，$H(s)$ 的分母多项式有两个根位于右半平面，为此该系统不稳定。

用 R-H 准则判别稳定性时，有些情况需要特殊处理，如某一行的元素全部为零，此时不必再排阵列，可以判定该 $H(s)$ 有在虚轴或右半平面的极点，因而系统不稳定。若阵列中第一个元素为零，则阵列无法继续排列下去，可用函数 $\delta(t)$ 代替，请同学们参考其他参考书。

由于稳定性往往在反馈系统的研究中常碰到，为此下面举例说明。

例 6-33　图 6-14 所示为一个反馈系统，试讨论当 K 从 0 增长时系统稳定性的变化。

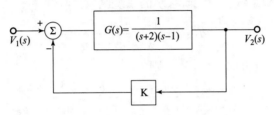

图 6-14　例 6-34 的反馈系统示意图

解：由图 6-14 可知

$$V_2(s) = [V_1(s) - KV_2(s)]G(s)$$

所以，有

$$\frac{V_2(s)}{V_1(s)} = \frac{G(s)}{1 + KG(s)} = \frac{\dfrac{1}{(s-1)(s+2)}}{1 + \dfrac{K}{(s-1)(s+2)}}$$

$$= \frac{1}{(s-1)(s+2) + K} = \frac{1}{s^2 + s - 2 + K} = \frac{1}{(s-p_1)(s-p_2)}$$

则其极点为

$$p_{12} = -1/2 \pm \sqrt{9/4 - K}$$

当 $K=0$ 时，$p_1 = -2$，$p_2 = 1$

当 $K=2$ 时，$p_1 = -1$，$p_2 = 0$

当 $K=9/4$ 时，$p_1 = p_2 = -1/2$

当 $K>9/4$ 时，p_{12} 有共轭复根，并在左半平面。

由以上分析可知：当 $K>2$ 时系统稳定；$K=2$ 时为临界稳定；$K<2$ 时为系统不稳定。

当 K 值增长时，极点在 s 平面的移动过程如图 6-15 所示，为此可以根据系统稳定性的要求正确选择反馈系数 K。

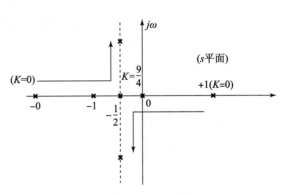

图 6-15　极点在 s 平面的移动过程

6.8 系统的结构及其模拟图

为了对信号（连续的或离散的）进行某种处理（如滤波），就必须构造出合适的实际结构（硬件实现结构或软件运算结构）。对于同样的系统函数 $H(s)$ 往往有多种不同的实现方案。常用的有直接形式、级联形式和并联形式。由于连续系统和离散系统的实现方法相同，这里一并讨论。

1. 直接实现

先讨论较简单的二阶系统，设二阶系统的系统函数为

$$H(s) = \frac{b_2 s^2 + b_1 s + b_0}{s^2 + a_1 s + a_0} \tag{6-68}$$

将式（6-68）的分子、分母同乘以 s^{-2}，则

$$H(s) = \frac{b_2 + b_1 s^{-1} + b_0 s^{-2}}{1 + a_1 s^{-1} + a_0 s^{-2}} = \frac{b_2 + b_1 s^{-1} + b_0 s^{-2}}{1 - (-a_1 s^{-1} - a_0 s^{-2})} \tag{6-69}$$

根据梅森公式，式（6-69）的分母可看作是特征行列式 Δ，括号内表示有两个互相接触的回路，其增益分别为 $-a_1 s^{-1}$ 和 $-a_0 s^{-2}$；分子表示三条前向通路，其增益分别为 b_2、$b_1 s^{-1}$ 和 $b_0 s^{-2}$，并且不与各前向通路相接触的子图的特征行列式 $\Delta_i (i = 1, 2, 3)$ 均等于 1，也就是说，信号流图中的两个回路都与各前向通路相接触。这样就可得到图 6-16（a）和（c）的两种信号流图。其相应的 s 域框图如图 6-16（b）和（d）所示。

由此可见，如将图 6-16（a）中所有支路的信号传输方向反转，并把源点与汇点对调，就得到图 6-16（c）；反之亦然。

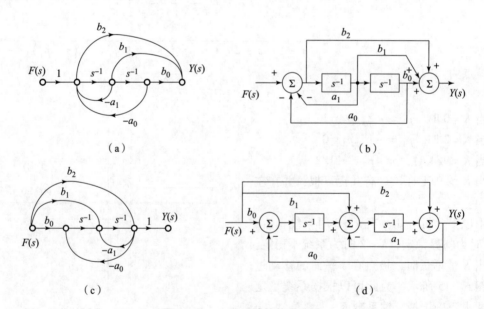

（a）　　　　　　　　　　　　　（b）

（c）　　　　　　　　　　　　　（d）

图 6-16　二阶系统的信号流图

以上的分析方法可以推广到高阶系统的情形。如系统函数（式中 $m \leqslant n$）：

$$H(s) = \frac{b_m s^m + b_{m-1} s^{m-1} + \cdots + b_1 s + b_0}{s^n + a_{n-1} s^{n-1} + \cdots + a_1 s + a_0}$$

$$= \frac{b_m s^{-(n-m)} + b_{m-1} s^{-(n-m+1)} + \cdots + b_1 s^{-(n-1)} + b_0 s^{-n}}{1 + a_{n-1} s^{-1} + \cdots + a_1 s^{-(n-1)} + a_0 s^{-n}} \quad (6-70)$$

由梅森公式，式（6-70）的分母可看作是 n 个回路组成的特征行列式，而且各回路都互相接触；分子可看作是 $m+1$ 条前向通路的增益，而且各前向通路都没有不接触回路。这样，就得到图 6-17（a）和（b）的两种直接形式的信号流图。

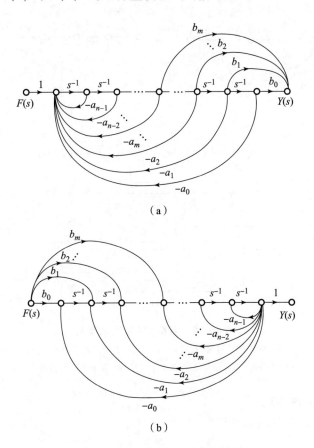

（a）

（b）

图 6-17 式（6-65）的信号流图

仔细观察图 6-17（a）和（b）可以发现，如果把图 6-17（a）中所有支路的信号传输方向都反转，并且把源点与汇点对调，就得到图 6-17（b）。信号流图的这种变换可称为转置。于是可以得出结论：信号流图转置以后，其转移函数，也就是系统函数保持不变。

在以上的讨论中，若将复变量 s 换成 z，则以上论述对离散系统函数 $H(z)$ 也适用，我们将在第 7 章中讨论。

例 6-34 某连续时间系统的系统函数为

$$H(s) = \frac{2s+4}{s^3 + 3s^2 + 5s + 3}$$

试用直接形式模拟此系统。

解：将 $H(s)$ 写为

$$H(s) = \frac{2s^{-2} + 4s^{-3}}{1 - (-3s^{-1} - 5s^{-2} - 3s^{-3})} \tag{6-71}$$

根据梅森公式，可画出式（6-71）的信号流图如图6-18（a）所示，将图6-18（a）转置得另一种直接形式的信号流图，如图6-18（b）所示。其相应的方框图如图6-18（c）和（d）所示。

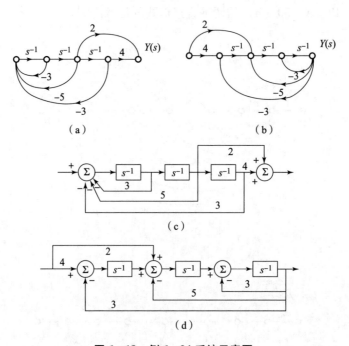

图6-18 例6-34系统示意图
（a）式（6-71）的信号流图；（b）式（6-71）的另一种形式的信号流图；
（c）式（6-71）的实现方式1；（d）式（6-71）的实现方式2

2. 级联实现与并联实现

例6-35 某连续系统的系统函数

$$H(s) = \frac{2s + 4}{s^3 + 2s^2 + 5s + 3} \tag{6-72}$$

分别用级联和并联形式模拟该系统。

解：（1）级联实现。首先将 $H(s)$ 的分子、分母多项式分解为一次因式与二次因式的乘积，可得

$$s^3 + 3s^2 + 5s + 3 = (s + 1)(s^2 + 2s + 3)$$

于是，式（6-72）可写为

$$H(s) = H_1(s)H_2(s) = \frac{2(s + 2)}{(s + 1)(s^2 + 2s + 3)} \tag{6-73}$$

将式（6-73）分解为一阶节与二阶节的级联，则

$$H_1(s) = \frac{2}{s + 1} = \frac{2s^{-1}}{1 + s^{-1}}$$

$$H_2(s) = \frac{s+2}{s^2+2s+3} = \frac{s^{-1}+2s^{-2}}{1+2s^{-1}+3s^{-2}}$$

式中：一阶节与二阶节的信号流图如图 6 - 19（a）和（b）所示，将二者级联后，如图 6 - 19（c）所示，其相应的方框图如图 6 - 19（d）所示。

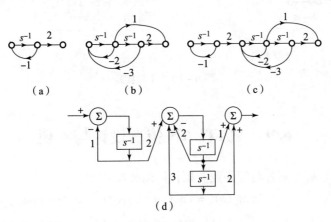

图 6 - 19　级联实现

（2）并联实现。式（6 - 73）的极点为 $p_1 = -1 、p_{2,3} = -1 \pm \mathrm{j}\sqrt{2}$，将它展开为部分分式，即

$$H(s) = \frac{2s+4}{(s+1)(s^2+2s+3)} = \frac{K_1}{s+1} + \frac{K_2}{s+1-\mathrm{j}\sqrt{2}} + \frac{K_3}{s+1+\mathrm{j}\sqrt{2}} \tag{6-74}$$

其中，

$$K_1 = (s+1)H(s)\big|_{s=-1} = 1$$

$$K_2 = (s+1-\mathrm{j}\sqrt{2})H(s)\big|_{s=-1+\mathrm{j}2} = -(1+\mathrm{j}\sqrt{2})/2$$

$$K_2 = K_3^* = -(1-\mathrm{j}\sqrt{2})/2$$

于是，式（6 - 74）可写为

$$H(s) = \frac{1}{s+1} + \frac{-\dfrac{1}{2}(1+\mathrm{j}\sqrt{2})}{s+1-\mathrm{j}\sqrt{2}} + \frac{-\dfrac{1}{2}(1-\mathrm{j}\sqrt{2})}{s+1+\mathrm{j}\sqrt{2}}$$

$$= \frac{1}{s+1} + \frac{-s+1}{s^2+2s+3} \tag{6-75}$$

令

$$H_1(s) = \frac{1}{s+1} = \frac{s^{-1}}{1+s^{-1}}$$

$$H_2(s) = \frac{-s+1}{s^2+2s+3} = \frac{-s^{-1}+s^{-2}}{1+2s^{-1}+3s^{-2}}$$

分别画出 $H_1(s)$ 和 $H_2(s)$ 的信号流图，将二者并联，$H(s)$ 的信号流图如图 6 - 20（a）所示，相应的框图如图 6 - 20（b）所示。

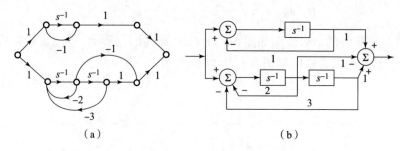

（a）　　　　　　　　　　　　（b）

图 6-20　并联实现

6.9　MATLAB 仿真设计与实现

例 6-36　试求解下列各时间函数的拉普拉斯变换：

$$f_1(t) = e^{-at}, f_2(t) = \cos(\omega t), f_3(t) = e^{-at}\cos(\omega t),$$

$$f_4(t) = t^3 e^{-at}, f_5(t) = \cosh(at), f_6(t) = t\cos(\omega t)。$$

解：

MATLAB 仿真程序如下：

```
syms a t w
f1 = exp( -a* t);F1 = laplace( f1)
f2 = cos(w* t);F2 = laplace( f2)
f3 = exp( -a* t)* cos(w* t);F3 = laplace( f3)
f4 = t^3* exp( -a* t);F4 = laplace( f4)
f5 = cosh(a* t);F5 = laplace( f5)
f6 = t* cos(w* t);F6 = laplace( f6)
```

在 MATLAB 命令窗下可以得到运行结果如下：

```
F1 = 1/( s + a)
F2 = s/( s^2 + w^2)
F3 = (s + a)/(( s + a)^2 + w^2)
F4 = 6/( s + a)^4
F5 = s/( s^2 - a^2)
F6 = 1( s^2 + w^2)* cos(2* atan(w/s))
```

例 6-37　试求解下列各系统函数的拉普拉斯逆变换：

$$F_1(s) = \frac{2}{s+2}, F_2(s) = \frac{3s}{(s+a)^2}, F_3(s) = \frac{s(s+1)}{(s+2)(s+4)},$$

$$F_4(s) = \frac{s^2 - \omega^2}{(s^2 + \omega^2)^2}, F_5(s) = \frac{s^3 + 5s^2 + 9s + 7}{(s+1)(s+2)}, F_6(s) = \frac{s^2 + 1}{(s^2 + 2s + 5)(s+3)}。$$

解：

MATLAB 仿真程序如下：

```
syms s a w;
```

```
F1 =2/(s +2);f1 =ilaplace(F1)
F2 =3* s/(s +a)^2;f2 =ilaplace(F2)
F3 =s* (s +1)/(s +2)/(s +4);f3 =ilaplace(F3)
F4 =(s^2 -w^2)(s^2 +w^2)^2;f4 =ilaplace(F4)
F5 =(s^3 +5* s^2 +9* s +7)/(s +1)/(s +2);f5 =ilaplace(F5)
F6 =(s^2 +1)/(s^2 +2* s +5)/(s +3);f6 =ilaplace(F6)
```

在 MATLAB 命令窗下可以看到运行结果如下：

```
f1 =2* exp( -2* t)
f2 =3* exp( -a* t)* (1 -a* t)
f3 =Dirac(1) +exp( -2* 1) -6* exp( -4* t)
f4 =t* cos(w* t)
f5 =Dirac(1,t) +2* Dirac(t) +2* exp( -t) -exp( -2* t)
f6 =5/4* exp( -3* t) -1/4* exp( -t)* cos(2* t) -3/4* exp( -t)*
sin(2* t)
```

其中，Dirac（t）表示 $\delta(t)$，Dirac（1，t）表示 $\delta'(t)$。

例 6 - 38 已知一个连续系统的系统函数为 $H(s) = 1/(s +1)$，输入信号为正弦波 $x(t) = \sin(2t)$，试求系统在变换域的响应 $Y(s)$，以及时间域的响应 $y(t)$。

解：

MATLAB 仿真程序如下：

```
syms s t
x =sin(2* t);
X =laplace(x);
H =1/(s +1);
Y =X. * H
y =ilaplace(Y)
```

在 MATLAB 命令窗可以得到程序运行结果如下：

```
Y =
2/(s^2 +4)(s +1)
y =
2/5* exp( -t) -2/5* cos(4^(1/2)* t) +1/10* 4^(1/2)* sin(4 ~(12)* t)
```

如果要观察时城输出信号 $y(t)$，可以编写下面的程序：

```
t =0:0.01:20;
y =2/5* exp( -t) -2/5* cos(4^(1/2)* t) +1/10* 4^(1/2)* sin(4^(1/2)*
t);
plot(t,y);
```

输出信号 $y(t)$ 的波形如图 6 - 21 所示。

例 6 - 39 已知一个连续系统的系统函数为 $H(s) = 1/(s^2 + 0.5s + 1)$，系统输入为单位冲激信号 $x(t) = \delta(t)$，试求系统在变换域的响应 $Y(s)$，以及时间域的响应 $y(t)$。

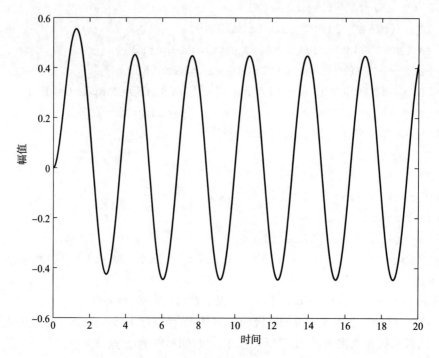

图 6 - 21　例 6 - 38 输出信号 y（t）的波形

解：

MATLAB 仿真程序如下：

```
syms s
X = 1;
H = 1/(s^2 + 0.5* s + 1);
Y = X. * H
y = ilaplace(Y)
```

在 MATLAB 命令窗可以得到程序运行结果如下：

```
y =
1/(s^2 + 1/2* s + 1)
y =
-1/15* (-15)^(1/2)* 4^(1/2)* (exp((-1/4 + 1/8* (-15)^(1/2)* 4^
(1/2))* t) - exp((-1/4 - 1/8* (-15)^(1/2)* 4^(1/2))* t))
```

再执行下列程序段，将显示如图 6 - 22 所示的 $y(t)$ 的波形。

```
t = 0:0.01:20;
y = -1/15* (-15)^(1/2)* 4^(1/2)* (exp((-1/4 + 1/8* (-15).....;
plot(t,y);
```

例 6 - 40　试画出拉普拉斯变换 $X(s) = \dfrac{8s^2 + 3s - 21}{s^3 - 7s - 6}$ 的极点—零点图。

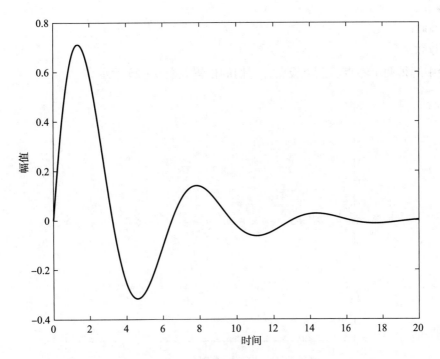

图 6 - 22   例 6 - 39 输出信号 $y(t)$ 的波形

解:

MATLAB 仿真程序如下:

```
A =[8 3 -21];                   %%%分子系数
B =[1 0 -7 -6];                 %%%分母系数
z = roots(A)                    %%%解得零点
p = roots(B)                    %%%解得极点
x = max(abs([z;p]));            %%%得到的极零点的最大值（绝对值）
x = x +0.1;
y = x;
figure;                         %%%绘制极零点图
hold on;                        %%%使多次绘图同时保留
plot([-x x],[0 0],'--');        %%%绘制实轴（或 x 轴）
plot([0 0],[-y y],'--');        %%%绘制虚轴（或 y 轴）
plot(real(z),imag(z),'bo',real(p),imag(p),'kx');
xlabel('Real Part');ylabel('Imaginary Part');
axis([-x x -y y]);
```

结果: z =

 - 1. 8185

1. 4435

p =

3.0000

　-2.0000

　-1.0000

实验中解得两个零点、三个极点，它们的位置如图 6-23 所示。

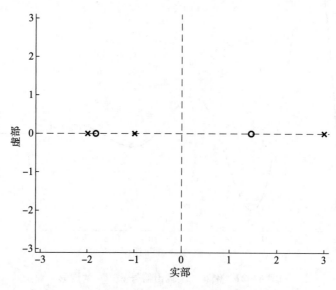

图 6-23　例 6-40 的零极点图

本章习题及部分答案要点

6.1　试求下列函数 $x(t)$ 的拉普拉斯变换 $X(s)$ 及其收敛域。

(1) $u(t) - u(t-1)$；(2) $\sin\omega_0(t-\tau)u(t-\tau)$；(3) $-e^{-3t}u(-t)$；

(4) $e^{-3t}u(-t) + e^{-4t}u(t)$；(5) $te^{-at}u(t), a > 0$；(6) $\sin\omega_0(t-\tau)u(t)$；

(7) $\delta(at+b), a, b$ 为实数。

答案要点：

(1) $u(t) - u(t-1) \leftrightarrow 1/s - e^{-s}/s$，整个 s 平面；(2) $[\omega_0/(s^2+\omega_0^2)]e^{-s\tau}, \mathrm{Re}[s] > 0$；

(3) $1/(s+3), \mathrm{Re}[s] > -3$；(4) $[1/(s+4)] - [1/(s+3)], -4 < \mathrm{Re}[s] < -3$；

(5) $1/(s+a)^2, \mathrm{Re}[s] > -a$；(6) $[s\sin\omega_0\tau + \omega_0\cos\omega_0\tau]/(s^2+\omega_0^2), \mathrm{Re}[s] > 0$；

(7) $e^{sb/a}/|a|$，整个 s 平面。

6.2　试求下列各拉普拉斯变换 $X(s)$ 及其收敛域的拉普拉斯反变换 $x(t)$。

(1) $\dfrac{s^2-s+1}{s^2(s-1)}, 0 < \mathrm{Re}\{s\} < 1$；(2) $\dfrac{1}{s+1}, \mathrm{Re}\{s\} < -1$；

(3) $\dfrac{s}{s^2+16}, \mathrm{Re}\{s\} > 0$；(4) $\dfrac{(s+1)e^{-s}}{(s+1)^2+4}, \mathrm{Re}\{s\} > -1$；

(5) $\dfrac{s+1}{s^2+5s+6}, \mathrm{Re}\{s\} < -3$；(6) $\dfrac{1}{s+1}, \mathrm{Re}\{s\} > -1$；

(7) $\dfrac{s+1}{s^2+5s+6}$,$\mathrm{Re}\{s\}>-2$；(8) $\dfrac{s+1}{s(s+1)(s+2)}$,$-1<\mathrm{Re}\{s\}<0$。

答案要点：

(1) $\dfrac{s^2-s+1}{s^2(s-1)}=\dfrac{-1}{s^2}+\dfrac{0}{s}+\dfrac{1}{s-1}=\dfrac{-1}{s^2}+\dfrac{1}{s-1}\Rightarrow L^{-1}\left[\dfrac{s^2-s+1}{s^2(s-1)}\right]=-tu(t)-\mathrm{e}^t u(-t)$；

(2) $-\mathrm{e}^{-t}u(-t)$；(3) $u(t)\cos4t$；(4) $\left[\mathrm{e}^{-(t-1)}\cos2(t-1)\right]u(t-1)$；

(5) $-2\mathrm{e}^{-3t}u(-t)+\mathrm{e}^{-2t}u(-t)$；(6) $\mathrm{e}^{-t}u(t)$；(7) $(2\mathrm{e}^{-3t}\cdot\mathrm{e}^{-2t})u(t)$；(8) $-u(-t)/2-\mathrm{e}^{-2t}u(t)/2$。

6.3　已知某因果的 LTI 系统的系统函数 $H(s)$ 及输入信号 $x(t)$，试求系统的零状态响应 $y_x(t)$。

(1) $H(s)=\dfrac{2s+3}{s^2+2s+5}$,$x(t)=u(t)$；

(2) $H(s)=\dfrac{s+4}{s(s^2+3s+2)}$,$x(t)=\mathrm{e}^{-1}u(t)$。

(1) 答案要点：

$$u(t)\leftrightarrow 1/s$$

$$Y(s)=X(s)\cdot H(s)=\dfrac{1}{s}\dfrac{2s+3}{s^2+2s+5}=\dfrac{3/5}{s}+\dfrac{(2s/5)-4/5}{s^2+2s+5}$$

$$=\dfrac{1}{5}\left[\dfrac{3}{s}+\dfrac{-3s+4}{s^2+2s+5}\right]=\dfrac{1}{5}\left[\dfrac{3}{s}+\dfrac{-3(s+1)}{(s+1)^2+2^2}+\dfrac{\frac{7}{2}\cdot2}{(s+1)^2+2^2}\right]$$

$$Y_x(t)=\left[3/5-3\mathrm{e}^{-t}\cos2t-7\mathrm{e}^{-t}\sin(2t)/2\right]u(t)$$

(2) 答案要点：

$$H(s)=\dfrac{s+4}{s(s^2+3s+2)},X(s)=\dfrac{1}{s+1}$$

$$\Rightarrow Y(s)=\dfrac{s+4}{s(s+1)^2(s+2)}=\dfrac{2}{s}+\dfrac{-1}{s+2}+\dfrac{-1}{s+1}+\dfrac{-3}{(s+1)^2}$$

$$\Rightarrow Y_x(t)=(2-\mathrm{e}^{-2t}-\mathrm{e}^{-t}-3t\mathrm{e}^{-t})u(t)$$

6.4　已知某因果的 LTT 系统的系统函数 $H(s)=(s+1)/(s^2+5s+6)$，试求系统对于以下输入 $x(t)$ 的零状态响应。

(1) $x(t)=\mathrm{e}^{-3t}u(t)$；(2) $x(t)=t\mathrm{e}^{-t}u(t)$。

(1) 答案要点：

$$X(s)=\dfrac{1}{S+3},H(s)=\dfrac{S+1}{S^2+5S+6}$$

$$\Rightarrow Y(s)=X(s)\cdot H(s)=\dfrac{S+1}{(S+2)(S+3)^2}=\dfrac{-1}{S+2}+\dfrac{1}{S+3}+\dfrac{2}{(S+3)^2}$$

$$\Rightarrow y_x(t)=(-\mathrm{e}^{-2t}+\mathrm{e}^{-3t}+2t\mathrm{e}^{-3t})u(t)$$

(2) 答案要点：

$$X(s)=\dfrac{1}{(s+1)^2},H(s)=\dfrac{s+1}{s^2+5s+6}$$

$$\Rightarrow Y(s) = X(s) \cdot H(s) = \frac{1}{(s+1)^2(s+2)(s+3)} = \frac{-1}{s+2} + \frac{1/2}{s+3} + \frac{1/2}{s+1}$$

$$\Rightarrow y_x(t) = (e^{-t}/2 - e^{-2t} + te^{-3t}/2)u(t)$$

6.5 已知某因果的 LTI 系统的微分方程模型为

$$\frac{d^3}{dt^3}y(t) + 3\frac{d^2}{dt^2}(t) + 2\frac{d}{dt}y(t) = \frac{d}{dt}x(t) + 4x(t)x(t) = e^{-t}u(t)$$

试求零状态响应的初值 $y_x(0)$ 和终值 $y_x(\infty)$。

答案要点：

$$G(s) = \frac{s+4}{s^3 + 3s^2 + 2s} \qquad X(s) = \frac{1}{s+1}$$

$$\Rightarrow Y(s) = G(s)X(s) = \frac{s+4}{(s+1)(s^3 + 3s^2 + 2s)}$$

$$y_x(0) = \lim_{s\to\infty} sF(s) = 0$$

$$y_x(\infty) = \lim_{s\to 0} \frac{s(s+4)}{(s+1)(s^3 + 3s^2 + 2s)} = \frac{\lim_{s\to 0} 2s + 4}{\lim 4s^3 + 12s + 10s + 2} = 2$$

6.6 某因果的 LTI 系统的微分方程及初始条件为已知，试用拉普拉斯变换法求零输入响应。

(1) $\frac{d^2}{dt^2}y(t) + 4y(t) = \frac{d}{dt}x(t), y(0) = 0, y'(0) = 1;$

(2) $\frac{d^2}{dt^2}(t) + 2\frac{d}{dt}y(t) + y(t) = \frac{dx(t)}{dt} + x(t), y(0) = 1, y'(0) = 0;$

(3) $\frac{d^3}{dt^3}(t) + 3\frac{d^2}{dt^2}y(t) + 2\frac{d}{dt}y(t) = \frac{dx(t)}{dt} + 4x(t), y(0) = y'(0) = y''(0) = 1。$

(1) 答案要点：

$$s^2 Y(s) - 1 + 4, Y(s) = 0 \Rightarrow Y(s) = \frac{1}{s^2 + 4}, y(t) = \frac{1}{2} \cdot \sin 2t \, u(t)$$

(2) 答案要点：

$$s^2 Y(s) + sy(0) - y'(0) + 2sY(s) - 2y(0) + Y(s) = 0$$

$$\Rightarrow s^2 Y(s) - s - 0 + 2sY(s) - 2 + Y(s) = 0 \Rightarrow Y(s) = \frac{s+2}{s^2 + 2s + 1} = \frac{1}{s+1} + \frac{1}{(s+1)^2}$$

$$\Rightarrow y(t) = (e^{-t} + te^{-t})u(t)$$

(3) 答案要点：

$$s^3 Y(s) - s^2 y(0) - sy'(0) - y''(0) + 3s^2 Y(s) - 3sy(0) - 3y'(0) + 2sY(s) - 2y(0) = 0$$

$$\Rightarrow Y(s) = \frac{s^2 + 4s - 6}{s^3 + 3s^2 + 2s} = \frac{s^2 + 4s - 6}{s(s+1)(s+2)} = \frac{-3}{s} + \frac{9}{S+1} + \frac{-5}{s+2}$$

$$\Rightarrow y(t) = (-3 + 9e^{-t} - 5e^{-2t})u(t)。$$

6.7 已知某因果的 LTI 系统的输入 $x(t) = e^{-t}u(t)$，单位冲激响应 $h(t) = e^{-2t}u(t)$。

(1) 试求 $x(t)$ 和 $h(t)$ 的拉普拉斯变换；(2) 试求系统的输出的拉普拉斯变换 $Y(s)$；

(3) 试求输出 $y(t)$；(4) 试用卷积积分法求 $y(t)$。

答案要点：

(1) $X(s) = 1/(s + 1)$ $H(s) = 1/(s + 2)$; (2) $Y(s) = 1/(s + 1)(s + 2)$;

(3) $[e^{-t} - e^{-2t}]u(t)$; (4) $[e^{-t} - e^{-2t}]u(t)$ 。

6.8 某因果的 LTI 系统的阶跃响应为 $y(t) = (1 - e^{-t} - te^{-t})u(t)$ ，其输出为 $y(t) = (2 - 3e^{-t} + e^{-3t})u(t)$ ，试确定其输入 $x(t)$ 。

答案要点：

$$Y(s) = \frac{1}{s} - \frac{1}{s + 1} - \frac{1}{(s + 1)^2} = \frac{1}{s(s + 1)^2}$$

$$X(s) = \frac{1}{s} \Rightarrow G(s) = \frac{Y(s)}{X(s)} = \frac{1}{(s + 1)^2}$$

$$Y_2(s) = \frac{2}{s} - \frac{3}{s + 1} + \frac{1}{s + 3} = \frac{6}{s(s + 1)(s + 3)}$$

$$X(s) = \frac{Y(s)}{G(s)} = \frac{6}{s(s + 1)(s + 3)}(s + 1)^2 = \frac{6(s + 1)}{s(s + 3)} = \frac{2}{S} + \frac{4}{s + 3}$$

$$x(t) = [2 + 4e^{-3t}]u(t)$$

6.9 已知某稳定的 LTI 系统的 $t > 0, x(t) = 0$ ，其拉普拉斯变换 $X(s) = \dfrac{s + 2}{s - 2}$ ，系统的输出 $y(t) = [-\dfrac{2}{3}e^{2t}]u(-t) + \dfrac{1}{3}e^{-t}u(t)$ 。

(1) 试确定 $H(s)$ 及其收敛域：

(2) 试确定冲激响应 $h(t)$ ；

(3) 如若该系统输入—时间函数 $x(t) = e^{3t}(-\infty < t < \infty)$ ，试求响应 $y(t)$ 。

(1) 答案要点：

$$X(s) = \frac{s + 2}{s - 2} = 1 + \frac{4}{s - 2} \Rightarrow x(t) = -u(t) - 4e^{2t}u(-t)$$

$$Y(s) = \frac{2}{3} \cdot \frac{1}{s - 2} + \frac{1}{3}\frac{1}{s + 1} = \frac{3s}{3(s - 2)(s + 1)} = \frac{s}{(s - 2)(s + 1)}$$

$$G(s) = H(s) = \frac{Y(s)}{X(s)} = \frac{s}{(s + 1)} \cdot s + 2 = \frac{s}{(s + 2)(s + 1)}, \mathrm{Re}\{s\} > -1$$

(2) 答案要点：

$$h(t) = (2e^{-2t} - e^{-t})u(t)$$

(3) 答案要点：

$$y(0) = 3e^{3t}/20, -\infty < t < \infty$$

6.10 试判断下列系统函数 $H(s)$ 表示的系统的稳定性。

(1) $H(s) = \dfrac{s^2 + 2s + 1}{s^3 + 4s^2 - 3s + 2}$; (2) $H(s) = \dfrac{s^3 + s^2 + s + 2}{2s^3 + 7s + 9}$;

(3) $H(s) = \dfrac{s^2 + 4s + 2}{3s^3 + s^2 + 2s + 8}$; (4) $H(s) = \dfrac{s^3 + 2s + 1}{2s^4 + s^3 + 12s^2 + 8s + 2}$ 。

答案要点：

(1)
$$\begin{array}{|ll}
1 & -3 \\
4 & 2 \\
-\dfrac{7}{2} & \text{不稳定} \\
2 &
\end{array}$$

(2)
$$\begin{array}{|ll}
2 & 7 \\
0 & 9 \\
& \text{不稳定}
\end{array}$$

$$(3) \quad \begin{vmatrix} 3 & 2 \\ 1 & 8 \\ -11 & \text{不稳定} \\ 8 \end{vmatrix} \qquad (4) \quad \begin{vmatrix} 2 & 12 & 2 \\ 1 & 8 & 0 \\ -4 & 2 & \text{不稳定} \\ \dfrac{17}{2} \\ 2 \end{vmatrix}$$

6.11 若系统是稳定的，试求系统函数 $H(s) = \dfrac{s^2 + 2s + 1}{s^4 + s^3 + 2s^2 + s + K}$ 中 K 值的范围。

答案要点：

$$\begin{vmatrix} 1 & 2 & K \\ 1 & 1 & 0 \\ -4 & K & \Rightarrow 0 < K < 1 \\ 1 - K \\ K \end{vmatrix}$$

6.12 已知系统函数 $H(s) = 1/(s^3 + 4s^2 + 4s + k)$，若系统是稳定的，试求 $H(s)$ 中 k 值的范围。

答案要点：

$$\begin{vmatrix} 1 & 4 & 0 \\ 4 & k & 0 \\ -\dfrac{1}{4} & (k-16) & 0 & 0 \\ k & 0 & 0 \\ 0 & 0 & 0 \end{vmatrix}$$

因为系统稳定，所以，$(16 - k)/4 > 0$ 且 $k > 0$，得 $0 < k < 16$。

6.13 已知系统的单位阶跃响应 $g(t) = (1 - e^{-2t})u(t)$，为使其零状态响应 $y(t) = (2 - 2e^{-2t} - 2te^{-2t})u(t)$，试求激励 $x(t)$。

答案要点：

由于 $G(s) = \dfrac{1}{s} - \dfrac{1}{s + 2} = \dfrac{2}{s(s + 2)}$

又 $G(s) = H(s)U(s) = H(s)/s$，有 $H(s) = sG(s) = 2/(s + 2)$

则 $Y(s) = (2s + 8)/s(s + 2)^2$，$X(s) = \dfrac{Y(s)}{H(s)} = \dfrac{2}{s} - \dfrac{1}{s + 2}$

因此，可得 $x(t) = 2u(t) - e^{-2t}u(t)$

6.14 已知系统函数 $H(s) = \dfrac{1}{(s + 1)(s + 3)}$，初始条件 $y(0) = 0, y'(0) = 1$，激励为 $x(t) = e^{-2t}u(t)$，试求系统的零输入响应 $y_x(t)$、零状态响应 $y_f(t)$ 和全响应 $y(t)$，画出系统的直接 II 型模拟框图。

答案要点：

系统对应的微分方程为 $y''(t) + 4y'(t) + 3y(t) = x(t)$

零输入响应为 $s^2 Y_x(s) - sy_x(0) - y'_x(0) + 4sY_x(s) - 4y_x(0) + 3Y_x(s) = 0$

$$Y_x(s) = \frac{sy_x(0) + y'_x(0) + 4y_x(0)}{s^2 + 4s + 3} = \frac{1}{2}\left(\frac{1}{s+1} - \frac{1}{s+3}\right)$$

则 $y_x(t) = \frac{1}{2}(e^{-t} - e^{-3t})u(t)$

零状态响应为 $s^2 Y_f(s) + 4sY_f(s) + 3Y_f(s) = X(s)$

$Y_f(s) = X(s)/(s^2 + 4s + 3) = 0.5/(s+1) - 1/(s+2) + 0.5/s + 3$

则 $y_f(t) = \left(\frac{1}{2}e^{-t} - e^{-2t} + \frac{1}{2}e^{-3t}\right)u(t)$

全响应为 $y(t) = y_x(t) + y_f(t) = [e^{-t} - e^{-2t}]u(t)$

直接 II 型模拟框图如图 6-24 所示。

6.15 已知连续系统的单位冲激响应 $h(t) = e^{-2t}u(t)$，试求该系统在输入 $x(t) = e^{-5t} + e^{5t}$ 作用下的零状态响应 $y(t)$。

答案要点：

$h(t) = e^{-2t}u(t)$ 对应的拉普拉斯变换为 $H(s) = 1/(s+2)$

复指数信号作用于系统的条件下，输入与输出对应关系为 $e^{st} \leftrightarrow H(s)e^{st}$

则：$e^{-5t} \leftrightarrow H(-5)e^{-5t}$，$e^{5t} \leftrightarrow H(5)e^{5t}$

输入 $x(t) = e^{-5t} + e^{5t}$ 作用下的零状态响应为

$y(t) = H(-5)e^{-5t} + H(5)e^{5t} = e^{-5t} \cdot 1/(-5+2) + e^{5t} \cdot 1/(5+2) = -e^{-5t}/3 + e^{5t}/7$

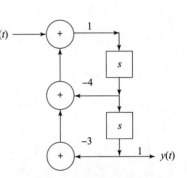

图 6-24 直接 II 型模拟框图

6.16 应用 R-H 准则检验求下列每个多项式在右半平面根的个数。

（1）$s^5 + s^4 + 3s^3 + s + 2 = 0$；（2）$10s^4 + 2s^3 + s^2 + 5s + 3 = 0$；

（3）$s^4 + 10s^3 - 8s^2 + 2s + 3 = 0$；（4）$s^5 + 2s^4 + 24s^3 + 48s^2 - 25s - 50 = 0$。

答案要点：

（1）两个；（2）两个；（3）两个；（4）一个。

6.17 用 $x(t)$ 的单边拉普拉斯变换 $X(s)$ 表示下列函数的单边拉普拉斯变换。

（1）$tx(t)$；（2）$x(t) \cdot \sin t$；（3）$x(5t-3)$；（4）$t\dfrac{d^2x(t)}{dt^2}$。

答案要点：

（1）$-dX(s)/ds$；（2）$[X(s-j) - X(s+j)]/2$；

（3）$e^{-3s/5}X(s/5)/5$；（4）$-d[s^2X(s)]/ds$。

6.18 已知某因果的 LTI 系统的微分方程为

$$\frac{d^2}{dt^2}y(t) + 3\frac{d}{dt}y(t) + 2y(t) = x(t), y(0) = 3, \frac{d}{dt}y(t)\bigg|_{t=0} = -5$$

试求当 $x(t) = 2u(t)$ 时系统的零输入响应 $y_0(t)$ 和零状态响应 $y_x(t)$ 以及全响应 $y(t)$。

答案要点：

零输入响应为 $y_0(t) = [e^{-t} + 2e^{-2t}]u(t)$

零状态响应为 $y_x(t) = [1 + e^{-2t} - 2e^{-t}]u(t)$

全响应为 $y(t) = y_0(t) + y_x(t) = [1 + 3e^{-2t} - e^{-t}]u(t)$

以下习题，读者自己选择练习解答。

6.19　已知某系统的系统函数 $H(s) = (s+2)/(s^2+2s)$，若初始状态为 $y(0) = 2$，$y'(0) = 1$，激励信号为 $x(t) = x^{-t}u(t)$，试求系统的全响应 $y(t)$。

6.20　画出下面系统函数对应的模拟图。

（1）$H(s) = \dfrac{2s+3}{s(s+1)^2(s+3)}$；（2）$H(s) = \dfrac{2s^2+14s+24}{s^2+3s+2}$；

（3）$H(s) = \dfrac{2s^2+14s+24}{s^2+3s+2}$；（4）$H(s) = \dfrac{5(s+1)}{5+(s+1)(s+2)(s+3)}$。

6.21　已知 $x(t) = e^{-2t}u(t+1)$，试求其单边拉普拉斯变换。

6.22　已知系统的微分方程 $\dfrac{d^3y(t)}{dt^3} + 4\dfrac{d^2y(t)}{dt^2} + 4\dfrac{dy(t)}{dt} + ky(t) = x(t)$，若系统是稳定的，试求 k 的取值范围。

6.23　某系统的输入/输出方程式为 $\dfrac{d^2y(t)}{dt^2} + 5\dfrac{dy(t)}{dt} + 6y(t) = 3\dfrac{dx(t)}{dt} + 2x(t)$，若输入信号 $x(t) = 4e^{-t}u(t)$，系统的初始状态 $y(0) = 1$，$y'(0) = 1$，试求全响应。

6.24　已知系统函数 $H(s) = (s^2+3s+2)/(8s^4+2s^3+3s^2+s+5)$，试判断系统的稳定性，并说明是否有位于 s 平面右半平面上的极点，极点有几个。

6.25　已知 $x(t) = e^{-a|t|}, a > 0$，试求其拉普拉斯变换 $X(s)$。

6.26　已知系统的单位阶跃响应 $g(t) = (1 - e^{-2t})u(t)$。为使其零状态响应
$$y(t) = (2 - 2e^{-2t} - 2te^{-2t})u(t)$$
试求系统函数的表达式 $H(s)$ 和时域输入信号的表达式。

6.27　已知系统函数为
$$H(s) = 1/(s^3 + s^2 + 2s + 8)$$
（1）用 R-H 准则判断系统的稳定性；

（2）右半平面是否有极点，若有，几个极点位于右半平面？

6.28　已知连续时间系统的微分方程 $\dfrac{dy^2(t)}{dt} + 4\dfrac{dy(t)}{dt} + 3y(t) = \dfrac{dx(t)}{dt} + 2x(t)$，试求该系统的频率响应 $H(\omega)$ 和单位冲激响应 $h(t)$。

第7章

离散时间信号与系统的变换域分析　z 变换

7.1　引　言

离散时间信号也采用类似于连续时间信号变换域方法进行分析。连续时间信号的变换域分析方法就是拉普拉斯变换法。对离散时间信号，在变换域空间内的分析方法，称为变换域分析方法：z 变换法。

拉普拉斯变换是连续时间信号的傅里叶变换在变换域的推广；同样，z 变换是离散时间傅里叶变换（DTFT）在变换域的延伸。它用复变量 z 表示一类更为广泛的信号，拓宽了离散时间傅里叶变换的应用范围。本章首先从离散时间序列的 DTFT 引出序列 z 变换的定义；然后讨论 z 变换的收敛域、性质和 z 反变换等。

7.2　离散时间序列的 z 变换

7.2.1　z 变换及其收敛域

1. z 变换的定义

增长的离散时间序列 $x[n]$ 的傅里叶变换是不收敛的，为了满足傅里叶变换的收敛条件，类似于拉普拉斯变换，将 $x[n]$ 乘以一个衰减的实指数信号 r^{-n}（$r>1$），使函数 $x[n]r^{-n}$ 满足收敛条件，可得傅里叶变换，即

$$F\{x[n]r^{-n}\} = \sum_{n=-\infty}^{\infty}\{x[n]r^{-n}\}e^{-j\Omega n} = \sum_{n=-\infty}^{\infty}x[n](re^{j\Omega})^{-n} \tag{7-1}$$

令 $z = re^{j\Omega}$，将其代入式（7-1），则式（7-1）等号右边为复变量 z 的函数，把它定义为离散时间信号（序列）$x[n]$ 的 z 变换，记为 $X(z)$，则

$$X(z) = \sum_{n=-\infty}^{\infty}x[n]z^{-n} \tag{7-2}$$

式中：$X(z)$ 为 z 的幂级数。可以看出，z^{-n} 的系数值就是 $x[n]$ 的值，z^{-n} 的幂次表示了序列的序号，因此可以把它看作表示时序的量。

综合上述分析，可以得出下式，即

$$X(z) = F\{x[n]r^{-n}\} = Z[x[n]] \tag{7-3}$$

根据式（7-3）并假设 r 取值使该式收敛，对其进行离散时间傅里叶反变换，可得

$$x[n]r^{-n} = F^{-1}[X(z)] = \frac{1}{2\pi}\int_{0}^{2\pi}X(z)e^{j\Omega n}d\Omega$$

则

$$x[n] = \frac{1}{2\pi} \int_0^{2\pi} X(z)(re^{j\Omega})^n d\Omega \qquad (7-4)$$

现将积分变量 Ω 改变为 z，由于 $z = re^{j\Omega}$ 对 Ω 在 $0 \sim 2\pi$ 区域（实际上是 Ω 的整个取值范围）内积分，对应了沿 $|z| = r$ 的圆逆时针绕一周的积分，可得

$$dz = jre^{j\Omega}d\Omega = jzd\Omega , d\Omega = \frac{1}{j}z^{-1}dz$$

将上式代入式（7-4），可得

$$x[n] = \frac{1}{2\pi j} \oint_c X(z) \cdot z^{n-1} dz \qquad (7-5)$$

式（7-5）为 z 变换的反变换式，式中 $\oint_C$ 表示在以 r 为半径、以原点为中心的封闭圆周上沿逆时针方向的围线积分。式（7-2）和式（7-5）构成双边 z 变换对，这里双边 z 变换指的是 n 取值为 $-\infty \sim \infty$，则

$$Z\{x[n]\} = X(z)$$
$$Z^{-1}\{X[z]\} = x[n]$$

或

$$x[n] \overset{z}{\leftrightarrow} X[z]$$

式（7-2）定义的 z 变换称作双边变换，而单边变换定义为

$$X(z) = \sum_{n=0}^{\infty} x[n]z^{-n} \qquad (7-6)$$

显然，对于因果信号 $x[n]$，由于 $n < 0$ 时，$x[n] = 0$，单边和双边 z 变换相等，否则不相等。这两者的许多基本性质并不完全相同。

2. z 变换的收敛域

与拉普拉斯变换类似，即使引入指数型衰减因子 r^{-n}，对于不同序列 $x[n]$ 也存在离散时间傅里叶反变换收敛的 r 的取值问题，也就是 z 变换存在的 z 值取值范围，称为 z 变换的收敛域（ROC）。同理，z 反变换的积分围线必须是位于收敛域内的任意 $|z| = r$ 的圆周。下面举例说明 z 变换的收敛域。

例 7-1 求序列 $x[n] = a^n u[n]$ 的 z 变换。

解：由双边 z 变换定义式可知，序列 $x[n]$ 的 z 变换为

$$X(z) = \sum_{n=-\infty}^{\infty} a^n u[n]z^{-n} = \sum_{n=0}^{\infty} a^n z^{-n} = \sum_{n=0}^{\infty} \left(\frac{a}{z}\right)^n$$

为使 $X[z]$ 收敛，根据几何级数的收敛定理，必须满足 $|a/z| < 1$，即 $|z| > |a|$，则

$$X(z) = 1/(1 - az^{-1}) = z/(z - a) , |z| > |a|$$

图 7-1 所示为在 z 平面上表示的例 7-1 的零极点和收敛域，其中 z 平面是以 $Re(z)$ 为横坐标、$Im(z)$ 为纵坐标轴的平面。图中同时还表示出了式（7-6）的零点和极点的位置，其中极点用"×"表示，零点用"○"表示。

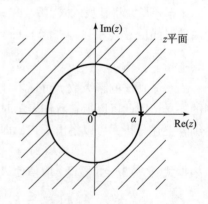

图 7-1 例 7-1 的零极点和收敛域（阴影区）

例 7 - 2　设序列 $x[n] = -a^n u[-n-1]$，其 z 变换为

$$X(z) = \sum_{n=-\infty}^{-1} (-a^n z^{-n})$$

试求该信号 z 变换的收敛域。

解：令 $m = -n$，则

$$X(z) = \sum_{m=1}^{\infty} (-a^{-m} z^m) = \sum_{m=0}^{\infty} -(a^{-1}z)^m + a^0 z^0 = 1 - \sum_{m=0}^{\infty} (a^{-1}z)^m$$

显然上式成立，只有当 $|a/z| < 1$，$|z| < |a|$ 时收敛，则

$$X(z) = 1 - \frac{1}{1-a^{-1}z} = 1 - \frac{a}{a-z} = \frac{z}{z-a} = \frac{1}{1-az^{-1}}, \quad |z| < |a| \qquad (7-7)$$

其零极点和收敛域如图 7 - 2 所示。

将式（7 - 6）和式（7 - 7）及图 7 - 2 相比较，看出它们的 z 变换式是完全一样的，不同的仅是 z 变换的收敛域。这说明收敛域在 z 变换中有重要意义，z 变换只有与它的收敛域两者结合起来，才能与信号建立起对应的关系。与拉普拉斯变换一样，z 变换的表述既要求它的变换式，又要求其相应的收敛域。另外，可以看出，例 7 - 1和例 7 - 2 的序列都是指数型的，所得到的变换式是有理的。

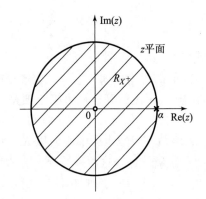

图 7 - 2　例 7 - 2 的零极点和收敛域（阴影区）

进一步分析，可以认为 z 变换的收敛域是由满足 $x[n]r^{-n}$ 的值和满足式（7 - 8）的所有 $z = re^{j\Omega}$ 的值组成。显然，决定式（7 - 8）是否成立条件，只与 z 值的模 r 有关，而与 Ω 无关，则

$$\sum_{n=-\infty}^{\infty} |x[n]| r^{-n} < \infty \qquad (7-8)$$

若某一个具体 z_0 值是在收敛域内，那么位于以原点为圆心的同一个圆上的全部 z 值（具有相同的模）也一定在该收敛域内。事实上，收敛域必须是而且只能是一个单一的圆环。在某些情况下，它的外圆边界可以向外延伸到无穷远。

此外，$X[z]$ 的收敛域还与 $x[n]$ 的性质有关。不同类型的序列其收敛域的特性不同，可以分为以下几种情况。

（1）有限长序列。有限长序列是指，在有限区间 $n_1 \leqslant n \leqslant n_2$ 之内序列具有非零的有限值，在此区间外的序列值皆为零，也称为有始有终序列，其 z 变换可表示为

$$X(z) = \sum_{n=n_1}^{n_2} x[n] z^{-n} \qquad (7-9)$$

由于 n_1、n_2 是有限整数，因而式（7 - 9）为一个有限项级数，故只要级数的每一项有界，则级数就收敛，这就要求

$$|x[n]z^{-n}| < \infty, \quad n_1 \leqslant n \leqslant n_2$$

由于 $x[n]$ 有界，因此要求 $|z^{-n}| < \infty$（$n_1 \leqslant n \leqslant n_2$）。显然，在 $0 \leqslant |z| \leqslant \infty$ 上都满足此条件。因此，有限长序列的收敛域至少是除 $z = 0$ 和 $z = \infty$ 外的整个 z 平面。

例如，对 $n_1 = -2$，$n_2 = -3$ 的情况，有

$$X(z) = \sum_{n=-2}^{3} x[n] z^{-n}$$

$$= \underbrace{x[-2]z^2 + x[-1]z^1}_{|z|<\infty} + \underbrace{x[0]z^0}_{\text{常值}} + \underbrace{x[1]z^{-1} + x[2]z^{-2} + x[3]z^{-3}}_{|z|>0}$$

其收敛域为除 $z=0$ 和 $z=\infty$ 外的整个 z 平面。

在 n_1、n_2 的特殊情况下，收敛域还可以扩大：

若 $n_1 \geq 0$，收敛域为 $0 \leq |z| \leq \infty$，除 $z=0$ 外的整个 z 平面；

若 $n_2 \leq 0$，收敛域为 $0 \leq |z| \leq \infty$，除 $z=\infty$ 外的整个 z 平面。

（2）右边序列。右边序列是有始无终的序列：当 $n \leq n_2$ 时，$x[n]=0$。此时，z 变换为

$$X(z) = \sum_{n=n_1}^{\infty} x[n] z^{-n} = \sum_{n=n_1}^{-1} x[n] z^{-n} + \sum_{n=0}^{\infty} x[n] z^{-n} \tag{7-10}$$

式（7-10）等号右边第一项为有限长序列的 z 变换，由前面的讨论可知，它的收敛域至少是除 $z=0$ 和 $z=\infty$ 外的整个 z 平面；等号右边第二项是 z 的负幂级数，由级数收敛的阿贝尔（Abel）定理可知，存在一个收敛半径 R_{x-}，级数在以原点为中心、以 R_{x-} 为半径的圆外任何点都绝对收敛。综合这两种情况，右边序列 z 变换的收敛域为 $R_{x-} \leq |z| \leq \infty$，如图 7-3 所示。若 $n_1 \geq 0$，则式（7-10）等号右边不存在第一项，故收敛域应包括 $z=\infty$，$R_{x-} \leq |z| \leq \infty$，或写为 $R_{x-} \leq |z|$。特别地，$n_1=0$ 的右边序列也称为因果序列，通常可表示为 $x[n]u[n]$。例 7-1 所示的右边序列 $x[n]=a^n u[n]$，其收敛域为 $|z| \geq |a|$，验证了上述结论。

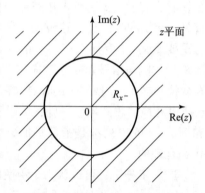

图 7-3　右边序列的收敛域

（3）左边序列。左边序列是无始有终序列，当 $n_1 \geq n_2$ 时，$x[n]=0$。此时，z 变换为

$$X(z) = \sum_{n=-\infty}^{n_2} x[n] z^{-n} = \sum_{n=-\infty}^{0} x[n] z^{-n} + \sum_{n=1}^{n_2} x[n] z^{-n} \tag{7-11}$$

式（7-11）等号右边第二项为有限长序列的 z 变换，收敛域至少为除 $z=0$ 和 $z=\infty$ 外的整个 z 平面；等号右边第一项是正幂级数，由阿贝尔定理可知，必有收敛半径 R_{x+}，级数在以原点为中心、以 R_{x+} 为半径的圆内任何点都绝对收敛。综合上述两种情况，左边序列 z 变换的收敛域为 $0 \leq |z| \leq R_{x+}$，如图 7-4 所示。若 $n_2 \leq 0$，式（7-11）等号右边不存在第二项，故收敛域应包括 $z=0$，$0 \leq |z| \leq R_{x+}$。例 7-2 所示左边序列 $x[n]=-a^n u[-n-1]$，其收敛域为 $|z| \leq |a|$，则验证了上述结论。

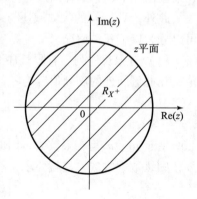

图 7-4　左边序列的收敛域

（4）双边序列。双边序列是从 $n=-\infty$ 到 $n=\infty$ 的序列，为无始无终序列，可以把它看成一个右边序列和一个左边序列的和，即

$$X(z) = \sum_{n=-\infty}^{\infty} x[n] z^{-n} = \sum_{n=0}^{\infty} x[n] z^{-n} + \sum_{n=-\infty}^{-1} x[n] z^{-n} \tag{7-12}$$

因为可以把它看成右边序列的 z 变换和左边序列的 z 变换叠加，其收敛域应该是右边序列和左边序列收敛域的重叠部分。式（7-12）等号右边第一个级数是右边序列的 z 变换，且 $n_1 = 0$，其收敛域为 $|z| \geqslant R_{x-}$；第二个级数为左边序列的 z 变换，且 $n_2 = -1$，其收敛域为 $|z| \leqslant R_{x-}$。所以，若满足 $R_{x-} < R_{x+}$，则存在公共收敛域，为 $R_{X-} < |z| < R_{x+}$，这是一个环形区域，如图 7-5 所示。

对于连续时间信号，通常非因果信号不具有实际意义。对于离散时间信号，一般在取得信号序列后，再进行分析处理，这时非因果信号同样也不具有实际意义。

z 变换收敛域主要性质如下。

收敛域性质 7-1　$X(z)$ 的收敛域是在 z 平面内以原点为中心的圆环，$X(z)$ 的收敛域一般为 $R_1 < |z| < R_2$，如图 7-6 所示。

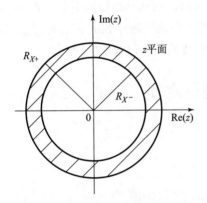

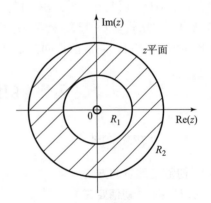

图 7-5　双边序列的收敛域（阴影区）　　　　图 7-6　z 变换的收敛域

一般情况下，R_1 可以小到零，R_2 可以大到无穷大。例如，序列 $x[n] = -a^n u[n]$ 的 z 变换的收敛域 $R_1 = a$，$R_2 = \infty$，且包括 ∞，$a < |z| \leqslant \infty$。而 $x[n] = -a^n u[-n-1]$ 的 z 变换的收敛域 $R_1 = 0$ 且包括 0，$R_2 = a$，$0 < |z| \leqslant a$。

收敛域性质 7-2　z 变换的收敛域内不包含任何极点。

这时由于 $X(z)$ 在极点处，其值无穷大，z 变换不存在，故收敛域不包含极点，而常以 $X(z)$ 极点作为收敛域的边界。

收敛域性质 7-3　若 $x[n]$ 是有限持续序列，则收敛域为整个 z 平面，但有可能不包含 $z=0$ 和（或）$z=\infty$，具体情况与 n 的边界值有关。

收敛域性质 7-4　若 $x[n]$ 是一个右边序列，且 $|z| = r_0$ 的圆位于收敛域内，则 $|z| > r_0$ 的全部有限 z 值均在收敛域内。当 $x[n]$ 是一个因果序列时，$X(z)$ 求和的下限为非负，故其收敛域可扩展至无穷远。对于那些求和的下限为负值的右边序列，和式将包括 z 的正幂次项，这些项将随 $|z| \to \infty$ 而变成无界。这种情况右边序列的收敛域将不包含无限远点。

收敛域性质 7-5　若 $x[n]$ 是一个左边序列，且 $|z| = r_0$ 的圆位于收敛域内，则满足 $0 < |z| < r_0$ 的全部 z 值也一定在收敛域内。当 $x[n]$ 是一个反因果序列（n 为 $-1 \sim -\infty$ 的左边序列），其求和的上限为负值，故其收敛域包括 $z=0$。对于求和的上限为正值的左边序

列，$X(z)$ 的求和式中将包括 z 的负幂次项，这些项将随 $|z| \to 0$ 而变成无界。因此，这种左边序列的 z 变换，其收敛域不包括 $z = 0$。

收敛域性质 7-6 若 $x[n]$ 是一个双边序列，且 $|z| = r_0$ 的圆位于收敛域内，则该收敛域一定是由包括 $|z| = r_0$ 的圆环所组成。一个双边序列，一般表示成一个右边序列和一个左边序列。整个序列的收敛域就是两个单边序列收敛域的重叠部分。

7.2.2 z 变换与离散时间傅里叶变换的关系

离散时间序列 $x[n]$ 的 z 变换是 $x[n]$ 乘以实指数信号 r^{-n} 后的 DTFT，即

$$X(z) = F\{x[n]r^{-n}\} = \sum_{n=-\infty}^{\infty} \{x[n]r^{-n}\} e^{-jn\Omega}$$

如果 $X(z)$ 在 $|z| = 1$（$z = e^{j\Omega}$ 或 $r = 1$）处收敛，取 $|z| = 1$（$z = e^{j\Omega}$ 或 $r = 1$），有

$$X(z)|_{z=e^{j\Omega}} = F\{x[n]\} = \sum_{n=-\infty}^{\infty} x[n] e^{-jn\Omega} = X(\Omega) \tag{7-13}$$

也就是说，DTFT 就是在 z 平面单位圆上的 z 变换，它的前提当然是单位圆应包含在 z 变换的收敛域内。根据式（7-13）求某一序列的频谱，可以首先求出该序列的 z 变换，然后直接将 z 替换为 $e^{j\Omega}$ 即可，它的前提同样是该序列 z 变换的收敛域必须包含单位圆。

7.3 初值定理与终值定理

7.3.1 初值定理

1. 初值定理表述方法一

定理 7-1（初值定理） 若 $n < 0$，$x[n] = 0$，则序列的初值为

$$x[0] = \lim_{z \to \infty} X(z) \tag{7-14}$$

证明： 该因果序列的 z 变换为

$$X(z) = \sum_{n=0}^{\infty} x[n]z^{-n} = \sum_{n=1}^{\infty} x[n]z^{-n} + x[0]$$

对于 $n > 0$，z^{-n} 随着 $z \to \infty$ 而趋于零；对于 $n = 0$，$z^{-n} = 1$，便得到上式结论。

当一个因果序列的初值 $x[0]$ 为有限值，则 $\lim_{z \to \infty} X(z)$ 就是有限值。当把 $X(z)$ 表示成两个多项式之比时，分子多项式的阶次不能大于分母多项式的阶次。

2. 初值定理表述方法二

初值定理适用于右边序列（或称有始序列），适用于 $k < M$（M 为整数）时 $f[k] = 0$ 的序列，它可以由象函数直接求得序列的初值 $f[M]$，$f[M+1]$，$\cdots$，而不必求得原序列。

初值定理： 如果序列在 $k < M$ 时，$f[k] = 0$，它与象函数的关系为

$$f[k] \overset{z}{\leftrightarrow} F(z), \quad \alpha < |z| < \infty$$

则序列的初值为

$$\begin{cases} f[M] = \lim_{z \to \infty} z^M F(z) \\ f[M+1] = \lim_{z \to \infty} [z^{M+1} F(z) - zf[M]] \\ f[M+2] = \lim_{x \to \infty} [z^{M+2} F(z) - z^2 f[M] - zf[M+1]] \end{cases} \tag{7-15}$$

如果 $M = 0$ ，$f[k]$ 为因果序列，这时序列的初值为

$$\begin{cases} f[0] = \lim_{z \to \infty} F(z) \\ f[1] = \lim_{z \to \infty} [zF(z) - zf[0]] \\ f[2] = \lim_{z \to \infty} [z^2 F(z) - z^2 f[0] - zf[1]] \end{cases} \tag{7-16}$$

证明： 若在 $k < M$ 时序列 $f(k) = 0$ ，序列 $f(k)$ 的双边 z 变换可写为

$$F(z) = \sum_{k=-\infty}^{\infty} f[k]z^{-k} = \sum_{k=M}^{\infty} f[k]z^{-k}$$

$$= f[M]z^{-M} + f[M+1]z^{-(M+1)} + f[M+2]z^{-(M+2)} + \cdots$$

上式等号两边乘以 z^M ，有

$$z^M F(z) = f[M] + f[M+1]z^{-1} + f[M+2]z^{-2} + \cdots \tag{7-17}$$

对式（7-17）取 $z \to \infty$ 的极限，（7-17）等号右边除第一项外都趋近于零。

将式（7-17）中取的 $f[M]$ 移到等号左边后，等号两边同乘以 z ，可得

$$z^{M+1} F(z) - zf[M] = f[M+1] + f[M+2]z^{-1} + \cdots$$

取上式 $z \to \infty$ 的极限，就可得到。重复运用以上方法可得 $f[M+2], f[M+3], \cdots$。

7.3.2 终值定理

1. 终值定理表述方法一

定理 7-2（终值定理） 若 $n < 0$ ，$x[n] = 0$ ，则序列的终值为

$$\lim_{z \to \infty} x[n] = \lim_{z \to 1} \{(z-1)X(z)\} \tag{7-18}$$

证明： 借用单边 z 变换时移性质，假设因果序列 $x[n]$ 的单边 z 变换为 $X(z)$ ，那么 $x[n+1]$ 的单边 z 变换为

$$Z\{x[n+1]\} = \sum_{n=0}^{\infty} x[n+1]z^{-n} = zX(z) - zx[0] \tag{7-19}$$

则

$$Z\{x[n+1] - x[n]\} = (z-1)X(z) - zx[0]$$

对上式取极限可得

$$\lim_{z \to 1} \{(z-1)X(z)\} = x[0] + \lim_{z \to 1} \sum_{n=0}^{\infty} \{x[n+1] - x[n]\}z^{-n}$$

$$= x[0] + \{x[1] - x[0]\} + \{x[2] - x[1]\} + \cdots = x[\infty]$$

则

$$\lim_{z \to 1} \{(z-1)X(z)\} = x[\infty]。$$

上述证明说明了一个情况，即终值定理只有当 $n \to \infty$ 时 $x[n]$ 收敛才可应用，也就是说，要求 $X(z)$ 的收敛域应包含单位圆。

2. 终值定理表述方式二

终值定理适用于右边序列，可由象函数直接求得序列终值，不必求得原序列。

终值定理： 如果序列在 $k < M$ 时 $f(k) = 0$ ，设

$$f[k] \overset{z}{\leftrightarrow} F(z), \alpha < |z| < \infty$$

且 $0 \leqslant \alpha < 1$ ，则序列的终值为

$$f[\infty] = \lim_{k \to \infty} f[k] = \lim_{z \to 1} \frac{z-1}{z} F(z) \qquad (7-20)$$

或

$$f[\infty] = \lim_{z \to 1}(z-1)F(z) \qquad (7-21)$$

式（7-21）中是取 $z \to 1$ 的极限，因此终值定理要求 $z = 1$ 在收敛域内（$0 \leqslant \alpha < 1$），这时 $\lim\limits_{k \to \infty} f[k]$ 存在。

终值定理证明如下：

$f[k]$ 的差分 $\{f[k] - f[k-1]\}$ 的 z 变换为

$$F\{f[k] - f[k-1]\} = F(z) - z^{-1} F(z) = \sum_{K=M}^{\infty} \{f[k] - f[k-1]\} z^{-k}$$

即

$$(1 - z^{-1})F(z) = \lim_{N \to \infty} \sum_{K=M}^{N} \{f[k] - f[k-1]\} z^{-k}$$

对上式取 $z \to 1$ 的极限（显然 $z = 1$ 应在收敛域内），并交换求极限的次序，可得

$$\lim_{z \to 1}(1 - z^{-1})F(z) = \lim_{z \to 1} \lim_{N \to \infty} \sum_{K=M}^{N} \{f[k] - f[k-1]\} z^{-k}$$

$$= \lim_{N \to \infty} \lim_{z \to 1} \sum_{K=M}^{N} \{f[k] - f[k-1]\} z^{-k} = \lim_{N \to \infty} \sum_{K=M}^{N} \{f[k] - f[k-1]\}$$

$$= \lim_{N \to \infty} f[N]$$

例 7-3　某因果序列 $f[k]$ 的 z 变换为（设 a 为实数）

$$F(z) = \frac{z}{z-a}, |z| > |a|$$

试求 $f[0]$，$f[1]$，$f[2]$ 和 $f[\infty]$。

解：（1）初值如下：

$$f[0] = \lim_{z \to \infty} \frac{z}{z-a} = 1$$

$$f[1] = \lim_{z \to \infty} \left[z \frac{z}{z-a} - z \right] = a$$

$$f[2] = \lim_{z \to \infty} \left[z^2 \frac{z}{z-a} - z^2 - az \right] = a^2$$

上述象函数的原序列为 $a^k u[k]$，对任意实数 a 均正确。

（2）终值如下：

$$\lim_{z \to 1} \frac{z-1}{z} \cdot \frac{z}{z-a} = \begin{cases} 0, & |a| < 1 \\ 1, & a = 1 \\ 0, & a = -1 \\ 0, & |a| > 1 \end{cases} \qquad (7-22)$$

对于 $|a| < 1, z = 1$ 在 $F(z)$ 的收敛域内，终值定理成立，则

$$f(\infty) = \lim_{z \to 1} \frac{z-1}{z} \cdot \frac{z}{z-a} = 0$$

不难证明，原序列 $f[k] = a^k u[k]$，当 $|a| < 1$ 时以上结果正确。

当 $a = 1$ 时，原序列 $f[k] = u[k]$，结果正确。当 $a = -1$ 时，原序列 $f(k) =$

$(-1)^k u[k]$，这时 $\lim\limits_{k\to\infty}(-1)^k u[k]$ 不收敛，因而终值定理不成立。

对于 $|a|>1$，$z=1$ 不在 $F(z)$ 的收敛域内，终值定理也不成立。

例 7-4　已知因果序列 $f[k]=a^k u[k]\,(|a|<1)$，试求序列的无限和 $\sum\limits_{i=0}^{\infty}f[i]$。

解：设 $g(k)=\sum\limits_{i=0}^{k}f[i]$，其象函数为

$$G(z)=\frac{z}{z-1}F(z)$$

本例所求的无限和可看作 $g[k]$ 取 $k\to\infty$ 的极限，即 $\sum\limits_{i=0}^{\infty}f[i]=\lim\limits_{k\to\infty}g[k]$。

由于 $|a|<1$，应用终值定理，可得

$$\sum_{i=0}^{\infty}f[i]=\lim_{k\to\infty}g[k]=\lim_{z\to 1}\frac{z-1}{z}\cdot G(z)=\lim_{z\to 1}\frac{z-1}{z}\cdot\frac{z}{z-1}F(z)=F(1)$$

由于 $F(z)=\dfrac{z}{z-a}$，可得

$$\sum_{i=0}^{\infty}f[i]=\sum_{i=0}^{\infty}a^i=F(1)=\frac{1}{1-a} \tag{7-23}$$

7.4　z 变换的性质与常用序列 z 变换表

z 变换与其他变换一样，也存在许多反映序列在时域和 z 域之间运算关系的性质，利用这些性质可以灵活地进行序列的 z 变换与 z 反变换，同时分析不同离散序列通过系统后的响应。

1. 性质 7-1：线性

若 $x_1[n]\leftrightarrow X_1(z)$，$\mathrm{RoC}=R_1$；$x_2[n]\leftrightarrow X_2(z)$，$\mathrm{RoC}=R_2$，则

$$a_1 x_1[n]+a_2 x_2[n]\leftrightarrow a_1 X_1[z]+a_2 X_2[z]，\mathrm{RoC}=R_1\cap R_2 \tag{7-24}$$

式中：$\mathrm{RoC}=R_1\cap R_2$ 表示线性组合序列的收敛域 R_1 和 R_2 的重叠的部分。

对于具有有理 z 变换的序列，若 $a_1 X_1(z)+a_2 X_2(z)$ 的极点是由 $X_1(z)$ 和 $X_2(z)$ 的极点所构成，没有零点和极点相抵消，线性组合的收敛域一定是两个收敛域的重叠部分。否则出现零极点相抵消现象，则收敛域可能要比重叠部分扩大。

2. 性质 7-2：时移

若 $x[n]\leftrightarrow X(z)$，$\mathrm{RoC}=R_z$；则

$x[n-n_0]\leftrightarrow z^{-n_0}X(z)$，$\mathrm{RoC}=R_z$（原点或无限远点可能添加或删除）。

证明：根据双边 z 变换的定义式，有

$$Z\{x[n-n_0]\}=\sum_{n=-\infty}^{\infty}x[n-n_0]z^{-n}=z^{-n_0}\sum_{k=-\infty}^{\infty}x[k]z^{-k}=z^{-n_0}X(z) \tag{7-25}$$

式中：n_0 为可正可负的整数（$n_0>0$）；$X(z)$ 乘以 z^{-n_0} 将在 $z=0$ 引入极点，并将无限远的极点消去。

若 R_z 本来包括原点，则 $z=0$ 的收敛域就可能不包括原点。同样，如果 $n_0<0$，则在 $z=0$ 引入零点，而在无限远引入极点，使本来不包含 $z=0$ 的 R_z 有可能在 $x[n-n_0]$ 的收敛域内添加上原点。

3. 性质 7 –3：z 域的尺度变换和频移定理

定理 7 –3 若 $x[n] \leftrightarrow X(z)$，$RoC = R_z$，则有

$$z_0^n x[n] \leftrightarrow X(z/z_0) , \quad RoC = |z_0|R_z \tag{7-26}$$

证明：

$$Z\{z_0^n x[n]\} = \sum_{n=-\infty}^{\infty} z_0^n x[n] z^{-n} = \sum_{n=-\infty}^{\infty} x[n] [z/z_0]^{-n} = Z(z/z_0)$$

序列 $x[n]$ 乘以指数序列等效于 z 平面尺度变换。其中，z_0 一般为复常数，如果限定 $z_0 = e^{j\Omega}$，那么就得到频移定理，即

$$e^{j\Omega_0 n} x[n] \leftrightarrow X(e^{-j\Omega_0} z) , \quad RoC = R_z \tag{7-27}$$

可以把式（7-27）等号左边看作 $x[n]$ 被一个复指数序列所调制，而等号右边是 z 平面的旋转，即全部零极点的位置绕 z 平面原点旋转一个角度 Ω_0（图 7-7），表明了由复指数序列 $e^{j\Omega_0 n}$ 进行时域调制后在零极点图上的影响。频移定理与前面讨论的 DTFT 的频移性质相对应。时域中乘以一个复指数序列则相当于傅里叶变换中的频移。

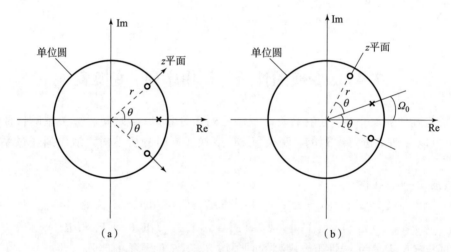

（a）　　　　　　　　　　　　（b）

图 7-7 $e^{j\Omega_0 n}$ 进行时域调制引起的零点图变化

4. 性质 7 –4：时间反转

若 $x[n] \leftrightarrow X(z)$，$RoC = R_z$，则

$$x[-n] \leftrightarrow X(1/z) , \quad RoC = 1/R_z \tag{7-28}$$

证明：

$$Z\{x[-n]\} = \sum_{n=-\infty}^{\infty} x[-n] z^{-n} = \sum_{k=-\infty}^{\infty} x[k] (1/z)^{-k} = X(1/z)$$

$x[-n]$ 的收敛域是 R_z 的倒置，也就是说，如果 z_0 是 $x[n]$ 的收敛域中的一点，那么 $1/z_0$ 就会落在 $x[-n]$ 的收敛域中。

5. 性质 7 –5：卷积定理

定理 7 –4 若 $x_1[n] \leftrightarrow X_1(z)$，$RoC = R_1$，$x_2[n] \leftrightarrow X_2(z)$，$RoC = R_2$，则

$$x_1[n] * x_2[n] \leftrightarrow X_1[z] * X_2[z] , \quad RoC = R_1 \cap R_2 \tag{7-29}$$

$X_1(z) X_2(z)$ 的收敛域为 R_1 和 R_2 的相重叠部分，如果在乘积中零极点相抵消，$X_1(z) X_2(z)$ 的收敛域可能进一步扩大。

下面证明卷积定理：

$$Z\{x_1[n] * x_2[n]\} = \sum_{n=-\infty}^{\infty} \{x_1[n] * x_2[n]\} z^{-n} = \sum_{n=-\infty}^{\infty} \sum_{k=-\infty}^{\infty} x_1[k] x_2[n-k] z^{-n}$$

$$= \sum_{k=-\infty}^{\infty} x_1[k] \sum_{n=-\infty}^{\infty} x_2[n-k] z^{-(n-k)} z^{-k} = \sum_{k=-\infty}^{\infty} x_1[k] z^{-k} X_2(z)$$

$$= X_1(z) X_2(z)$$

当一个 LTI 离散时间系统的单位抽样响应为 $h[n]$，它对输入序列 $x[n]$ 的响应 $y[n]$ 可由卷积和计算得出。借助这里导出的卷积定理更加简便快捷，且可以避免卷积运算，这与傅里叶变换、拉普拉斯变换中卷积性质的应用相类似。

6. 性质 7 – 6：*z* 域微分

若 $x[n] \leftrightarrow X(z)$，RoC $= R_z$，则

$$nx[n] \leftrightarrow -z \frac{\mathrm{d}X(z)}{\mathrm{d}z}, \ \mathrm{RoC} = \frac{1}{R_z} \tag{7-30}$$

证明：将 *z* 变换定义式两边对 *z* 求导数，可得

$$\frac{\mathrm{d}X(z)}{\mathrm{d}z} = \sum_{n=-\infty}^{\infty} x[n] \frac{\mathrm{d}}{\mathrm{d}z}(z^{-n}) = -z^{-1} \sum_{n=-\infty}^{\infty} nx[n] z^{-n} = -z^{-1} Z\{nx[n]\}$$

或者

$$Z\{nx[n]\} = -z \frac{\mathrm{d}X(z)}{\mathrm{d}z}$$

如果把 $nx[n]$ 再乘以 n，可以证明

$$Z\{n^2 x[n]\} = z^2 \frac{\mathrm{d}^2 X(z)}{\mathrm{d}z^2} + z \frac{\mathrm{d}X(z)}{\mathrm{d}z} \tag{7-31}$$

这个过程可以继续，依此类推，请读者自行证明。

例 7 – 5 若已知 $Z\{u[n]\} = \dfrac{z}{z-1}$，试求斜变序列 $nu[n]$ 的 *z* 变换。

解：由式（7 – 20）可得

$$Z\{nu[n]\} = -z \frac{\mathrm{d}}{\mathrm{d}z} Z\{u[n]\} = -z \frac{\mathrm{d}}{\mathrm{d}z}\left(\frac{z}{z-1}\right) = \frac{z}{(z-1)^2} \tag{7-32}$$

例 7 – 6 若已知某序列的 *z* 变换为

$$X(z) = \frac{az^{-1}}{(1-az^{-1})^2}, \ |z| > |a|$$

应用微分性质求出 $X(z)$ 的拉普拉斯反变换。

解：由 *z* 域的尺度变换性质，可得

$$Z\{a^n u[n]\} = 1/(1-az^{-1}), \ |z| > |a|$$

上式两边同时对 *z* 进行微分，可得

$$na^n u[n] \leftrightarrow -z \frac{\mathrm{d}}{\mathrm{d}z}\left(\frac{1}{1-az^{-1}}\right) = \frac{az^{-1}}{(1-az^{-1})^2}, \ |z| > |a| \tag{7-33}$$

7. 性质 7 – 7：单边 *z* 变换

单边 *z* 变换的大多数性质和双边 *z* 变换相同，只有少数情况例外，其中最重要的就是时移性质。单边 *z* 变换的时移性质，对于序列右移（延时）和左移（超前）是不相同的。

（1）**定理 7 – 5（延时定理）** 若 $x[n] u[n] \leftrightarrow X(z)$，对于 $m > 0$，则

$$Z\{x[n-m]u[n]\} \leftrightarrow z^{-m}X(z) + z^{-m}\sum_{k=-m}^{-1}x[k]z^{-k} \qquad (7-34)$$

证明：

$$Z\{x[n-m]u[n]\} = \sum_{n=0}^{\infty}x[n-m]z^{-n} = z^{-m}\sum_{k=-m}^{\infty}x[k]z^{-k}$$

$$= z^{-m}\sum_{k=0}^{\infty}x[k]z^{-k} + z^{-m}\sum_{k=-m}^{-1}x[k]z^{-k}$$

对于 $m=1$，2 的情况，式（7-27）可以写为

$$Z\{x[n-1]u[n]\} = z^{-1}X(z) + x[-1]$$

$$Z\{x[n-2]u[n]\} = z^{-2}X(z) + z^{-1}x[-1] + x[-2] \qquad (7-35)$$

如果 $x[n]$ 本身为因果序列，则 $n<0$，$x[n]=0$。由式（7-35）可见，式中等号右边第二项为零。因此，右移序列的单边 z 变换与双边 z 变换相同。

（2）**定理 7-6（超前定理）** 若 $x[n]\ u[n] \leftrightarrow X(z)$，对于 $m>0$，则

$$Z\{x[n+m]u[n]\} = z^{m}X(z) - z^{m}\sum_{k=0}^{m-1}x[k]z^{-k} \qquad (7-36)$$

定理的证明与（1）类似，对于 $m=1$，2 的情况，式（7-36）可写为

$$Z\{x[n+1]u[n]\} = zX(z) - zx[0]$$

$$Z\{x[n+2]u[n]\} = z^{2}X(z) - z^{2}x[0] - zx[1] \qquad (7-37)$$

在序列左移的情况下，因果性不能消除式中等号右边的第二项。

例 7-7 若 $x[n]$ 是周期为 N 的周期序列，且满足

$$x[n] = x[n+N]，n \geqslant 0 \qquad (7-38)$$

试求 $x[n]$ 的 z 变换。

解：为求式（7-38）的 z 变换，设第一个周期代表的序列为 $x_1[n]$，且其 z 变换为

$$X_1(z) = \sum_{n=0}^{N-1}x[k]z^{-n}，|z|>0$$

有始周期序列可表示为

$$x[n] = x_1[n] + x_1[n-N] + x_1[n-2N] + \cdots$$

根据延时定理，可得

$$X(z) = X_1(z)[1 + z^{-N} + z^{-2N} + \cdots] = X_1(z)\left[\sum_{m=0}^{\infty}z^{-mN}\right]$$

如果 $|z^{-N}|<1$，即 $|z|<1$，则可求得方括号内几何级数的累加和，于是有始周期序列的 z 变换为

$$X(z) = X_1(z) \cdot z^{N}/(z^{N}-1) \qquad (7-39)$$

常用的 z 变换的性质如表 7-1 所示。

表 7-1　z 变换的性质

序号	序列	z 变换	收敛域
1	$x[n]$	$X(z)$	R_z
2	$x_1[n]$	$X_1(z)$	R_1
3	$x_2[n]$	$X_2(z)$	R_2

序号	序列	z 变换	收敛域
4	$a_1 x_1[n] + a_2 x_2[n]$	$a_1 X_1(z) + a_2 X_2(z)$	至少为 R_1 和 R_2 的相交部分 R_z（可
5	$x[n - n_0]$	$z^{-n_0} X(z)$	能增添或去除原点或 ∞ 点）
6	$e^{j\Omega_0 n} x[n]$	$X(e^{-j\Omega_0} z)$	R_x
7	$z_0^n x[n]$	$X\left(\dfrac{z}{z_0}\right)$	$\lvert z_0 \rvert R_x$
8	$x[-n]$	$X\left(\dfrac{1}{z}\right)$	R_x 的倒置
9	$x_1[n] * x_2[n]$	$X_1(z) X_2(z)$	至少为 R_1 和 R_2 的相交部分
10	$nx[n]$	$-z \dfrac{\mathrm{d}X(z)}{\mathrm{d}z}$	R_x（可能增删原点）
11	$x[n - m]u[n], m > 0$	$z^{-m} X(z) + z^{-m} \displaystyle\sum_{k=-m}^{-1} x[k] z^{-k}$	R_x
12	$x[n + m]u[n], m > 0$	$z^m X(z) - z^m \displaystyle\sum_{k=0}^{m-1} x[k] z^{-k}$	R_x
13	$x[0] = \lim\limits_{z \to \infty} X(z)$		$x[n]$ 为因果序列
14	$x[\infty] = \lim\limits_{z \to 1}(z - 1)X(z)$		$x[n]$ 为因果序列 $n \to \infty$ 时，$x[n]$ 收敛

　　如能记住某些简单的基本时间序列的 z 变换式，对于分析 LTI 离散时间系统的许多问题将会有很大的帮助。为了便于记忆或者在应用时查找，常用序列的 z 变换对如表 7-2 所示。7.5 节要讨论求解的 z 反变换的方法之一，就是通过将已知的变换式 $X(z)$ 分解为若干简单项的线性组合，再通过查表 7-2 得到简单项所对应的序列，从而求得 z 反变换。

表 7-2　常用序列的 z 变换对

序号	序列	z 变换	收敛域
1	$\delta[n]$	1	全部 z
2	$u[n]$	$\dfrac{1}{1 - z^{-1}} = \dfrac{z}{z - 1}$	$\lvert z \rvert > 1$
3	$-u[-n-1]$	$\dfrac{1}{1 - z^{-1}} = \dfrac{z}{z - 1}$	$\lvert z \rvert < 1$
4	$nu[n]$	$\dfrac{z^{-1}}{(1 - z^{-1})^2} = \dfrac{z}{(z - 1)^2}$	$\lvert z \rvert > 1$
5	$a^n u[n]$	$\dfrac{1}{1 - az^{-1}} = \dfrac{z}{z - a}$	$\lvert z \rvert > a$
6	$-a^n u[-n-1]$	$\dfrac{1}{1 - az^{-1}} = \dfrac{z}{z - a}$	$\lvert z \rvert < a$

序号	序列	z 变换	收敛域
7	$na^nu[n]$	$\dfrac{az^{-1}}{(1-az^{-1})^2}=\dfrac{az}{(z-a)^2}$	$\lvert z\rvert > a$
8	$[\cos(\Omega_0 n)]u[n]$	$\dfrac{1-(\cos\Omega_0)z^{-1}}{1-(2\cos\Omega_0)z^{-1}+z^{-2}}$	$\lvert z\rvert > 1$
9	$[\sin(\Omega_0 n)]u[n]$	$\dfrac{(\sin\Omega_0)z^{-1}}{1-(2\cos\Omega_0)z^{-1}+z^{-2}}$	$\lvert z\rvert > 1$
10	$r^n[\cos(\Omega_0 n)]u[n]$	$\dfrac{1-(r\cos\Omega_0)z^{-1}}{1-(2r\cos\Omega_0)z^{-1}+r^2z^{-2}}$	$\lvert z\rvert > r$
11	$r^n[\sin(\Omega_0 n)]u[n]$	$\dfrac{(r\sin\Omega_0)z^{-1}}{1-(2r\cos\Omega_0)z^{-1}+r^2z^{-2}}$	$\lvert z\rvert > r$

7.5 z 反变换的求解

z 反变换是从已知 z 变换式反求一个序列的方法。前面把 z 变换表示为 $X(z)=Z\{x[n]\}$，$X(z)$ 的 z 反变换则记为 $x[n]=Z^{-1}\{X(z)\}$。

首先推导出 z 反变换的数学表达式。

前面曾经把 z 变换看作经过实指数加权后的序列的 DTFT，这里把它重新写为

$$X(re^{j\Omega})=F\{x[n]r^{-n}\} \tag{7-40}$$

式中：$\lvert z\rvert = r$ 在收敛域内。

对式（7-40）等号两边进行傅里叶反变换，可得

$$x[n]r^{-n}=F^{-1}\{X(re^{j\Omega})\} \tag{7-41}$$

或者根据傅里叶反变换表达式把式（7-34）改写为

$$x[n]=r^n\frac{1}{2\pi}\int_{2\pi}X(re^{j\Omega})e^{j\Omega n}\mathrm{d}\Omega \tag{7-42}$$

改变积分变量，令 $z=re^{j\Omega}$ 并按式（7-42）本来的含义，r 固定不变，则 $\mathrm{d}z=jre^{j\Omega}\mathrm{d}\Omega=jz\mathrm{d}\Omega$。因为式（7-35）对 Ω 的积分是在 2π 间隔内进行的，以 z 作积分变量后，就相应于沿 $\lvert z\rvert = r$ 为半径的圆环绕一周。于是式（7-42）可表示域 z 平面内的围线积分，即

$$x[n]=\frac{1}{2\pi}\oint_r X(z)z^{n-1}\mathrm{d}z \tag{7-43}$$

围线积分的合路径就是以 z 平面原点为中心、半径为 r 的圆，r 的选择应保证 $X(z)$ 收敛。

在求 z 反变换时，务必关注收敛域。相同的象函数 $X(z)$，在不同收敛情况下，z 反变换将得到不同的离散序列 $x[n]$。常见求 z 反变换的方法有长除法、部分分式法和留数法。考虑到分析 LTI 离散时间系统遇到的 $X(z)$ 多为有理函数，且留数在复变函数的课程中已经学习过，本书不再赘述。下面，重点介绍擅长处理有理函数反变换的长除法和部分分式法。

7.5.1　幂级数展开法（长除法）

由 z 变换的定义，可知

$$X(z) = \sum_{n=0}^{\infty} x[n]z^{-n} = x[0] + x[1]z^{-1} + x[2]z^{-2} + \cdots \qquad (7-44)$$

如果已知象函数 $X(z)$，则只要在给定的收敛域内把 $X(z)$ 按 z^{-1} 的幂展开，那么级数的系数就是序 $x[n]$ 的值。

例 7-8　已知 $X(z) = z/(z-1)^2$，收敛域为 $|z| > 1$，试求其 z 反变换 $x[n]$。

解：由于 $X(z)$ 收敛域是 z 平面的单位圆外，因而 $x[n]$ 必然是右边序列。将 $X(z)$ 的分子、分母多项式按 z 的降幂排列（如果左边序列则为升幂排列）为

$$X(z) = \frac{z}{z^2 - 2z + 1}$$

进行长除法，即

$$
\begin{array}{r}
z^{-1} + 2z^{-2} + 3z^{-3} + \cdots \\
z^2 - 2z + 1 \overline{\smash{\big)}\, z } \\
\underline{z - 2 + z^{-1}} \\
2 - z^{-1} \\
\underline{2 - 4z^{-1} + 2z^{-2}} \\
3z^{-1} - 2z^{-2} \\
\underline{3z^{-1} - 6z^{-2} + 3z^{-3}} \\
4z^{-2} - 3z^{-3} \\
\vdots
\end{array}
\qquad (7-45)
$$

则

$$X(z) = z^{-1} + 2z^{-2} + 3z^{-3} + \cdots = \sum_{n=0}^{\infty} nz^{-n}$$

所以，离散序列原函数为

$$x[n] = nu[n]$$

实际应用中，如果只需求出序列 $x[n]$ 的前 N 个值，那么使用长除法很方便的。使用长除法还可以检验用其他 z 反变换方法求出的序列正确与否。使用长除法求 z 反变换的缺点是不容易写出 $x[n]$ 一般形式表达式。

7.5.2　部分分式展开法

与求解拉普拉斯反变换中的部分分式展开法类似，也可以首先将 $X(z)$ 展开成简单的部分分式之和的形式，分别求出各部分分式的 z 反变换；然后把每个 z 反变换所得序列相加，可得到原序列 $x[n]$。

如果 z 变换 $X(z)$ 为如下的有理分式：

$$X(z) = \frac{B(z)}{A(z)} = \frac{b_M z^M + b_{M-1} z^{M-1} + \cdots + b_1 z + b_0}{a_N z^N + a_{N-1} z^{N-1} + \cdots + a_1 z + a_0} \qquad (7-46)$$

对于单边序列，$n < 0$ 时，$x[n] = 0$ 的序列，其 z 变换的收敛域为 $|z| > R$，包括 $z = \infty$ 处，故 $X(z)$ 的分母的阶次不能低于分子的阶次，必须满足 $M \leqslant N$。

z 变换最基本的形式是 1 和 $1/(z - a)$，它们对应展开为部分分式，然后各项再乘以 z，这样就可以得到最基本的 $z/(z - a)$ 形式。

如果 X（z）只含有单极点，则 $X(z)/z$ 可展开为

$$\frac{X(z)}{z} = \frac{A_0}{z} + \frac{A_1}{z - Z_1} + \frac{A_2}{z - Z_2} + \frac{A_3}{z - Z_3} + \cdots + \frac{A_N}{z - Z_N} = \sum_{i=0}^{N} \frac{A_i}{z - Z_i}(Z_0 = 0)$$

$$(7 - 46)$$

将式（7 - 46）等号两边各乘以 z，可得

$$X(z) = \sum_{i=0}^{N} \frac{A_i z}{z - Z_i} \tag{7 - 48}$$

式中：Z_i 为 $X(z)/z$ 的极点；A_i 为极点 Z_i 的系数，可表示为

$$A_i = [(z - Z_i) \cdot X(z)/z] \big|_{z = Z_i} \tag{7 - 49}$$

式（7 - 46）还可以表示为

$$X(z) = A_0 + \sum_{i=1}^{N} \frac{A_i z}{z - Z_i} \tag{7 - 50}$$

式中：A_0 为位于原点的极点的系数，可表示为

$$A_0 = [X(z)] \big|_{z=0} = b_0/a_0$$

由 z 变换可以直接求得 z 反变换为

$$x[n] = A_0 \delta[n] + \left[\sum_{i=1}^{N} A_i (Z_i)^n \right] u[n] \tag{7 - 51}$$

如果 X（z）在 $z = Z_1$ 极点处有 r 阶重根，其余为单阶极点，此时 X（z）展开为

$$X(z) = A_0 + \sum_{j=1}^{r} \frac{B_j z}{(z - Z_1)^j} + \sum_{i=r+1}^{N} \frac{A_i z}{z - Z_i} \tag{7 - 52}$$

式中：系数 A_i 由式（7 - 52）确定，而相应于重极点各个部分分式系数为

$$B_j = \frac{1}{(r - j)!} \left[\frac{d^{r-j}}{dz^{r-j}} (z - Z_1)^r \frac{X(z)}{z} \right]_{z = Z_1} \tag{7 - 53}$$

由常用 z 变换表可以查得 z 反变换为

$$x[n] = A_0 \delta[n] + \sum_{j=1}^{r} B_j \frac{n!}{(n - j + 1)!(j - 1)!} (Z_i)^{n-j} x[n] + \sum_{i=r+1}^{N} A_i (Z_i)^n u[n]$$

例 7 - 9 已知 $X(z) = \dfrac{z^2}{z^2 - 1.5z + 0.5}$，$X$（$z$）的收敛域为 $|z| > 1$，试求其 z 反变换。

解：由于 $X(z) = \dfrac{z^2}{z^2 - 1.5z + 0.5} = \dfrac{z^2}{(z - 1)(z - 0.5)}$，且 X（z）有两个极点：$Z_1 = 1$，$Z_2 = 0.5$，由此可得极点上的系数分别为

$$A_1 = [(z - 1) \cdot X(z)/z] \big|_{z=1} = 2$$
$$A_2 = [(z - 0.5) \cdot X(z)/z]_{z=0.5} = -1$$
$$A_0 = [X(z)] \big|_{z=0} = 0$$

所以，X（z）展开为

$$X(z) = 2z/(z - 1) = z/(z - 0.5)$$

则其 z 反变换所得的序列为

$$x[n] = [2 - (0.5)^n]u[n]$$

7.6　LTI 离散时间系统的变换域（z 域）分析

连续时间系统的处理与分析，是通过拉普拉斯变换将微分方程转换成代数方程求解；由微分方程的拉普拉斯变换式，还引出了变换域中系统函数的概念。根据系统函数，能够较为方便地求出系统的零状态响应分量。LTI 离散时间系统的处理与分析情况类似，通过 z 变换把差分方程变为代数方程，系统函数的概念同样推广到 z 域中。根据系统函数，可以求出 LTI 离散时间系统在外加激励作用下的零状态响应分量。本节重点讨论利用 z 变换求解系统响应的方法，由于一般的激励和响应都是有始序列，因此本节提到的 z 变换均指单边 z 变换。

7.6.1　零输入响应的求解

已知描述离散时间系统的差分方程为

$$\sum_{i=0}^{N} a_i y[n-i] = \sum_{j=0}^{M} b_j x[n-j] \ , \ a_N = 1 \tag{7-54}$$

当系统的输入离散序列 $x[n] = 0$ 时，式（7-54）是齐次差分方程，则

$$\sum_{i=0}^{N} a_i y[n-i] = 0 \ , \ a_N = 1 \tag{7-55}$$

对应于齐次差分方程式（7-54）的解，即此系统的零输入响应。

以一个二阶系统为例说明利用 z 变换求解零输入响应 $y_0[n]$ 的过程。

设二阶系统的齐次差分方程为

$$y[n+2] + a_1 y[n+1] + a_0 y[n] = 0$$

对上式进行 z 变换，并利用 z 变换的移序特性，则

$$z^2 Y(z) - z^2 y[0] - zy[1] + a_1 zY(z) - a_1 zy[0] + a_0 Y(z) = 0$$

经整理，可得

$$(z^2 + a_1 z + a_0) Y[z] - z^2 y[0] - zy[1] - a_1 zy[0] = 0 \tag{7-56}$$

式中：$Y(z)$ 为零输入响应 $y_0[n]$ 的 z 变换；零输入响应的初始值为 $y_0[0]$ 和 $y_0[1]$。

由式（7-56）可得

$$Y[z] = \frac{z^2 y_0[0] + zy_0[1] + a_1 zy_0[0]}{z^2 + a_1 z + a_0}$$

对 $y_0(z)$ 进行 z 反变换，可得

$$y_0[n] = Z^{-1}[Y_0(z)]$$

同理，对 N 阶 LTI 离散时间系统的齐次方程式（7-54），通过 z 变换可得

$$\left(\sum_{i=0}^{N} a_i z^i\right) Y_0(z) - \sum_{k=1}^{N} \left[a_k z^k \left(\sum_{i=1}^{k-1} y_0[i] z^{-i}\right)\right] = 0$$

即

$$Y_0(z) = \frac{\sum_{k=1}^{N} \left[a_k z^k \left(\sum_{i=1}^{k-1} y_0[i] z^{-i} \right) \right]}{\sum_{i=0}^{N} a_i z^i} \tag{7-57}$$

综上所述，可以归纳出用 z 变换求 $y_0[n]$ 的步骤如下：

（1）对齐次差分方程进行 z 变换；

（2）代入初始条件 $y_0[0]$，$y_0[1]$，…，$y_0[n+1]$ 等，并解出 $Y_0(z)$；

（3）对 $Y_0(z)$ 进行 z 反变换，可得 $y_0[n]$。

7.6.2 零状态响应的求解

由 LTI 离散时间系统的时域分析可知，系统的零状态响应可由系统的单位抽样响应与激励信号的卷积和求得，即

$$y_x[n] = h[n] * x[n] \tag{7-58}$$

根据 z 变换的卷积定理，由式（7-58）可得

$$Y_x(z) = H(z)X(z) \tag{7-59}$$

式中：$X(z)$、$Y_x(z)$ 分别为 $x[n]$ 和 $y_x[n]$ 的 z 变换；$H(z)$ 为单位抽样响应 $h[n]$ 的 z 变换，即

$$H(z) = Z\{h[n]\} \tag{7-60}$$

式中：$H(z)$ 称为离散系统的系统函数。

由式（7-60）求出 $Y_x(z)$ 后，再进行 z 反变换，就得到系统零状态响应 $y_x[n]$，即

$$y_x[n] = Z^{-1}[Y_x(z)] = Z^{-1}[H(z)X(z)] \tag{7-61}$$

现在问题是如何求出系统函数 $H(z)$。因为 $H(z)$ 和差分方程是从 z 域和时域两个不同角度表示了同一个离散时间系统的特性，所以 $H(z)$ 与差分方程之间必然存在着一定对应关系。下面从系统的差分方程出发，推导系统函数 $H(z)$ 的表达式。

仍以二阶系统为例，设一个二阶系统的差分方程为

$$y[n+2] + a_1 y[n+1] + a_0 y[n] = b_2 x[n+2] + b_1 x[n+1] + b_0 x[n] \tag{7-62}$$

当激励 $x[n] = \delta[n]$ 时，响应 $y[n] = h[n]$，则

$$h[n+2] + a_1 h[n+1] + a_0 h[n] = b_2 \delta[n+2] + b_1 \delta[n+1] + b_0 \delta[n] \tag{7-63}$$

因为这里讨论的是零状态响应，所以假设 $n < 0$ 期间，系统无初始储能，并且系统为因果系统，当 $n < 0$ 时，$h[n] = 0$。根据式（7-63），迭代求出单位抽样响应的初始值。

令 $n = -2$，有

$$h[0] + a_1 h[-1] + a_0 h[-2] = b_2 \delta[0] + b_1 \delta[-1] + b_0 \delta[-2]$$

令 $n = -1$，有

$$h[1] + a_1 h[0] + a_0 h[-1] = b_2 \delta[1] + b_1 \delta[0] + b_0 \delta[-1]$$

所以，$h[1] = b_1 - a_1 b_2$，其中，$h[0]$、$h[1]$ 是系统施加了单位抽样函数 $\delta[n]$ 后引起的初始值。现在式（7-63）等号左边进行 z 变换，并代入如上的初始值，有

$$z^2 H(z) - z^2 h[0] + z h[1] + a_1 z H[z] - a_1 z h[0] + a_0 H[z]$$

$$= z^2 H(z) - z^2 b_2 + z(b_1 - a_1 b_2) + a_1 z H[z] - a_1 z b_2 + a_0 H[z]$$

$$= (z^2 + a_1 z + a_0) H[z] - b_2 z^2 - b_1 z$$

对式 (7 - 63) 等号右边进行 z 变换，可得

$$b_2 z^2 - b_2 z^2 \delta[0] - b_2 z \delta[1] + b_1 z - b_1 z \delta[0] + b_0 = b_0$$

所以，式 (7 - 63) 的 z 变换为

$$(z^2 + a_1 z + a_0) H[z] = b_2 z^2 + b_1 z + b_0$$

则

$$H(z) = \frac{b_2 z^2 + b_1 z + b_0}{z^2 + a_1 z + a_0} \tag{7 - 64}$$

这就是二阶系统的单位抽样响应 $h[n]$ 的 z 变换。把它与二阶系统的差分方程式 (7 - 62) 对照，二者之间的关系是：直接对差分方程式 (7 - 62) 等号两边同时进行 z 变换，并令 $y[n]$ 和 $x[n]$ 的初值均为零，然后整理得出 $Y(z) / X(z)$，系统函数 $H(z)$。例如，对式 (7 - 62) 等号两边进行 z 变换，并设 $y[n]$、$x[n]$ 的初值均为零，有

$$z^2 Y(z) + a_1 z Y(z) + a Y(z) = b_2 z^2 X(z) + b_1 z X(z) + b_0 X(z)$$

则

$$H(z) = \frac{Y(z)}{X(z)} = \frac{b_2 z^2 + b_1 z + b_0}{z^2 + a_1 z + a_0}$$

以上讨论的系统函数 $H(z)$ 的计算，可以推广到高阶系统。

设 N 阶系统的差分方程为

$$\sum_{i=0}^{N} a_i y[n + i] = \sum_{j=0}^{M} b_j x[n + j] \quad (a_N = 1) \tag{7 - 65}$$

则其系统函数为

$$H(z) = \frac{\displaystyle\sum_{j=0}^{M} b_j z^j}{\displaystyle\sum_{i=0}^{N} a_i z^i} \quad (a_N = 1) \tag{7 - 66}$$

综合上述分析可得求零状态响应的步骤如下：

(1) 求激励函数序列 $x[n]$ 的 z 变换，得 $H(z)$；

(2) 通过系统差分方程 $y_x[n] = Z^{-1}[H(z)X(z)]$，求系统函数 $H(z)$；

(3) 计算 z 反变换。

7.6.3 系统全响应的求解

LTI 离散时间系统的全响应可以在分别求出零输入响应和零状态响应后，将二者相加得到

$$y[n] = y_0[n] + y_x[n] \tag{7 - 67}$$

对于差分方程所示的二阶系统，初始条件为 $y_0[0]$、$y_0[1]$，则其全响应的 z 变换为

$$Y(z) = Y_0(z) + Y_x(z) = \frac{z^2 y_0[0] + z y_0[1] + a_1 z y_0[0]}{z^2 + a_1 z + a_0} + \frac{b_2 z^2 + b_1 z + b_0}{z^2 + a_1 z + a_0} X(z) \tag{7 - 68}$$

另外，对于连续时间系统，运用拉普拉斯变换法求解，可以一次求出全响应，而不必分

别求零输入和零状态解。类似地，对于离散时间系统也可以运用 z 变换法，一次求出全响应。

下面，仍以二阶系统为例进行讨论，如果直接对差分方程进行 z 变换，可得

$$z^2 Y(z) - z^2 y[0] - zy[1] + a_1 zY(z) - a_1 zy[0] - a_0 Y(z) =$$
$$b_2 z^2 X(z) - b_2 z^2 x[0] - b_2 zx[1] + b_1 zX(z) - b_1 zx[0] + b_0 X(z)$$

若以 $y[0]$，$y[1]$，$\cdots$ 表示零输入响应的边界值 $y_0[0]$，$y_0[1]$，$\cdots$，并同时去掉输入序列得边界值 $x[0]$，$x[1]$，$\cdots$，有：

$$(z^2 + a_1 z + a_0) Y(z) - z^2 y[0] - zy[1] - a_1 zy_0[0] = (b_2 z^2 + b_1 z + b_0) X(z)$$

则

$$Y(z) = \frac{z^2 y[0] + zy[1] + a_1 zy[0]}{z^2 + a_1 z + a_0} + \frac{b_2 z^2 + b_1 z + b_0}{z^2 + a_1 z + a_0} X(z)$$

对于以上的讨论，也可以推广到 N 阶系统。

综上所述，运用 z 变换法求系统全响应的步骤可归纳如下：

（1）对差分方程两边进行 z 变换，并在等式左边代入零输入响应的边界值 $y_0[0]$，$y_0[1]$，$\cdots$，在等式右边，令 $x[0]$，$x[1]$，$\cdots$ 为零；

（2）解出 $Y(z)$ 的表述式；

（3）对 $Y(z)$ 进行 z 变换，得到时域解为 $y[n] = Z^{-1}[Y(z)]$。

下面，举例说明利用 z 变换分析离散时间系统的方法。

例 7 - 10　一个离散时间系统由如下差分方程描述，即

$$y[n+2] - 5y[n+1] + 6y[n] = x[n]$$

系统得初始状态为 $y_0[0] = 0$，$y_0[1] = 3$，试求在单位阶跃序列 $x[n] = u[n]$ 作用下系统的响应。

解：求系统的零输入响应 $y_0[n]$。

首先对齐次差分方程

$$y[n+2] - 5y[n+1] + 6y[n] = 0$$

进行 z 变换，可得

$$z^2 Y_0 - z^2 y_0[0] - zy_0[1] - 5zY_0(z) + 5zy_0[0] + 6Y_0(z) = 0$$

将 $y_0[0] = 0$ 和 $y_0[1] = 3$ 代入上式，可得

$$Y_0(z) = \frac{z^2 y_0[0] - zy_0[1] - 5zy_0[0]}{z^2 - 5z + 6} = \frac{3z}{(z-3)(z-2)} = \frac{3z}{z-3} - \frac{3z}{z-2}$$

最后进行 z 反变换，可得

$$y_0[n] = 3(3^n - 2^n) u[n]$$

第一步：对激励序列求 z 变换，有

$$X(z) = Z\{u[n]\} = z/(z-1)$$

第二步：由差分方程求系统函数，即

$$H(z) = 1/(z^2 - 5z + 6)$$

第三步：输出序列对应的 z 变换为

$$Y_x(z) = H(z) X(z) = \frac{z}{(z^2 - 5z + 6)(z-1)} = \frac{1}{2} \frac{z}{z-1} - \frac{z}{z-2} + \frac{1}{2} \frac{z}{z-3}$$

则
$$y_x[n] = Z^{-1}[Y_x(z)] = [1/2 - (2)^n + (3)^n/2]u[n]$$
系统的全响应为
$$y[n] = y_0[n] + y_x[n] = [1/2 - 4 \cdot (2)^n + 7 \cdot (3)^n/2]u[n]$$

例 7-11　已知系统的差分方程为
$$y[n+2] - 0.7y[n+1] + 0.1y[n] = 7x[n+2] - 2x[n+1] \tag{7-69}$$
系统的初始状态为 $y_0[0] = 2$，$y_0[1] = 4$，系统的激励为单位阶跃序列，试求系统的响应。

解：首先可以分别求得 $y_0[n]$ 和 $y_x[n]$，然后叠加得到全响应，也可以直接求出全响应，这里试用后一方法。

对差分方程式（7-69）等号两边进行 z 变换，并代入初始条件 $y_0[0]$、$y_0[1]$。注意，差分方程式（7-69）等号右边对激励信号的 z 变换，不代入初始值，即
$$(z^2 - 0.7z + 0.1)Y[z] - z^2 y_0[0] - z y_0[1] + 0.7z y_0[0] = (7z^2 - 2z)X(z) \tag{7-70}$$
将 $y_0[0]$，$y_0[1]$ 之值代入式（7-70），有
$$(z^2 - 0.7z + 0.1)Y[z] - 2z^2 - 4z + 1.4z = (7z^2 - 2z)X(z) \tag{7-71}$$
将 $X(z) = \dfrac{z}{z-1}$ 代入式（7-71），可解得
$$Y(z) = \frac{2z^2 + 2.6z}{z^2 - 0.7z + 0.1} + \frac{7z^2 - 2z}{z^2 - 0.7z + 0.1} \cdot \frac{z}{z-1} = \frac{z(9z^2 - 1.4z - 2.6)}{(z-1)(z-0.5)(z-0.2)}$$
$$= \frac{12.5z}{z-1} + \frac{7z}{z-0.5} - \frac{10.5z}{z-0.2} \tag{7-72}$$
将式（7-72）进行 z 反变换得全响应为
$$y[n] = [12.5 + 7(0.5)^2 - 10.5(0.2)^2]u[n] \tag{7-73}$$

但是，若在式（7-73）中令 $n=0$ 和 $n=1$，将得到 $y[0] = 9$ 和 $y[1] = 13.9$，而不等于题目所给的边界条件。这是因为它们不但包含了零输入响应的边界值 $y_0[0]$、$y_0[1]$，而且还增加了零状态响应的边界值 $y_x[0]$ 和 $y_x[1]$。若在原差分方程中，令 $n = -2$ 和 $n = -1$，将分别得到
$$y_x[n] = 7x[0] = 7$$
$$y_x[1] = 0.7y_x[0] + 7x[1] - 2x[0] = 9.9$$
则
$$y[0] = y_0[0] + y_x[0] = 2 + 7 = 9$$
$$y[1] = y_0[1] + y_x[1] = 4 + 9.9 = 13.9$$

7.7　系统函数的 z 域分析

关于离散时间系统函数的定义，事实上在前面已经给出，系统函数 $H(z)$ 是单位抽样响应 $h(z)$ 的 z 变换，即
$$H(z) = \sum_{n=-\infty}^{\infty} h[n]z^{-n}$$
或者 $H(z)$ 是系统零状态响应的 z 变换与系统输入的 z 变换之比。本节将继续研究有关系

统函数的几个重要问题，即系统函数 $H(z)$ 的求解，由 $H(z)$ 零点分布确定单位抽样响应、系统的稳定性和因果性等。这里，研究的对象仅限于用线性常系数差分方程表征的系统。

7.7.1 系统函数

1. 利用 z 变换求系统函数

对于一般的 N 阶差分方程可以用类似的方法处理，即对差分方程两边进行 z 变换，同时应用线性和时移性质。考虑 N 阶 LTI 系统，它的输入和输出关系由线性常系数差分方程表示如下：

$$\sum_{k=0}^{N} a_k y[n-k] = \sum_{k=0}^{M} b_k x[n-k] \tag{7-74}$$

对式（7-74）取 z 变换，则

$$\sum_{k=0}^{N} a_k z^{-k} Y(z) = \sum_{k=0}^{M} b_k z^{-k} X(z) \tag{7-75}$$

根据上述可得 N 阶系统函数表达式为

$$H(z) = \left(\sum_{k=0}^{M} b_k z^{-k}\right) \Big/ \left(\sum_{k=0}^{N} a_k z^{-k}\right) \tag{7-76}$$

从 $H(z)$ 的一般表达式可以看出，一个由线性常系数差分方程描述的系统，其系统函数总是一个有理函数，并且它的分子、分母多项式的系数和差分方程等号右边、左边对应项的系数相等。

如果已知离散时间系统的模拟框图，可以直接从框图入手得到 $H(z)$，而不必经过求差分方程这一中间步骤。

例 7-12 试求图 7-8（a）所示一阶离散时间系统的系统函数和单位抽样响应，设 $0 < a_1 < 1$。

解： 围绕相加器的输出和输入列写 z 域方程，即

$$Y(z) = X(z) + a_1 z^{-1} Y(z)$$

则

$$H(z) = Y(z)/X(z) = 1/(1 - a_1 z^{-1}), \, |a_1 < 1|$$

系统的单位抽样响应为

$$h[n] = Z^{-1} |H(z)| = a_1^n u[n]$$

以上得出的 $H(z)$ 的零极点图和 $h[n]$ 序列图如图 7-8（b）和（c）所示。$H(z)$ 有一个零点在 $z=0$，一个极点在 $z=a_1$。

例 7-13 试求图 7-9（a）所示二阶离散时间系统的系统函数和单位抽样响应，其中 a_1、a_2 为实数，且有 $a_1^2 + 4a_2 < 0$。

解： 仍围绕相加器的输出和输入列写 z 域方程，即

$$Y(z) = X(z) + a_1 z^{-1} Y(z) + a_2 z^{-2} Y(z)$$

则

$$H(z) = Y(z)/X(z) = 1/(1 - a_1 z^{-1} - a_2 z^{-2}) \tag{7-77}$$

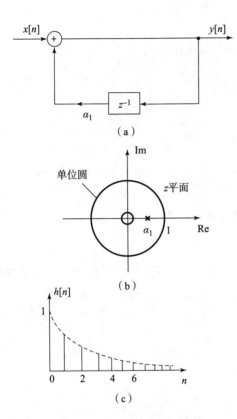

图 7 - 8　一阶离散时间系统的
零极点和抽样响应

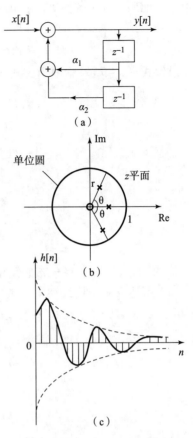

图 7 - 9　二阶离散时间系统的
零极点和抽样响应

从给出的 $a_1^2 + 4a_2 < 0$ 可知，$H(z)$ 含有一对共轭极点，设它们是 $z_1 = re^{j\theta}, z_2 = re^{-j\theta}$；$0 < r < 1, 0 \leqslant \theta \leqslant \pi$，于是 $H(z)$ 可以写为

$$H(z) = \frac{1}{(1 - re^{j\theta}z^{-1})(1 - re^{-j\theta}z^{-1})} = \frac{1}{1 - (2r\cos\theta)z^{-1} + r^2 z^{-2}}$$

可以看出，$H(z)$ 除含一对共轭极点外，在 $z = 0$ 还有一个二阶零点，其零极点图如图 7 - 9（b）所示。把上式展成部分分式并进行反变换，则得到单位抽样响应为

$$h[n] = Z^{-1}\left\{\frac{1}{2j\sin\theta}\left[\frac{e^{j\theta}}{1 - re^{j\theta}z^{-1}} - \frac{e^{-j\theta}}{1 - re^{-j\theta}z^{-1}}\right]\right\}$$

$$= \frac{1}{2j\sin\theta}[r^n e^{j(n+1)\theta} - r^n e^{-j(n+1)\theta}]u[n]$$

$$= (r^n/\sin\theta)\sin[(n+1)\theta]u[n] \tag{7-78}$$

对于图 7 - 9（b）所示的零极点图，由于假设两个极点位于单位圆内，意指 $r < 1$，则 $h[n]$ 是一个衰减的离散时间序列，如图 7 - 9（c）所示。

对于由若干子系统互联而成的系统，利用 z 变换求它的系统函数也是很方便的。系统互联包括并联、级联和反馈连接，现在考虑图 7 - 10 所示两个系统的反馈连接。对于这样一个互联系统，若在时域中确定其差分方程或单位抽样响应是相当困难的。然而借助于 z 变换可

以很容易地列出如下代数方程，即

$$\begin{cases} Y(z) = H_1(z)\left[X(z) - Y_2(z)\right] \\ Y_2(z) = H_2(z)Y(z) \end{cases} \tag{7-79}$$

联立求解式（7-75）中两个公式，可得到互联系统的系统函数为

$$H(z) = \frac{Y(z)}{X(z)} = \frac{H_1(z)}{1 + H_1(z)H_2(z)} \tag{7-80}$$

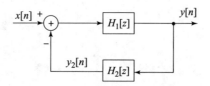

图 7-10　系统的反馈连接

2. 由 $H(z)$ 零极点分布确定单位抽样响应

如上所述，一个用线性常系数差分方程描述的 LTI 系统，它的 $H(z)$ 是 z 的实系数有理函数，那么其分子、分母多项式都可分解为子因式，即把式（7-80）表示为

$$\begin{aligned} H(z) &= G \frac{\displaystyle\prod_{i=1}^{M}(1 - z_i z^{-1})}{\displaystyle\prod_{k=1}^{N}(1 - p_k z^{-1})} \\ &= G \frac{\displaystyle\prod_{i=1}^{M}(z - z_i)}{\displaystyle\prod_{k=1}^{N}(z - p_k)} \end{aligned} \tag{7-81}$$

式中，各子因式分别确定了 $H(z)$ 零点和极点的位置极点的位置。

如果把式（7-81）展开部分分式，则 $H(z)$ 的每个极点决定一项对应的时间系列。设 $N > M$，且所有极点均为一阶，式（7-81）可以改写为

$$H(z) = \sum_{K=1}^{N} \frac{A_k}{1 - p_k z^{-1}} = \sum_{k=1}^{N} \frac{A_k z}{z - p_k} \tag{7-82}$$

于是，系统的单位抽样响应为

$$h[n] = Z^{-1}\{H(z)\} = \sum_{k=1}^{N} A_k (p_k)^n u[n] \tag{7-83}$$

式中：极点 p_k 可以是实数，也可以是成对出现的共轭复数。

与拉普拉斯变换中的情形相似，单位抽样响应 $h[n]$ 的模式取决于 $H(z)$ 的极点，而零点只影响 $h[n]$ 的幅度和相位，即系数 A_k。

关于 $H(z)$ 的极点分布对 $h[n]$ 特性的影响，也就是极点 p_k 的取值（实数、共轭虚数、一般共轭复数）对离散时间复指数序列或正弦序列规律的影响，这个问题事实上在第 1 章讨论基本离散时间信号时已经回答。我们在这里想着重指出，无论 p_k 是实数、虚数或是一般复数，只要其模 $|p_k| < 1$，即极点位于 z 平面单位圆内，它对应的 $h[n]$ 项就是一个衰减的时间序列；而当 $|p_k| > 1$，即极点位于单圆外，则对应增长的时间序列；介于二者之

间的 $|p_k|=1$，极点位于单位圆上，它对应一个幅值恒定的时间序列。明确系统极点相对于单位圆的位置，对离散时间系统稳定性的判定是有用的。

7.7.2　系统的稳定性和因果性分析

按照一般稳定系统的定义（系统对一个有界输入，其输出也应有界），保证一个 LTI 离散时间系统稳定的充分条件是它的单位抽样响应绝对可和，即

$$\sum_{n=-\infty}^{\infty} |h[n]| < \infty \tag{7-84}$$

是前面学习已经得到的结论。

由于

$$H(z) = \sum_{n=-\infty}^{\infty} \{h[n]r^{-n}\} e^{-j\Omega n} \tag{7-85}$$

当取值 $|z|=r=1$ 时，绝对可和条件使 $h[n]$ 的离散时间傅里叶变换一定收敛，这说明稳定系统 $H(z)$ 的收敛域一定包括单位圆。

如果系统是因果的，根据收敛域的性质，其 $H(z)$ 的收敛域一定位于 $H(z)$ 最外侧极点的外边。若把上述两个关于收敛域的限制结合在一起，则可得出一个因果且稳定的系统，其 $H(z)$ 的全部极点必定位于单位圆内。

例 7-14　具有复数极点的二阶系统

$$H(z) = 1/[1 - (2r\cos\theta)z^{-1} + r^2 z^{-2}] \tag{7-86}$$

由式（7-84）给出，判定系统的因果性和稳定性。

解：式（7-86）的两个共轭极点位于 $z_1 = re^{j\theta}$ 和 $z_2 = re^{-j\theta}$，假设系统是因果的，其收敛域则在最外面极点的外边，$|z| > r$。图 7-11 所示为 $r<1$ 和 $r>1$ 两种情况的零极点图。在 $r<1$ 时极点位于单位圆内，这时收敛域包括单位圆，因此系统是稳定的。图 7-9（c）中给出的 $h[n]$ 序列图就是属于这种因果而稳定的情况，它是一个衰减的因果序列。对于 $r>1$ 的情况，极点位于单位圆的外面，收敛域不包括单位圆，因此系统不稳定，是因果系统。

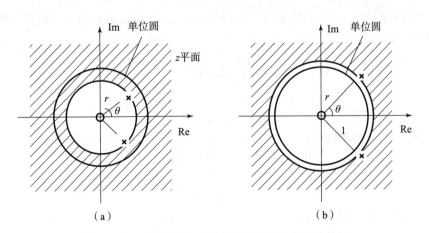

（a）　　　　　　　　　　　　　　　（b）

图 7-11　具有复极点的二阶系统零极点图及收敛域

例 7-15　离散系统的差分方程为

$$y[n+2] - 0.2y[n+1] - 0.24y[n] = x[n+2] + x[n+1] \tag{7-87}$$

试求系统函数 $H(z)$ 和单位抽样响应，并分析说明系统的稳定性。

解：将差分方程两边 z 变换，并令初值为零，即

$$z^2Y(z) + 0.2zY(z) - 0.24Y(z) = z^2X(z) + zX(z)$$

则

$$H[z] = \frac{Y(z)}{X(z)} = \frac{z^2 + z}{z^2 - 0.2z + 0.24} = \frac{z(z+1)}{(z-0.4)(z+0.6)} = \frac{1.4z}{z-0.4} - \frac{0.4z}{z+0.6}$$

$$(7-88)$$

对式（7 - 88）进行 z 反变换，可得

$$h[n] = [1.4(0.4)^n - 0.4(-0.6)^n]u[n]$$

因为 $H(z)$ 两个极点 $p_1 = 0.4$ 和 $p_2 = -0.6$ 均在单位圆之内，该系统稳定。

7.8　z 变换与拉普拉斯变换的关系

前面讨论了将一个连续时间信号进行均匀抽样以获得一个由其样值组成的离散时间序列的过程，图 7 - 12 表示出抽样的两个步骤：①用一个周期冲激串 $p(t)$ 对连续时间信号 $x_c(t)$ 进行抽样；②将得到的被 $x_c(t)$ 加权的冲激串 $x_p(t)$ 转换为抽样序列 $x_p[n] = x_c(nT)$。实际上，从 $x_p(t)$

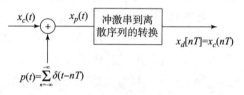

图 7 - 12　抽样系统框图

到 $x_p[n]$ 的转换可视为时间的归一化过程，即令抽样间隔（$T=1$）及取 $x_p(t)$ 各冲激面积为 $x_p[n]$ 序列值的过程。现在我们讨论连续信号 $x_c(t)$、抽样冲激串 $x_p(t)$ 的拉普拉斯变换以及抽样序列 $x_p[n]$ 的 z 变换这三者之间的关系。

从图 7 - 12 所示抽样过程可得

$$x_p(t) = x_c(t)p(t) = \sum_{n=-\infty}^{\infty} x_c(nT)\delta(t - nT) \tag{7-89}$$

令连续时间信号 $x_c(t)$ 的傅里叶变换为 $X_c(\omega)$，并且在第 4 章已知周期冲激串 $p(t)$ 的傅里叶变换为

$$P(\omega) = \frac{2\pi}{T}\sum_{n=-\infty}^{\infty}\delta\left(j\omega - j\frac{2\pi k}{T}\right) \tag{7-90}$$

$$X_p(\omega) = \frac{1}{2\pi}[X_c(\omega) * P(\omega)] = \frac{1}{T}\sum_{k=-\infty}^{\infty}X_c\left(j\omega - j\frac{2\pi k}{T}\right) \tag{7-91}$$

于是，根据调制性质则可从式（7 - 91）求出抽样冲激串的傅里叶变换以一般复变量 s 代替上式（7 - 91）中的 $j\omega$，则得到抽样冲激串的拉普拉斯变换，即

$$X_p(s) = \frac{1}{T}\sum_{k=-\infty}^{\infty}X_c\left(s - j\frac{2\pi k}{T}\right) \tag{7-92}$$

式（7 - 92）以混叠形式反映了连续时间信号与相应抽样冲激串拉普拉斯变换之间的关系关于混叠的概念，在第 6 章讨论抽样定理时已给出，只是这里的混叠现象不是在频率轴上，而是在 s 平面上发生的。具体说，$x_p(t)$ 的拉普拉斯变换是 $x_c(t)$ 拉普拉斯变换的图像（零极点图）沿 s 平面内 $j\omega$ 轴每隔 $2\pi/T$ 混叠一次的结果，如图 7 - 13（a）所示。$X_p(s)$ 在沿轴任意 $2\pi/T$ 的水平带状域内的图像相同，但因混叠的影响，这些图像已不是

从 $X_c(s)$ 的简单再现。

应当指出，由于在导出式（7-90）的过程中，我们是从傅里叶变换经过开拓而获得抽样冲激串的拉普拉斯变换的，自然是设定连续时间信号 $x_c(t)$ 的傅里叶变换存在，或者说 $X_c(s)$ 的极点均位于 s 的左半平面，其收敛域包括 jω 轴。

从式（7-92）出发，不应用调制性质也可得到 $x_p(t)$ 的拉普拉斯变换，即

$$X_p(s) = L\left\{ \sum_{n=-\infty}^{\infty} X_c(nT)\delta(t-nT) \right\} = \sum_{n=-\infty}^{\infty} X_c(nT)\mathrm{e}^{-snT} \tag{7-93}$$

根据 z 变换的定义，可以求得抽样序列 $x_p[n] = x_c(nT)$ 的 z 变换，即

$$X_p(Z) = \sum_{n=-\infty}^{\infty} x_p[n]z^{-n} = \sum_{n=-\infty}^{\infty} x_c[nT]z^{-n} \tag{7-94}$$

将式（7-93）和式（7-94）对比，可以看到 $X_p(s)$ 和 $X_p(z)$ 存在如下关系，即

$$X_p(Z)\big|_{z=\mathrm{e}^{sT}} = X_p(s) \tag{7-95}$$

式（7-95）表明，同是源于连续时间信号的抽样冲激串的拉普拉斯变换与抽样序列的 z 变换，其变量 s 和 z 之间存在一种变换或者说映射，即

$$z = \mathrm{e}^{sT} \tag{7-96}$$

关于这一映射关系的几何意义如图 7-13 所示，具体说明稍后给出。

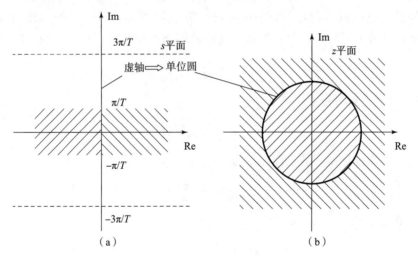

图 7-13　变换 $z = \mathrm{e}^{sT}$ 的映射关系

我们便可得到 $x_c(t)$ 的拉普拉斯变换与 $x_p[n]$ 的 z 变换之间的关系，即

$$X_p(Z)\big|_{z=\mathrm{e}^{sT}} = \frac{1}{T} \sum_{k=-\infty}^{\infty} X_c\left(s - \mathrm{j}\frac{2\pi k}{T}\right) \tag{7-97}$$

式（7-90）表示了 $X_c(s)$ 到 $X_p(z)$ 之间的变换关系，分两步完成：首先是将 $X_c(s)$ 特性混叠到图中的阴影带状部分；然后按 $z = \mathrm{e}^{sT}$ 将前述阴影带状部分的特性映射到整个 z 平面。

为了进一步说明式（7-97）所表达的 s 平面和 z 平面之间的映射关系，我们将 s 表示为笛卡儿坐标形式，将 z 表示为极坐标形式，则

$$\begin{cases} s = \sigma + j\omega \\ z = re^{j\Omega} \end{cases} \tag{7-98}$$

将式（7-98）代入式（7-96），有

$$\begin{cases} r = e^{\sigma T} \\ \Omega = \omega T \end{cases} \tag{7-99}$$

由此可得到 s 与 z 间的如下映射关系：

s 平面	z 平面
虚轴 $\sigma = 0$	$r = 1$ 单位圆
左半平面 $\sigma < 0$	$r < 1$ 单位圆内
右半平面 $\sigma > 0$	$r > 1$ 单位圆外
实轴 $\omega = 0$	$\Omega = 0$ 正实轴
原点 $\sigma = 0$，$\omega = 0$，	$r = 1$，$\Omega = 0$，$z = 1$ 点

s 平面的平行带状域（$-\pi/T < \omega < T$）确是映射为整个 z 平面（$-\pi < \Omega < \pi$），即每当 ω 变化 $2\pi/T$（抽样频率 ω_s），则相应变化 2π，相当于在整个 z 平面扫视一遍。这样，沿 s 平面的 $j\omega$ 轴每向上或向下移动 $2\pi/T$ 带状域，则相应地在整个 z 平面重复扫一遍。

假设连续时间信号 $x_c(t)$ 的拉普拉斯变换为有理函数（大多数情况如此），$X_c(s)$ 和 $X_p(z)$ 之间的关系可以表示成比式（7-92）更直观的形式。这里为讨论方便，假设把 $X_c(s)$ 表示成部分分式时，仅含一阶极点（由此得出的结论很容易推广到重阶极点），则

$$X_c(s) = \sum_{k=1}^{N} \frac{A_k}{s - p_k} \tag{7-100}$$

求拉普拉斯反变换可得

$$x_c(t) = \sum_{k=1}^{N} A_k e^{p_k t} u(t) \tag{7-101}$$

对 $x_c(t)$ 进行均匀抽样得到的抽样序列为

$$x_c[n] = x_c(nT) = \sum_{k=1}^{N} A_k e^{p_k t} u[n] \tag{7-102}$$

序列 $x_p[n]$ 的 z 变换为

$$X_p(z) = \sum_{k=1}^{N} \frac{A_k}{1 - e^{p_k T} z^{-1}} \tag{7-103}$$

由此可见，对于变量 z 而言，$X_p(z)$ 仍是有理函数，而且对比式（7-102）和式（7-103）可以发现两个很有用的结论：一是连续信号拉普拉斯变换 $X_c(s)$ 的留数（部分分式的系数）A_k 仍然保留；二是 $X_c(s)$ 在 $s = p_k$ 的极点映射为 $X_p(z)$ 在 $z = e^{p_k T}$ 的极点。记住这两个结果，就能够直接从 $X_c(s)$ 的有理表达式得出 $X_p(z)$ 表达式。

例 7-16 已知正弦连续信号 $x_c(t) = \sin(\omega_0 t)u(t)$，对其均匀抽样得序列 $x_p[n] = \sin(nT)u(n)$，经由拉普拉斯变换 $X_c(s)$ 求序列的 z 变换 $X_p(z)$。

解： $x_c(t)$ 的拉普拉斯变换为

$$X_c(s) = \frac{\omega_0}{s^2 + \omega_0^2} = \frac{-j/2}{s - j\omega_0} + \frac{-j/2}{s + j\omega_0}$$

$X_c(s)$ 的两个极点位于 $p_1 = j\omega_0$ 和 $p_2 = -j\omega_0$。其留数分别为 $A_1 = -j/2$ 和 $A_2 = j/2$。

根据式（7 - 97）与式（7 - 100）的映射关系，则得到抽样序列 $X_p\,[\,n\,]$ 的 z 变换为

$$X_{\mathrm p}(z) = \frac{-\,j/2}{1 - \mathrm{e}^{\mathrm j\omega_0 T}z^{-1}} + \frac{\mathrm j/2}{1 - \mathrm{e}^{-\mathrm j\omega_0 T}z^{-1}}$$

$$= \frac{(\sin\omega_0 T)z^{-1}}{1 - (2\cos\omega_0 T)z^{-1} + z^{-2}}$$

上述结果与表 7 - 2 中所列变换对是一致的，这里只需注意式中 $\varOmega$ 与 ω 的关系即可。

7.9　系统的结构及其模拟图

为了对 LTI 离散时间系统进行某种处理（如数字滤波），就必须构造出合适的硬件实现结构或软件运算结构。对于同样的系统函数 $H(z)$ 往往有多种不同的实现方案，常用的有直接形式、级联形式和并联形式。由于连续系统和离散系统的实现方法相同，这里一并讨论。

1. 直接实现

例 7 - 17　描述某离散系统的差分方程为

$$4y[\,k\,] - 2y[\,k - 2\,] + y[\,k - 3\,] = 2f[\,k\,] - 4f[\,k - 1\,]$$

试求出其直接形式的模拟框图。

解： 由给定的差分方程，不难写出其系统函数，即

$$H(z) = \frac{Y(z)}{F(z)} = \frac{2 - 4z^{-1}}{4 - 2z^{-2} + z^{-3}} = \frac{0.5 - z^{-1}}{1 - 0.5z^{-2} + 0.25z^{-3}}$$

根据梅森公式，可得其直接形式的一种信号流图，如图 7 - 14（a）所示。图 7 - 14（b）所示是与其相应的模拟框图。

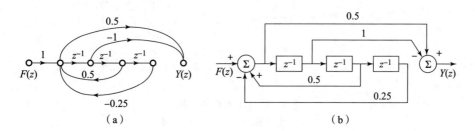

（a）　　　　　　　　　　　　　　（b）

图 7 - 14　例 7 - 17 图

2. 级联实现与并联实现

级联形式是将系统函数 $H(z)$ 分解为几个较简单的子系统函数的乘积，即

$$H(z) = H_1(z)H_2(z)\cdots H_l(z) = \prod_{i=1}^{i} H_i(z) \qquad (7 - 104)$$

式（7 - 104）的框图如图 7 - 15 所示，其中每一个子系统 $H_i(z)$ 可以用直接形式实现。

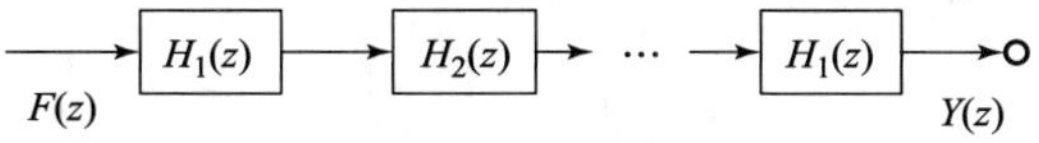

图 7 - 15　级联形式

并联形式是将 $H(z)$ 分解为几个较简单的子系统函数之和，即

$$H(z) = H_1(z) + H_2(z) + \cdots + H_l(z) = \sum_{i=1}^{i} H_i(z) \qquad (7-105)$$

式（7-105）的框图如图 7-16 所示。其中各子系统 $H_i(z)$ 可用直接形式实现。

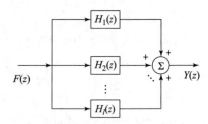

通常各子系统选用一阶函数和二阶函数，分别称为一阶节、二阶节。其函数形式分别为

$$H_i(z) = \frac{b_{1i} + b_{0i}z^{-1}}{1 + a_{0i}z^{-1}} \qquad (7-106)$$

$$H_i(z) = \frac{b_{2i} + b_{1i}z^{-1} + b_{0i}z^{-2}}{1 + a_{1i}z^{-1} + a_{0i}z^{-2}} \qquad (7-107)$$

图 7-16　并联形式

一阶和二阶子系统的信号流图和相应的框图如图 7-17 所示。

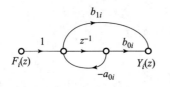
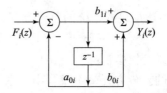

（a）

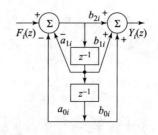

（b）

图 7-17　子系统的结构

（a）一阶子系统；（b）二阶子系统

需要指出，无论是级联实现还是并联实现，都需将 $H(z)$ 的分母多项式（对于级联还有分子多项式）分解为一次因式 $z + a_{0i}$ 与二次因式 $z^2 + a_{1i}z + a_{0i}$ 的乘积，这些因式的系数必须是实数。就是说，$H(z)$ 的实极点可构成一阶节的分母，也可组合成二阶节的分母，而一对共轭复极点可构成二阶节的分母。

级联和并联实现调试较为方便，当调节某子系统的参数时，只改变该子系统的零点或极点位置，对其余子系统的极点位置没有影响；而对于直接形式实现，当调节某个参数时，所有的零点、极点位置都将变动。

例 7-18　描述某离散时间系统的差分方程为

$$y[k] - \frac{1}{2}y[k-1] + \frac{1}{4}y[k-2] - \frac{1}{8}y[k-3] = 2f[k] - 2f[k-2] \qquad (7-108)$$

分别用级联和并联形式模拟该系统。

解：求得该系统的系统函数为

$$H(z) = (2z^3 - 2z) \Big/ \Big[z^3 - \frac{1}{2}z^2 + \frac{1}{4}z - \frac{1}{8} \Big] \qquad (7-109)$$

（1）级联实现。将 $H(z)$ 的分子和分母分解为因式，得

$$H(z) = \big[2z(z^2 - 1) \big] \Big/ \Big(z - \frac{1}{2} \Big)\Big(z^2 + \frac{1}{4} \Big)$$

令

$$H_1(z) = 2z/(z - 0.5) = 2/(1 - 0.5z^{-1})$$

$$H_2(z) = (z^2 - 1)/(z^2 + 1/4) = (1 - z^{-2})/(1 + 0.25z^{-2}) \qquad (7-110)$$

根据式（7-110）可画出子系统的信号流图如图 7-18（a）所示，将二者级联后，可得式（7-108）的系统的信号流图，其对应的系统框图如图 7-18（b）所示。

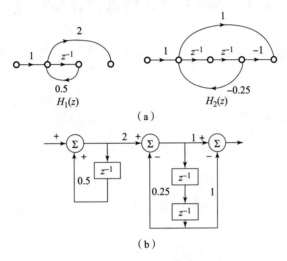

图 7-18　例 7-18 的级联实现

（a）一阶子系统；（b）二阶子系统

（2）并联实现。系统函数 $H(z)$ 的极点为 $p_1 = 0.5$，$p_{2,3} = \pm j/2 = \pm j0.5$，先将 $H(z)/z$ 展开为部分分式，即

$$\frac{H(z)}{z} = \frac{2(z^2 - 1)}{\Big(z - \frac{1}{2} \Big)\Big(z^2 + \frac{1}{4} \Big)} = \frac{K_1}{z - 0.5} + \frac{K_2}{z - j0.5} + \frac{K_3}{z + j0.5} \qquad (7-111)$$

可得

$$K_1 = (z - 0.5)\frac{H(z)}{z}\Big|_{z=0.5} = -3$$

$$K_2 = (z - j0.5)\frac{H(z)}{z}\Big|_{z=0.5j} = 2.5(1 - j)$$

$$K_3 = K_2^* = 2.5(1 + j)$$

则

$$H(z) = \frac{-3z}{z - 0.5} + \frac{5z^2 + 2.5z}{z^2 + 0.25} \qquad (7-112)$$

令

$$H_1(z) = \frac{-3z}{z - 0.5} = \frac{-3}{1 - 0.5z^{-1}}$$

$$(7 - 113)$$

$$H_2(z) = \frac{5z^2 + 2.5z}{z^2 + 0.25} = \frac{5 + 2.5z^{-1}}{1 + 0.25z^{-2}}$$

$$(7 - 114)$$

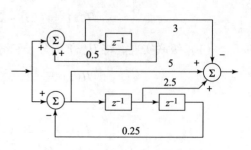

图 7 - 19 例 7 - 18 的并联实现

画出式（7 - 113）和式（7 - 114）的信号流图，然后并联，可得出该系统并联形式的信号流图，其实现框图如图 7 - 19 所示。

7.10 MATLAB 仿真设计与实现

例 7 - 19 画出系统 $H(z) = (1 - 0.5z^{-1}) \Big/ \Big(1 + \dfrac{4}{4}z^{-1} + \dfrac{1}{8}z^{-2}\Big)$ 的零极点分布图，并分析系统的稳定性。

解：

MATLAB 仿真程序如下：

```
a = [1 - 0.5 0];
b = [1 1 0.125];
p = roots(a);
q = roots(b);
pa = abs(p);
zplane(p,q);
```

系统为稳定系统，其输出结果波形如图 7 - 20 所示。

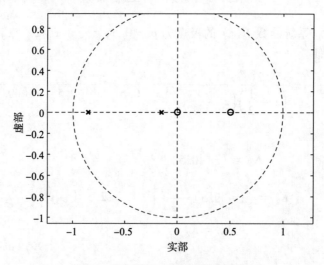

图 7 - 20 例 7 - 19 输出结果波形

例 7 - 20　画出系统 $H(z) = \left[5/4(1 - z^{-1})\right]/(1 - 1/4z^{-1})$ 的幅频和相频特性曲线。

解：

MATLAB 仿真程序如下：

```
a = [5 -5];
b = [4 -1];
[H,W] = freqz(a,b,400,'whole');
Hf = abs(H);
Hx = angle(H);
clf;
subplot(2,1,1)
plot(W,Hf);
title('离散系统幅频特性曲线');
grid on;
subplot(2,1,2)
plot(W,Hx);
title('离散系统相频特性曲线');
grid on;
```

输出结果波形如图 7 - 21 所示。

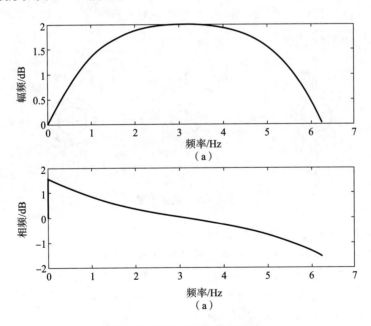

图 7 - 21　例 7 - 20 输出结果波形

（a）离散系统幅频特性曲线；（b）离散系统相频特性曲线

本章习题及部分答案要点

7.1 试求出下面序列的 z 变换，指出收敛域，并说明该序列的傅里叶变换是否存在。

(1) $\delta[n]$；(2) $\delta[n-1]$；(3) $\delta[n+1]$；(4) $(1/2)^n u[n]$；

(5) $-(1/2)^n u[-n-1]$；(6) $(1/2)^n u[-n]$；(7) $[(1/2)^n + (1/4)^n]u[n]$；

(8) $(1/2)^{n-1} u[n-1]$。

答案要点：

(1) $\delta[n] \overset{z}{\leftrightarrow} 1$，$z$ 全域，存在；(2) $\delta[n-1] \leftrightarrow 1/z$ $|z| > 0$，存在；

(3) $\delta[n+1] \overset{z}{\leftrightarrow} Z$，$z$ 全域，存在；(4) $[1/2]^n u[n] \leftrightarrow z/(z-1/2)$ $|z| > 1/2$，存在；

(5) $-(1/2)^n u[-n-1] \leftrightarrow z/(z-1/2)$，$|z| < 1/2$，不存在；(6) $(1/2)^n u[-n] \leftrightarrow 1/(1-2z)$，$|z| < 1/2$，不存在；(7) $z/(z-1/2) + z/(z-1/4)$，$|z| < 1/2$，存在；

(8) $(1/2)^{n-1} u[n-1] \leftrightarrow z/(z-1/2)$ $|z| > 1/2$，存在。

7.2 有一个 z 变换为 $X(z) = -5z/3(z-1/3)(z-2)$。

(1) 确定与 $X(z)$ 有关的收敛域有几种情况，画出各自的收敛域图；

(2) 每种收敛域各对应什么样的离散时间序列；

(3) 以上序列中哪一种存在离散时间傅里叶变换？

答案要点：

$X(z)/z = 1/(z-1/3) - 1/(z-2) \Rightarrow$ 收敛域分为三种。

收敛域图如图 7-22 所示。

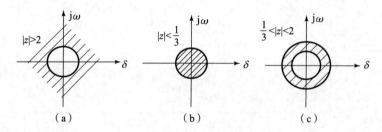

图 7-22　收敛域图

$[(1/3)^n - 2^n]u[n]$，不存在离散时间傅里叶变换；

$[-(1/3)^n + 2^n]u[-n-1]$，不存在离散时间傅里叶变换；

$(1/3)^n u[n] + 2^n u[-n-1]$，存在离散时间傅里叶变换。

7.3 已知如下条件，利用卷积定理求 $y[n] = x[n] * h[n]$。

(1) $x[n] = a^n u[n]$，$h[n] = b^n u[-n]$；

(2) $x[n] = a^n u[n]$，$h[n] = \delta[n-2]$；

(3) $x[n] = a^n u[n]$，$h[n] = u[n-1]$。

(1) 答案要点：

$$x[n] = a^n u[n] \overset{z}{\leftrightarrow} X(z) = z/(z-a), |z| > \alpha$$

$$h[n] = b^n u[-n] \overset{z}{\leftrightarrow} H(z) = \frac{1}{2} \bigg/ \left(\frac{1}{z} - \frac{1}{b}\right) = \frac{b}{b-z} = \frac{b}{b-z}, |z| < b$$

$$\Rightarrow x[n] * h[n] \overset{z}{\longleftrightarrow} X(z)H(z) = \frac{z}{z-a} \cdot \frac{b}{b-z} = Y(z)$$

$$\frac{Y(z)}{z} = \frac{b}{b-a}\left(\frac{1}{z-a} + \frac{1}{b-z}\right) \Rightarrow Y(z) \overset{z^{-1}}{\longleftrightarrow} \frac{b}{b-a}[a^n u[n] + b^n u[-n-1]]$$

（2）答案要点：

$$x[n] = a^n u[n] \overset{z}{\longleftrightarrow} X(z) = z/(z-a), |z| > \alpha$$

$$h[n] = \delta[n-2] \overset{z}{\longleftrightarrow} X(z) = 1/z^2, |z| > 0$$

$$\Rightarrow x[n] * h[n] \overset{z}{\longleftrightarrow} X(z) \cdot H(z) = (1/z^2) \cdot z/(z-a)$$

$$\frac{Y(z)}{z} = \frac{1}{z-a} \cdot \frac{1}{z^2} = \frac{1}{a^2}/(z-a) - \frac{1}{a^2}/z - \frac{1}{a}/z^2 \Rightarrow$$

$$Y(z) \overset{z^{-1}}{\longleftrightarrow} a^n \cdot u[n]/a^2 - u[n]/a^2 - nu[n]/a$$

（3）用相同的解法，读者自己练习。

7.4 已知因果序列 $x[n]$ 的 z 变换为 $X(z)$，试求序列的初值与终值。

（1）$X(z) = \dfrac{1}{(1 - 0.5z^{-1})(1 + 0.5z^{-1})}$；

（2）$X(z) = \dfrac{z^{-1}}{1 - 1.5z^{-1} + 0.5z^{-2}}$；

（3）$X(z) = \dfrac{2 - 3z^{-1} + z^{-2}}{1 - 4z^{-1} - 5z^{-2}}$。

答案要点：

（1）$\lim\limits_{z\to\infty} X(z) = X[0] = 1, X[\infty] = \lim\limits_{z\to 1} \dfrac{z-1}{\left(1 - \dfrac{1}{2} \cdot \dfrac{1}{z}\right)\left(1 + \dfrac{1}{2} \cdot \dfrac{1}{z}\right)} = \dfrac{0}{1 - \dfrac{1}{2} \cdot \dfrac{3}{2}} = 0$

（2）$\lim\limits_{z\to\infty} X(z) = X[0] = 0, X[\infty] = \lim\limits_{z\to 1} \dfrac{\dfrac{1}{z}(z-1)}{1 - \dfrac{3}{2}\dfrac{1}{z} + \dfrac{1}{2}\dfrac{1}{z^2}} = \dfrac{2(z^2 - z)}{2z^2 - 3z + 1} = \dfrac{2z}{(2z-1)} = 2$

（3）$\lim\limits_{z\to\infty} X(z) = X[0] = 2, X[\infty] = \lim\limits_{z\to 1} \dfrac{(2z^2 - 3z + 1)(z-1)}{z^2 - 4z - 5}$

$$= \dfrac{(2z-1)(z-1)(z-1)}{(z+1)(z-5)} = 0$$

7.5 利用单边 z 变换解下列差分方程。

（1）$y[n] + 3y[n-1] = x[n], x[n] = (1/2)^n u[n], y[-1] = 1$；

（2）$y[n] - y[n-1]/2 = x[n] - x[n-1]/2, x[n] = u[n], y[-1] = 0$；

（3）$y[n] - y[n-1]/2 = x[n] - x[n-1]/2, x[n] = u[n], y[-1] = 1$。

（1）答案要点：

$$Y(z) + 3z^2 Y(z) + 3y[-1] = 1/\left(z - \frac{1}{2}\right) = \frac{1}{z}/\left(1 - \frac{1}{2}z^{-1}\right)$$

$$\Rightarrow Y(z) = \frac{-3}{1 + 3z^{-1}} + \frac{1}{(1 + 3z^{-1})\left(1 - \frac{1}{2}z^{-1}\right)}$$

$$= \frac{-\dfrac{15}{7}}{1 - 3z^{-1}} + \frac{\dfrac{1}{7}}{1 - \dfrac{1}{2}z^{-1}} = \left[\frac{1}{7} \cdot \left(\frac{1}{2} \right)^n - \frac{15}{7} \cdot (3)^n \right] u[n]$$

（2）答案要点：

$$Y(z) - \frac{1}{2}\left[z^{-1}Y(z) + y[-1] \right] = X(z) - \frac{1}{2}\left[\frac{1}{2}X(z) + 0 \right]$$

$$\Rightarrow \left(1 - \frac{1}{2}z^{-1} \right)Y(z) = \left(1 - \frac{1}{2}z^{-1} \right)\left(\frac{1}{1 - z^{-1}} \right)$$

$$\Rightarrow Y[n] = u[n]$$

（3）答案要点：

$$Y(z) - \frac{1}{2}(z^{-1}Y(z) + 1) = X(z) - \frac{1}{2}z^{-1}X(z)$$

$$\Rightarrow \left(1 - \frac{1}{2}z^{-1} \right)Y(z) = \frac{1}{2} + \left(1 - \frac{1}{2}z^{-1} \right)\left(\frac{1}{1 - z^{-1}} \right)$$

$$\Rightarrow Y(z) = \frac{\dfrac{1}{2}}{1 - \dfrac{1}{2}z^{-1}} + 1 \Rightarrow Y[n] = \frac{1}{2} \cdot \left(\frac{1}{2} \right)^n u[n] + u[n]$$

7.6 利用单边 z 变换求解下列差分方程。

（1）$y[n+2] + y[n+1] + y[n] = u[n], y[0] = 1, y[1] = 2$；

（2）$y[n] + 0.1y[n-1] - 0.02y[n-2] = 10u[n], y[-1] = 4, y[-2] = 6$；

（3）$y[n] - 0.9y[n-1] = 0.05u[n], y[-1] = 0$；

（4）$y[n] - 0.9y[n-1] = 0.05u[n], y[-1] = 1$；

（5）$y[n] + 2y[n-1] = (n-2)u[n], y[0] = 1$。

（1）答案要点：

$$z^1Y(z) - z^2y[0] - zy[1] + zY(z) - 2y[0] + Y(z) = \frac{1}{1 - z^{-1}}$$

$$\Rightarrow (z^2 + z + 1)Y(z) - z^2 - 2z - 2 = \frac{1}{1 - z^{-1}}$$

$$\Rightarrow Y(z) = \frac{z^2 + 3z}{z^2 + z + 1} + \frac{1}{z - 1} \cdot \frac{1}{z^2 + z + 1} = \frac{1 + 3z^{-1}}{1 + z^{-1} + z^{-2}} +$$

$$\frac{1}{1 - z^{-1}} \cdot \frac{z^{-2}}{1 + z^{-1} + z^{-2}}$$

$$= \frac{1 + 3z^{-1}}{1 + z^{-1} + z^{-2}} + \frac{\dfrac{1}{3}}{1 - z^{-1}} + \frac{-\dfrac{2}{3}z^{-1} + \dfrac{1}{3}}{1 + z^{-1} + z^{-2}} = \frac{\dfrac{1}{3}}{1 - z^{-1}} + \frac{\dfrac{2}{3} + \dfrac{7}{3}z^{-1}}{1 + z^{-1} + z^{-2}}$$

$$\Rightarrow y[n] = \left[\frac{1}{3} + \frac{2}{3}\cos\left(\frac{2}{3}\pi n \right) + \frac{4}{3}\sqrt{3}\sin\left(\frac{2}{3}\pi n \right) \right]u[n]$$

（2）答案要点：

$$Y(z) + 0.1\{z^{-1}Y(z) + y[-1]\} - 0.02\{z^{-2}Y(z) + z^{-1}y[-1] + y[-2]\} = 10 \cdot \frac{1}{1 - z^{-1}}$$

$$(1 + 0.1z^{-1} - 0.02z^{-2})Y(z) + 0.4 - 0.08z^{-1} - 0.12 = 10 \cdot \frac{1}{1 - z^{-1}}$$

$$\Rightarrow \frac{1}{(1 + 0.2z^{-1})(1 - 0.1z^{-1})} \times 10 \times \frac{1}{1 - z^{-1}} + \frac{0.08z^{-1} - 0.28}{(1 + 0.2z^{-1})(1 - 0.1z^{-1})}$$

$$= 10\left[\frac{\frac{1}{1.2} \cdot \frac{1}{0.9}}{1 - z^{-1}} + \frac{\frac{1}{1.5} \cdot \frac{1}{6}}{1 + 0.2z^{-1}} + \frac{\frac{1}{3} \cdot \frac{1}{-9}}{1 - 0.1z^{-1}}\right] + \frac{\frac{-0.68}{1.5}}{1 + 0.2z^{-1}} + \frac{\frac{0.52}{3}}{1 - 0.1z^{-1}}$$

$$\approx [9.26 + \alpha 66(-0.2)^n - 0.2(0.1)^n]u[n]$$

（3）（4）（5）用相同的解法，读者自己练习。

7.7　画出下列差分方程系统模拟结构图，试求系统函数 $H(z)$ 及单位抽样响应 $h[n]$。

（1）$3y[n] - 6y[n-1] = x[n]$；

（2）$y[n] - \dfrac{1}{2}y[n-1] = x[n]$；

（3）$y[n] - 5y[n-1] + 6y[n-2] = x[n] - 3x[n-2]$。

（4）$y[n] = x[n] - 5x[n-1] + 8x[n-3]$；

（5）$y[n] - 3y[n-1] + 3y[n-2] - y[n-3] = x[n]$；

（1）答案要点：

$$H(z) = \frac{1}{3 - 6z^{-1}}, h[n] = \frac{1}{3} \cdot 2^n u[n]$$

（2）答案要点：

$$H(z) = \frac{1}{1 - \dfrac{1}{2}z^{-1}}, h[n] = \left(\frac{1}{2}\right)^n u[n]$$

（3）答案要点：

$$H(z) = \frac{1 - 3z^{-2}}{1 - 5z^{-1} + 6z^{-2}} = -\frac{1}{2} + \frac{-\dfrac{5}{2}z^{-1} + \dfrac{3}{2}}{1 - 5z^{-1} + 6z^{-2}}$$

$$= -\frac{1}{2} + \frac{\dfrac{1}{2}}{1 - 2z^{-1}} + \frac{2}{1 - 3z^{-1}}$$

$$h[n] = -\frac{1}{2}\delta[n] + \frac{1}{2}2^n u[n] + 23^n u[n]$$

（4）（5）用相同的解法，读者自己练习。

差分方程的系统模拟结构图如图 7 − 23 所示。

7.8　已知一个 LTI 离散时间系统，其差分方程为 $y[n] + y[n-1] = x[n]$。

（1）试求系统函数 $H(z)$ 及单位抽样响应 $h[n]$；

（2）判断系统的稳定性；

（3）若系统的初始状态为零，且 $x[n] = 10u[n]$，试求系统的响应。

答案要点：

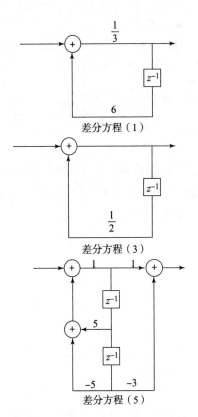

图 7 − 23　差分方程的系统模拟结构图

（1）$H(z) = \dfrac{1}{1 + z^{-1}} \Rightarrow h[n] = (-1)^n u[n]$

（2）不稳定（临界）

（3）$Y(z) = \dfrac{10}{1 + z^{-1}} \cdot \dfrac{1}{1 - z^{-1}} = 10 \cdot \dfrac{1}{2} \left[\dfrac{1}{1 + z^{-1}} + \dfrac{1}{1 - z^{-1}} \right]$

$$\Rightarrow y[n]5[1 + (-1)^n]u[n]$$

7.9　试求下列系统函数在 $10 < |z| < \infty$ 及 $0.5 < |z| < 10$ 两种收敛条件下，系统的单位冲激响应，并说明系统的稳定性和因果性。

答案要点：

$$Y(z) = 9.5 \left(\dfrac{1}{\left(1 - \dfrac{1}{2}z^{-1}\right)} \cdot \dfrac{1}{(10z^{-1} - 1)} \right) = 9.5 \left[\dfrac{-\dfrac{1}{19}}{1 - \dfrac{1}{2}z^{-1}} + \dfrac{\dfrac{20}{19}}{1 - 10z^{-1}} \right]$$

$10 < |z| < \infty \Rightarrow y[n] = -(1/2)^n u[n]/2 + 10(-10)^n u[n]$，不稳定，因果

$0.5 < |z| < 10 \Rightarrow y[n] = -(10)^{n+1} u[-n-1] - (1/2)^{n+1} u[n]$，稳定，不因果

7.10　一个 LTI 离散时间系统，其输入为 $x(n)$，输出为 $y(n)$，系统满足差分方程 $y[n-1] - 10y[n]/3 + y[n+1] = x[n]$，已知系统是稳定的，试确定该系统的单位冲激响应。

答案要点：

$y[n-2] - 10y[n-1]/3 + y[n] = X[n-1]$

$\Rightarrow z^{-2}Y(z) - 10z^{-1}Y(z)/3 + Y(z) = z^{-1}X[n]$

$$\Rightarrow H(z) = \dfrac{z - 1}{z^{-2} - \dfrac{10}{3}z^{-1} + 1} = \dfrac{z^{-1}}{(1 - 3z^{-1})\left(1 - \dfrac{1}{3}z^{-1}\right)} = \left[1 - \dfrac{1}{1 - 3z^{-1}} + 1 - \dfrac{-1}{1 - \dfrac{1}{3}z^{-1}} \right] \cdot \dfrac{3}{8}$$

$\Rightarrow h[n] = -3 \cdot [3^n \cdot u[-n-1] + (1/3)^n \cdot u[n]]/8$

7.12　已知 LTI 离散时间系统的系统函数 $H(z) = z^2/(z-3)^2$，在 $x[n]$ 激励下的响应为 $y[n] = 2(n+1)(3)^n u[n]$，试求出 $x[n]$。

答案要点：

$$2(n+1)3^n u[n] \xrightarrow{z} \dfrac{6z^{-1}}{(1 - 3z^{-1})^2} + \dfrac{2}{1 - 3z^{-1}}$$

$$H(z) = \dfrac{1}{(1 - 3z^{-1})^2} \Rightarrow X(z) = 6z^{-1} + 2(1 - 3z^{-1})$$

$$\Rightarrow x[n] = 2\delta[n]$$

7.13　一个 LTI 离散时间系统的结构如图 7-24 所示。

（1）试求这个因果系统的系统函数 $H(z)$，画出零极点图，并指出收敛域；

（2）当 k 为何值时，该系统是稳定的；

（3）当 $k = 1$，求输入为 $x[n] = (2/3)^n$ 的响应 $y[n]$。

答案要点：

（1）$y[n] + k \cdot y[n-1]/3 = x[n] - k \cdot x[n-1]/4$

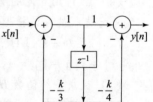

图 7-24　系统模拟结构

$$\Rightarrow H(z) = \left(1 - \frac{k}{4}z^{-1}\right)\Big/\left(1 + \frac{k}{3}z^{-1}\right), \text{ 零点 } \frac{k}{4} \text{ 极点 } \frac{k}{3}, \text{ RoC} > \frac{|k|}{3}$$

(2) $|k| < 3$

(3) $Y(z) = \frac{5}{12}\left(\frac{2}{3}\right)^n$

7.14　已知离散系统差分方程式为
$$y[n] - 3y[n-1]/4 + y[n-2]/8 = x[n] + x[n-1]/3$$

(1) 试求系统函数和单位抽样响应；

(2) 试求解系统函数零极点分布图；

(3) 画出系统的结构框图。

(1) 答案要点：
$$H(z) = \left(1 + \frac{1}{3}z^{-1}\right)\Big/\left(1 - \frac{3}{4}z^{-1} + \frac{1}{8}z^{-2}\right)$$
$$= \frac{10}{3}\left(1\Big/\left(1 - \frac{1}{2}z^{-1}\right)\right) + \frac{7}{3}\left(1\Big/\left(1 - \frac{1}{4}z^{-1}\right)\right)$$
$$h[n] = \left[\frac{10}{3}\cdot\left(\frac{1}{2}\right)^n - \frac{7}{3}\left(\frac{1}{4}\right)^n\right]u[n]$$

(2) 答案要点：

零点位于 $z = 0$ 和 $z = -1/3$；极点位于 $z = 1/4$ 和 $z = 1/2$。

(3) 答案要点：

系统的结构框图如图 7-25 所示。

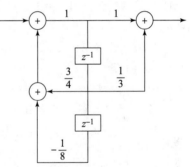

图 7-25　系统模拟结构

7.15　已知离散系统的单位抽样响应 $h[n] = (1/2)^n u[n]$，试求该系统在输入 $x[n] = (-1)^n$ 作用下的零状态响应 $y[n]$。

答案要点：

基于 z 变换定义式，或者常用 z 变换对，单位抽样响应的 z 变换为
$$H(z) = z/(z - 1/2)$$
$$y[n] = H(-1)(-1)^n = 2\cdot(-1)^n/3$$

7.16　一个 LTI 离散时间系统 T，激励为单位阶跃序列 $u[n]$ 时，其零状态响应为 $u[n] - u[n-2]$，现将两个完全相同的系统 T 串联起来构成一个复合系统，试求此复合系统的单位抽样响应 $h[n]$。

答案要点：

系统 T 的系统函数为
$$H_1(z) = \left(\frac{z}{z-1} - \frac{z^{-1}}{z-1}\right)\Big/(z/z-1) = 1 - z^{-2}$$
$$h_1[n] = \delta[n] - \delta[n-2]$$

则复合系统的单位抽样响应为
$$h[n] = h_1[n] * h_1[n] = (\delta[n] - \delta[n-2]) * (\delta[n] - \delta[n-2])$$

$$= \delta[n] - 2\delta[n-2] + \delta[n-4]$$

7.17 LTI 离散时间系统的单位抽样响应 $h[n] = (1/2)^n u[1-n]$，试判断系统的因果性和稳定性。

答案要点：

因为 $n < 0$，$h[n] > 0$，所以，系统非因果性，

$H(z) = \left(-\dfrac{1}{4}\right) \cdot \dfrac{z^{-1}}{z - \dfrac{1}{2}}$ 收敛域 $|z| < \dfrac{1}{2}$ 不包含单位圆，所以系统不稳定。

7.18 已知 LTI 离散时间系统的单位抽样响应 $h[n] = (1/5)^n u[n]$，试求该系统在输入 $x[n] = (-1/7)^n + (j/7)^n$ 作用下的零状态响应 $y[n]$。

答案要点：

$$H(z) = z/(z - 1/5)$$
$$y[n] = H(-1/7)(-1/7)^n + H(j/7)(j/7)^n$$
$$= \frac{5}{12}(-1/7)^n + \frac{j/7}{(j/7 - 1/5)}(j/7)^n$$

以下习题，请读者自己选择练习解答。

7.19 已知 LTI 离散时间系统的差分方程为 $y[n] + 3y[n-1] + 2y[n-2] = x[n]$，系统的初始状态 $y[-1] = 0$，$y[-2] = 0.5$，输入信号 $x[n] = u[n]$，试求系统的全响应 $y[n]$。

7.20 已知系统输入 $x[n] = (1/2)^n u[n] - (1/2)^{n-1} u[n-1]/4$ 时，系统的零状态响应 $y[n] = (1/3)^n u[n]$。

(1) 求系统的单位抽样响应 $h[n]$，

(2) 画出系统的直接 II 型模拟框图。

7.21 已知 LTI 离散时间系统的差分方程为

$$y[n] - 3y[n-1] + 2y[n-2] = x[n-1] - 2x[n-2]$$

当系统的初始状态 $y[-1] = -1/2$，$y[-2] = -3/4$，输入信号为 $x[n]$ 时，系统的完全响应 $y[n] = 2(2^n - 1)u[n]$，试求 $x[n]$。

7.22 已知系统的输入 $x[n] = (4/5)^n u[n]$ 时，输出 $y[n] = n(4/5)^n u[n]$，试求描述该系统的差分方程。

7.23 有一个系统，其输入 $x[n]$ 和输出 $y[n]$ 的差分方程为 $y[n-1] + 2y[n] = x[n]$。

(1) 若 $y[-1] = 2$，试求系统的零输入响应。

(2) 若 $x[n] = (1/4)^n u[n]$，试求系统的零状态响应。

(3) 当 $x[n] = (1/4)^n u[n]$ 和 $y[-1] = 2$ 时，试求 $n \geq 0$ 时系统的完全响应。

7.24 已知某初始状态为零的一阶离散时间系统在输入 $x[n] = u[n]$ 时的输出 $y[n] = (2^n + 10)u[n]$，试求解描述上述系统的差分方程。

下篇 实践篇

Lab VIEW 分析处理、仿真设计与实现

第8章
动态测试信号的 Lab VIEW 分析处理、仿真设计与实现

8.1 引　言

测试系统通常由三大部分组成，即信号的获取与采集、信号的分析与处理、结果的输出和显示。其中，信号的分析和数据处理是构成测试系统的重要组成部分之一。如果信号分析与处理要求取值如峰值、有效值、均方差、频谱、相关函数等各种量用硬件电路来获取，其电路复杂、昂贵，甚至是不易实现的，但是用软件编程则很容易实现。Lab VIEW 在信号的发生、分析和处理上有着明显的优势。Lab VIEW 提供了非常丰富的信号发生以及对信号进行采集、分析、显示和处理的函数、VIs 及 Express VIs，这些工具使得用户使用 Lab VIEW 进行信号的发生、分析和处理变得游刃有余。本章主要介绍在 Lab VIEW 中进行信号的发生、信号的时域分析、信号的频域分析及波形调理测量的方法。信号的发生主要介绍几种可以产生正弦波、方波、三角波、多频信号、噪声信号等的常用信号发生器；信号的时域分析主要介绍信号特征量的提取及信号的各种时域运算；信号的频域分析主要介绍各种变换及谱分析，以及窗函数的应用；最后介绍波形测量、信号处理的方法及可实现实时运算的逐点信号分析。读者通过对本章的学习，能对 Lab VIEW 信号分析及处理有较全面了解，并能掌握各种 VI 的编程应用。

8.2　信号的 Lab VIEW 发生

在做软件仿真时，Lab VIEW 中信号的发生分为两种：一是首先通过外部硬件产生信号，然后用 Lab VIEW 编写程序控制计算机的 A/D 数据采集卡进行采集而获取信号；二是用 Lab VIEW 程序本身产生信号，即用软件产生信号。本节介绍用软件方式产生信号的方法。

用 Lab VIEW 程序进行信号的发生主要依靠一些可以产生波形数据的函数、VIs 及 Express VIs 来完成，另外一些数学运算函数也可以用以产生波形信号。Lab VIEW 中用以产生信号的函数、VIs 及 Express VIs 主要位于函数选板中的波形生成子选板、信号生成选板及数学子选板中。

信号生成 VI 位于"函数选板→信号处理→信号生成"函数子选板中，节点用来生成正弦波、方波、三角波、锯齿波、白噪声等多种常用波形，如图 8 - 1 所示。波形生成 VI 位于"函数选板→信号处理→波形生成"函数子选板中，如图 8 - 2 所示。根据函数表达函数生

成波形，VI 位于"数学"→"初等与特殊函数"子选板中，如图 8 - 3 所示。本节主要介绍用上述选板中函数、VIs 及 Express VIs 产生信号的方法。

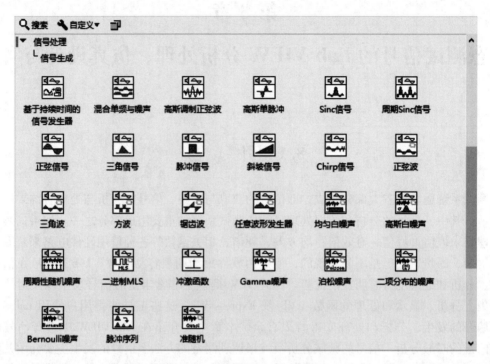

图 8 - 1 "信号生成"函数子选板

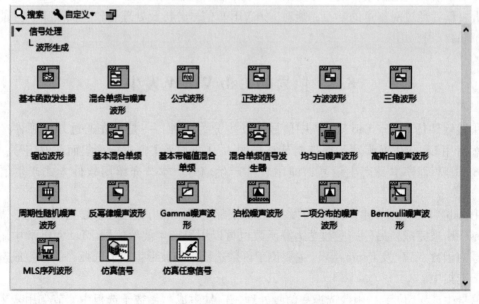

图 8 - 2 "波形生成"函数子选板

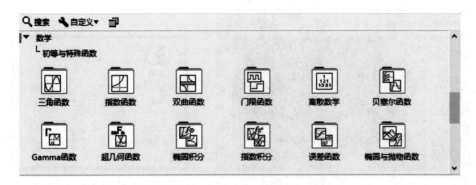

图 8 - 3　"初等与特殊函数"子选板

8.2.1　基本函数发生器

基本函数信号是指常见的正弦波、方波、三角波等，Lab VIEW 提供了丰富的函数和 VI 来实现此功能。下面以"基本函数发生器 VI"为例介绍信号的产生。"基本函数发生器 VI"是 Lab VIEW 中一种常用的用以产生波形数据有 VI，它可以产生四种基本信号，其图标与端口如图 8 - 4 所示。

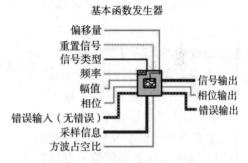

图 8 - 4　"基本函数发生器 VI"图标与端口

其主要端口参数说明如下。

* 偏移量：波形的直流偏移量，默认值为 0.0；
* 重置信号：是否将信号复位，设置为 True 时，将波形相位重置为相位初值，且将时间标志置为 0，默认值为 FALSE；
* 信号类型：产生波形的类型，包括正弦波、三角波、方波和锯齿波；
* 频率：波形频率（单位为 Hz），默认值为 10；
* 幅值：波形幅值，也称为峰值电压，默认值为 1.0；
* 相位：波形的初始相位，单位为（°），默认值为 0.0；
* 采样信息：一个包括采样信息的簇，包含 Fs 和#s 两个参数：Fs 为采样率，单位是样本数/s，默认值为 1000；#s 为波形的样本数，默认值为 1000；
* 方波占空比：反映一个周期内高低电平所占的比例，默认值为 50%；
* 信号输出：信号输出端；
* 相位输出：波形的相位，单位为（°）。

例 8 - 1　使用"基本函数发生器 VI"制作一个信号发生器，要求信号类型、频率、幅值、相位等信息可调。在前面板设置幅值、频率、相位三个控件，信号类型使用文本输入控件，并设置它们各自的值，用波形图进行显示。实现该例程的前面板和程序框图如图 8 - 5 所示。

其主要端口参数说明如下。

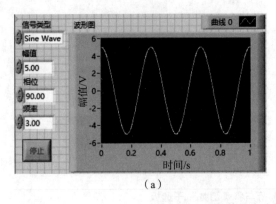 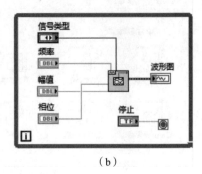

（a）　　　　　　　　　　　（b）

图 8 - 5　函数信号发生器产生信号

起始频率：多个频率成分析起始频率。

8.2.2　基本多频信号发生器

多频信号是由多种频率成分的正弦波叠加而成的波形信号，Lab VIEW 提供了基本混合单频 VI、基本带幅值混合单频 VI、混合单频信号发生器 VI 三个 VI 专门用来产生多频信号，它们位于波形生成选板中。本节介绍基本混合单频 VI，也称为基本多频信号发生器，可生成整数个周期的单频正弦之和的波形，其图标与端口如图 8 - 6 所示。

其主要端口参数说明如下。

● 起始频率：多个频率成分的起始频率；

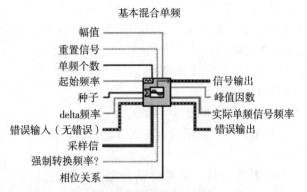

生成波形，它是整数个周期的单频正弦之和

图 8 - 6　"基本混合单频 VI" 图标与端口

● 种子：种子大于 0 时，可使噪声采样发生器更换种子值，种子相位关系为线性时，忽略该值；

● delta 频率：相邻多个频率成分之间的频率差；

● 单频个数：频率成分的个数；

● 重置信号：重置信号值为 TRUE，相位可重置为相位控件的值，时间标识可重置为 0，默认值为 FALSE；

● 幅值：所有单频的缩放标准，即波形的最大绝对值；

● 峰值因数：信号输出的峰值电压和均方根电压的比；

● 实际单频信号频率：如 "强制转换频率？" 的值为 TRUE，则值为执行强制转换和奈奎斯特标准后的单频频率；

● 相位关系：正弦单频相位分布，相位分布对所有波形的峰值/均方根比都有影响；

● 强制转换频率：默认值为 TRUE，指定的单频频率将转换为 Fs/n 的最近整数倍。

例 8 - 2　使用 "基本混合单频 VI" 设定三个频率相差 5Hz 的正弦波叠加，正弦波初始频率为5Hz。将叠加后得到的信号用波形图显示。本例中，没有设置信号幅值，使用节点自定义幅值为1，从叠加后波形可以看出，叠加后最大幅值为3，三个信号频率分别为5Hz、10Hz、15Hz。要求信号类型、频率、幅值、实现该例程的前面板和程序框如图8－7所示。

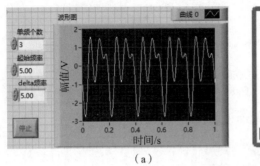
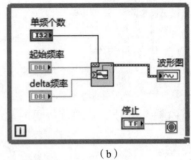

（a）　　　　　　　　　　　　　　　　　（b）

图 8 － 7　三个频率信号叠加的波形

8.2.3　白噪声信号发生器

在进行系统仿真时，噪声信号也是必不可少的，Lab VIEW 提供了白噪声、高斯噪声、周期随机噪声信号等多种常用的噪声信号发生器，这几种噪声信号分布于波形生成和信号生成两个子选板中。"均匀白噪声发生器波形 VI"能够产生一定幅值均匀分布的白噪声信号，其中，幅值为信号输出的最大绝对值，默认值为1.0，其图标和端口如图8－8所示。

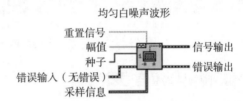

图 8 － 8　"均匀分布的白噪声 VI"图标与端口

例 8 － 3　产生一个幅值在［－5，5］之间的均匀分布白噪声信号。前面板设置幅值为5.0，框图中显示幅值为［－5，5］。

实现该例程的前面板和程序框图如图8－9所示。

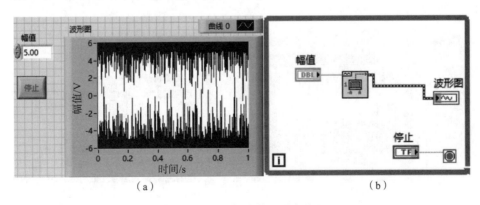

（a）　　　　　　　　　　　　　　　　　（b）

图 8 － 9　均匀分布的白噪声信号

8.2.4 高斯白噪声信号发生器

"高斯白噪声波形 VI"用来产生一定标准差高斯分布的白噪声信号,标准差数据端口决定了其偏差值,且输入为绝对值,其图标与端口如图 8 - 10 所示。

生成高斯分布伪随机序列的信号,统计分布为(0,s)。s指定标准差的绝对值

图 8 - 10 "高斯白噪声波形 VI"图标与端口

例 8 - 4 产生标准偏差为 5 的高斯白噪声信号。实现该例程的前面板和程序框图如图 8 - 11 所示。

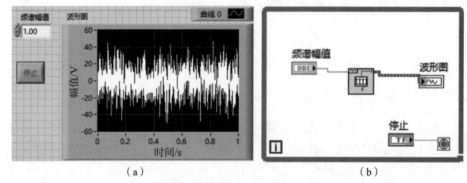

(a)　　　　　　　　　　(b)

图 8 - 11 标准差为 5 的高斯白噪声信号

8.2.5 周期随机噪声信号发生器

"周期随机噪声信号波形 VI"用来产生周期性的随机噪声信号,频谱幅值数据端口决定了噪声信号的功率谱幅值,其图标与端口如图 8 - 12 所示。

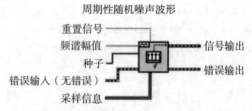

生成包含周期性随机噪声(PRN)的波形

图 8 - 12 "周期随机噪声信号波形 VI"图标与端口

例 8 - 5 产生频谱幅值为 1 的白噪声信号。实现该例程的前面板和程序框图如图 8 - 13 所示。

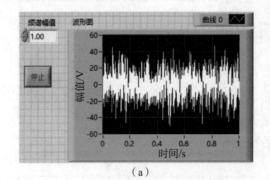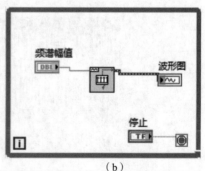

(a)　　　　　　　　　　(b)

图 8 - 13 频谱幅值为 1 的白噪声信号

8.3 信号的 Lab VIEW 时域分析与处理

信号的分析与处理可在时域和频域中完成，从不同角度和方面对信号进行分析、反映信号的不同特征。本节介绍对信号进行时域分析与处理的方法。以时间为自变量描述物理量的变化是信号最基本、最直观的表达形式。在时域内对信号进行波形变换、缩放、统计特征计算、相关性分析等处理，统称为信号的时域分析。通过时域分析方法，可以有效提高信噪比，求取信号波形在不同时刻的相似性和关联性，获得反映系统运行状态的特征参数，为系统动态分析和故障诊断提供有效信息。

Lab VIEW 中，用于信号时域分析与处理的函数、VI 及 Express VIs 主要位于"函数选板→信号处理→波形测量、信号运算"两个子选板中，如图 8-14 和图 8-15 所示。

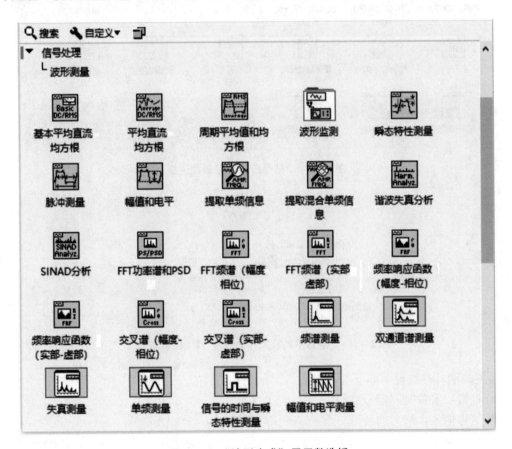

图 8-14 "波形生成"子函数选板

8.3.1 基本平均直流与均方根

"基本平均直流—均方根 VI"是从信号输入端输入一个波形或数组，对其加窗，根据平均类型输入端口的值计算加窗后信号的平均直流（DC）及均方根（RMS）值。此函数对于每个输入的波形只返回一个直流值和一个均方根值，其图标与端口如图 8-16 所示。

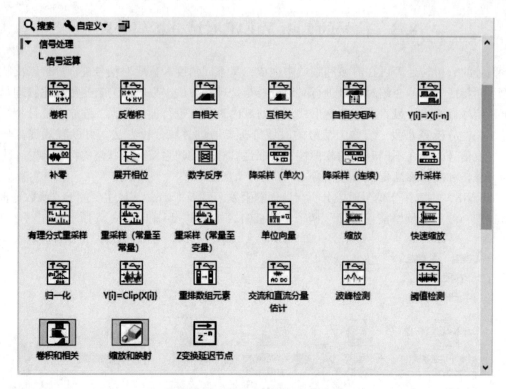

图 8-15 "信号运算"子函数选板

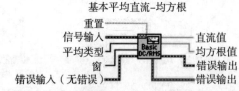

计算输入波形或波形数组的DC和RMS值。该VI与平均直流–
均方根VI类似，但该VI对于每个输入的波形只返回直流值和均方根值

图 8-16 "基本平均直流—均方根 VI"图标与端口

其主要端口参数说明如下。

- 重置：重置时间信号的历史。
- 信号输入：输入的波形。
- 平均类型：测量时使用的平均类型。此函数计算每个输入波形的 DC 和 RMS 值，因此平均时间由输入记录的长度决定。如果平均类型为 Exponential，则此函数通过对上一个 DC 和 RMS 值进行指数加权平均测量得到 DC 和 RMS 值。
- 窗：在计算前对时间记录应用的窗，若平均类型为 Exponential，则忽略该输入。
- 直流值：测量的直流值，以 V 为单位。
- 均方根值：测量的均方根值，以 V 为单位。
- 测量信息：返回与测量有关的信息。

例 8-6 使用基本函数发生器产生一个信号，该信号类型、频率、幅值等参数可调节，然后测量其直流值和均方根值。本程序中，产生一个幅值为 1 的正弦波，前面板的直流量为零，均方根即其有效值为 0.707107。实现该例程的前面板和程序框图如图 8 – 17 所示。

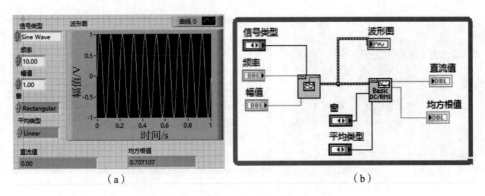

（a）　　　　　　　　　　　　　　（b）

图 8 – 17　计算正弦波的直流值和均方根值

8.3.2　周期平均值和均方根

"周期平均值和均方根 VI" 可以测量信号在一个周期中的均值及均方根值，其图标与端口如图 8 – 18 所示。

周期平均值和均方根

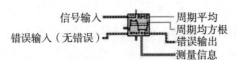

返回周期性波形或周期性波形数组中选定周期的平均值及均方根。
通过连线数据至信号输入/输入端可确定要使用的多态实例，也可手动选择实例

图 8 – 18　"周期平均值和均方根 VI" 图标与端口

其主要端口参数说明如下。

● 周期号：指定周期信号中待测的周期。

● 参考电平：指定如何计算波形的高参考电平、中间参考电平和低参考电平。Lab VIEW 通过参考电平定义一个完整周期内的测量间隔。中间参考电平和高参考电平之间的距离必须等于低参考电平和中间参考电平之间的距离。如果两个距离不相等，Lab VIEW 可调整高参考电平或低参考电平，使距离等于较小的值。例如，如果高参考电平为 90%，中间参考电平为 50%，低参考电平为 20%，Lab VIEW 使用 80% 替代 90% 作为高参考电平。

● 百分比电平设置：指定 Lab VIEW 用于确定波形高状态电平和低状态电平的方法。如果选择百分比为参考单位，可通过百分比电平设置确定参考电平；否则，Lab VIEW 忽略该输入。

● 周期平均：输入波形一个完整周期内的平均电平。

● 周期均方根：周期性输入信号一个完整周期的均方根值。

例 8 – 7　测量正弦信号的周期平均和周期均方根。产生幅值为 1V，频率为 10Hz 正弦

波信号，一个周期的平均电平为 0，均方根值为 0.71。本例中没有指定周期号，即默认首个周期。实现该例程的前面板和程序框图如图 8 - 19 所示。

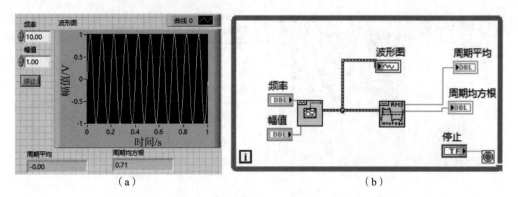

|（a）| （b）|

图 8 - 19　正弦信号的周期平均和周期均方根

8.3.3　卷积积分

卷积是线性系统时域分析方法中的一种，它可以求线性系统对任何激励信号的零状态响应。卷积运算在测试信号处理中占有重要地位，特别是关于信号的时域与变换域分析，它成为沟通时间频率域关系的一个桥梁。其定义式为

$$y(t) = x(t) * h(t) = \int_{-\infty}^{\infty} x(\tau) h(t - \tau) \mathrm{d}\tau \tag{8-1}$$

利用卷积运算可以描述线性时不变系统的输出与输入关系，系统的输出 $y(t)$ 是任意输入 $x(t)$ 与系统脉冲响应函数 $h(t)$ 的卷积。

Lad VIEW 2011 提供了实现卷积运算的 VI 有"卷积 VI"、"反卷积 VI"及卷积和相关 Express VI。它们位于"函数选板→信号处理→信号运算"子选板中。

本节以"卷积 VI"为例进行介绍，卷积 VI 计算输入序列 X 和 Y 的卷积，连接到输入端的数据类型决定了卷积的数据类型，能实现对一维信号和二维信号的卷积运算，其图标与端口如图 8 - 20 所示。

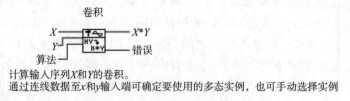

计算输入序列 X 和 Y 的卷积。
通过连线数据至 x 和 y 输入端可确定要使用的多态实例，也可手动选择实例

图 8 - 20　"卷积 VI"图标与端口

其主要端口参数说明如下。
- X：第一个输入序列。
- Y：第二个输入序列。
- 算法：用卷积方法。算法的值为 direct 时，VI 使用线性卷积的 direct 方法计算卷积；如算法为 frequency domain，VI 使用基于 FFT 的方法计算卷积。如 X 和 Y 较小，direct 方法

通常更快。如 X 和 Y 较大，frequency domain 方法通常更快。

此外，两个方法在数值上存在微小的差异。

例 8 - 8 实现两个信号的卷积运算。设置两个信号，信号类型可选，在框图程序中，采用选择结构实现。前面板选择两个信号分别为正弦信号和冲激信号，图 8 - 21（a）右上图为两个信号的叠加，图 8 - 21（b）右下图显示其卷积结果，可采用卷积滑动杆控制卷积过程，实现的前面板和程序框图如图 8 - 21 所示。

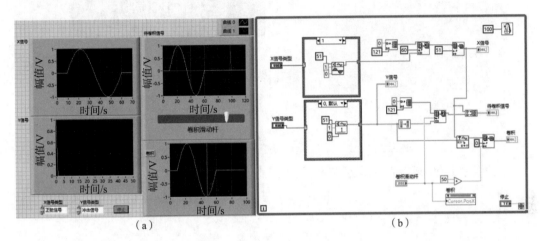

图 8 - 21　两个信号的卷积运算

8.3.4　谐波失真分析

为了确定一个系统引入非线性失真的大小，需要得到系统引入的谐波分量幅值与基波幅值的关系。谐波失真是谐波分量的幅值和基波幅值的相对量。假设基波的幅值是 A_1，二次谐波的幅值是 A_2，三次谐波的幅值是 A_3，……，N 次谐波的幅值是 A_N，总的谐波失真（THD）为

$$\text{THD} = \sqrt{A_2^2 + A_3^2 + \cdots + A_N^2}/A_1 \tag{8-2}$$

THD 通常用百分数表示。

Lab VIEW 中"谐波失真分析 VI""失真测量 Express VI"能够实现输入信号的谐波分析，输出 THD、噪声失真比（SINAD）和各次谐波分量幅值的信息。

本节介绍失真测量 Express VI，将 Express VI 放置在框图中，会自动弹出"属性"对话框，如图 8 - 22 所示。

下面，对图 8 - 22（a）窗口中的选项进行介绍。

- SINAD（dB）：计算测得的信号与 SINAD，以 dB 为单位。
- 总谐波失真：计算测量到的总谐波失真，测量范围包括最高谐波。
- 指定谐波电平：返回用户指定的谐波。
- 谐波次数（基波值 = 1）：指定要测量的谐波。只有选择指定谐波电平时，才可使用该选项。
- 搜索截止 Nyquist 频率：指定在谐波搜索中包含低于 Nyquist 频率，即采样频率的 1/2 的频率。只有选择总谐波失真或指定谐波电平时，才可使用该选择。

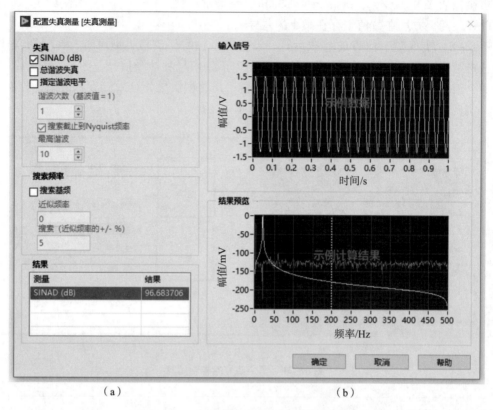

（a）　　　　　　　　　　　　　　　（b）

图 8 − 22　"失真测量 Express VI"配置窗口

● 最高谐波：控制用于谐波分析的最高谐波（包括基频）。例如，对于三次谐波分析，设置最高谐波为 3 可测量基波、二次谐波和三次谐波。只有选择总谐波失真或指定谐波电平时，才可使用该选择。

● 搜索频率：搜索基频，控制频域搜索范围，指定中心频率和频率宽度，用于寻找信号基频。近似频率用于频域中搜索基频的中心频率，默认值为 0。搜索（近似频率的 ± %）用于在频域中搜索基频的宽度，以采样频率的百分数表示，默认值为 5。

● 结果：显示 Express VI 设定的测量及测量结果。单击测量栏中的任何测量项，结果预览中可显示相应的数值或图表。

● 输入信号：显示输入信号，如将数据连往 VI 然后运行，则输入信号将显示实际数据。如关闭后再打开，则输入信号将显示示例数据，直到再次运行该 VI。

● 结果预览：显示测量预览，如将数据连往 VI 然后运行，则结果预览将显示实际数据。如关闭后再打开，则结果预览将显示示例数据，直到再次运行该 VI。

例 8 − 9　对一个波形中带有噪声的信号进行失真分析。设置信号为叠加噪声的正弦信号，正弦波幅值为 1，噪声幅值为 0.6，采用失真测量 Express VI 可直接显示其失真参数。实现该例程的前面板和程序框图如图 8 − 23 所示。

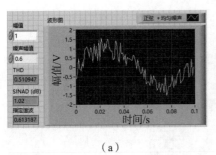

（a）

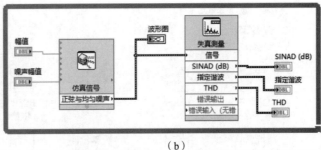

（b）

图 8 – 23　含噪声正弦信号的失真参数

8.4　信号的 Lab VIEW 频域分析与处理

对信号进行时域的分析与处理不能够反映出信号的全部特征和揭示其全部信息时，就需要对信号进行频域分析。频域分析是数学信号处理中最常用、最重要的方法，其内容包括对信号进行加窗、进行傅里叶变换求其频谱和功率谱等。

Lab VIEW 中提供了丰富的信号频域分析处理节点，主要分布在信号处理选板中的两个选板：一个是"变换"子选板，其实现的函数功能主要有傅里叶变换、希尔伯特变换、小波变换、拉普拉斯变换等；另一个是"谱分析"子选板，所包含的函数主要包括功率谱分析、联合时域分析等。两个子选板分别如图 8 – 24 和图 8 – 25 所示。

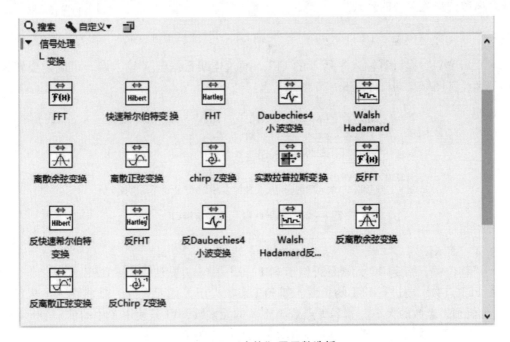

图 8 – 24　"变换"子函数选板

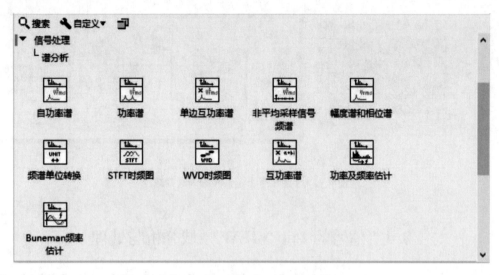

图 8 - 25　"谱分析"子函数选板

8.4.1　傅里叶变换

傅里叶变换是数字信号处理中最重要的一个变换之一，意义在于人们能从频域中观察信号的特征。对连续信号进行谱分析，采用的变换为离散傅里叶变换（DFT），但当采样点数较大时，离散傅里叶变换计算量非常大，所以采用其快速算法——快速傅里叶变换（FFT）完成。离散傅里叶变换的公式为

$$X(k) = \mathrm{DFT}[x(n)] = \sum_{k=0}^{N-1} x(n) e^{-j\frac{2\pi}{N}kn}, k = 0, 1, \cdots, N-1 \qquad (8-3)$$

- "FFT VI"是计算输入序列 X 的 FFT。通过连线数据至 X 输入端，可确定要转换的数据类型，其图标与端口如图 8 - 26 所示。

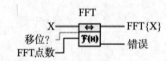

计算输入序列 X 的快速傅里叶变换（FFT）。
通过连线数据至 X 输入端可确定要使用的多态实例，也可手动选择实例

图 8 - 26　"FFT VI"图标与端口

- X：输入序列。
- "移位?"：指定 DC 元素是否位于 FFT $\{X\}$ 中心，默认值为 FALSE。
- FFT 点数：要进行 FFT 的长度。如 FFT 点数大于 X 的元素数，VI 将在 X 的末尾添加 0，以匹配 FFT 点数的大小。如 FFT 点数小于 X 的元素数，VI 只使用 X 中的前 n 个元素进行 FFT，n 是 FFT 点数小于等于 0，VI 将使用 X 的长度作为 FFT 点数。
- FFT $\{X\}$：X 的 FFT。

例 8 - 10　通过三个正弦信号发生器产生三个不同频率不同幅值正弦信号，将其叠加为

一个信号。通过"FFT VI"函数节点观察其频谱。实现该例程的前面板和程序框图如图 8 – 27 所示，时域信号中很难看出信号各成分的频率和幅值，经过傅里叶变换后，可看出三个分量的频率分别是 30Hz、50Hz、70Hz。

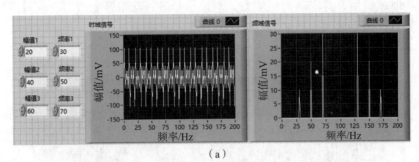

（a）

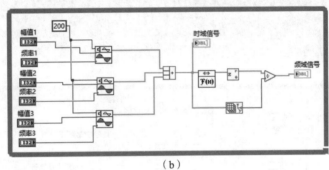

（b）

图 8 – 27　FFT 观察信号的频谱

8.4.2　功率谱分析

相关分析能在时域表达随机信号自身或与其他信号在不同时刻的内在联系，在应用中，还经常研究这种内有联系的频域描述，这就是功率谱分析。功率谱分析主要分为自功率谱和互功率谱。当随机信号均值为零时，自功率谱密度函数与自相关函数、互功率谱密度函数与互相关函数互为傅里叶变换对。

Lab VIEW 中提供了非常多的用于功率谱分析与计算的 VI，如自功率谱、互功率谱、单边互功率谱、非平均采样信号频谱等。"自功率谱 VI"用于计算时域信号的单边且已缩放的自功率谱。"功率谱 VI"用于计算信号的双边功率谱，其图标与端口如图 8 –28 所示。

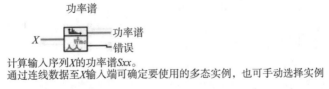

计算输入序列X的功率谱Sxx。
通过连线数据至X输入端可确定要使用的多态实例，也可手动选择实例

图 8 – 28　"功率谱 VI"图标与端口

其主要端口参数说明如下。
● 信号：输入的时域序列；

● 功率谱：信号 X 的双边功率谱。如输入信号的单位为 V，功率谱的单位为 V_{RMS}^2。如输入信号的单位不是伏特，则功率谱的单位为输入信号单位的平方（均方差值）。

例 8 – 11 验证帕斯瓦尔定理。在框图程序中添加频率为 100Hz 正弦信号与噪声信号进行叠加，作为时域波形，并求其时域能量，对该信号进行功率谱分析得其频域能量，经验证二者相等。实现该例程的前面板和程序框图如图 8 – 29 所示。

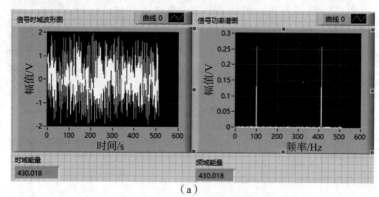

（a）

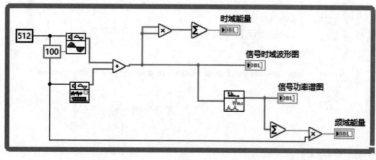

（b）

图 8 – 29 验证帕斯瓦尔定理

"互功率谱 VI"用于计算输入信号 X 和 Y 的互功率谱 S_{xy}。其图标与端口如图 8 – 30 所示。

互功率谱

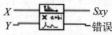

计算输入信号 X 和 Y 的互功率谱 S_{xy}。
通过连线数据至 X 输入端可确定要使用的多态实例，也可手动选择实例

图 8 – 30 "互功率谱 VI"图标与端口

其主要端口参数说明如下。

● X：第一输入序列；

● Y：第二输入序列；

● S_{xy}：输入信号 X 和 Y 的单边互功率谱。

8.4.3 窗函数

运用计算机进行信号处理时，考虑到计算量和运算速度，采样的数据不可能无限长，通

常取有限时间长度的数据分析，这需要对无限长的信号进行截断。截断方法是：将无限长信号乘以窗函数。"窗"的含义是指通过窗口能够观测到整个信号的一部分，其余部分被屏蔽。信号被截断以后，其频谱等于原信号频谱和窗函数频谱的卷积，其频谱会发生畸变，原来集中的能量会被分散到一个比较宽的频带中去，这种现象称为泄露。泄露的主要原因是由于窗函数是一个频带无限的函数。为了减小或抑制泄露，常用多种不同形式的窗函数对时域信号进行加权处理。从卷积过程可知，窗函数应力求其频谱的主瓣宽度窄、旁瓣幅度小。

　　Lab VIEW 中，前面涉及的各种频谱分析、功率谱分析等的参数设置中都需要选择窗函数，而且这些 VI 中提供了丰富的窗函数类型以供选择。在基本函数 VI 中，Lab VIEW 中也提供了丰富的窗函数类型 VI，位于"函数选板→信号处理→窗"子函数选板中，如图 8 - 31 所示。对窗函数的使用要点是在合适的场合选用合适的窗函数。

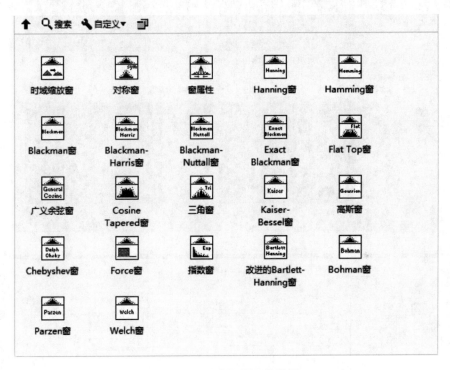

图 8 - 31　"窗"子函数选板

　　对一个数据序列加窗，Lab VIEW 认为此序列即是信号截断后的序列，因此窗函数输出的序列与输入序列的长度相等。例如，Hamming 窗 Hamming Window，VI 即为在输入信号 X 上使用 Hamming 窗。其图标与端口如图 8 - 32 所示。

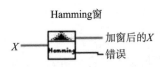

在输入信号X上使用Hamming窗。
通过连线数据至X输入端可确定要使用的多态实例，也可手动选择实例

图 8 - 32　"Hamming 窗 VI"图标与端口

其主要端口参数说明如下。

- X：实数矢量；
- 加窗后的 X：加窗后的输入信号。

例 8 - 12 比较对标准正弦信号加窗前后的频谱图。信号频率选取 16Hz，即信号为非整周期采样，因此图 8 - 33（a）中的右上图频谱宽，即发生频谱泄露，图 8 - 33（a）中的右下图信号经加窗后，频谱显得比较集中。实现的前面板和程序图如图 8 - 33 所示。

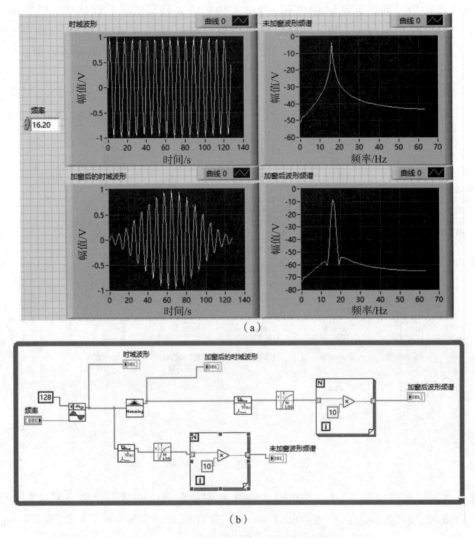

（a）

（b）

图 8 - 33　对比正弦信号加窗前后频谱

8.4.4　联合时域分析

传统的信号分析方法是单独在时域或频域中进行分析，联合时频分析则可以同时在时域和频域对信号进行分析，这有助于更好地观察和处理特定信号。它的作用主要是观察信号功率谱如何随时间变换，以及信号如何提取。

Lab VIEW 中提供了两个用于时频分析的 VI："STFT 时频图 VI"，依据短时傅里叶变换

（STFT）算法计算联合频域中信号的能量分布；"WVD 时频图 VI"，依据 Wigner – Ville 分布（WVD）算法计算输入信号在联合频域中的能量分布。其图标与端口分别如图 8 – 34 和图 8 – 35 所示。

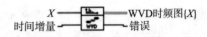

图 8 – 34　"STFT 时频图 VI" 图标与端口　　图 8 – 35　"WVD 时频图 VI" 图标与端口

其主要端口参数说明如下。
- 时频配置：指定频率区间的配置。
- X：时间波形。
- 时频采样信息：用于对联合时频域中的信号进行采样的密度及输出的二维时频数组的大小。
- 窗信息：用于计算 STFT 窗的信息。
- 窗参数：Kaiser 窗的 beta 参数、高斯窗的标准差，或 Dolph – Chebyshev 窗的主瓣与旁瓣的比率 s。如窗类型是其他窗，VI 可忽略该输入。
- 能量守恒：指是否缩放 STFT 时频图 $\{X\}$，用于保证联合时频域中的能量与时域中的能量相等，默认值为 TRUE。
- STFT 时频图 $\{X\}$：该二维数组用于描述联合时频域中的时间波形能量分布。

其主要端口参数说明如下。
- X：时域信号。
- 时间增量：控制 Wigner – Ville 分布的时间间隔。时间增量以采样为单位。默认值为 1。增加时间增量可以减少计算时间及内存占用，但同时也会降低时域分辨率。减少时间增量可以改进时域分辨率，但同时会增加计算时间及内丰占用。
- WVD 时频图 $\{X\}$：该二维数组用于描述联合时频域中 X 的能量分布。

本函数节点不再以实例说明，有兴趣的用户可以自行学习掌握。

8.4.5　频谱分析

Lab VIEW 中，除了信号处理子选板下变换、谱分析选板中的各种频域分析及处理 VI，在波形测量选板下也有大量对信号进行谱分析的基本 VI。

当然，Lab VIEW 中还有其他一些用于特定场合的频域分析处理 VI，例如，变换了选板下用于将时域实数序列变换为频域实数序列的 Hartley 变换（FHTVI），谱分析子选板下用于估计未知长度正弦信号频率的 Buneman 频率估计 Buneman Frequency EstimatorVI，这些 VI 虽然不是非常广泛地被使用，但对于某些特定的处理对象，使用恰当的 VI 能够更好地分析出被测量信号或系统的特性。

8.5 Lab VIEW 波形测量与信号处理

8.5.1 波形测量

波形测量 VI 位于"函数选板"→"信号处理"→"波形测量"子函数选板中，如 8.2 节中图 8-14 所示。该函数选板提供了 18 个普通 VI 和 6 个 Express VI，主要用于对波形的各种信息进行测量，包括直流交流分析、振幅测量、瞬态特性测量、脉冲测量、傅里叶变换、功率谱测量、谱波失真分析、频率响应和 SINAD 分析等。一些 VI 可以计算多次测量的平均值，它们可以将上次分析的结果保存下来，以供下次使用，这一优点在处理大规模数据时是非常有用的。另外，如果用户处理的数据规模较大，也可以将数据分成若干小块，每次分析一小块，通过 VI 的记忆功能得到整个数据的分析结果。

例 8-13 测量波形信号的直流分量与有效值。本例用到的波形测量函数是"基本平均直流—均方根 VI"。该函数使用比较简单，只需将波形信号数据作为输入并设定好相应的参数即可。本例中产生的波形信号由正弦波形信号、直流分量和均匀白噪声叠加而成。实现该例程的前面板和程序框图如图 8-36 所示。

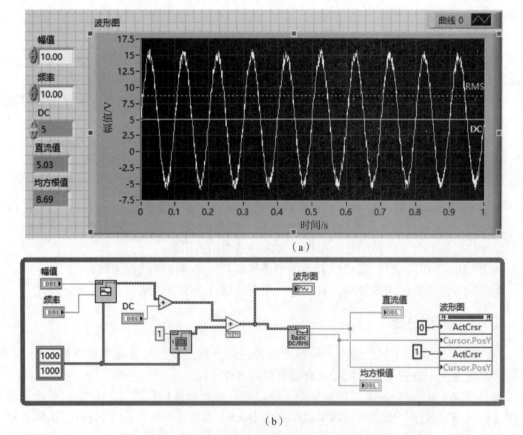

图 8-36 测量波形信号的直流分量与有效值

例 8-14 使用波形测量中的 Express VI 测量信号的振荡谱与功率谱。本例使用"频谱测量 Express VI"，对信号进行频率谱与功率谱测量。该函数使用也比较简单，本例中仿真波形信号可选择正弦、方波、三角波、锯齿波信号。实现该例程的前面板和程序框图如图 8 - 37 所示。

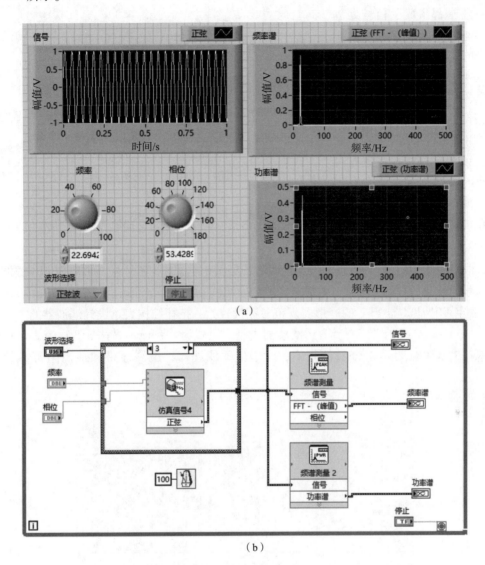

（a）

（b）

图 8 - 37　使用波形测量中的 Express VI 测量信号的振幅谱与功率谱

8.5.2　信号处理

信号处理是在信号分析前所做的必要工作，信号处理的任务较复杂，目的是尽量减少干扰信号的影响，提高信号的信噪比，信号处理的好坏直接影响到分析结果。常用的信号处理方法有信号滤波、放大和加窗等。

Lab VIEW 提供的信号处理功能的波形调理函数选板，位于"函数选板"→"信号处理"→"波形调理"子函数选板中，如图 8 - 38 所示。该子函数选板提供了数字 FIR 滤波器、数字 IIR 滤波器、按窗函数缩放等函数节点。

在众多的信号处理方法中，信号滤波是测试测量中常用的信号处理方法，高级的信号采集设备通常都集成了信号处理工具，通过滤波能够有效地提高信号的信噪比。

例 8-15 使用"数字 FIR 滤波器 VI"对信号进行调理。在对相位信息有要求时，通常使用 FIR 滤波器，因为 FIR 滤波器相频响应总是线性的，可以防止时域数据发生畸变。本例使用波形调理函数中的"数字 FIR 滤波器 VI"。该例原始

图 8-38 "波形调理"子函数选板

信号是一个叠加了高频均匀白噪声的正弦波，该正弦波信号频率为 10，幅度为 1，产生高频噪声方法是将均匀白噪声通过一个巴特沃斯高通滤波器滤去低频分量，再使用 FIR 滤波器对原始信号滤波，滤掉高频噪声，提取出正弦波形信号。

"数字 FIR 滤波器 VI"的滤形器规范参数设置为：拓扑结构表示设计滤波器的方法，设置为"Equi-ripple FIR"；类型表示滤波器类型，设置为"Lowpass"；最低通带表示通带最高频率；最低阻带表示阻带最低频率；对于低通滤波器，最高通带和最高阻带参数不起作用。

实现该例程的前面板与程序框图如图 8-39 所示。

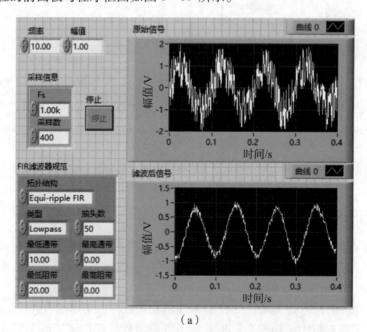

（a）

图 8-39 使用"数字 FIR 滤波器 VI"对信号进行调理

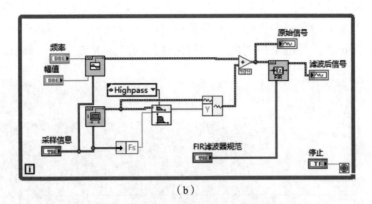

（b）

图 8 - 39　使用"数字 FIR 滤波器 VI"对信号进行调理（续）

8.6　Lab VIEW 波形监测与逐点信号分析

8.6.1　波形监测

在"波形测量"子函数选板中，有一个"波形监测"子函数选板，单击后就可以看到 Lab VIEW 提供的波形监测的函数节点，如图 8 - 40 所示。

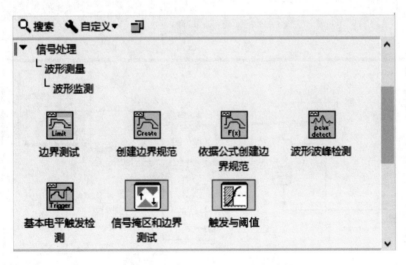

图 8 - 40　"波形监测"子函数选板

该子函数选板提供的功能有边界测试、创建边界规范、波形波峰监测、基本电平触发监测、信号掩区和边界测试及触发与阈值等。

例 8 - 16　触发监测。本例使用"基本电平触发检测 VI"，其功能是找到波形第一个电平穿越的位置。该函数节点可使用获得的触发位置作为索引或时间。触发条件由阈值电平、斜率和滞后指定。本例将使用 Lab VIEW 自带的一个实例并加以修改，该例程路径为"…\ National Instruments\Lab VIEW\examples\measure\maxmpl. llb\基本电平触发波形（Basic Levl

Triggering of Waveforms. VI）。信号为两个正弦波，一个频率为100，另一个频率为150，幅值均为1，触发电平为0.50，斜率设置为上升沿触发，滞后量为0。运行程序，用户通过游标可以清楚地看到两正弦信号的触发时间。实现该例程的前面板与程序框图如图8－41所示。

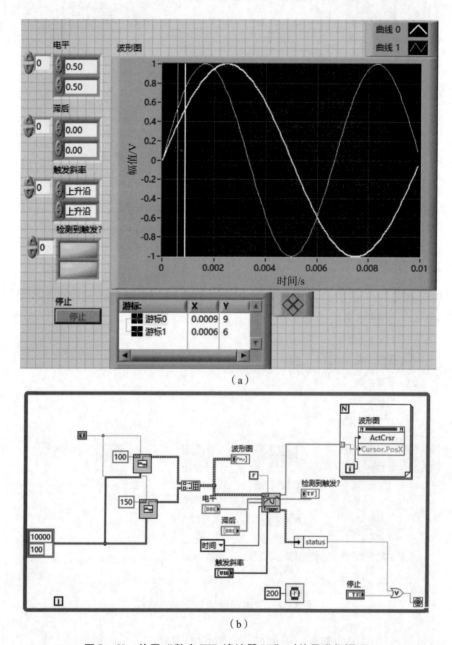

（a）

（b）

图 8－41 使用"数字 FIR 滤波器 VI"对信号进行调理

8.6.2 逐点信号分析

在现代数据采集与处理系统中，对实时性能的要求越来越高。而传统的基于缓冲和数组的分析过程需要先将采集到的数据放在缓冲区或数组中，待数据量达到一定要求时才能将数据一次性地进行分析处理，即分析是按照数据块进行的。因为构建数据块需要时间，所以基于数组的分析不能实时地分析采集到的数据，通过这种方法很难构建高速实时的系统。

从 Lab VIEW 6.1 以后的版本中提供了新的分析函数——逐点信号分析函数。逐点信号分析是信号分析方法的一大变换。在逐点分析中，数据分析是针对每个数据点的，一个数据点接一个数据点，对采集到的每一点数据都可以立即连续进行分析并实现实时处理。因此，通过实时分析，用户可以实时地观察到当前采集数据的分析结果，从而使用户能够跟踪和处理实时事件，分析可以与信号同步进行。此外，由于不需要构建缓冲区，分析与数据可以直接相连。这使得采样率可以更高，数据量可以更大，而数据丢失的可能性更小，编程也更加容易。

实时数据采集与处理系统需要连续稳定的运行系统。"逐点分析函数 VI"由于把数据采集与分析连接在一起，因此逐点分析是高效和连续稳定的，它与数据采集与分析是紧密相连的，这使得它能够广泛应用于 FPGA、DSP 芯片、ARM、专用 CPU 和专用集成电路 ASIC 等控制领域。

"逐点分析函数 VI"提供了与数组分析相应的分析功能，它位于"函数选板"→"信号处理"→"逐点"子函数选板中，如图 8 – 42 所示。

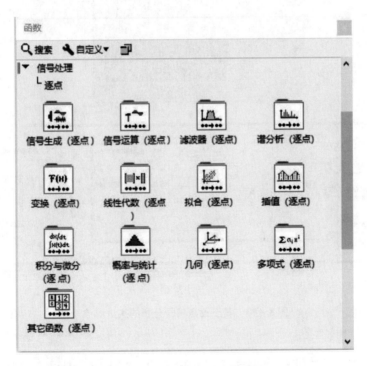

图 8 – 42　"逐点"子函数选板

例 8 – 17　逐点信号分析的实时滤波。实时信号由正弦波（逐点）发生函数模拟产生，并叠加均匀白噪声（逐点）信号。使用两种方法进行滤波处理。

在逐点信号分析中，使用"Butterworth 滤波器（逐点）VI"中的低通滤波器类型，实时地滤除噪声还原正弦信号，VI 读取一个数据，分析并输出一个结果，同时读入下一个数据并重复以上分析过程，一点接一点连续、实时地进行分析。

在基于数组的滤波处理中，使用 Butterworth 滤波器 VI 中的低通滤波器类型，此时 VI 必须等待数据缓冲准备好，然后读取一组数据并分析全部数据，输出显示全部数据的分析结果，因此分析是非连续、实时的。

实现该例程的前面板与程序框图如图 8 - 43 所示。从图中显示的两种滤波效果中可以看到，基于逐点信号分析的实时滤波与基于数组的滤波效果是一致的。但是，在逐点信号分析的实时滤波中在对数据采集的同时给出了分析结果，而且不需要对采集到的数据进行缓存处理。

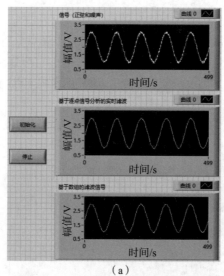

（a）

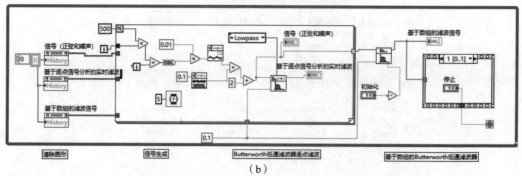

（b）

图 8 - 43　基于逐点信号分析的实进滤波

8.7　信号采集、分析与处理 Lab VIEW 程序设计实例

8.7.1　设计指标与设计要求

本设计采用 NI PXIe - 5170R 板卡对晶圆数据进行采集，基于 Lab VIEW 平台设计数据采集与处理软件。为了保证数据采集与数据分析处理的准确性，软件设计要点如下：

（1）每个芯片的数据单独存储，以行数 - 列数的方式命名，方便后续查询检索；

（2）每个芯片数据采集的长度必须包含 5 次加力的过程；

（3）芯片数据存储为 TDMS 格式，方便查询；

（4）数据采集完毕后，能根据行数 - 列数的方式检索读取数据；

（5）数据处理程序能对多个芯片数据进行自动处理，也能对某个芯片数据进行单独处理，数据处理包括生成拟合曲线，计算灵敏度；

（6）每个芯片的灵敏度以行数 - 列数的方式命名存储；

（7）数据处理完后，能自动生成晶圆图，并计算出芯片良品率；

（8）软件前面板整洁，紧凑，后面板可读性强，易于修改和进一步的功能拓展。

8.7.2　信号采集 Lab VIEW 程序设计

在数据采集程序设计过程中采用模块化的设计方法，先编写实现简单功能的子模块，封装成可调用的子函数（子 VI），在主程序中调用子 VI，实现更加复杂的功能。在设计的过程中，先对每一个子 VI 进行测试，当该模块功能正确实现后，再添加到主程序中。采用这种方法的优点是程序易于修改、移植，可读性强，有利于整个软件的调试。

1. 数据采集与显示模块

PXIe - 5170R 采集卡支持 NI - SCOPE 模块。为完成实验数据的采集，主要使用的函数包括：niScope 初始化、niScope 配置、niScope 读取以及 niScope 关闭。Lab VIEW 数据采集程序前面板如图 8 - 44 所示。数据采集之前，通过界面可以配置采样率、采样长度、采样通道、触发方式、预采集长度、采样时间等信息。由于要连续采集多个芯片的数据，因此设置 for 循环对数据进行采集，并设置循环的次数以及每个循环执行的时间。结合探针台三轴移动系统的移动时间以及微纳力学探针连续进行力进给 5 次的时间，设置每个芯片数据采集时间为 10s。设置每个循环执行的时间为 17s，循环次数根据实际芯片个数进行设置。

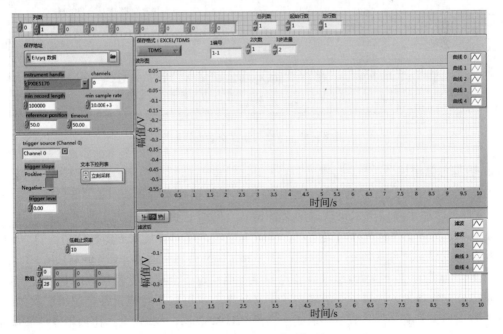

图 8 - 44　数据采集程序前面板

由于芯片的输出信号中存在杂波的干扰，因此使用低通滤波器对采集到的波形数据进行滤波处理，利用 Lab VIEW 自带的巴特沃斯低通滤波器模块编写程序，根据滤波效果可以在前面板上设置低通截止频率，低通滤波程序如图 8 - 45 所示。将滤波后得到的波形信号与原始信号同时进行输出，方便及时观察芯片信号，对芯片信号是否正常进行初步判断。如果连续好几个芯片信号不正常，则停止测试，检查各部分的连接是否有问题。数据采集模块的后面板程序如图 8 - 46 所示。

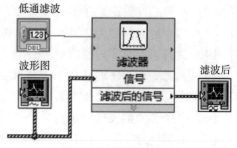

图 8 - 45　低通滤波程序

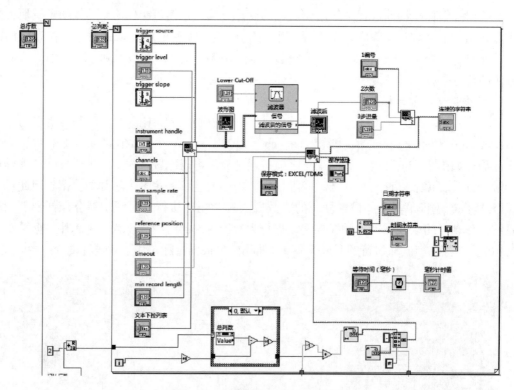

图 8 - 46　数据采集模块后面板程序

2. 数据存储模块

数据采集的同时进行数据存储，输出格式选择数据技术管理流（TDMS）格式。TDMS 是 NI 软件最常用于存储所采集数据的文件格式，同时它也对第三方工具开放，可用 Excel 打开。TDMS 格式文件具有存写速度快、存储信息多、存储容量大等多种优势。TDMS 的逻辑结构分为三层：文件（File）、通道组（Channel Groups）和通道（Channels），一个文件可以包含多个通道组、一个通道组可以包含多个通道，每一个层次上都可以附加特定的属性。用户可以非常方便地使用这三个逻辑层次定义数据，也可以任意检索各个逻辑层次的数据，这使得数据检索是有序的、方便存取的。当然，TDMS 也有一些缺点，比如不支持删除某个通道或通道组，以及只支持 Windows 操作系统。

总体来说，用 TDMS 文件格式速度快、读取方便，因此选择 TDMS 文件格式来存储数据。在进行文件存储之前，先生成文件名，文件名应该包括时间、芯片编号、实验次数以及探针步进量这几个信息，文件名生成程序和文件存储程序如图 8 - 47 所示，存储定义的文件名称、作者、生成时间、采样率等属性内容，通道组名称为检索出来的当前芯片编号，通道名为当前编号芯片的电压输出。一个 TDMS 文件有多个通道组，每个通道组以芯片编号（行数—列数）方式命名，每个通道组里有一个通道，存储芯片输出电压数据。

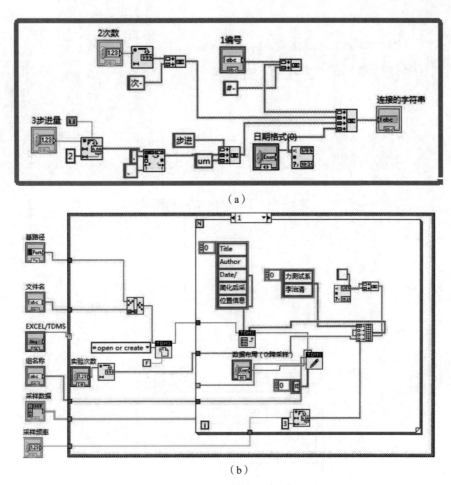

（a）

（b）

图 8 - 47 文件名生成程序和文件存储程序

（a）文件名生成程序；（b）文件存储程序

8.7.3 数据处理分析 Lab VIEW 程序设计

1. 数据处理程序前面板

完成整个晶圆的数据采集与存储之后，使用 Lab VIEW 数据处理程序对采集到的数据进行处理。数据处理程序前面板如图 8 - 48 所示，数据处理程序流程图如图 8 - 49 所示。在前面板中输入总行数、列数数组、数据读取路径、数据存储路径等，即可对晶圆数据进行自动处理。根据流程图，可以分为数据读取与显示、数据分段处理、数据拟合、结果存储四个部分进行设计。下面对各个部分的具体实现进行介绍。

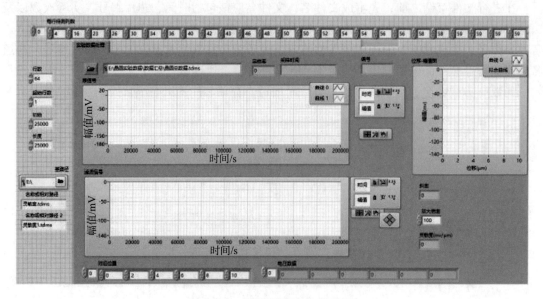

图 8-48　数据处理程序前面板

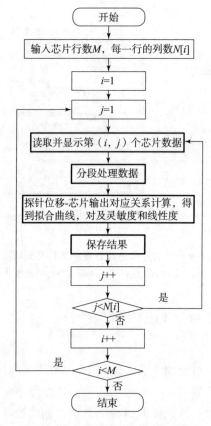

图 8-49　数据处理程序流程图

2. 数据读取与显示模块

读取 TDMS 文件程序与存储 TDMS 文件程序类似，既能读取芯片数据信息，也能读取时间、采样率、编号等属性信息并显示在前面板上。由于数据存储时，每个芯片的数据都是存储在以编号方式命名的一个通道组中，因此通过检索通道组名称依次对芯片实验数据进行读取。TDMS 文件读取程序如图 8 - 50 所示。使用巴特沃斯低通滤波器对芯片信号滤波，并将滤波后的信号与原始信号以图表格式同时显示在前面板上。

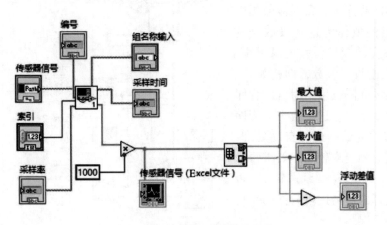

图 8 - 50　TDMS 文件读取程序

3. 数据分段处理模块

本设计对芯片加载物理激励的方法是通过力探针以一定速度连续向芯片中心进给 5 次，经实验证明，芯片输出信号经过滤波后呈阶梯状，较为明显的分为 6 段数据，分别对应 6 次不同进给量情况下的输出（包括力探针初始状态的情况）。分别对各段数据进行处理，得到力探针加载位移与芯片输出电压之间的关系。由于数据处理程序要对多个芯片数据进行自动处理，芯片的数据可能有差异，因此这部分根据多次实验经验设计了三个版本的程序，实际操作时，根据芯片实际信号选择处理程序。第一种版本的程序为数据处理时主要采用的程序，数据开始处理之前，设置三个参数，即初始点、每段数据截取长度和每段数据间隔长度，自动截取 6 段数据，并分别计算 6 段数据的平均值，将其与对应的探针位移记录下来。对应的程序框图如图 8 - 51 所示。由于探针加载的速度是一定的，所以芯片每段信号的时间长度是一定的，因此自动截取的参数包括第一段信号的起始时间与每段信号截取的时间长度以及每段信号之间的间隔时间，当多个芯片的第一段信号起始时间

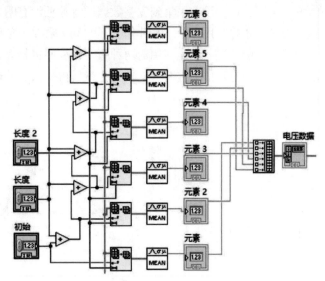

图 8 - 51　数据分段处理程序第一种版本

相差不大时，即可用这个版本的程序。

第一版本的程序能对多个芯片的数据进行自动处理，且在进行数据处理时是对每段数据求平均值，误差较小，但是要求多个芯片的第一段信号起始时间相差不大，否则会产生较大误差。

第二版本的程序为，每一段数据中选择某一个点的值作为这一段数据的值，将其与对应的探针位移记录下来。因此，需要设置两个参数，即初始点、每段数据之间的间隔长度，对应的程序框图如图 8 – 52 所示。这个版本的程序也能对多个芯片的数据进行自动处理，但是对芯片信号的要求较高，要求每段数据平缓一致，不能有很大的杂波，否则可能出现选择的点与这段数据的平均值相差很大的情况。

第三版本的程序适用于处理单个芯

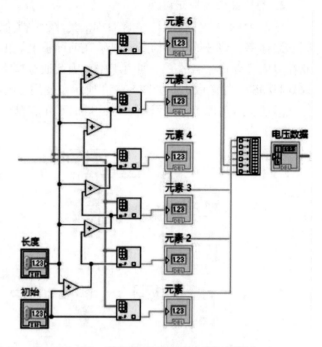

图 8 – 52   数据分段处理程序第二种版本

片信号的情况，在前面板中输入待处理芯片行数和列数，即可在前面板上显示该芯片原始信号和滤波后信号，在滤波后的信号图标中创建两个游标，手动拖拽选择一段区域，计算出这一段内原始信号数据的平均值，通过添加命令将该段的平均值与对应的探针位移量记录下来。完成一段数据的计算后进行下一段数据计算，直到完成所有阶段数据的处理工作。对应的程序框图如图 8 – 53 所示，从左至右依次为游标位置获取、平均值计算、数据添加记录三个部分。图 8 – 54 展示了对各段数据进行选择的操作截图。晶圆测试过程中，很可能出现某些芯片的数据不太好的情况，比如没有采集到完整数据或者数据没有明显分段。这个版本的程序需要手动完成数据处理，正好适用于单个芯片信号不太好，需要单独处理的情况，不适用于多个芯片自动进行数据处理的情况。因此在用前两种版本的程序进行完自动数据处理之后，可以用第三种版本的程序对单个芯片信号进行补充处理，最后再将数据处理结果整合成一个 TDMS 文件。

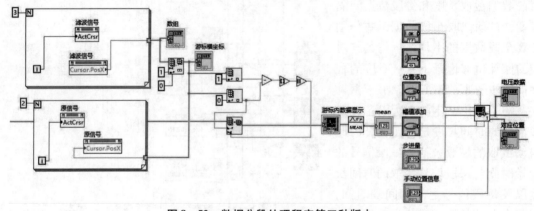

图 8 – 53   数据分段处理程序第三种版本

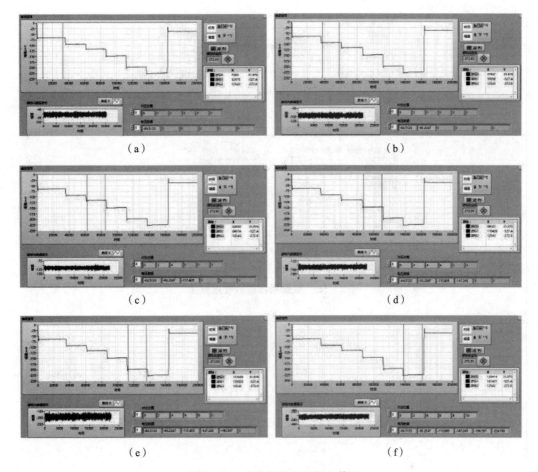

（a）　　　　　　　　　　　　（b）

（c）　　　　　　　　　　　　（d）

（e）　　　　　　　　　　　　（f）

图 8 - 54　分段数据处理操作截图

程序采用模块化设计的方法进行编写，因此不同版本的数据分段处理程序分别封装成不同的子 VI，在主程序中，选择调用不同的子 VI 即能采用不同的数据分段处理方法，体现了模块化设计方法的优点。

4. 数据拟合模块

完成数据分段处理后，得到芯片输出信号各段数据的值与对应的探针加载位移两个数组，以探针加载位移数组作为 X 值，以芯片输出电压信号数组作为 Y 值，可以得到多个数据点，绘制在一个 $X - Y$ 图表中，得到探针加载位移—芯片输出信号的折线图。

通过 Lab VIEW 软件自带的数据拟合函数，得到探针加载位移—芯片输出信号的拟合曲线，同时输出拟合曲线的斜率。将原始折线和拟合曲线以不同的颜色同时显示在一个图表中。数据拟合部分程序框图如图 8 - 55 所示，采用最小二乘法进行线性拟合。由于采集到的芯片信号是经过应变仪放大的，因此拟合曲线的斜率除以应变仪的放大倍数就是所求的芯片输出电压关于探针加载位移的灵敏度，灵敏度的单位为 mV/mm。得到拟合曲线后，利用拟合曲线和原始数据的偏差计算线性度。通过比较 6 次不同的探针加载位移下，每个数据点与拟合曲线间的偏差，得到与拟合曲线间最大的偏差值（Y_{max}）。将其与最大输出 Y 进行相除，即得到该芯片的线性度。线性度计算的程序流程图 8 - 56 所示。

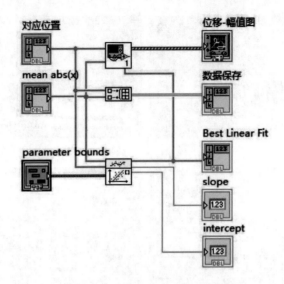

图 8－55　数据拟合部分程序框图

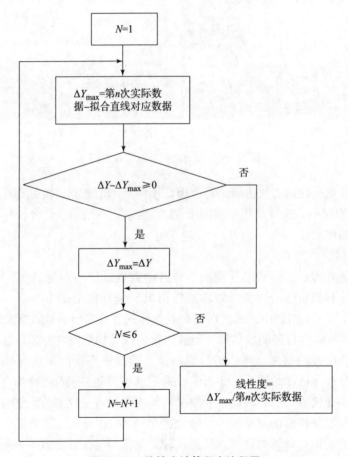

图 8－56　线性度计算程序流程图

5. 结果存储模块

在完成数据拟合以及灵敏度、线性度的计算后，将得到的结果保存为两种形式的 TDMS 文件，方便之后进行查看与索引。与芯片数据存储时一样，首先设置好结果文件的存储路径与文件名；然后设置通道组名称以及通道名称等属性信息。第一种存储方式为将所有芯片的灵敏度信息存储在一个通道组中，设置通道组名称为灵敏度（mV/mm），第一通道名称为传感器编号，第二通道为灵敏度。传感器编号也是以行数 - 列数的方式命名。数据存储时，每个芯片的传感器编号和灵敏度数据组成一个数组，添加到 TDMS 结果文件中。

第一种存储方式程序框图如图 8 - 57 所示，存储的文件如图 8 - 58 所示。第一种方式存储的文件方便后续查看。

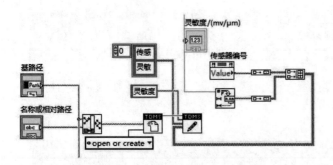

图 8 - 57　第一种存储方式程序框图　　　　　图 8 - 58　存储文件示意图 1

第二种存储方式为将每个芯片的灵敏度信息单独存储在一个通道组中，设置通道组名称为芯片编号（行数—列数）。第二种存储方式程序框图如图 8 - 59 所示，存储的文件如图 8 - 60 所示。第二种方式存储的文件方便之后需要再次处理时对数据进行索引。

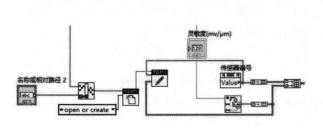

图 8 - 59　第二种存储方式程序框图　　　　　图 8 - 60　文件存储示意图 2

8.7.4　MEMS 晶圆图生成 Lab VIEW 程序设计

在完成了整个晶圆的数据处理之后，利用数据处理的结果生成晶圆图（Wafer Map）。晶圆图是以芯片为单位，将测试结果用不同的颜色、形状或代码标示在各个芯片的位置上。通过晶圆图的空间分布情况及其模型分析，可以找出可能发生低良品率的原因，例如有问题的机台或异常的制作步骤等。Lab VIEW 生成晶圆图程序部分前面板如图 8 - 61 所示。由于晶圆上芯片的分布形状是个圆形，每一行的芯片数量不一样，每一行起始芯片位置也不一样，而晶圆图要将测试结果显示在对应芯片位置上，因此首先要设置晶圆相关信息参数，先输入晶圆的总行数、每行起始芯片位置、每行待测芯片数。利用双重 for 循环，以芯片编号（行数—列数）的方式检索所有芯片的灵敏度数据，通过设置一个范围，如当灵敏度为 0.8 ~ 1.4 时，认为芯片是合格的，芯片代码设置为 1，当灵敏度不在这个范围，认为芯片是不合格的，芯片代码设置为 2。同时统计合格的芯片数量以及芯片总数，计算出良品率并显示在前面板中，具体程序框图如图 8 - 62 所示。然后将芯片代码按照芯片位置显示在二维数组中，并写入到 Excel 表格中。在 Excel 表格中，设置当数字为 1 时，当前单元格显示为绿色，当数字为 2 时，当前单元格显示为红色，即可直观地看出合格芯片与不合格芯片的空间分布情况，并进行下一步判断。根据晶圆图的模型分析以及良品率的高低，对晶圆制作过程中可能存在的问题进行分析改善。

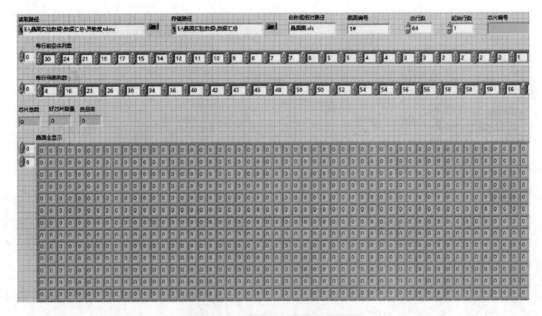

图 8 - 61　晶圆图生成程序前面板

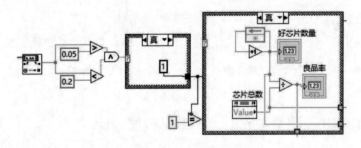

图 8 - 62　芯片良品率计算程序

8.7.5　Lab VIEW 处理分析程序设计小结

本设计实例主要对 Lab VIEW 数据采集与处理系统软件进行了设计。软件采用模块化设计方法，先编写功能简单的子程序，再集成到主程序中。数据采集与处理系统包括数据采集、数据处理以及晶圆图生成三个主程序。数据采集程序包括数据采集与显示、数据存储两个子程序，数据处理程序包括数据读取与显示、数据分段处理、数据拟合以及结果存储四个子程序。晶圆图生成包括芯片是否合格判断、良品率计算、晶圆图存储三个子程序。本设计分别从 Lab VIEW 程序的前面板和后面板程序框图两个角度说明了软件实现的功能。完成软件设计后，利用数据采集软件对晶圆信号进行了采集，并运用数据处理软件对采集到的数据进行了数据处理，运用晶圆图生成程序生成了晶圆图，证明 Lab VIEW 数据采集与处理系统软件基本满足设计要求。

8.8　Lab VIEW 与 MATLAB 混合编程信号分析与处理

常用的编程语言 MATLAB 具有强大的计算、仿真、绘图等功能，它提供了丰富的工具箱，涉及数值分析、信号处理、图像处理、仿真、自动控制、生物、经济等各个领域。但是，它在界面开发、仪器连接控制和网络通信等方面都远不如 Lab VIEW。因此若将两者结合起来编程，则可以充分利用两种语言的优势，方便地解决各个领域的仪器连接和数学分析等问题。

本章主要介绍 Lab VIEW 与 MATLAB 混合编程的两种方法：Lab VIEW MathScript 与 MATLAB 混合编程，Lab VIEW MathScript 与 MATLAB 混合编程。

8.8.1　MathScript 文本编程语言

MathScript 是 Lab VIEW 8 以后版本推出的面向数学的文本编程语言，可以用于编写函数和脚本的文本语言。由于它带有交互式的窗口和可编程的接口，因此这些函数和脚本可以在 Lab VIEW MathScript 窗口或 MathScript 节点中使用。

MathScript 与 MATLAB 的语法相似，按照 MATLAB 语法编写的脚本通常可以在 Lab VIEW MathScript 中运行。通过 MathScript，熟悉文本编程的用户可以在 Lab VIEW 中编写并执行 MATLAB 式的文本代码（.m 文件），并能与图形化编程无缝结合。MathScript 包含了 600 多个数学分析与信号处理函数，并有丰富的图形功能。表 8 - 1 列出了 MathScript 的特性。

表 8 - 1　MathScript 特性表

特性	描述
强大的文本数学编程能力	MathScript 内置了 600 多个数学分析与信号处理函数。这些函数覆盖的领域包括线性代数、曲线拟合、数字滤波、微分方程、概率与统计等
面向数学的数据类型	MathScript 采用矩阵和数组作为基本的数据类型，并内置了相应的操作
兼容性	MathScript 采用的语法与 MATLAB、COMSOL Script 等软件所使用的 .m 脚本文件完全兼容。因此用户可以直接使用网络上或书本上大量现成的基于 .m 文件的算法程序
可扩展性	用户可以定义自己的函数来扩展 MathScript 的功能
属于 Lab VIEW 的一部分	MathScript 并不需要在安装第三方软件。通过 MathScript 节点可以简单地与图形编程相结合

使用 MathScript 有如下两种方法。

（1）使用 Lab VIEW MathScript 窗口。通过交互式窗口，可以像使用 MATLAB 一样执行命令、编译运行 . m 脚本文件、查看运行结果等。

（2）在图形程序框图中使用 MathScript 节点。

8.8.2　MathScript 的窗口

在 Lab VIEW 的工具菜单中单击 MathScript 窗口、命令窗口和变量、脚本、历史选项卡组成，各窗口的功能如下。

1. Lab VIEW MathScript 的窗口结构

图 8 -63 所示的 Lab VIEW MathScript 窗口由输出窗口、命令窗口和变量、脚本、历史选项卡组成，各窗口的功能如下。

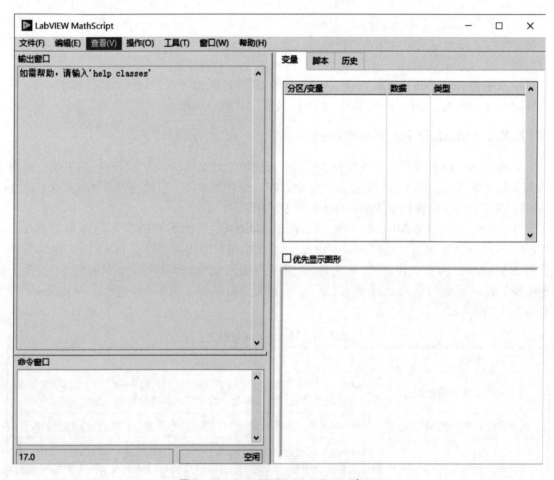

图 8 - 63　Lab VIEW MathScript 窗口

* 输出窗口：显示在命令窗口中输入的命令以及 MathScript 根据命令生成的输出。
* 命令窗口：指定 Lab VIEW 执行的 MathScript 命令。按 < Shift + Enter > 键可输入多行命令。也可使用 < ↑ > 或 < ↓ > 键显示命令窗口中的命令历史项，以便再次编辑或执行

命令。

- 变量选项卡：显示所有用户定义的变量并预览选定的变量。
- 脚本选项卡：显示在脚本编辑上创建的脚本。
- 历史选项卡：显示已执行命令的历史记录。

若需调整 Lab VIEW MathScript 窗口中各部分的大小。拖动两个部分之间的隔栏即可。

2. Lab VIEW MathScript 窗口的主要菜单及功能

Lab VIEW MathScript 窗口菜单包括"文件""编辑""查看""操作""工具""窗口""帮助"等。在这里主要对文件菜单和操作进行介绍。

1）文件菜单

文件菜单如图 8 - 64 所示，它包括以下命令。

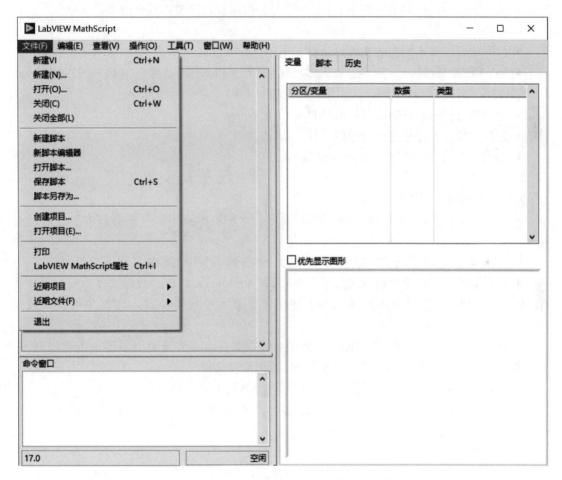

图 8 - 64　Lab VIEW MathScript 窗口文件菜单

- 新建 VI：新建一个 VI。
- 新建：显示"新建"对话框，在 Lab VIEW 中为生成程序创建不同的组件，"新建"对话框也可用于创建模板的组件。
- 打开：显示标准的文件对话框，用于打开文件。用 < Shift > 键或 < Control > 键可选中多个文件。例如，打开模板文件（.vit 或 .ctt），保存该文件时将沿用其模板的后缀名。在"新建"对话框中选择一个模板用于创建新 VI、控件或全局变量。

- 关闭：关闭 Lab VIEW MathScript 窗口。
- 关闭全部：关闭所有打开的文件以及 Lab VIEW MathScript 窗口。将出现一个对话框确认是否保存改动。
- 保存：在脚本编辑器中保存脚本。如果是第一次保存脚本，将出现一个用于确认脚本名称及保存地址的对话框。
- 另存为：以新的文件名保存当前脚本的一份副本，也可单击脚本编辑器中的"另存为"按钮保存脚本。
- 新脚本编辑器：在另一个窗口中打开一个脚本编辑器，也可在脚本选项卡中的空白处单击，并在快捷菜单中选择新脚本编辑器。新打开的脚本编辑器窗口具有附加菜单项。
- 新建项目：新建一个项目。
- 打开项目：显示标准的文件对话框，用于打开项目文件。
- Lab VIEW MathScript 属性：打开"Lab VIEW MathScript 属性"对话框，以便对 Lab VIEW MathScript 窗口和 MathScript 引擎进行设置。
- 近期项目：打开近期打开过的项目文件（.lvproj）。
- 近期文件：打开近期打开过的文件。
- 退出：关闭 Lab VIEW MathScript 窗口。

2）操作菜单

操作菜单包括以下选项。

- 运行脚本：执行脚本编辑器中的所有命令，单击脚本页中的"运行脚本"也可运行脚本。
- 加载脚本：加载现有脚本至脚本编辑器，单击脚本页中加载按钮也可加载脚本。
- 加载数据：加载现有数据文件至 Lab VIEW MathScript 窗口。数据文件中包含了变量的数值。在变量页上右键单击变量列表，并在快捷菜单中选择"载入数据"可载入数据文件。
- 保存数据：将变量列表中的变量保存至数据文件。在变量页上右键单击变量列表，并在快捷菜单中选择"保存数据"可将数据保存至数据文件。
- 连接远程前面板：连接并控制运行于远程计算机上的前面板。
- 调试应用程序或共享库：用于调试独立应用程序或共享库（已启用应用程序生成器进行调试状态）。

3. 文件菜单中的对话框

下面对在文件菜单中打开的三个主要对话框进行介绍。

1）"文件"菜单中的"新建"对话框

选择"文件"→"新建"，可显示图 8-65 所示的"新建"对话框。该对话框用于在 Lab VIEW MathScript 中创建不同的组件，最后形成应用程序。"新建"对话框也可用于创建基于模板的组件。该对话框包括以下部分。

（1）VI

- VI：创建一个空白 VI。

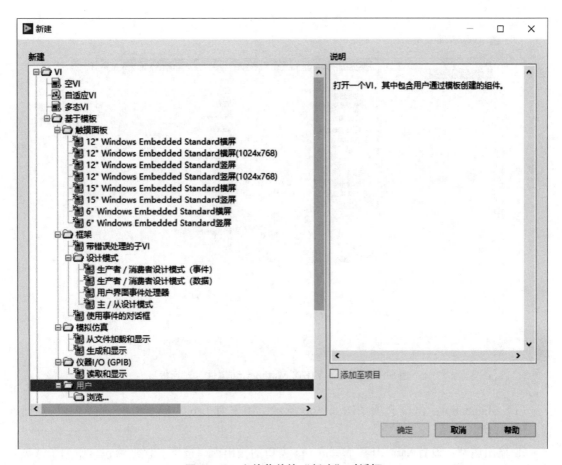

图 8 - 65　文件菜单的"新建"对话框

- 多态 VI：新建一个空白的多态 VI。
- 基于模板：通过模板创建 VI。从新建列表中，选择"VI"→"基于模板"，从中选定一个模板，此时说明区域中将显示该模板的程序框图及说明。

在"基于模板"下有多个选项，下面就几个主要选项加以说明。

在"框架"选项中，可打开一个含有组件及通用应用程序设置的 VI；在"模拟仿真"选项中，可打开一个含有可模拟从设备采集数据的组件设置的 VI；在"使用指南（入门）"选项中，可打开一个含有《Lab VIEW 入门指南》中的练习所需的组件的 VI；在"仪器 I/O（GPIB）"选项中，可打开一个含有与外部设备（通过端口与计算机相连）进行通信的组件的 VI，例如一个串行或 GPIB 接口；在"用户"选项中，可打开一个含有用户通过模板创建的组件的 VI。

（2）文件菜单中的"Lab VIEW MathScript 属性"对话框

"Lab VIEW MathScript 属性"对话框用于配置 Lab VIEW MathScript 窗口设置。

在 Lab VIEW MathScript 窗口中，选择"文件"→"Lab VIEW MathScript 属性"，打开"Lab VIEW MathScript 属性"对话框。如图 8 - 66 所示，该对话框用于配置 Lab VIEW MathScript 窗口和 MathScript 引擎。"Lab VIEW MathScript 属性"对话框包括两部分内容："MathScript：窗口选项"和"MathScript：搜索路径"，下面分别进行介绍。

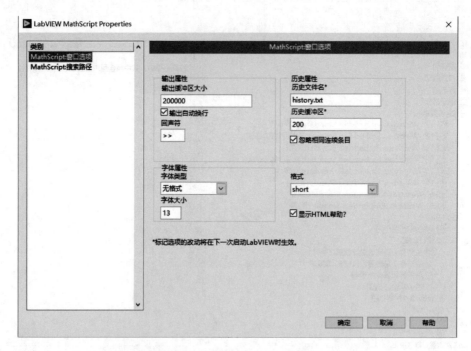

图8-66 "Lab VIEW MathScript 属性"对话框

（1）MathScript：窗口选项如图8-66所示，用于对 Lab VIEW MathScript 窗口进行设置。该页包括以下命令。

① 输出属性：设置 Lab VIEW MathScript 窗口的输出窗口选项。该选项包含下列子选项。

• 输出缓冲区大小：指定 Lab VIEW 在输出窗口中最多可显示字符的数量。

• 输出自动换行：指定在输出窗口中是否启用自动换行。

• 回声符：指定在输出窗口中每个新条目前出现的字符。

② 字体属性：设置 Lab VIEW MathScript 窗口的输出窗口和命令字体首选项。

③ 历史属性：设置 Lab VIEW MathScript 窗口的历史选项卡的首选项。该选项包含下列子选项。

• 历史文件名：指定退出 Lab VIEW MathScript 窗口时，Lab VIEW 用于保存命令历史列表的文件。默认状态下，Lab VIEW 将命令历史列表保存至默认数据目录下的 history. txt 文件。

• 历史缓冲区：指定 Lab VIEW 在命令历史列表中最多可显示条目的数量。

• 忽略相同连续条目：指定是否显示或隐藏命令历史列表中相同的连续命令。

④ 格式：设置数字在 Lab VIEW MathScript 窗口的默认显示格式。该列表包含下列选项。

• short：以缩减的定点格式显示5位数字。例如，short 格式的 $100 * pi$ 为 314.15927。

• long：以缩减的定点格式显示15位数字。例如，long 格式的 $100 * pi$ 为 314.15925358979326。

• short e：以定点格式用指数表示法显示5位数字。例如，short e 格式的 $100 * pi$ 为 314.159E+2。

• long e：以指数表示法显示15位浮点数字。例如，long e 格式的 $100 * pi$ 为

314. 1592535897932E + 2。

MathScript 的 format 函数用于修改 Lab VIEW MathScript 窗口当前实例的数字显示格式。重启 Lab VIEW 后，显示格式将重置为默认值。

⑤ 显示 HTML 帮助。调用 Lab VIEW MathScript 窗口的 help 命令时，Lab VIEW 将在 HTML 帮助窗口中显示帮助，该复选框默认为选中。

（2）MathScript：搜索路径，如图 8-67 所示，该页包括以下部分。

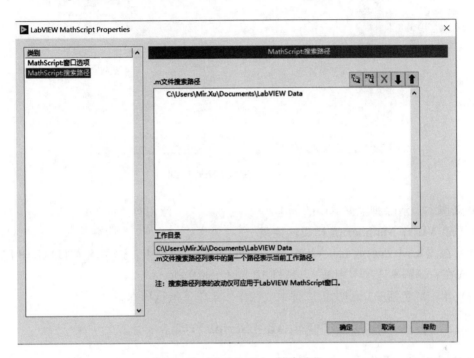

图 8-67　MathScript：搜索路径

①. m 文件搜索路径。设置 MathScript 的默认搜索路径列表。Lab VIEW 从上至下搜索路径列表，查找由用户定义并需要在 MathScript 中执行的函数或脚本。默认为 Lab VIEW Data 目录。

② 工作目录。MathScript 中保存和加载文件的默认目录。. m 文件搜索路径列表中的第一个目录就是工作目录。默认为 Lab VIEW Data 目录。

3）文件菜单中的新脚本编辑器

在文件菜单中选择"新脚本编辑器"命令，可打开图 8-68 所示的脚本编辑器窗口，也可以在图 8-61 所示的脚本选项中直接打开编辑脚本。

脚本编辑器用于显示、编辑和执行在 Lab VIEW MathScript 中创建的脚本。也可以将脚本编辑器中的脚本粘贴到 MathScript 节点中。单击脚本选项卡中的空白处，从弹出的快捷菜单中选择"在编辑器中打开"命令，即可以在可调整大小的独立窗口中显示当前脚本。

脚本编辑器包括以下部分。

- 加载：加载现有脚本至脚本编辑器。
- 另存为：在脚本编辑器中保存脚本。
- 运行脚本：执行脚本编辑器中的所有命令。

图 8 – 68　脚本编辑器窗口

- 新脚本：清除脚本编辑中的脚本。

4. Lab VIEW MathScript 窗口的使用

（1）在图 8 –1 所示的 Lab VIEW MathScript 窗口的命令中，逐条输入 MATLAB 脚本.m 文件，或在右侧脚本选项卡中输入 MATLAB 脚本.m 文件。

（2）单击绿色箭头 ➡ 执行该脚本或在操作菜单下运行脚本。

8.8.3　在图形程序框中使用 MathScript 节点

1. MathScript 节点

MathScript 节点是 Lab VIEW 自带的，因此 Lab VIEW 提供了执行 MathScript 脚本所支持的函数。

大部分的 MathScript 脚本可以在 8.2 节介绍的 Matlab Script 节点中执行，并且 MathScript 的语法与.m 文件的语法基本相同。

- 在程序框图中单击鼠标右键选择 "函数选板" → "数学" → "脚本与公式" → "MathScript 节点"。

- 在程序框图中单击鼠标右键选择 "函数选板" → "结构" → "MathScript 节点"。

打开的 MathScript 节点如图 8 –69 所示。

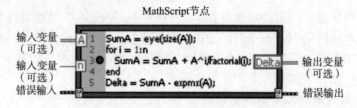

图 8 –69　MathScript 窗口

该节点用于执行脚本。可以节点中输入脚本，或右键单击节点边框后将脚本导入节点。右键单击节点边框可添加输入和输出变量，并设置其数据类型，数据类型必须使用该脚本支持的数据类型。

2. MathScript 节点的使用方法和语法

1）在 VI 中添加 Lab VIEW MathScript 节点。

按照下列步骤，创建并运行使用 Lab VIEW MathScript 的 VI。

（1）在程序框图中单击鼠标右键，选择"函数选板"→"数学"→"脚本与公式"→"MathScript 节点"。需要说明的是，只能在 Lab VIEW 完整版和专业版系统中创建 MathScript 节点。例如，VI 包含一个 MathScript 节点，该 VI 可以在所有 Lab VIEW 软件版中运行。

（2）用操作工具或标签工具在 MathScript 节点中输入脚本，如输入以下脚本：

```
a = rand(50,1)
plot(a)
```

（3）在 MathScript 节点上添加一个输出端并为该输出端创建一个显示控件，具体方法如下：

①单击 MathScript 外框，从快捷菜单中选择"添加输出"命令。在输出接线端输入 a，为 MathScript 的 a 变量添加一个输出端。默认状态下，MathScript 节点包括错误输入端和错误输出端。

②改变输出端的数据类型。在 MathScript 中，任何新输入或新输出的默认数据类型为"标量"→"DBL"。单击 a 输出端，从快捷菜单中选择"数据类型"→"矩阵"→"Real Matrix"。

③ 单击 a 输出端，从快捷菜单中选择"创建"→"显示控件"，创建一个标签为 a 的矩阵显示控件。

（4）单击错误输出接线端，从快捷菜单中选择"创建"→"显示控件"，创建一个错误输出簇显示控件。本例创建的 VI 如图 8 – 70 所示。

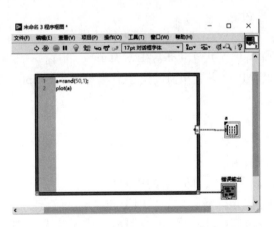

图 8 – 70　创建 LabVIEW MathScript 节点的 VI

将脚本导入 Lab VIEW 的脚本节点的步骤如下：

（5）运行该 VI，运行结果如图 8 – 71 所示。Lab VIEW 通过调用 MathScript 服务器，创建一个随机值向量并将该信息用图形显示，同时在前面板上的实数矩阵显示控件中显示组成向量的值。

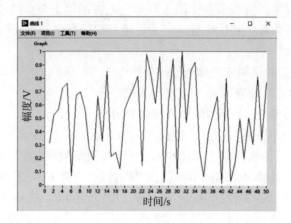

图 8 – 71　运行图 8 – 71 Lab VIEW 节点的 VI 的结果

（6）调试 MathScript（可选）。

1）导入或导出脚本

按照 Lab VIEW MathScript 语法和 MATLAB 语言语法编写的脚本可直接导入 Lab VIEW，也可将在 Lab VIEW 中编写的脚本保存在文本文件中。

（1）选择 MathScript 节点，在程序框图上拖放出一个区域，将脚本节点放置在程序框图上。

（2）右键单击脚本节点，从快捷菜单中选择"导入"命令，打开"文件"对话框。

（3）选择要导入的文件，单击"确定"按钮。脚本将出现在节点中。

将脚本保存至文本文件的步骤如下。

（1）右键单击 MathScript 节点，快捷菜单选择"导出"命令，打开"文件"对话框。

（2）输入文本文件的文件名或选择一个要覆盖的文件。

（3）单击"确定"按钮。

2）MathScript 语法

Lab VIEW MathScript 可编写用于 Lab VIEW MathScript 窗口或 MathScript 节点的函数和脚本。MathScript 与 MATLAB 语言有相似的语法。编写 MathScript 函数和脚本时应遵循以下标准：

● 变量可以下划线、空格或数字开始。

● MathScript 变量与数据类型匹配。例如，若 $a = \sin(3 * pi/2)$，则 a 为双精度浮点数。若 $a = 'result'$，则 a 为字符串。

● i 或 j 可用于表示虚数单位，即 -1 的平方根。

● 空格或逗号用于分隔矩阵元素，分号用于分隔矩阵的行。

● 使用单引号定义一个字符串。使用双引号，将单引号包括在字符串中。例如，若 $a = 'C : \test \test " s \ subfolder'$，其中 test " s 包括两个单引号，则 a 为字符串 C : \test \test " s subfolder。

● $a == b$ 用于进行相等比较。$a \sim= b$ 用于进行不相等比较。Lab VIEW 采用简化求值法计算 MathScript 中的复合逻辑表达式。例如，Lab VIEW 执行命令 if0 $==0 || foo(a) ==2$ 时，并不计算 foo（a），因为表达式的前一部分已经为 TRUE 了。类似地，Lab VIEW 执行命令

if0 ~=0 && foo(a)==2 时，并不计算 foo（a），因为表达式的前一部分已经为 FALSE 了。

- MathScript 中数组索引从 1 开始而不是 0。因此数组第一个元素的索引为 1。
- 不能使用 n 维数组。
- 不能使用单元格数组。
- 如果命令行以分号结尾，则 Lab VIEW MathScript 窗口和 Lab VIEW MathScript 探针将不显示该命令的输出。有些函数，如 disp，即使命令行以分号结尾仍会显示输出。
- 逗号不能作为十进制分隔符，必须用句号作为十进制分隔符。
- 所有非 Unicode 字符都可用于 MathScript 的文本字符串，但不可用于变量名。变量名仅可使用 ASCII 字符。例如，可在文本字符串中使用 a，但不能通过 Lab VIEW MathScript 窗口或 MathScript 节点调用以下脚本：

```
a = rand(50,1)
plot(a)
```

- 不能直接执行 MathScript 函数。换言之，通过 Lab VIEW MathScript 窗口的输入端和输出端或 MathScript 节点调用函数之前，必须定义和保存函数。

表 8 - 2 列出了 MathScript 常用命令的语法。

表 8 - 2　MathScript 常用命令的语法

命令	语法	范例

Case – Switch 语句	Switch 表达式
	Case 表达式
	语句列表
	【case 表达式语句列表】
	【otherwise
	语句列表】 end
		Switch mode
		case 'start'
		a = 0;
		case 'end'
		a = -1;
		otherwise
		a = a + 1;
		end
		　执行 case - switch 语句中一个分支时，Lab VIEW 将不会自动选择下一个分支。因此，无须使用类似 C 语言中的 break 语句

For 循环	For 表达式 语句列表 End	For i = 1：10 a = sin（2 * pi * i/10） end if b = = 1
If – Else 语句	If 表达式 语句列表 【elseif 表达式语句列表】 【else 语句列表】 end	c = 3 else c = 4 end

续表

命令	语法	范例
范围	起始：【步骤：】结束	b = 2：2：20 b 返回 2 ~ 20 之间的偶数 如果没有指定步长，则 Lab VIEW 使用的步长为 1 可在命令范围内使用 end 函数表明行、列，或矩阵的最后一个元素 A = [1 2 3；4 5 6；7 8 9] A（3，2：end）返回矩阵 A 中从第三行第二个元素开始至最后一个元素的所有元素
While 循环	While 表达式 语句列表 End	while i < 10 a = cos（2 * pi * i/10） i = i + 1； end

3）配置脚本节点接线端的数据类型

MATLAB 不是严格语法类型的脚本语言，直到运行脚本时才确定变量的数据类型。因此，Lab VIEW 无法在编辑模式下确定变量的类型。Lab VIEW 通过询问脚本服务器，查找可用的数据类型。用户可为每个接线端选择 Lab VIEW 数据类型。若变量的数据类型配置不正确，则 Lab VIEW 可能会产生错误或在运行时返回错误的信息。

按照下列步骤，改变 MATLAB 脚本节点上输入端或输出端的数据类型：

（1）右键单击输入端或输出端，从快捷菜单中选择"数据类型"命令，显示可用数据类型的列表。

（2）选择所需数据类型。

Lab VIEW 可识别许多 MathScript、MATLAB 中使用的数据类型，但这些数据类型名称在上述软件中有所不同。MathScript 节点运行方式与其他脚本节点有所不同，因此不能改变其输入端的数据类型。反之，如果为 MathScript 节点输入端连接了它不支持的数据类型，则 Lab VIEW 将把该数据类型转换为 MathScript 节点支持的数据类型，或显示一条断线。如 Lab VIEW 进行了数据类型转换，发生转换的接线端上将出现一个强制转换点。当连接输入至 MathScript 节点时，右键单击并从快捷菜单选择显示数据类型，可查看输入数据的类型。

4）Lab VIEW 中 MATLAB 和 Lab VIEW MathScript 的数据类型

表 8-3 列出了 Lab VIEW 数据类型及其在 MATLAB 和 Lab VIEW MathScript 中相应的数据类型。用户可改变脚本节点上输入端或输出端的数据类型。

表 8-3　Lab VIEW 中 MATLAB 和 Lab VIEW MathScript 的数据类型

Lab VIEW 数据类型	MATLAB 语法	MathScript 语法
双精度浮点数	Real	Scalar ≫ DBL
双精度浮点复数	Complex	Scalar ≫ CDB
双精度浮点型一维数组	1D Array of Real	1D – Array ≫ DBL 1D

续表

Lab VIEW 数据类型	MATLAB 语法	MathScript 语法
双精度浮点复数一维数组	1D Array of Complex	1D – Array ≫ CDB 1D
双精度浮点型多维数组	2D Array of Real	Matrix ≫ Real Matrix（仅 2D）
双精度浮点型复数多维数组	2D Array of Complex	Matrix ≫ Complex Matrix（仅 2D）
字符串	String	Scalar ≫ String
路径	Path	N/A
字符串 1D 数组	N/A	1D – Array ≫ String 1D

8.8.4　MathScript 窗口及节点的特殊语法

1. 在 Lab VIEW MathScript 中创建全局变量

使用 MathScript 的 global 函数，可在 Lab VIEW MathScript 中创建全局变量。在 MathScript 中使用全局变量，可访问和传递 Lab VIEW MathScript 窗口与 MathScript 节点之间或两个 MathScript 节点之间的数据。

需要说明的是，global 函数生成全局变量的环境与 Lab VIEW 全局变量不同。例如，如使用 global 函数在 MathScript 中生成全局变量 a 后，也可在 Lab VIEW 中创建不同的全局变量 a。

例 8 – 18　在 Lab VIEW MathScript 窗口首先创建全局变量；然后从 MathScript 中访问全局变量。

解：求解步骤如下：

（1）在 Lab VIEW MathScript 窗口中调用下列命令，定义变量 a 为全局变量：

```
a = 10;
global a
```

（2）打开一个新 VI，在程序框图上放置 MathScript 节点。

（3）使用操作工具或标签工具在 MathScript 节点中输入下列脚本：

```
alobal a
b = a + 1
```

需注意的是，在使用变量 a 之前，必须调用 alobal 函数。否则，Lab VIEW 认为 a 是一个局部变量，不使用第（1）步中创建的变量 a。

（4）在 MathScript 节点上添加一个输出端并为该输出端创建一个显示控件。具体方法如下：

● 单击 MathScript 外框，从快捷菜单中选择"添加输出端"命令。在输出接线端输入 b，为 MathScript 的 b 变量添加一个输出端。默认状态下，MathScript 节点包括错误输入输入端和错误输出输出端。

● 单击 b 输出端，从快捷菜单中选择"创建"→"显示控件"，创建一个标签为 b 的显示控件。

（5）单击错误输出输出接线端，从快捷菜单中选择"创建"→"显示控件"，创建一个错误输出簇显示控件。

（6）运行 VI。Lab VIEW 将启用 MathScript 服务器，将 1 添加到全局变量 a，在显示控件 b 中显示结果。

2. 定义 MathScript 函数或脚本

Lab VIEW MathScript 是一种可以用于编写函数和脚本的文本语言，除了 Lab VIEW MathScript 节点提供的函数外，用户还可自定义函数或创建脚本，并在 Lab VIEW MathScript 窗口或 MathScript 节点中使用。

MathScript 与 MATLAB 的语法相似。按照 MATLAB 语法编写的脚本通常可在 Lab VIEW MathScript 中运行。虽然 MathScript 引擎可执行 MATLAB 脚本，但不支持某些 MATLAB 软件所支持的函数。

按照下列步骤，创建或自定义一个函数或脚本，并将其用于 Lab VIEW MathScript 窗口或 MathScript 节点。

1）创建自定义函数或脚本

在 Lab VIEW MathScript 窗口脚本选项卡的脚本编辑器中，按照规范的语法创建一个函数或脚本。也可使用文本编辑器创建函数或脚本。

要在独立的窗口中打开新脚本编辑器，应选择"文件"→"新脚本编辑器"或右键单击脚本选项卡上的脚本编辑器，并从快捷菜单中选择"新脚本编辑器"命令。

Lab VIEW MathScript 函数必须使用以下语法：

function 输出 = 函数名（输入)% 注释文本脚本

函数定义以 function 输出开始；"输出"用于列出函数输出变量，如果函数有多个输出变量，则可将变量置于方括号内并用空格或逗号分隔；"函数名"是用户定义函数名；"输入"用于列出函数的输入变量，输入变量用逗号分隔；"% 注释文本脚本"是执行帮助命令时 Lab VIEW 返回的帮助说明信息，帮助说明信息的每一行% 字符开始，可以函数定义任意位置添加帮助说明信息，但是 Lab VIEW 在输出窗口中只返回第一个注释文本脚本，其他注释文本脚本可用于内部说明信息。

如果在一个 MathScript 文件中定义了多个函数，则第一个函数后的所有函数都将作为子函数，只能由主函数访问。函数不能递归调用。例如，foo 函数不能调用 foo。Lab VIEW 也不允许环形递归函数调用；例如，若 bar 调用 foo 将不能调用 bar（表 8 –4）。

表 8 –4   foo 函数的有效函数格式

Function foo	Function a = foo	Function[a b] = foo
Function foo( )	Function a = foo( )	Function[a b] = foo( )
Function foo(g)	Function a = foo(g)	Function[a b] = foo(g)
Function foo(g,h)	Function a = foo(g,h)	Function[a b] = foo(g,h)

下面的 MathScript 文件使用了正确的语法，其中，fadd3 是主函数，add2 是 fadd3 的子函数；

```
function a = fadd3(x)
% fadd3 对输入值加 3
```

```
a = 1 + add2(x);
function a = add2(x);
% add2 是子函数。只有 fadd3 可以调用该函数
% add2 使用欧拉方程计算常量 2;
% e^(i* theta) = cos(theta) + i* sin(theta)
a = x - (exp(i* pi) -1);
```

用户可为函数指定可选输入和输出。nargin 函数用于确定提供给调用 nargin 的函数的输入参数数量，若输入的数量少于函数的输入最大数量，则可用默认值定义可选输入。nargin 函数用于确定调用 nargin 的函数请求的输出参数的数量，若请求的输出数量少于函数的输出的最大数量，则可忽略未请求的输出的计算。

定义函数后，应保存函数。函数文件名必须与函数名一致，还必须以小写的 .m 作为扩展名。例如，foo 函数的文件名必须是 foo.m。函数和脚本名称必须唯一。

2）保存函数或脚本

不能直接执行 MathScript 函数，在通过 Lab VIEW　MathScript 窗口的输入和输出端或 MathScript 节点调用函数之前，必须定义和保存函数。

必须将函数或脚本保存在 MathScript 搜索路径选项页 .m 文件搜索路径指定的目录中。

需要说明的是，如果用户定义的函数与 Lab VIEW 的 MathScript 内置函数同名，则 Lab VIEW 将执行用户定义的函数，而非原有的 MathScript 函数。执行帮助命令时，Lab VIEW 将只返回关于用户定义函数的帮助说明信息。用户无法获取原有 MathScript 函数的帮助说明信息。

如果在定义了一个与 Lab VIEW 的 MathScript 内置函数同名的函数后，要恢复原有的 MathScript 函数，则可删除新定义函数，或为新定义的函数重命名，或使用"MathScript：搜索路径选项"对话框删除包含用户定义函数的路径。移除路径后，Lab VIEW 不再将定义的函数加载至内存，因为 Lab VIEW 搜索的列表不包括至该函数的路径。

用户可按照下列步骤保存在 Lab VIEW 的 MathScript 窗口的脚本编辑器中编写的脚本：

（1）在 Lab VIEW MathScript 窗口中选择"文件"→"另存为"命令。也可单击 Lab VIEW MathScript 窗口中脚本选项中的"另存为"按钮保存脚本。

（2）在"文件"对话框中，指定存放该脚本的目录。

（3）在"文件名"栏中输入脚本文件的名称。如果需 Lab VIEW 运行脚本，则指定的文件必须以小写的 .m 作为扩展名。

（4）单击"确定"按钮，保存该脚本。

MathScript 节点中可加载已保存的脚本，MathScript 节点与脚本编辑器间还可直接复制粘贴脚本。

Lab VIEW 的 MathScript 窗口中也可加载现有的脚本。在 Lab VIEW 的 MathScript 窗口中，选择"操作"→"加载脚本"命令或单击脚本选项卡中的"加载脚本"按钮，可加载指定的脚本文件。

3. 从 Lab VIEW MathScript 调用用户自定义函数

当用户定义和保存函数后，可从 Lab VIEW MathScript 窗口或 MathScript 节点调用自定义函数。要调用一个用户自定义函数，函数的文件名必须与函数同名，且其扩展名必须为小写

的.m。

Lab VIEW 根据文件名识别用户自定义函数。从 Lab VIEW MathScript 窗口调用一个用户自定义函数，Lab VIEW 将在 MathScript 搜索路径表中自上而下地搜索具有指定文件名的.m 文件。从 MathScript 节点调用用户定义函数时，Lab VIEW 将依次在下列三个位置搜索具有指定文件名的.m 文件：

* Lab VIEW 将查看当前内存中是否已加载具有指定文件名的.m 文件。
* Lab VIEW 将查看最后保存含有 MathScript 节点的 VI 时.m 文件所在目录。由于 Lab VIEW 查看的是最后保存 VI 时的.m 文件所在目录，故在另一台计算机上打开 VI 时，无须重新配置 MathScript 搜索路径列表。但是，VI 与.m 文件的相对路径必须保持不变。
* Lab VIEW 将自上而下地搜索 MathScript 搜索路径列表。如在另一计算机上打开 VI，由于 Lab VIEW 搜索 MathScript 搜索路径是在之前那台计算机上配置的，故搜索路径可能改变，但最后保存 VI 时配置的搜索路径列表不会改变。

如果 MathScript 节点外框中出现一个警告符号"⚠"，则 Lab VIEW 将把函数的调用链接到该.m 文件以便执行。函数调用和.m 文件之间的链接与 VI 和子 VI 间的链接类似。如果试图引用一个子 VI 和另一个已在内存中且使用相同名称的 VI，则 Lab VIEW 将引用内存中的 VI 而不引用用户所选的 VI。同样，如果试图从同一个应用程序实例加载两个同名但不相同的.m 文件的引用，则实际上仅有一个.m 文件可加载到内存。这是由于两个.m 文件的引用指向同一个文件将导致交叉链接。

使用 Lab VIEW 项目可避免交叉链接。从 VI 引用一个.m 文件，而该 VI 又属于一个项目时，Lab VIEW 将把该.m 文件添加到对象的依赖关系中。此时，可为该.m 文件配置一个唯一的搜索路径。例如，创建一个具有 MathScript 节点的 VI，该 MathScript 节点调用了 projectl. Lvproj 中一个名为 foo 的用户自定义函数。再创建一个具有 MathScript 节点的 VI，该 MathScript 节点调用了 projectl. Lvproj 中一个名为 foo 的用户自定义函数。在 MathScript.：搜索路径选项页中为每个项目配置其唯一的搜索路径后，便可保存 VI。下次打开 VI 时，只要打开一个 VI，Lab VIEW 将把 foo 函数的调用链接到合适的.m 文件。

4. 转换 VI 和函数

MathScript 节点和 MATLAB 脚本节点仅按行处理一维数组输入。要将一维数组的行改为列，列改为行，对数组元素操作之前，需转置数组。

转换 VI 和函数或字符串/数组/路径转换函数可将 Lab VIEW 数据类型转换为 MathScript、MATLAB 支持的数据类型。

转换函数位于"控件选板"→"形式"→"数值"→"转换"中。转换 VI 和函数用于数据类型的转换。表 8-5 列出了转换 VI 和函数。

表 8-5 转换 VI 和函数

选板对象	说明
RGB 至颜色转换	将 0~255 之间的红、绿、蓝（RGB）值转换为相应的 RGB 颜色
布尔数组至数组转换	将布尔数组解析为二进制数组，然后将为二进制数组的补数转换为 32 位不带符号的整数，数组的第一个元素是最低有效位
布尔值值（0，1）转换	将布尔值 FALSE 或 TRUE 分别转换为一个 16 位整数 0 或 1

选板对象	说明
单位转换	将一个物理量（带单位的数值）转换为一个纯数值（没有单位的数值），或将纯数值转换为物理量，右键单击函数，并从快捷菜单中选择"创建单位字符串"命令，可创建和编辑单位字符串
基本单位转换	将与输入关联的基本单位改为与单位关联的基本单位，然后在输出端返回结果
数值至布尔数组转换	将一个整数或浮点数转换为一个布尔数组。如果将一个整数连线至数字接线端，则布尔数组将视整数的位数返回一个含有 8 个、16 个、32 个或 64 个元素的布尔数组。如果将一个定点数连线至数字接线端，则布尔数组所返回的大小等于该定点数的字长，数组第 0 个元素与整数二进制表示的补数的最低有效位相对应
颜色至 RGB 转换	将包括系统颜色在内的所有颜色输入分解为相应的 RGB 色彩分量
转换为 64 位整型	将数字转换为 $-2^{63} \sim 2^{63}-1$ 范围内的 64 位整数
转换为长整型	将一个数转换为 $-2^{31} \sim 2^{31}-1$ 之间的 32 位整数。该函数还将偶有的浮点数和定点数转换为最近的整数
转换为单精度浮点数	将一个数值转换为单精度浮点数
转换为单精度复数	将一个数值转换为单精度复数
转换为单字节整型	将一个数转换为 $-128 \sim 127$ 之间的 8 位整数
转换为定点数	将非复数的数值转换为定点数。如果未将数值连线至该函数的定点类型输入端或没有为其配置输出设置，则该函数将返回一个有符号定点数，且默认为 32 位字长和 16 位整型字长。如果发生溢出，则该函数将使该数字饱和
转换为扩展精度浮点数	将一个数值转换为扩展精度浮点数
转换为扩展精度复数	将一个数值转换为扩展精度复数
转换为时间标识	将数字转换为时间标识
转换为双精度浮点数	将一个数值转换为双精度浮点数
转换为双精度复数	将一个数值转换为双精度复数
转换为双字节整型	将一个数转换为 $-32768 \sim 32768$ 之间的 16 位整数
转换为无符号 64 位整型	将数字转换为 $0 \sim 2^{64}-1$ 范围内的 64 位整数
转换为无符号长整数	将一个数转换为 $0 \sim 2^{32}-1$ 之间的 32 位无符号整数
转换为无符号单字节整型	将一个数转换为 $0 \sim 255$ 之间的 8 位无符号整数
转换为无符号双字节整型	将一个数转换为 $0 \sim 65535$ 之间的 16 位无符号整数
字符串至字节数组转换	将字符串转换为不带符号字节的数组
字节数组至字符串转换	将代表 ASCII 字符的不带符号的字节数组转换为字符串

将浮点数转换为整数时，函数取最近的整数，分数部分为 0.5 时，取最近的偶整数。如

果取得的整数超出范围，则函数返回该整数的最大值或最小值。当转换后的整数比其自身小时，函数将复制最低有效位而不检查是否有溢出。当转换后的整数比其自身大时，对于有符号整数，函数将扩展其符号位，对于无符号整数，函数将以零填充。

将数字转换为更小的表示法，尤其在转换整数时应谨慎处理，因为 Lab VIEW 在转换时并不检查溢出。

5. 警告信息的处理

只有当 MathScript 节点和 Lab VIEW MathScript 窗口处于同一个应用程序实例时，两者之间才可通信。如果从 MathScript 节点调用一个可能在运行时改变 MathScript 搜索路径列表或引入新变量的函数，则 MathScript 节点外框上将出现一个警告符号"⚠"。

警告符号"⚠"表示 Lab VIEW 对于 MathScript 节点的错误检查水平下降且 MathScript 节点运行时性能降低。

下列函数可能导致警告符号：addpath、cd、clear、eval、evalc、load、path rmpath、uiload。对于 cd 函数和 path 函数，当有一个或一个以上的输入调用它们时出现警告符号。如果调用的用户自定义函数调用了上述函数，或调用一个用户自定义脚本，或调用含有用户自定义脚本的用户自定义函数时，也将出现该警告符号。如果需删除 MathScript 节点警告符号并提高运行时性能，应完成下列步骤：

（1）删除脚本和用户自定义函数中的上述函数。

（2）删除用户自定义脚本的引用，同时将用户自定义脚本的内容复制到调用该脚本的 MathScript 节点或用户自定义函数。

（3）不要在运行时修改 MathScript 搜索路径列表。应使用"MathScript：搜索路径选"项配置默认搜索路径列表。

如果 MathScript 节点中的脚本调用了一个用户自定义函数，则 Lab VIEW 将使用默认执行路径列表，将函数调用与指定的 . m 文件链接。完成配置默认搜索路径列表并保存包含 MathScript 节点的 VI 后，由于 Lab VIEW 在 VI 最后一次保存时 . m 文件所在的目录下搜索 . m 文件，故在另一台计算机上打开 VI 时无须重新配置 MathScript 搜索路径列表。但 VI 与 . m 文件的相对路径必须保持不变。

Lab VIEW 运行引擎目前不支持某些带有警告符号的 MathScript 函数。如果 VI 中的 MathScript 节点带有警告符号，则生成独立应用程序或共享库前必须将该警告符号从 MathScript 节点中删除。

8.8.5 MathScript 窗口应用举例

前面介绍了 Lab VIEW MathScript 窗口的使用方法，下面通过两个例子具体介绍 Lab VIEW MathScript 的应用。

例 8 – 19 通过 MathScript 窗口绘制 Impulse Response 和 Step Response。

解：

在 Lab VIEW 的工具菜单下单击 MathScript 窗口选项，打开 MathScript 窗口。在脚本选项卡中，逐条输入下面一段 . m 脚本程序，该程序的功能是通过 MathScript 窗口绘制 Impulse Response 图和 Step Response 图，如图 8 – 72 所示。

图 8 - 72　Lab VIEW MathScript 窗口中编辑脚本

```
%
n =0 :10;
x =(0.9* exp(j* pi/3)). ^n;
k =[ -200:200];
w =(pi/100)* k;
X =x* (exp( -j* pi/100)). ^(n'* k);
magX =abs(X);
angX =angle(X)/pi;
figure(1)
subplot(2,1,1);
plot(w/pi,magX);
grid;axis([ -2,2,0,8]);
line([ -2,2],[0 0])
xlabel('frequence in units of pi');
ylabel(' |X |');
title('Magnitude Part');
subplot(2,1,2);
plot(w/pi,angX);
```

```
grid;
axis([ -2,,2, -1,1]);
xlabel('frequence in units of pi');
ylabel('radians/pi');
title('angle Part');
line([ -2 2],[ -1 -1]);
```

单击绿色箭头 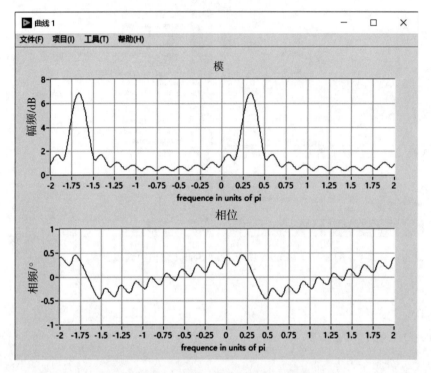执行该脚本，得到的运行结果如图 8 - 73 所示。

图 8 - 73　Lab VIEW MathScript 运行结果示例

例 8 - 20　从 Lab VIEW MathScript 调用用户自定义函数。

在 Lab VIEW 的工具菜单下单击 MathScript 窗口选项，打开 MathScript 窗口，在脚本选项卡中，逐条输入下面一段 . m 脚本程序，如图 8 - 74 所示，运行结果如图 8 - 75 所示。

解：

MATLB 仿真程序要点：

```
clc
clear
close all
b =[1];
a =[1, -1,0.9];
[x,n] = stepseq(0, -20,100);
subplot(211);
```

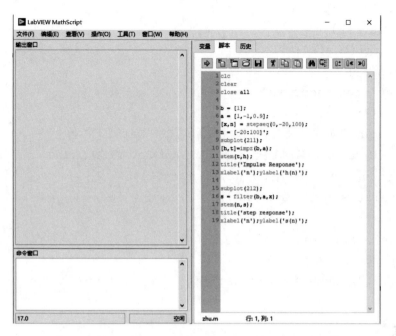

图 8 - 74　**Lab VIEW MathScript 调用用户自定义函数**

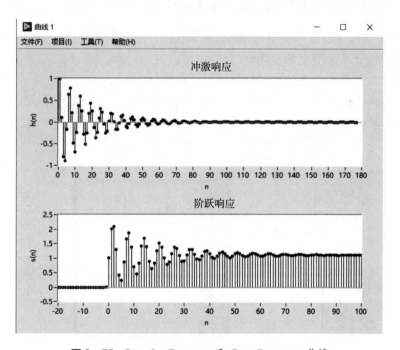

图 8 - 75　**Impulse Response 和 Step Response 曲线**

```
[h,t] = impz(b,a);
stem(t,h);
title('Impulse Response');
```

```
xlabel('n');ylabel('h(n)');
subplot(212);
s = filter(b,a,x);
stem(n,s);
title('step response');
xlabel('n');ylabel('s(n)');
```

% stepseq. m 自定义函数文件应放在 Lab VIEW Data 目录下

（C:\Users\电脑账户名\Documents\Lab VIEW Data）

```
function[x,n] = stepseq(n0,n1,n2)
% Generates x(n) = u(n - n0);n1 < = n,n0 < = n2
%
% [x,n] = stepseq(n0,n1,n2)
% if((n0 < n1) |(n0 > n2) |(n1 > n2))
% error('arguments must satisfy n1 < = n0 < = n2')
%    end
n = [n1:n2]';
x = [(n - n0) > = 0];
```

8.8.6　在程序框图中使用 MathScript 节点应用示举例

前面介绍了在程序框图中使用 MathScript 节点的方法，下面通过两个例子具体介绍在程序框图中使用 MathScript 节点的应用。

例 8 - 21　对带噪声的正弦信号进行傅里叶频谱分析。

将 MathScript 节点放置在程序框图后，可以直接编写 .m 文本数学程序的脚本，也可以用鼠标右击 MathScript 的节点边缘并选择 import 选项导入已编写好的 .m 文件，如图 8 - 76 所示。

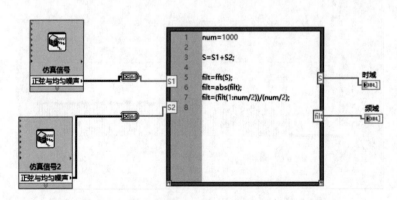

图 8 - 76　通过 MathScript 实现信号采集与分

本例脚本如下：

```
Num = 1000;
S = s1 + s2;% add signals
```

```
Filt = fft(s);
Filt = abs(filt);
Filt = (filt(1:num/2))/(num/2);
```

程序中 S1 和 S2 为两个模拟的带噪声的正弦信号，filt 为频谱分析结果。运行结果如图 8 - 77 所示。

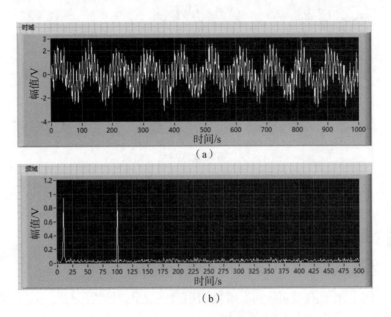

图 8 - 77　频谱分析结果

例 8 - 22　用只有输出的 MathScript 节点，来描述分形矩阵的运算。

这个 VI 使用 MathScript 节点计算分形矩阵，W 是分散速度的最终矩阵。它在 Lab VIEW 中的程序框图如图 8 - 78 所示，运行结果如图 8 - 79 所示。运行该 VI 的同时会启动 MATLAB，并在 MATLAB 中自动运行该脚本。

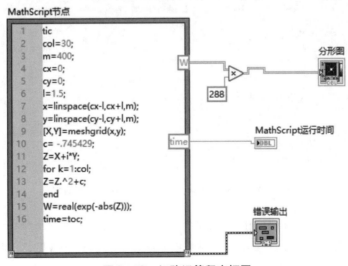

图 8 - 78　矩阵运算程序框图

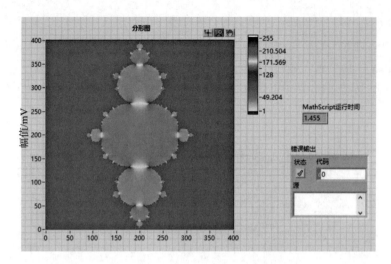

图 8 – 79　矩阵运算结果（附彩插）

由例 8 – 21 和例 8 – 22 可以看出，通过数据流的图形编程和 MathScript 的文本数学编程相结合，程序可以非常简洁。MathScript 使用户只需要通过一种开发环境就能实现硬件连接、信号获取、信号分析、图形显示和存储等丰富的功能。

8.8.7　使用 MathScript 节点调用 DLL 应用示举例

例 8 – 23　这个例子用 MathScript 函数调用 User. Dll，设置鼠标位置，循环移动鼠标按逆时针画圆。在运行 VI 前设置画圆的位置。

本例前面板如图 8 – 80 所示，程序框图如图 8 – 81 所示。VI 程序运行时，想让它回到编辑状态，按 < Ctrl + Del > 键即可。

概述：本范例通过MathScript函数加载Windows
DLL，并通过调用其中的一个函数，设置光标的位置。程序通过循环不断修改光标的位置，使光标围绕圆的轨迹移动。
要求：LabVIEW MathScript RT模块
操作步骤：
1. 设置想要移动的圆的中心和圆的半径。同时设置分步和等待时间（毫秒）来定义移动的速度。
2. 运行本范例并验证光标在屏幕上以圆的轨迹移动。如需在程序运行完毕前停止VI运行，可按快捷键"Ctrl+."。

Windows DLL路径

C:\WINDOWS\system32\user32.dll

圆的中心（相对于屏幕原点，以像素为单位）　　　圆的半径（以像素为单位）

300　　300　　　　　　　　　　100

分步　　　　　等待时间（毫秒）

250　　　　2

图 8 – 80　**MathScript 函数调用 User. Dll 前面板**

例 8 – 24　从 MathScript 中调用共享库的应用举例。

这个 VI 使用 MathScript 的节点，调用共享库函数，运行这个 VI，从调用共享库前面板可以看到从 MathScript 中调用共享库的信息，可以了解到如何在 MathScript 中调用共享库。

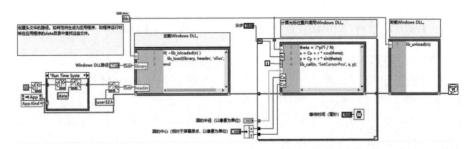

图 8 – 81　**MathScript 函数调用 User. Dll 程序框图**

调用共享库前面板如图 8 – 82 所示。调用共享库程序框图如图 8 – 83 所示。

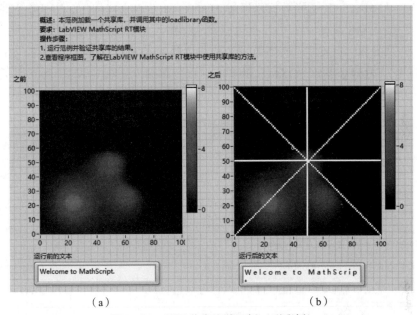

（a）　　　　　　　　　　　　　　　　（b）

图 8 – 82　调用共享库前面板（附彩插）

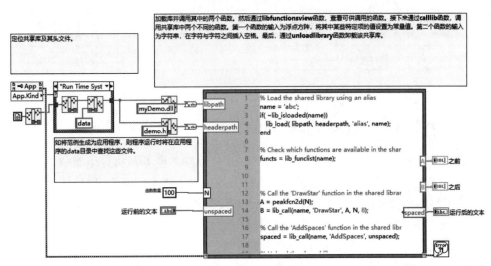

图 8 – 83　调用共享库程序

8.8.8　Lab VIEW MathScript 与 MATLAB 混合编程

Lab VIEW 与 MATLAB 混合编程的方法很多，最简单直接的就是通过 Lab VIEW 提供的 MathScript 节点编辑 MATLAB 程序，该节点也可以直接调用已有的 MATLAB 程序，并在 Lab VIEW 环境下运行。

MathScript 节点位于 "函数选板" → "数学" → "脚本与公式" → " MathScript 节点" 中，其使用方法与 MathScript 节点非常相似。

MathScript 节点中的脚本完全是 MATLAB 中的 . m 文件，在 MATLAB 中执行，其支持的函数由 MATLAB 提供。运行 MathScript 节点时会启动 MATLAB，并在 MATLAB 中执行脚本内容。

Lab VIEW 与 MATLAB 交换数据是通过 MathScript 节点来实现的，方法有以下两种。

（1）增加输入输出端子：右击节点边框并选择输入或输出选项。

（2）导入或导出 . m 文件：右击节点边框并选择导入或导出选项。

Lab VIEW 与 MATLAB 进行数据交换必须保证数据类型匹配。表 8 - 6 列出了 Lab VIEW 所支持的 MATLAB 数据类型。

表 8 - 6　Lab VIEW 所支持的 MATLAB 数据类型

Lab VIEW 数据类型	MATLAB 数据类型
Signed 32 - bit Integer Numeric	无
Double - Precision - Floating - Point Numeric	Real
String	String
ID Array Signed 32 - bit Integer Numeric	无
ID Array of Double - Precision Floating - Point Numeric	1D Array of Real
ID Array of Complex Double - precision，floating - point numeric	1D Array of Complex
Multidimensional Array Signed 32 - bit Integer Numeric	无
Multidimensional Array of Double - precision，Floating - Point Numeric	2D Array of Real
Multidimensional Array of Complex Double - precision，floating - point numeric	2D Array of Complex
Multidimensional Array Complex Double	Complex Matrix
Path	path

8.8.9　通过 Lab VIEW 调用 MATLAB

在 Lab VIEW 中，脚本节点通过调用 MATLAB 软件脚本服务器执行用 MATLAB 语言所编写的脚本，因此必须安装具有许可证的 MATLAB 6. 5 或以上版本才能使用 MATLAB 脚本节点。

Lab VIEW 使用 ActiveX 技术执行 MATLAB 脚本节点，故 MATLAB 脚本节点仅可用于 Windows 平台。图 8 - 84 显示了 MathScript 节点。

在节点中输入脚本，或单击节点边框后将文本导入节点。单击节点边框可添加输入和输出接线端，单击接线端可设置其数据类型。在 MATLAB 脚本节点中创建脚本时，必须使用该脚本支持的数据类型。

按照下列步骤，创建并运行用 MathScript 语言编写的脚本。

（1）在程序框图中放置 MATLAB 脚本节点。

（2）用操作工具或标签工具在 MATLAB 脚本节点中输入以下脚本：

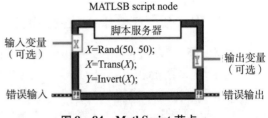

图 8 – 84　MathScript 节点

```
a = = rand(50)
surf(a)
```

（3）在 MATLAB 脚本节点上添加一个输出端并为该输出端创建显示控件。具体过程如下：

①单击 MATLAB 脚本节点外框，从快捷菜单中选择添加输出。在输出接线端输入 a，为脚本中的 a 变量添加一个输出端。默认状态下，MATLAB 脚本节点包括错误输入输入端和错误输出输出端。

②确认输出端的数据类型。在 MATLAB 脚本节点中，任何新输入或新输出的默认数据类型为 Real。单击 a 输出端，从快捷菜单中选择 "数据"→"2D Array of Real"。

③单击 a 输出端，从快捷菜单中选择 "创建"→"显示"，创建一个标签为 2D Array of Real 的二维数值数组显示控件。

④单击错误输出输出接线端，从快捷菜单中选择 "创建"→"显示"，创建一个标签为错误输出的错误输出簇显示控件。

⑤重新调整前面板上的 2 – D Array of Real 显示控件，查看 VI 运行时脚本生成的数字。

⑥运行 VI。Lab VIEW 通过调用 MATLAB 软件脚本服务器，创建一个随机矩阵并在 MATLAB 软件中显示该矩阵（将信息绘制在图形上），同时在前面板上的 2D Array of Real 显示控件中显示组成矩阵的值，如图 8 – 85 所示。

运行结果如图 8 – 86 所示。

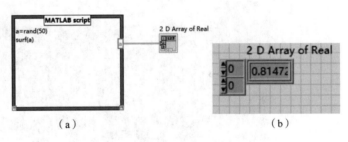

图 8 – 85　MATLAB Script 的简单使用

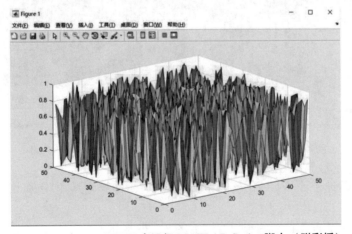

图 8 – 86　在 Lab VIEW 中运行 MATLAB Script 脚本（附彩插）

8.8.10　在程序框图中使用 MathScript 节点应用示举例

例 8-25　输入和输出的 MathScript 应用举例。

这个 VI 是洛伦兹（Lorenz）吸引微分方程，利用 MATLAB 脚本节点产生 Lorenz 吸引子。MATLAB 脚本节点生成的 Lorenz 吸引子数据，由于 Y 是指在一个实矩阵，所以 MATLAB 脚本节点也必须界定 Y 作为 Lab VIEW 实矩阵。单击 Y 输出节点，并设置数据类型为实矩阵。在 MathScript 节点中输入图 8-87 中的脚本程序。运行结果如图 8-88 所示。

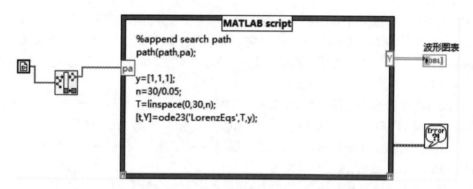

图 8-87　用 MATLAB 脚本节点产生洛伦兹吸引

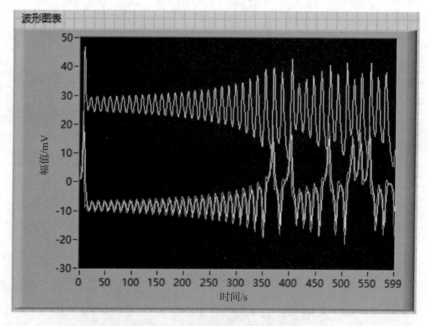

图 8-88　用 MATLAB 脚本节点产生洛伦兹吸引（附彩插）

例 8-26　设计一个 VI，用 MATLAB 脚本节点计算矩阵并分别绘制分形图 8 位像素图。

MATLAB 脚本节点计算矩阵程序框图如图 8-89 所示。

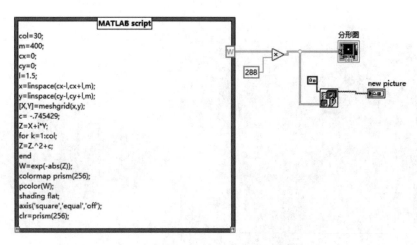

图 8 – 89 MATLAB 脚本节点程序框图

在图 8 – 89 中，最重要的是绘制 8 位像素图模块，该模块如图 8 – 90 所示。

使像素图转换为图片，对使用其他图片函数VI为图像添加绘图命令。
连线至数据输入端的数据类型可确定使用的多态实例。
如需转换4位或8位像素图，必须手动选择要使用的多态实例。

图 8 – 90 绘制 8 位像素图模块

图中的绘制 8 位像素图模块配制说明如下。

（1）图片。要添加位图的图片，默认值为空图片。

（2）数据。元素为 8 位无符号号数的二维数组，按光栅顺序描述图像中各像素的颜色。对于 8 位像素图，每个像素的颜色用一个字节描述。每一位的值与色码表中的一个元素相对应，色码表中存储了 32 位 RGB 值，最高字节为零，按下来分别是红色、绿色、蓝色值。对于 4 位像素图，除数据中包括 0 ~ 15 的有效值外，其余与 8 位像素图相似。

（3）色码表。该数组包含与数据数组映射的 256 种颜色。如果没有连线，VI 将使用默认的 Lab VIEW 256 色模板。

（4）新图片。包含新图像的图片。如果将该输出连线至其他图片输入端，则可为图片添加更多的绘图指令。

绘制的分形图如图 8 – 91（a）所示，8 位像素图如图 8 – 91（b）所示。

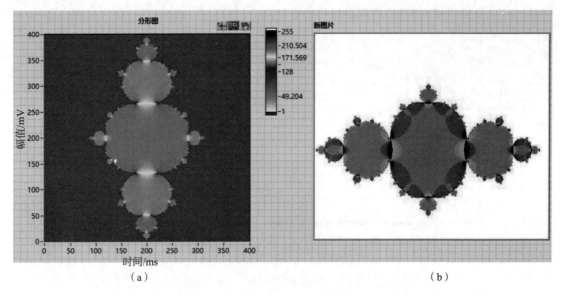

图 8 – 91　分形图如 8 位像素图（附彩插）

参 考 文 献

[1] 马立玲, 沈伟. 信号分析与处理 [M]. 北京: 北京理工大学出版社, 2019.

[2] 曾禹村, 张宝俊, 沈庭芝, 等. 信号与系统 [M]. 3 版. 北京: 北京理工大学出版社, 2010.

[3] 张振海, 张振山, 李科杰. 信息获取技术 [M]. 北京: 北京理工大学出版社, 2020.

[4] 吴三灵, 李科杰, 张振海, 等. 强冲击试验与测试技术 [M]. 北京: 国防工业出版社, 2010.

[5] 韩萍, 何炜琨, 冯青, 等. 信号分析与处理 [M]. 北京: 清华大学出版社, 2020.

[6] 郑君里, 应启珩, 杨为理. 信号与系统 (上、下册) [M]. 3 版. 北京: 高等教育出版社, 2011.

[7] 周鹏, 许钢, 马晓瑜, 等. 精通 LabVIEW 信号处理 [M]. 北京: 清华大学出版社, 2013.

[8] [日] 远坂俊昭. 测量电子电路设计——滤波器篇 [M]. 彭军, 译. 北京: 科学出版社, 2006.

[9] 王跃科, 叶湘滨, 黄芝平, 等. 现代动态测试技术 [M]. 北京: 国防工业出版社, 2003.

[10] 刘习军, 张素侠. 工程振动测试技术 [M]. 北京: 机械工业出版社, 2016.

[11] 孙锦华, 何恒. 现代调制解调技术 [M]. 西安: 西安电子科技大学出版社, 2014.

[12] 林占江, 林放. 电子测量技术 [M]. 4 版. 北京: 电子工业出版社, 2019.

[13] 朱明武, 李永新, 卜雄洙. 测试信号处理与分析 [M]. 北京: 北京航空航天大学出版社, 2006.

[14] 陈娅琼. 力探针物理激励 MEMS 芯片晶圆级测控系统研究 [D]. 北京: 北京理工大学, 2018.

[15] 吴大正. 信号与线性系统分析 [M]. 4 版. 北京: 高等教育出版社, 2005.

[16] [美] Alan V. Oppenheim, Alan S. Willsky, S. Hamid Nawab. 信号与系统 [M]. 2 版. 北京: 电子工业出版社, 2015.

[17] [美] Richard G. Lyons. 数字信号处理 [M]. 北京: 电子工业出版社, 2012.

[18] 张振海, 张振山, 胡红波, 等. 高冲击传感器、极端环境试验测试与计量校准 [J]. 计测技术, 2019, 39 (4): 12 – 23.

[19] 林然, 张振海, 李科杰, 等. 高冲击三维加速度传感器横向灵敏度校准技术 [J]. 振

动、测试与诊断，2016，36（5）：922-928.

[20] 杭州英联科技有限公司. YL 系列传感器与测控技术综合实验台实验指南. 内部手册. 2010

[21] ［日］三谷政昭. 模拟滤波器设计 ［M］. 彭刚，译. 北京：科学出版社，2014.

[22] 钱学森，宋健. 工程控制论（上、下册）［M］. 3 版. 北京：科学出版社，2011.

[23] 黄俊钦. 测试系统动力学及应用 ［M］. 北京：国防工业出版社，2013.

[24] ［美］Felix Levinzon. 内装电路压电加速度计原理与设计 ［M］. 唐旭晖，译. 秦皇岛：燕山大学出版社，2019.

[25] 郭从良. 现代信号数据获取与信息处理系统 ［M］. 北京：清华大学出版社，2009.

[26] 龙华伟，伍俊，顾永刚，等. LabVIEW 数据采信与仪器控制 ［M］. 北京：清华大学出版社，2016.

[27] 聂春燕，张猛，张万里. MATLAB 和 LabVIEW 仿真技术及应用实例 ［M］. 北京：清华大学出版社，2008.

[28] 曲丽荣，胡容，范寿康. LabVIEW、MATLAB 及其混合编程技术 ［M］. 北京：机械工业出版社，2011.

[29] 郝丽，赵伟. LabVIEW 虚拟仪器设计及应用 ［M］. 北京：清华大学出版社，2018.

[30] 王群. 信号与系统学习指导与实验 ［M］. 北京：北京理工大学出版社，2013.

[31] 龚晶，许凤慧，卢娟，等. 信号与系统实验 ［M］. 北京：机械工业出版社，2013.

[32] 马金龙，胡建荣，王宛苹，等. 信号与系统 ［M］. 2 版. 北京：科学出版社，2006.

[33] 宋爱国，刘文波，王爱民. 测试信号分析与处理 ［M］. 2 版. 北京：机械工业出版社，2016.

[34] 王文光，魏少明，任欣. 信号处理与系统分析的 MATLAB 实现 ［M］. 北京：电子工业出版社，2018.

[35] 李科杰. 新编传感器技术手册 ［M］. 北京：国防工业出版社，2002.

[36] 李科杰，宋萍. 感测技术 ［M］. 北京：机械工业出版社，2007.

[37] 李科杰，等. 现代传感技术 ［M］. 北京：电子工业出版社，2005.

[38] ［美］Clarence W. de Silva. 振动阻尼、控制和设计 ［M］. 李惠彬，张曼，等译. 北京：机械工业出版社，2013.

[39] ［美］Cyril M. Harris，Allan G. Pier Sol. 冲击与振动手册 ［M］. 5 版. 刘树林，王金东，李凤明，等译. 北京：中国石化出版社，2008.

[40] 王洪业. 传感器工程 ［M］. 北京：国防科技大学出版社，1997.

[41] 吴兴惠，王彩君. 传感器与信号处理 ［M］. 北京：电子工业出版社，1998.

[42] ［美］Alan V. Oppenheim，Alan S. Willsky，S. Hamid Nawab.. 信号与系统 ［M］. 2 版精编版. 刘树棠，译. 西安：西安交通大学出版社，2010.

[43] 段哲民. 信号与系统 ［M］. 3 版. 北京：电子工业出版社，2008.

[44] 潘双业，邢丽冬. 信号与线性系统 ［M］. 北京：高等教育出版社，2006.